Jenseits der Nanowelt

Hans Günter Dosch

Jenseits der Nanowelt

Leptonen, Quarks und Eichbosonen

Mit 91 Abbildungen

 Springer

Prof. Dr. Hans Günter Dosch
Universität Heidelberg
Institut für Theoretische Physik
Philosophenweg 16
69120 Heidelberg

Bibliographische Information der Deutschen Bibliothek.

Die Deutsche Bibliothek verzeichnet diese Publikation in der Deutschen Nationalbibliografie; detaillierte bibliographische Daten sind im Internet über <http://dnb.ddb.de> abrufbar.

ISBN 3-540-22889-6 Springer Berlin Heidelberg New York

Dieses Werk ist urheberrechtlich geschützt. Die dadurch begründeten Rechte, insbesondere die der Übersetzung, des Nachdrucks, des Vortrags, der Entnahme von Abbildungen und Tabellen, der Funksendung, der Mikroverfilmung oder der Vervielfältigung auf anderen Wegen und der Speicherung in Datenverarbeitungsanlagen, bleiben, auch bei nur auszugsweiser Verwertung, vorbehalten. Eine Vervielfältigung dieses Werkes oder von Teilen dieses Werkes ist auch im Einzelfall nur in den Grenzen der gesetzlichen Bestimmungen des Urheberrechtsgesetzes der Bundesrepublik Deutschland vom 9. September 1965 in der jeweils geltenden Fassung zulässig. Sie ist grundsätzlich vergütungspflichtig. Zuwiderhandlungen unterliegen den Strafbestimmungen des Urheberrechtsgesetzes..

Springer ist ein Unternehmen von Springer Science+Business Media
springer.de
© Springer-Verlag Berlin Heidelberg 2005
Printed in Germany

Die Wiedergabe von Gebrauchsnamen, Handelsnamen, Warenbezeichnungen usw. in diesem Werk berechtigt auch ohne besondere Kennzeichnung nicht zu der Annahme, daß solche Namen im Sinne der Warenzeichen- und Markenschutz-Gesetzgebung als frei zu betrachten wären und daher von jedermann benutzt werden dürften.

Sollte in diesem Werk direkt oder indirekt auf Gesetze, Vorschriften oder Richtlinien (z.B. DIN, VDI, VDE) Bezug genommen oder aus ihnen zitiert worden sein, so kann der Verlag keine Gewähr für Richtigkeit, Vollständigkeit oder Aktualität übernehmen. Es empfiehlt sich, gegebenenfalls für die eigenen Arbeiten die vollständigen Vorschriften oder Richtlinien in der jeweils gültigen Fassung hinzuzuziehen.

Satz: Daten vom Autor mit einem Springer TEX Makropaket erstellt
Einbandgestaltung: Erich Kirchner, Heidelberg

Printed on acid-free paper   54/3141/mh   5 4 3 2 1 0

Dem Andenken von J.H.D. Jensen
Für Simon, Lino, Jonas und Bippo

Vorwort

Daß die Materie aus Atomen und Molekülen aufgebaut ist, ist schon weit in unser Bewußtsein vorgedrungen. Aufnahmen mit Hilfe von Tunnelmikroskopen machen diesen „körnigen Aufbau" der Materie sogar direkt bildlich wahrnehmbar. Die Welt der Atome und Moleküle, die etwa eine Million mal kleiner sind als die Strukturen, die wir direkt sehen und fühlen können, ist die „Nanowelt". Ihrer bemächtigt sich heute auch die Technik in zunehmendem Maße. Dieses Buch handelt von Strukturen jenseits der Nanowelt, von *Leptonen*, *Quarks* und *Eichbosonen*. Leptonen und Quarks sind die kleinsten Bausteine der Atome, zusammengehalten wird dieses Innerste der Welt von den Eichbosonen.

Um die Eigenschaften dieser Teilchen zu untersuchen, braucht man „Mikroskope", die um mindestens eine millionmal stärker vergrößern als die Tunnelmikroskope. Dies können die großen Beschleuniger, wie sie seit der Mitte des 20. Jahrhunderts gebaut werden. Die theoretischen Konzepte, die im ersten Drittel des vorigen Jahrhunderts zur Erklärung der Physik der Atome entwickelt wurden, reichen jedoch aus, um auch die Strukturen jenseits der Nanowelt zu erklären.

Das Buch ist zwar historisch aufgebaut, versucht aber eher eine Ideengeschichte als eine Tatsachengeschichte zu vermitteln. Prioritätsfragen interessieren weniger als die Entwicklung der grundlegenden Gedanken und das Zusammenspiel von Experiment und Theorie. Natürlich lassen sich bei einer solchen Darstellung persönliche Ansichten des Autors nicht ausblenden. Sollte ein Spezialist der Elementarteilchenphysik in dieses Buch schauen, so hoffe ich zwar, daß er nichts findet, was er für falsch hält, aber ich bin sicher, daß er die Gebiete, auf denen er sich besonders gut auskennt, als viel zu stiefmütterlich behandelt ansieht. Ich habe versucht, einigen wirklich grundlegenden Konzepten einen verhältnismäßig breiten Raum einzuräumen, andere Gebiete dagegen – auch wenn sie in der Entwicklung eine entscheidende Rolle spielten – werden dagegen oft nur recht kurz behandelt; dies trifft besonders zu, wenn solche Gebiete nur schwer zu vermitteln sind.

Ich wende mich an allgemein naturwissenschaftlich interessierte Leserinnen und Leser und versuche, den Stoff so verständlich wie nur irgend möglich darzustellen. Die moderne Physik hat wie vielleicht keine andere Wissenschaft gezeigt, wie der menschliche Verstand die durch die Alltagserfahrung bestimmten Grenzen unserer Anschauung überwinden kann und wie er ordnend erklären kann, was wir durch die kaum vorstellbare Erweiterung unserer möglichen Erfahrung an Wissen sammeln. Dies wäre ohne die Mathematik nicht möglich, und daher spielt sie eine wesentliche Rolle, wenn man das spezifisch Neue der Teilchenphysik erfassen will. Dennoch verzichte ich weitgehend auf Formeln, versuche aber, komplexere mathematische Zusammenhänge in Worten zumindest anzudeuten, auch wenn dies manchmal zu Verzerrungen und halbwahren Formulierungen führen mag. Dies gilt besonders für die Abschnitte 1.4 und 1.5. Ein Anhang mit (einfachen) Formeln und Rechnungen ist auf der *homepage* des Buches zu finden: http://www.thphys.uni-heidelberg.de/~dosch/transnano

Ein unentbehrlicher Leitfaden durch das Labyrinth der Geschichte war mir das Buch „Inward Bound" von Abraham Pais, der selbst ein Hauptakteur der Geschichte der Elementarteilchenphysik war; sein Buch behandelt die Zeit von etwa 1890–1990.

Manche Einzelheit verdanke ich den historischen Übersichtsartikeln, die andere aktiv arbeitende Physikerinnen und Physiker verfaßt haben, mein grundlegendes Material sind aber die Originalarbeiten, die in den Fachzeitschriften publiziert sind.

Ich gebe, neben den Quellen für die Abbildungen, nur wenige Bücher und Übersichtsartikel an, ein ausführliches Verzeichnis der Originalliteratur ist auf der oben erwähnten *homepage* zu finden.

Ich bin vielen Kolleginnen und Kollegen für zahlreiche Diskussionen zu Dank verpflichtet, mein besonders herzlicher Dank für wertvolle Hinweise gilt Prof. Dr. W. Beiglböck, I. Köser, Prof. Dr. B. Lohff und einem mir unbekannten Referenten.

Heidelberg, im August 2004 *Hans Günter Dosch*

Inhaltsverzeichnis

1 **Die heroische Zeit** 1
 1.1 Einleitung 1
 1.2 Die heile Welt 7
 1.3 Kontrolle ist besser 16
 1.4 Die Quantenphysik wird entscheidend 21
  1.4.1 Spezielle Relativitätstheorie und Quantenphysik 22
  1.4.2 Feldtheorie und Quantenphysik 27
  1.4.3 Quantenphysik und Fehler 39
 1.5 Das Ebenmaß der Elementarteilchen 40
  1.5.1 Symmetrien und Transformationen 41
  1.5.2 Das Wunder des Spins 46
  1.5.3 Der Isospin 49
  1.5.4 Diskrete Symmetrien 52
 1.6 Die Entdeckung des Positrons und des „Mesotrons" ... 54
 1.7 Frühe Beschleuniger 61

2 **Der große Sprung** 65
 2.1 Das vorhergesagte Meson
     wird wirklich entdeckt 65
 2.2 Seltsame Teilchen sorgen für Aufregung 69
 2.3 Leicht verstimmte Teilchen 74
 2.4 Erfolge und Mißerfolge der Quantenfeldtheorie 77
 2.5 Beginn einer neuen Spektroskopie 82
 2.6 Man kann immer mehr produzieren
     und immer besser sehen 86
 2.7 Immer mehr neue Teilchen 89
 2.8 Die Überraschungen
     der schwachen Wechselwirkung 94
  2.8.1 Einschub: Rechts- und linkshändige Teilchen .. 97
  2.8.2 Zurück zur schwachen Wechselwirkung 99

X Inhaltsverzeichnis

3 Der Versuch, sich am eigenen Zopf aus dem Sumpf zu ziehen 103
- 3.1 S-Matrix-Theorie 103
- 3.2 Streuamplituden 105
- 3.3 „Bootstrap" und „nuclear democracy" 111
- 3.4 Strenge Theoreme und komplexe Drehimpulse 114

4 Zusammengesetzte „Elementar"-Teilchen 117
- 4.1 Erste Anfänge 117
- 4.2 Der achtfache Weg 120
- 4.3 Das Quarkmodell 127
- 4.4 Die Quarks werden farbig 134

5 Auf dem Weg zum Standardmodell 139
- 5.1 Der Eichmeister 139
- 5.2 Die Eichungen werden mehrdimensional 146
- 5.3 Spontane Symmetriebrechung 149
- 5.4 Das Festmahl von Higgs und Kibble 154
- 5.5 Anomalien 157
- 5.6 Bessere Zähler, bessere Beschleuniger und bessere Strahlen 159
- 5.7 Die Elektronenmikroskope der Elementarteilchenphysik 164
- 5.8 Tief inelastische Streuung 168

6 Das Standardmodell der Elementarteilchenphysik 173
- 6.1 Einleitung 173
- 6.2 Ein Modell für Leptonen 175
- 6.3 Schwache Ströme 179
  - 6.3.1 Ein Wunder wird weggezaubert 179
  - 6.3.2 Die Nadel im Heuhaufen wird gefunden 183
- 6.4 Eine Dynamik für die starke Wechselwirkung 185
- 6.5 Laufende Kopplung und asymptotische Freiheit 188
- 6.6 Quantitative Rechnungen in der starken Wechselwirkung 195
- 6.7 Quantenchromodynamik auf dem Gitter 199
- 6.8 Die Konsolidierung des Standardmodells 202
- 6.9 Die Massen der Quarks und deren Folgen 213
- 6.10 Das Standardmodell in voller Schönheit 216

7 Dunkle Wolken oder Morgenröte einer neuen Physik? ... 223
- 7.1 Auch die Neutrinos sind verstimmt ... 223
- 7.2 Warum haben Elementarteilchen Massen? ... 230
- 7.3 Die große Einheit ... 231
- 7.4 Die Supersymmetrie ... 234
- 7.5 Monopole ... 238
- 7.6 Der Mikrokosmos und der Makrokosmos ... 240
  - 7.6.1 Was wir wissen und was wir noch nicht wissen ... 240
  - 7.6.2 Materie im Universum ... 241
  - 7.6.3 Die widerspenstige Schwerkraft ... 244
- 7.7 Ruhige Saiten ... 246

8 Epilog ... 251
- 8.1 Besonderheiten der Elementarteilchenphysik ... 251
- 8.2 „...Philosophie zu Rate ziehn" ... 258

A Anhänge ... 265
- A.1 Physikalische Einheiten ... 265
- A.2 Glossar ... 268
- A.3 Nobelpreisträger ... 280
- A.4 Kurzer Literaturhinweis ... 291

Namensverzeichnis ... 293

Quellennachweise für übernommene Abbildungen

Copyright bei den Verlagen

- Abb. 1.2, 2.9, 2.10, 2.11 H.L. Anderson. Early History of Physics with Accelerators. *Journal de Physique*, 43, Colloque C-8,:C8–101, 1982.
- Abb. 2.1, 2.2, 2.3, 2.4 Ch. Peyrou The Role of Cosmic Rays in the Development of Particle Physics. *Journal de Physique*, 43, Colloque C-8,:C101–162, 1982.
- Abb. 1.22(**Links**): C.D. Anderson. *Phys. Rev.*, 43:491, 1933.
- Abb. 1.23: S.H. Neddermeyer and C.D. Anderson. *Phys. Rev.*, 51:884, 1937.
- Abb. 3.4, 7.5 8.2: S. Donnachie, G. Dosch, P. Landshoff, and O. Nachtmann. *Pomeron Physics and QCD*. Cambridge University Press, Cambridge, England, 2002.
- Abb. 4.5: Barnes, V.E. et al. *Phys. Rev. Lett.*, 12:204, 1964.
- Abb. 5.8: R. Schwitters. Development of Large Detectors for Colliding-Beam Experiments. In L. Hoddeson et al., editors, *The Rise of the Standard Model*, page 299. Cambridge University Press, 1997.
- Abb. 6.11, 6.12, 7.2, 8.1: S. Eidelman et al. [Particle Data Group Collaboration]. Review of particle physics. *Phys. Lett.*, B 592:1, 2004.

1 Die heroische Zeit

Die Grundlagen für die „moderne" Physik – im Gegensatz zur „klassischen" Physik – wurden in der ersten Hälfte des 20. Jahrhunderts gelegt. Entscheidend war auf der Seite der Theorie die Entwicklung der Relativitätstheorie und der Quantenphysik, auf Seiten der Experimentalphysik die gesicherten Kenntnisse über den atomaren Aufbau der Materie und die Struktur der Atome. Fast jedes Gebiet der modernen Naturwissenschaft – von der Astrophysik bis zur medizinischen Diagnosetechnik – ist durch die Methoden und Konzepte, die zu dieser Zeit entwickelt wurden, stark beeinflußt.

1.1 Einleitung

Die Wissenschaft von den Elementarteilchen ist alt. Die Hoffnung, die letzten Bausteine der Welt zu erforschen und sinnliche Eigenschaften wie süß und bitter, warm und kalt, auf diese letzten Bausteine der Materie, die Atome, zurückzuführen, ist schon ein Grundgedanke griechischer Naturphilosophie. Genauso alt ist die Hoffnung, die Sicherheit, die uns die Mathematik bietet, dabei auszunutzen. Dies versuchte schon vor mehr als 2000 Jahren Platon, der im Dialog „Timaios" eine Theorie der Welt schilderte. Er benutzte dabei das strenge mathematische Ergebnis, daß es insgesamt nur fünf gleichflächige Körper gibt. Er ordnete den vier Elementen der Antike vier dieser „Platonischen Körper" zu, wie in Abb. 1.1 dargestellt. „Der Erde wollen wir die Würfelgestalt zuweisen, denn die Erde ist von den vier Arten die unbeweglichste und unter den Körpern die plastischste. ... Was die wenigsten Grundflächen hat, und nach allen Richtungen beweglichste, schneidenste und spitzeste, die Pyramide, entspricht dem Feuer." Weiter ordnete er dem Wasser den Oktaeder und der Luft den Ikosaeder zu. Den noch übriggebliebenen Dodekaeder, der der Kugel am ähnlichsten ist, ordnete er dem All zu. Platon ist dabei wissenschaftlich sehr zurückhaltend, vorsichtiger etwa als später Galilei, wenn er nur Plausibilität, keineswegs aber Notwendigkeit für die Zuordnung beansprucht.

2   1 Die heroische Zeit

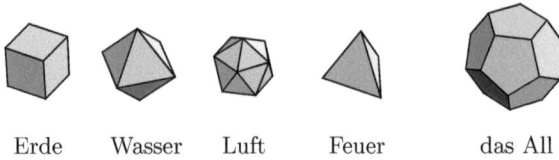

Erde   Wasser   Luft   Feuer   das All

Abbildung 1.1. Die Zuordnung der vier Elemente der Antike und des Alls zu den „Platonischen Körpern"

In seinem Buch „Der Teil und das Ganze" schreibt Werner Heisenberg, daß er dies als Abiturient zwar sehr spekulativ gefunden habe, aber einleuchtender und für die Wissenschaft fruchtbarer, als die Abbildungen der Atome aus seinen Schulbüchern, die Haken und Ösen hatten.

Die antike Atomlehre ist in den sechs Büchern des Lehrgedichts „Über die Natur" von Lukretz zusammengefaßt. Natürlich bestehen ganz wesentliche Unterschiede zwischen der antiken Naturphilosophie und der modernen Elementarteilchenphysik, aber die grundsätzliche Idee und sogar manche methodischen Ansätze sind geblieben. Dies zeigt sich auch in dem großen Einfluß, den die antiken Gedanken bis in die Neuzeit hatten. Der Einfluß von Platon auf Galilei und Kepler ist wohl bekannt. Der Ausdruck „Lukretzsche Atome" wurde noch im 19. Jahrhundert gebraucht. Der schottische Physiker Lord Kelvin schlug 1866 ein sehr abstraktes und modern anmutendes „topologisches" Modell für Elementarteilchen vor, nämlich die Wirbelatome, in dem die Atome Wirbel im Äther waren. H. Helmholtz hatte kurz zuvor gezeigt, daß solche Wirbel in einer idealen Flüssigkeit absolut stabil sind, und deswegen erschienen sie Kelvin als ein sehr plausibles Modell für die – wie er schreibt – „Lukretzschen Atome".

Als die ersten Elementarteilchen-Theoretiker im heutigen Sinne darf man wohl die Chemiker betrachten. Deren fundamentale Teilchen waren die Grundbausteine der chemischen Elemente, die wir heute noch Atome nennen. Sie zogen auch wichtige quantitative Konsequenzen aus dieser Atomtheorie. Mit der Entdeckung des Elektrons zeigte sich jedoch, daß man noch einfachere Teilchen finden konnte als die Atome der Chemiker.

Ich möchte hier nicht die Geschichte der gesamten Atomtheorie schildern, sondern die Frühgeschichte der modernen Elementarteilchenphysik mit der Entdeckung des Elektrons (1899) beginnen. Von da an war die Bezeichnung Elementarteilchen recht unterschiedlichen Objekten vorbehalten. Bis etwa 1935 war die Situation einfach, die gesicherten

1.1 Einleitung

Elementarteilchen waren: das *Proton* und das *Neutron* als Bestandteile des Atomkerns, das *Elektron* als Bestandteil der Atomhülle und das *Photon* als Quant der elektrodynamischen Strahlung. Dazu kamen in den späten dreißiger Jahren des 20. Jahrhunderts noch das „*Mesotron*", das die Kernkräfte erklären, und das hypothetische *Neutrino*, das beim radioaktiven Zerfall entstehen sollte. Ab 1950 wurde die Situation immer komplexer, es wurden mehr und mehr Teilchen entdeckt, die man mit genauso gutem Recht als Elementarteilchen bezeichnen konnte wie die altbekannten. Auch die theoretische Beschreibung mit den bewährten Methoden schien nicht mehr sinnvoll. Dies führte zur Ära der sogenannten *nuclear democracy*. Danach sollte es sehr viele gleichberechtigte Teilchen geben, die sich gegenseitig in ihrer Existenz bedingten. Die Methoden dieses Programms stellten sich aber bald als unzureichend und teilweise sogar als inkonsistent heraus. Es entwickelte sich langsam ein theoretisch zunächst noch schlecht begründetes Bild, bei dem die Kernbestandteile wie Proton, Neutron und all die vielen anderen Teilchen der *nuclear democracy* selbst wieder aus einfacheren Bestandteilen, den sogenannten *Quarks*, zusammengesetzt sind. Dieses Modell wurde bald in eine sehr konsistente Theorie, die sogenannte Quantenchromodynamik, eingebaut. Die Entwicklung des „Teilchen-Zoos" ist in Abb. 6.14 am Ende des Buches graphisch dargestellt.

Heute fällt die Antwort auf die Frage nach „den" Elementarteilchen wieder leichter als vor 40 Jahren. Die Ziele sind aber ehrgeiziger geworden: Man versucht heute nicht nur die Eigenschaften der Materie aus den Elementarteilchen zu erklären, sondern möchte auch noch die Eigenschaften der Elementarteilchen selbst aus allgemeinen Prinzipien herleiten: Dies ist der „Traum einer endgültigen Theorie", den der Nobelpreisträger S. Weinberg in seinem Buch schildert. Wir sind heute von diesem Zustand der Theorie weiter entfernt als es 1993 erschien, als Weinberg seinen Traum träumte.

Während in der ersten Hälfte des 20. Jahrhunderts die Theorie eine führende Rolle spielte, sind die Fortschritte in der zweiten Hälfte des 20. Jahrhunderts weitgehend durch die experimentelle Technik bestimmt. Zwar wurde auch hier die Basis in der ersten Hälfte des Jahrhunderts gelegt, doch die immense Entwicklung läßt sich schon an dem Größenwachstum der Geräte ablesen, wie aus der Abb. 1.2 ersichtlich wird: Der „große" Beschleuniger, den E.O. Lawrence 1932 baute, hatten einen Durchmesser von weniger als einem Meter. Der z. Zt. im Ausbau befindliche *Large Hadron Collider* (LHC) am CERN in Genf überschreitet mit seinen 8.5 km Durchmesser die Grenzen des Kantons. Am Beschleunigerzentrum DESY in Hamburg wird ein Beschleuniger (TESLA) von etwa 33 km Länge geplant. Ursprüngliche Detektoren wa-

Abbildung 1.2. Wie die Beschleuniger größer wurden. (**Oben**): Lawrence (*rechts*) und ein Mitarbeiter im Joch des Magneten eines 37 Zoll-Zyklotrons von 1932. Das Joch des Magneten konnte günstig von der Federal Telegraph Company erstanden werden, da es durch die technische Entwicklung der Vakuumröhren nicht mehr benötigt wurde. (**Unten**): Der Ring vom großen Hadronen-Beschleuniger (LHC) am CERN in Genf

1.1 Einleitung 5

ren eher so groß wie Zigarrenkisten, heute sind sie so groß wie Häuser. Die Datenflüsse, die bei typischen Messungen auftreten, flößen selbst Kommunikationswissenschaftlern Ehrfurcht ein. Kein Wunder, daß das *world wide web* an einem Hochenergie-Labor, dem CERN in Genf, entwickelt wurde. Dementsprechend sind auch immer mehr Personen an einem Experiment beteiligt. Der Nachweis der Existenz von Antimaterie gelang C.D. Anderson 1933, sein Artikel in der Zeitschrift *Physical Review* ist vier Seiten lang. An der Entdeckung des *top*-Quarks im Jahre 1995 waren zwei große Forschungsgruppen beteiligt. Hier nimmt die Liste der beteiligten Autoren und Institutionen allein schon fast vier Seiten in Anspruch.

Die Neuzeit der Elementarteilchenphysik lasse ich etwa im Jahre 1950 beginnen. Seit dieser Zeit spielen die Beschleuniger die dominante Rolle in der Entwicklung. Heute läuft die Theorie wieder der Experimentalphysik voraus, wir haben zahlreiche theoretische Vorhersagen und Spekulationen, zu deren Überprüfung die Geräte der Experimentalphysik noch nicht ausreichen.

Wir glauben heute mit dem feldtheoretischen Standardmodell der Teilchenphysik die Dynamik der Teilchen erklären zu können. Viele Physiker machen sich eher Sorgen, daß diese Theorie zu gut erfüllt ist („keine Neue Physik"), statt sich über die bestehenden „schwarzen Wolken" Gedanken zu machen. Es besteht weitgehender Konsens darüber, daß wir einen weiteren wesentlichen Fortschritt erst dann erzielen, wenn wir auch die Schwerkraft in die Quantentheorie der Felder einbeziehen können. Schon heute gibt es faszinierende Beziehungen zwischen der Physik des Größten und des Kleinsten: der Kosmologie und der Elementarteilchenphysik. Die Ergebnisse der Teilchenphysik sind wesentlich für das Verständnis der frühen Geschichte des Universums, und manche ihrer Spekulationen lassen sich nur durch Ergebnisse kosmologischer Untersuchungen testen.

Die physikalischen Einheiten, die in der Teilchenphysik benutzt werden, sind in einem eigenen Anhang erläutert und zusammengestellt. Ich möchte hier in der Einleitung nur das Allerwichtigste dazu erwähnen. Zwei Naturkonstanten werden uns im Verlaufe immer wieder begegnen, die Lichtgeschwindigkeit im Vakuum, abgekürzt mit dem Buchstaben c, und das Plancksche Wirkungsquantum h.

Die *Lichtgeschwindigkeit* wurde von dem dänischen Astronomen Olaf Römer zwar schon 1676 bestimmt, doch ihre überragende Bedeutung für die gesamte Physik wurde erst durch die spezielle Relativitätstheorie Einsteins 1905 deutlich. Die Geschwindigkeit des Lichts hat nämlich für alle Beobachter den gleichen Wert, gleichgültig, ob sie sich gegenüber der Lichtquelle bewegen oder ruhen. Nichts kann schneller sein als das Licht, und insbesondere kann kein Signal schneller übermittelt werden als mit Lichtgeschwindigkeit. Das führt unter anderem zu der berühmten „Relativität der Zeit". Ein und derselbe Vorgang kann für verschiedene Beobachter verschieden lange dauern. Das klingt zwar ungewohnt, ist aber eine empirisch bestens bestätigte Tatsache. Die Lichtgeschwindigkeit ist – was unsere tägliche Erfahrung betrifft – sehr groß: 300 000 Kilometer pro Sekunde.

Obwohl die Gesetze der speziellen Relativitätstheorie allgemein gelten, sind die Abweichungen von unseren anschaulichen Erwartungen erst dann zu bemerken, wenn wir Systeme betrachten, die sich mit einer Geschwindigkeit bewegen, die der des Lichts vergleichbar ist. Dann müssen die Gesetze der Newtonschen Mechanik durch die der speziellen Relativitätstheorie ersetzt werden. In der Teilchenphysik ist die Lichtgeschwindigkeit die natürliche Einheit für Geschwindigkeiten. „Ein Teilchen ist langsam" heißt, seine Geschwindigkeit ist klein gegenüber der Lichtgeschwindigkeit, man sagt, es sei schnell, wenn seine Geschwindigkeit vergleichbar mit ihr ist.

Das Plancksche Wirkungsquantum wurde zur Erklärung von Strahlungsphänomenen 1900 von Max Planck eingeführt. Es ist bedeutend für atomare und subatomare Vorgänge und es ist die fundamentale Naturkonstante der Quantenphysik. Die „Wirkung" ist in der Physik definiert als Produkt von Energie mal Zeit. Der Zahlenwert ist in Einheiten, die dem täglichen Leben angemessen sind, sehr klein. Er ist $6.626\ldots \cdot 10^{-34}$ J s (Joule mal Sekunde, das sind Kilogramm mal Meter zum Quadrat durch Sekunde); 10^{-34} bedeutet, daß die erste 6 an 34. Stelle hinter dem Komma steht. Höchstwahrscheinlich gilt die Quantenphysik auch für makroskopische Vorgänge, aber bei Prozessen, bei denen die Wirkung groß gegen das Plancksche Wirkumsquantum ist, kann man dieses näherungsweise gleich Null setzen und man kommt zur klassischen Physik. Der Drehimpuls hat die gleichen Einheiten wie die Wirkung, deshalb ist das Plancksche Wirkumsquantum die natürliche Einheit für diesen. Aus praktischen Gründen benutzt man meist das Plancksche Wirkungsquantum geteilt durch zwei π, bezeichnet mit $\hbar$ (sprich h-quer): $\hbar = h/(2\pi) = 1.05\ldots \cdot 10^{-34}$ J s.

Die in der Teilchenphysik übliche Energieeinheit ist das *Elektronenvolt*. Das ist die Energie, die ein Elektron gewinnt, wenn es eine Spannung von einem Volt durchläuft. Elektronen in einer Röntgenröhre, an die 10 000 Volt angelegt sind, haben also eine kinetische Energie von 10 000 Elektronenvolt.

Aus praktischen Gründen benutzt man meist das Mega-Elektronenvolt, MeV, das sind eine Million Elektronenvolt und das Giga-Elektronenvolt, GeV, das sind Tausend Mega-Elektronenvolt, also eine Milliarde Elektronenvolt. Als Masseneinheit benutzt man üblicherweise das Mega-Elektronenvolt geteilt durch das Quadrat der Lichtgeschwindigkeit, MeV/c^2 oder auch GeV/c^2.

In einem Glossar sind die wichtigsten, immer wiederkehrenden Begriffe zusammengefaßt, mit Verweisen auf die Stellen im Buch, wo sie eingeführt werden.

1.2 Die heile Welt

Zunächst schildere ich kurz die Entdeckung und einige Eigenschaften der Elementarteilchen, die „natürlich" vorkommen und unter normalen Bedingungen den Aufbau der Materie bestimmen.

Das Proton. Beim Proton, einem der wichtigsten Bausteine der Materie, ist es unmöglich, einen festen Zeitpunkt für die Entdeckung zu bestimmen. Wir wissen heute, daß das Proton der Atomkern des leichtesten chemischen Elements, nämlich des Wasserstoffs, ist. Aber als das Element Wasserstoff 1766 von dem Privatgelehrten Henry Cavendish entdeckt wurde, war keinesfalls klar, was ein chemisches Element, und noch viel weniger, was der Kern eines Atoms sei. Bemerkenswert ist allerdings die These, die der Mediziner William Prout 1815 aufstellte: Er folgerte aus den damals bekannten chemischen Atomgewichten, daß alle Elemente aus Wasserstoff zusammengesetzt seien. Diese These war in der Folgezeit sehr fruchtbar, auch wenn sie sich später als nicht ganz zutreffend herausstellte.

Die Ladung des Protons wird auch als Elementarladung bezeichnet. Sagt man, ein Teilchen habe die Ladung minus eins, so ist damit das Negative der Elementarladung gemeint. Die Masse des Protons ist 1.672...·10^{-27} Kilogramm, in den für die Teilchenphysik üblichen Einheiten 938.2720 MeV/c^2. Ich möchte es hier bei diesen kurzen Bemerkungen belassen und einige andere wichtige Eigenschaften des Protons erst im Zusammenhang mit dem anderen Baustein der Atomkerne, dem Neutron, besprechen.

Das Elektron. Das Elektron ist das erste Elementarteilchen, bei dem man von einer recht klar umrissenen „Entdeckung" sprechen kann, und es hält seinen Rang als Elementarteilchen auch noch heute.

Es fing an mit dem Bonner Glasbläser und Mechaniker H. Geissler, der um 1850 so dichte Röhren mit eingeschmolzenen Elektroden und so gute Luftpumpen baute, daß der Druck in den Röhren nur noch etwa ein Zehntausendstel des Atmosphärendrucks betrug. Damit untersuchte sein Chef J. Plücker, der auch als Mathematiker bekannt ist, sehr genau elektrische Entladungen in stark verdünnten Gasen. Er fand, daß von dem negativ geladenen Pol, der Kathode, Strahlen ausgingen, die die gegenüberliegende Glaswand grün aufleuchten ließen. Dieser Effekt wird auch heute noch ausgenutzt, so z. B bei Radarschirmen und in raffinierterer Form beim Farbfernseher. Der Entdecker der Radiowellen, Heinrich Hertz, fand, daß diese Strahlen dünne Aluminiumfolien durchdringen können, und dies wiederum brachte seinen Schüler Ph. Lenard auf die Idee, die Röhre mit einem Aluminiumfenster zu versehen, durch das die Strahlen aus der Röhre treten konnten. So konnte man bequem mit diesen „Kathodenstrahlen" experimentieren. Die Natur der Strahlen lag im Dunkeln; in England war man geneigt, sie als Teilchenstrahlen zu betrachten, in Deutschland eher als „Vorgänge im Äther". Wenn man sich die Interpretation als Teilchenstrahlen zu eigen machte, konnte man aus der Ablenkung im elektrischen und im magnetischen Feld das Verhältnis der Ladung zur Masse bestimmen. Im Januar 1897 schätzte E. Wiechert in Königsberg dieses Verhältnis auf Grund seiner Experimente als 2000 bis 4000 mal größer ab als beim Wasserstoffion, dem Proton. Er nahm gleiche Stärke für die Ladung an und schloß daraus auf die Existenz eines subatomaren Teilchens, das zwei bis viertausend mal leichter ist als ein Wasserstoffion.

Im gleichen Jahr hatten auch W. Kaufmann in Berlin und J.J. Thomson in Cambridge, England, dieses Verhältnis der Ladung zur Masse gemessen. Kaufmann fand einen Wert der etwa 1000 größer war als beim Wasserstoffion, Thomson einen etwa 770 mal größeren Wert. Die Schlußfolgerungen, die die beiden zogen, waren aber grundverschieden: Kaufmann argumentierte, daß sein Ergebnis schwer mit einer Teilcheninterpretation der Kathodenstrahlung zu vereinen sei, da man so leichte Teilchen nicht kannte. Thomson aber schloß: Es handelt sich um Teilchen die entweder erheblich leichter sind oder wesentlich stärker geladen sind als Wasserstoffionen (oder beides). 1899 kam dann der endgültige Durchbruch: Thomson benutzte ein neuartiges Instrument, die Nebelkammer; sein Schüler R.W. Wilson hatte sie entwickelt und wir werden sie im Abschn. 1.3 ausführlicher besprechen. Durch Tröpfchenzählen in dieser Kammer konnte Thomson die Ladung der Konstituenten der Kathodenstrahlung direkt bestimmen. Er fand einen Wert für die Ladung, der etwa 40% größer war als der heute gemessene Wert und schloß unter Benutzung seines schon vorher gemessenen Verhältnisses von Ladung zu Masse, daß die Teilchen ungefähr 60 mal leichter seien als Wasserstoffionen. Dieser Wert ist zwar etwa 30 mal größer als der heute bestimmte, aber dennoch war damit die Existenz eines Teilchens, das wesentlich leichter ist als das einfachste Atom, gesichert. Das Elektron war entdeckt. Ladung und Masse des Elektrons sind heute sehr genau bekannt: die Ladung ist genau eine negative Elementarladung, die Masse beträgt 0.51999899 MeV/c^2. Das Elektron ist also 1836 mal leichter als das Proton.

Bei der Entdeckung der Elektronen konzentrierte man sich auf zwei Eigenschaften: Ladung und Masse. Mit der Entwicklung der Quantenmechanik in den zwanziger Jahren des vorigen Jahrhunderts stellte sich noch eine weitere ganz charakteristische Eigenschaft heraus, die in unserer klassischen Vorstellung nur teilweise verständlich ist, das Elektron hat einen „Spin". Dieser Spin hat viele Eigenschaften mit dem klassischen Drehimpuls gemeinsam, und die formale Beschreibung in der Quantenmechanik ist analog. In mancher Hinsicht kann man sich den Spin also als einen Eigendrehimpuls vorstellen. Das klassische Modell eines Elektrons als ein geladenes Kügelchen, das sich um eine Achse dreht, erklärt zwar einige Eigenschaften, während es bei anderen Eigenschaften vollständig versagt. Der Spin des Elektrons ist genau ein halbes Plancksches Wirkungsquantum: $\frac{1}{2}\hbar$. Wir kommen auf den Spin in Abschn. 1.5.2 noch ausführlich zurück.

Das Elektron wirkt wie ein kleiner Magnet. Die Stärke dieses Magneten, das magnetische Dipolmoment des Elektrons, ist (recht genau) der Wert des Spins multipliziert mit dem Verhältnis der Ladung zur Masse. Wäre der Spin ein gewöhnlicher Drehimpuls, so würde man ein nur halb so großes magnetisches Dipolmoment erwarten.

Atommodelle. Nach der Entdeckung des Elektrons entwickelte J.J. Thomson ein Atommodell, bei dem die Elektronen in einem ausgedehnten Atom verteilt waren wie Rosinen in einem Kuchen, siehe Abb. 1.3a. Dieses Modell erklärte recht gut einige wichtige Eigenschaften der Materie, zum Beispiel den optischen Brechungsindex.

Das Modell von Thomson wurde allerdings unhaltbar durch die Interpretation, die E. Rutherford den von H. Geiger und E. Marsden durchgeführten Experimenten gab. Obwohl die Experimente nicht direkt zur Entdeckung neuer Elementarteilchen führten, spielen sie in deren Geschichte eine bedeutende Rolle. Zum einen entwickelte sich aus diesen Ergebnissen ein neuer Zweig der Physik, die Kernphysik, die wiederum Vorläuferin der Teilchenphysik ist. Zum anderen aber ist die Methode, durch Streuung von Teilchen Erkenntnisse über die fundamentale Struktur der Materie zu gewinnen, wegweisend für die gesamte moderne Physik geworden.

Rutherford hatte schon früher die Streuung von $alpha$-Teilchen, also Heliumkernen, die beim radioaktiven Zerfall entstehen, an dünnen Goldfolien untersucht. Geiger, der wissenschaftlicher Mitarbeiter von Rutherford an dessen Institut in Manchester war, hatte diese Untersuchungen fortgesetzt und bestätigt, daß die $alpha$-Teilchen die Folien durchdrangen und dabei nur wenig durch die Goldatome abgelenkt wur-

1 Die heroische Zeit

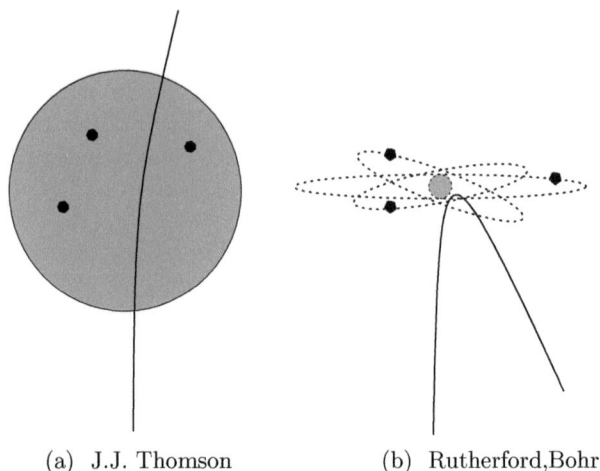

(a) J.J. Thomson (b) Rutherford,Bohr

Abbildung 1.3. Atommodell von Thomson und von Rutherford. (**a**) Beim Thomsonschen Modell schwimmen die Elektronen (*schwarz*) im ausgedehnten, positiv geladenen Kern (*grau*) „wie Rosinen in einem Pudding". (**b**) Beim Rutherford-Bohrschen Modell umkreisen die Elektronen wie Planeten den Kern. Die Zeichnung ist nicht maßstabgerecht. Die ausgezogene Kurve ist die Bahn eines *alpha*-Teilchens, das mitten auf das Atom trifft

den. Dies war zu erwarten, denn die Felder im ausgedehnten Thomson-Atom sind zu schwach, um ein *alpha*-Teilchen stark zu beeinflussen; in Abb. 1.3a ist eine typische Bahn eines *alpha*-Teilchens mitten durch ein Atom dargestellt. Obwohl die Ergebnisse den Erwartungen entsprachen, dachten Rutherford und Geiger, man könne den Studenten Marsden sinnvoll damit beschäftigen, nachzusehen, ob nicht vielleicht doch einige der *alpha*-Teilchen nach hinten abgelenkt würden, also die Folie gar nicht durchdrängen. Die ersten Resultate waren so unerwartet, als hätte man eine „15-Zoll-Granate auf ein Blatt Papier geschossen und sie wäre zurückgekommen", wie Rutherford sagte. Er fand jedoch die Lösung: Ist die positive Ladung des Atoms nicht auf das ganze Atom mit seinem Durchmesser von etwa 0.1 Nanometer verteilt, sondern nur auf einen wesentlich kleineren Kern, so sind die elektrischen Felder stark genug, um auch ein – für damalige Verhältnisse – sehr energiereiches *alpha*-Teilchen abzulenken; dies ist in Abb. 1.3b gezeigt. Der Winkel zwischen der Einfallsrichtung und der Richtung des Teilchens, die es nach der Streuung hat, heißt Streuwinkel.

Geiger und Marsden führten sorgfältige und mühsame Versuchsreihen durch, deren Ergebnisse in Abb. 1.4 zusammengefaßt sind. Zwar

1.2 Die heile Welt 11

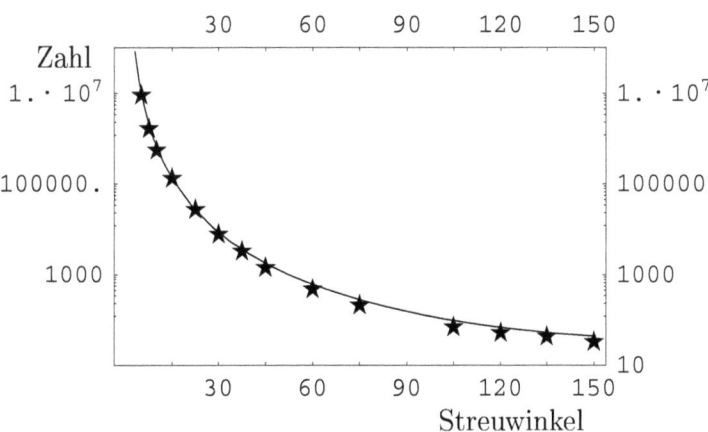

Abbildung 1.4. Ergebnisse des Streuexperiments von Geiger und Marsden. Aufgetragen ist die Zahl der gestreuten *alpha*-Teilchen, bezogen auf die gleiche Anzahl einfallender Teilchen, in Abhängigkeit vom Streuwinkel. Die durchgezogene Kurve ist der berechnete Wert für den Fall, daß die Ladung des Kerns in einem Punkt konzentriert ist

werden die meisten *alpha*-Teilchen nur wenig abgelenkt, d. h. die Zahl der Teilchen mit kleinen Streuwinkeln ist sehr groß, aber dennoch werden einige wenige auch nach hinten abgelenkt, das heißt der Streuwinkel ist größer als 90 Grad. Die ausgezogene Kurve zeigt den erwarteten Verlauf, wenn die gesamte positive Ladung auf einen Punkt konzentriert ist. Die kleine Abweichung der Meßwerte von dieser Kurve deutet allerdings schon an, daß auch der Kern eine endliche Ausdehnung hat. Aus dem Vergleich der theoretischen Kurve mit den experimentellen Daten konnte man schließen, daß der Durchmesser des positiven Atomkerns weniger als drei Tausendstel des Atomdurchmessers ist. Heute ist bekannt, daß der Kerndurchmesser des Goldatoms etwa 30 000 mal kleiner ist als dessen Atomdurchmesser.

Ich möchte hier in einem kurzen Einschub eine für die Streuung eminent wichtige Größe einführen, den *Wirkungsquerschnitt*. Nehmen wir an, wir haben n Streuzentren, die sich gegenseitig nicht stören; diese bilden das sogenannte Target. Auf das Target fällt ein Teilchenstrahl, bei dem pro Sekunde j Teilchen durch eine Fläche von einem Quadratzentimeter fließen. Ist N die Zahl der pro Sekunde gestreuten Teilchen, so ist der Wirkungsquerschnitt das Verhältnis von der Zahl der gestreuten Teilchen zur Teilchenstrahldichte mal der Zahl der Streuzentren, also $N/(j \cdot n)$. Die Kurve in Abb. 1.4 ist dem Wirkungsquerschnitt proportional.

Das Rutherfordsche Atommodell regte Niels Bohr zu seinem Atommodell an, bei dem die Elektronen wie Planeten den Atomkern umkreisen. Das war eigentlich nach den gesicherten Gesetzen der klassischen Elektrodynamik unmöglich, da ein um einen Kern kreisendes Elektron laufend elektromagnetische Strahlung aussendet und dabei Energie verliert. Es würde also früher oder später soweit abgebremst, daß es in den Kern fallen müßte. Bohr nahm daher an, daß für ganz bestimmte erlaubte – *gequantelte* – Bahnen die Gesetze der klassischen Elektrodynamik nicht gelten und daß die Elektronen nur Energie abgeben oder aufnehmen können, wenn sie von einer erlaubten Bahn auf eine andere erlaubte Bahn wechseln. Dieser Übergang von einer Bahn zur anderen wurde Quantensprung genannt, der Name hat sich in der pseudowissenschaftlichen Literatur für große Umwälzungen eingebürgert, obwohl ein Quantensprung der kleinste mögliche Sprung ist. Der Quantensprung von einer energiereicheren Bahn in eine energieärmere geschieht unter Aussendung eines Lichtquants, dessen Frequenz die Energiedifferenz der gequantelten Bahnen geteilt durch das Plancksche Wirkungsquantum ist.

Die Bohrschen „Vorschriften" wurden später von Heisenberg, Schrödinger, Pauli, Born und anderen durch die Quantenmechanik in einem geschlossenen theoretischen Rahmen begründet. Die nach dem Formalismus der Quantenmechanik möglichen Zustände entsprachen genau den „erlaubten Bahnen" des Bohrschen Modells. Allerdings machte die Quantenmechanik noch viele weitere nachprüfbare Aussagen, die zwar unserer an der Alltagserfahrung geschulten unmittelbaren Anschauung widersprechen, die aber alle der experimentellen Nachprüfung standhalten. Im Streitfall entschied das Experiment immer zugunsten des mathematischen Formalismus und gegen die Anschauung. So wurden die sehr anschaulichen erlaubten Bahnen Bohrs keineswegs durch die Quantenmechanik bestätigt, sondern nur das Funktionieren des Bohrschen Modells in gewissen Fällen erklärt.

Ganz wesentlich für das Verständnis der Atomphysik und auch des Aufbaus des periodischen Systems der chemischen Elemente ist das „Paulische Ausschließungsprinzip". Es besagt: Ist ein möglicher Zustand von einem Elektron besetzt, so kann in diesem Zustand kein zweites mehr unterkommen. Das Ausschließungsprinzip gilt nur für Teilchen mit dem Spin $\frac{1}{2}\hbar$; aus Gründen, die später klar werden, nennt man solche Teilchen Fermionen.

Das Neutron. Im Jahre 1930 fanden W. Bothe und H. Becker, daß beim Beschuß des Elementes Beryllium mit *alpha*-Teilchen eine neue harte, d. h. durchdringende Strahlung auftritt, „so hart, daß an ihrem Ursprung im Kern kaum gezweifelt werden kann". Das Ehepaar

1.2 Die heile Welt

Irene Joliot-Curie (Tochter von Pierre und Marie Curie) und Frédéric Joliot untersuchten diese Strahlung, bestätigten im wesentlichen die Ergebnisse von Bothe und Becker, fanden aber auch einige charakteristische Abweichungen in der Absorption. Die Natur der Strahlung blieb auch für sie rätselhaft.

Lange vor diesen Experimenten, nämlich 1920, hatte Rutherford in den Baxter Lectures spekuliert, daß es vielleicht einen engen, elektrisch neutralen Bindungszustand von einem Proton und einem Elektron geben könne, der etwa so groß und schwer wie ein Proton sei. Er kam darauf, weil er nicht sah, wie ohne neutrale Teilchen die Elemente in den Sternen entstehen könnten. J. Chadwik, ein enger Mitarbeiter Rutherfords, suchte nach diesem neutralen Teilchen. Angeregt durch die Untersuchungen von Joliot-Curie und Joliot fand er sehr schnell, daß die Bothe-Becker-Strahlung tatsächlich zum Teil aus diesen von ihm gesuchten neutralen Teilchen bestand, das Neutron war entdeckt (1932). Vor der Entdeckung des Neutrons hatte man angenommen, daß der Atomkern aus Protonen und Elektronen besteht. Dies erklärte recht gut, warum die Massen der Atomkerne ungefähr Vielfache der Masse des Wasserstoffkerns sind, was ja schon 1815 W. Prout hypothetisch angenommen hatte. Außerdem erklärte es leicht den radioaktiven *beta*-Zerfall, bei dem ein Elektron vom Atomkern ausgesandt wird. Daß die beim *beta*-Zerfall ausgesandten Teilchen tatsächlich Elektronen sind, hatte Kaufmann schon 1901 durch sehr sorgfältige Bestimmung des Verhältnisses der Ladung zur Masse bestätigt. Die Annahme, daß der Kern aus Protonen und Elektronen zusammengesetzt sei, führte allerdings zu theoretischen Schwierigkeiten. Nach den Gesetzen der Quantenmechanik war es nicht klar, wie man so leichte Objekte wie die Elektronen in einem so kleinen Raum wie dem Atomkern unterbringen könne. Unmittelbar nach der Entdeckung des Neutrons schlug daher Heisenberg vor, daß der Atomkern aus Protonen und Neutronen zusammengesetzt sei. Wie das Elektron haben auch das Proton und das Neutron einen Spin $\frac{1}{2}$ und – wie sich später herausstellte – auch ein magnetisches Moment. Die magnetischen Eigenschaften des Protons und die der Kerne allgemein spielen heute in der medizinischen Diagnostik eine wichtige Rolle, da die Kernspintomographie darauf beruht.

Das Neutron hat ungefähr die gleiche Masse wie das Proton, es ist nur etwa ein Promille schwerer. Als isoliertes Teilchen zerfällt es radioaktiv in ein Proton, ein Elektron und ein weiteres neutrales Teilchen, das wir später besprechen. Die nahezu gleiche Masse von Proton und Neutron führte Heisenberg schon 1932 zu der Annahme, daß beide durch eine Symmetrie verbunden seien, die man später Isospin-Symmetrie nannte; sie wird ausführlicher im Abschn. 1.5.3 behandelt.

In großer Konzentration kommen Neutronen in den Neutronensternen vor. Diese haben einen Durchmesser von nur etwa 20 km und durch ihre Rotation senden sie wegen ihrer hohen Magnetfelder elektromagnetische Signale wie Leuchttürme aus. Aus der extrem kurzen Periode (30–100 Millisekunden) von diesen als Pulsare wahrgenommenen Objekten schließt man auf ihren kleinen Durchmesser.

Rutherford hatte zwar vermutet, daß ein Neutron existiert, und diese Vermutung war auch für Chadwicks gezielte Suche sehr wichtig, aber dennoch kann man beim Neutron nicht von einer echten theoretischen Vorhersage sprechen. Bei den beiden Teilchen, die wir jetzt behandeln ist das anders.

Das Photon. Die Frage nach der Natur des Lichts spaltete die Naturgelehrten seit Beginn der Neuzeit in zwei Lager, die sich oft sehr heftig bekämpften. Die einen nahmen an, Licht bestehe aus kleinen Körpern (Korpuskulartheorie), die anderen betrachteten es als einen Schwingungsvorgang (Wellentheorie). Durch die Überlegungen und Experimente vor allem von Th. Young und A-J. Fresnel setzte sich zu Beginn des 19. Jahrhunderts die Wellentheorie durch. Maxwell erklärte das Licht als ein elektromagnetisches Phänomen: Er konnte alle wesentlichen Eigenschaften aus seiner vereinheitlichten Theorie der Elektrizität und des Magnetismus erklären. Als dann H. Hertz 1887 auch noch die Existenz elektromagnetischer Wellen direkt nachwies, schien die Natur des Lichts ein für allemal geklärt: Es waren Ätherschwingungen. Aber 1905 veröffentlichte der Technische Experte III. Klasse am Patentamt in Bern, Albert Einstein, drei Arbeiten, die die Physik des 20. Jahrhunderts weitgehend prägen. Eine davon hatte den Titel: „Über einen die Erzeugung und Verwandlung des Lichtes betreffenden heuristischen Gesichtspunkt". Er faßte selbst seine Arbeit zusammen: „Nach der hier ins Auge zu fassenden Annahme ist bei der Ausbreitung eines von einem Punkte ausgehenden Lichtstrahls die Energie nicht kontinuierlich auf größer und größer werdende Räume verteilt, sondern es besteht dieselbe aus einer endlichen Zahl von in Raumpunkten lokalisierten Energiequanten, welche sich bewegen, ohne sich zu teilen und nur als Ganze absorbiert oder erzeugt werden können." Diese Quanten nennt man heute Lichtquanten, *gamma*-Quanten oder Photonen. Die Masse der Photonen ist 0, ihre Energie ist proportional der Frequenz des Lichts, die Proportionalitätskonstante ist das Plancksche Wirkungsquantum.

Einstein konnte damit eine sehr rätselhafte Eigenschaft des sogenannten Photoeffekts erklären, die Lenard beobachtet hatte. Fällt Licht auf gewisse Metalle, so werden durch seine Wirkung Elektronen aus dem Metall gelöst. Dies ist der von H. Hertz entdeckte Photoeffekt. Die

1.2 Die heile Welt

Energie der herausgeschlagenen Elektronen hängt nicht von der Intensität des eingestrahlten Lichtes, also dem Energiefluß, sondern von der Wellenlänge des Lichts ab. Je kleiner die Wellenlänge und desto höher damit die Frequenz ist, desto mehr Energie haben die herausgeschlagenen Elektronen. Ist die Frequenz kleiner als ein gewisser Grenzwert, so tritt der Photoeffekt erst gar nicht auf. Dies ist im Einsteinschen Lichtquantenmodell sehr einfach zu erklären: Beim Photoeffekt wird ein Lichtquant absorbiert. Dessen Energie ist proportional der Frequenz; ist diese zu klein, so ist die Energie des einzelnen Photons kleiner als die Arbeit, die nötig ist, um ein Elektron aus dem Metall herauszulösen. Ist die Frequenz hoch, ist auch die Energie des Photons groß und neben der Ablösearbeit steht noch ein Rest zur Beschleunigung des herausgeschlagenen Elektrons zur Verfügung. Dies erklärt auch, warum ultraviolette Strahlung mit ihrer hohen Frequenz chemisch sehr viel aggressiver ist als normales sichtbares Licht. Einstein konnte die Experimente zum Photoeffekt nicht nur qualitativ, sondern auch quantitativ erklären. Die Energie eines Photons ist durch das Produkt von Frequenz f und Planckschem Wirkungsquantum h gegeben, d. h.

$$E = hf.$$

Das Wirkungsquantum h war schon von Planck recht genau bestimmt worden. Einstein leitete später auch sehr elegant die Plancksche Strahlungsformel aus den Gasgesetzen für ein Photonen-Gas her.

Trotz ihrer Erfolge stießen diese Ideen Einsteins nicht bei allen Physikern auf Gegenliebe und der vorsichtig formulierte Titel der Einsteinschen Arbeit zeigt auch, daß er selbst sich des Widerspruchs voll bewußt war. Die kontinuierliche Wellennatur des Lichts galt durch die Beugungsexperimente als bestens gesichert. In den zwanziger Jahren führte K.T. Compton Streuexperimente von Röntgenstrahlung durch, die am einfachsten als Stöße von teilchenartigen Photonen mit Elektronen interpretiert werden konnten. Als schließlich mit der weiteren Entwicklung der Quantenmechanik durch L. de Broglie auch Objekten, die ausschließlich als Teilchen interpretiert wurden, z. B. Elektronen, Wellencharakter zugesprochen wurde, setzte sich das Konzept des Photons allgemein durch. Im folgenden meinen wir immer, wenn wir von „Teilchen" sprechen, Objekte, die durch quantenphysikalisch zu behandelnde Felder beschrieben werden. Wir gehen darauf im Abschn. 1.4.2 und im Epilog noch einmal genauer ein. Es ist eine Frage der Definition, ob man die Photonen als Bestandteile der Materie bezeichnen will, aber sicher sind sie ein ganz wesentlicher Bestandteil unserer Welt. Die weitaus größte Zahl der Teilchen in unserem Universum sind Photonen.

Das Neutrino. Wolfgang Pauli bezeichnete das Neutrino als das „närrische Kind meiner Lebenskrise, das sich auch weiterhin närrisch benahm". Letzteres stimmt auch heute noch, bis jetzt war es immer für Überraschungen gut. Pauli führte ein neues neutrales Teilchen 1930 aus zwei Gründen ein: Beim radioaktiven *beta*-Zerfall sendet der Kern ein Elektron aus; man hatte festgestellt, daß sich dabei der Spin des Kerns um eine geradzahlige Einheit ändert, während das Elektron nur den Spin $\frac{1}{2}$ hat. Ferner – und das ist noch auffälliger – haben die Elektronen keine feste Energie, sondern eine kontinuierliche Energieverteilung, die von Null bis zu einer für den Zerfall typischen Maximalenergie reicht. Zerfiele der Mutterkern nur in zwei Teilchen, nämlich in den Tochterkern und ein Elektron, so müßte dieses Elektron wegen der Erhaltung des Impulses und der Energie eine feste Energie haben, gegeben durch die Massendifferenz von Mutter- und Tochterkern. So ist es ja auch beim radioaktiven *alpha*-Zerfall, bei dem der Mutterkern nur *ein* Teilchen, einen Helium-Kern, aussendet.

Pauli postulierte, daß beim *beta*-Zerfall nicht nur ein Elektron, sondern noch ein weiteres neutrales Teilchen ausgesandt wird, es wurde von Pauli Neutron, aber später Neutrino genannt. Das Neutrino sollte sehr viel leichter sein als ein Elektron, möglicherweise sogar masselos wie das Photon, und den Spin $\frac{1}{2}$ haben. Diese Hypothese löste mit einem Schlag die beiden oben besprochenen Probleme: Neutrino und Elektron bilden zusammen einen ganzzahligen Spin, was das Spinproblem löst, und sie teilen sich die Energie, was das kontinuierliche Energiespektrum der Elektronen erklärt.

Das Neutrino wurde erst 1956 von Reines experimentell nachgewiesen, wie in Abschn. 2.8 ausführlicher geschildert wird. In Abschn. 7.1 werden wir sehen, daß die Neutrinos zur Zeit wieder im Mittelpunkt des wissenschaftlichen Interesses stehen.

1.3 Kontrolle ist besser

Die moderne Elementarteilchenphysik unterscheidet sich von früheren Versuchen seit der Antike bis ins 19. Jahrhundert dadurch, daß sie nicht nur über Elementarteilchen spekulierte, sondern begann, die Teilchen mehr oder weniger direkt nachzuweisen. Daher kommt den Detektoren, mit deren Hilfe man die Teilchen nachweist, eine ganz besondere Bedeutung zu, und der Erfolg der Teilchenphysik ist zu großen Teilen bedingt durch die Entwicklung immer feinerer und leistungsfähigerer Nachweisgeräte.

In den meisten Fällen ist das Grundprinzip eines Teilchendetektors das der Ionisation: Ein geladenes Teilchen, z. B. ein Proton, schlägt aus einem Atom ein Elektron heraus, spaltet also das Atom in ein freies Elektron und ein positives Ion. Dieser Prozeß hat vielfache Konsequenzen:

1. Er kann zu chemische Änderungen, z. B. in der Emulsion einer photographischen Platte führen.
2. Bei der Rekombination der Ionen mit Elektronen kann Licht ausgesandt werden.
3. Gase oder Flüssigkeiten werden durch die Trennung der Ladungen leitend.
4. Die Ionen bilden in Gasen oder Flüssigkeiten Kondensationskeime für Tröpfchen oder Bläschen.

Geladene Teilchen verlieren entlang ihrer Bahn praktisch ihre gesamte kinetische Energie durch Ionisationsprozesse, was die Bestimmung der Teilchenenergie erlaubt. Auch der Energieverlust pro zurückgelegter Wegstrecke läßt sich messen. Da dieser wiederum hauptsächlich durch die Geschwindigkeit des ionisierenden Teilchens bestimmt ist, läßt sich daraus die Geschwindigkeit des Teilchens ermitteln.

Die Photonen sind zwar elektrisch neutral, aber dennoch können sie Atome ionisieren und deshalb ähnlich wie geladene Teilchen nachgewiesen werden. Ein wichtiger zusätzlicher Effekt zum Nachweis der Photonen ist die Paarbildung: Ein Photon wandelt sich hierbei in ein Elektron und ein Positron, also ein positiv geladenes Teilchen, um. Dieser Effekt ist nur im Rahmen einer Quantentheorie der Felder zu beschreiben, und er spielte überhaupt bei der Entwicklung einer Theorie der Elementarteilchen eine große Rolle, wie wir im nächsten Abschnitt noch sehen werden.

In neuerer Zeit wird auch der sogenannte Cherenkov-Effekt beim Nachweis geladener Teilchen benutzt. Dieser Effekt ist sehr ähnlich der Aussendung der Schockwelle durch einen Körper, der sich mit Überschallgeschwindigkeit bewegt, z. B. durch einen Düsen-Jet. Beim Cherenkov-Effekt wird aber keine Schall-, sondern eine Lichtwelle ausgesandt. Um Cherenkov-Licht auszusenden muß die Geschwindigkeit eines geladenen Teilchens größer sein als die Lichtgeschwindigkeit in dem betreffenden Medium. Für die Entdeckung und Erklärung des Cherenkov-Effektes wurden P.M. Cherenkov, I.M. Frank und I.M. Tamm 1958 mit dem Nobelpreis ausgezeichnet.

Ich beschreibe nun einige Nachweisgeräte, die bei der Entwicklung der Teilchenphysik eine wichtige Rolle spielten.

Photoemulsionen. Die photographische Platte ist der älteste Teilchen-Detektor. 1896 entdeckte Henri Becquerel die radioaktiven Strahlen, weil sie eine in dunkles Papier eingewickelte photographische

Platte schwärzten. Die geladenen Strahlen führen entlang ihrer Bahn durch die Ionisation zu den gleichen chemischen Reaktionen, die auch das Licht hervorruft. Entwickelt man also eine Photoplatte, durch die ein ionisierendes Teilchen lief, so wird die Bahn als schwarze Spur in der photographischen Emulsion sichtbar. Diese Methode wurde besonders in Wien verfeinert und erreichte ihren Höhepunkt mit der Entwicklung spezieller „Kernemulsionen" durch die Firmen Illford und Kodak. Wichtige Entdeckungen der Teilchenphysik verdanken wir dieser alten Methode.

Fluoreszenz, Szintilloskop. Bei einigen Substanzen wird bei der Rekombination der Ionen sichtbares Licht ausgesandt. Dieser Vorgang heißt Fluoreszenz. Die Elektronen der Kathodenstrahlen in den Geisslerschen Röhren machten sich durch grünes Licht auf der Glaswand der Röhre bemerkbar; es ist das Fluoreszenzlicht der durch die Elektronen im Glas erzeugten Ionen. Conrad Röntgen fand die nach ihm benannte Strahlung, weil die Photonen der Röntgenstrahlung einen Schirm, der mit einer Platinverbindung bestrichen war, zum Fluoreszieren brachten.

Das Szintilloskop beruht auch auf der Fluoreszenz. Bei ihm weist man den Lichtblitz, der durch ein einzelnes Teilchen erzeugt wird, nach. Dies geschah in den Pionierzeiten mit dem Auge. Bei den klassischen Experimenten von Geiger und Marsden, die in Abschn. 1.2 kurz beschrieben sind, wurden die am Kern gestreuten $alpha$-Teilchen mühsam mit einem visuellen Szintilloskop nachgewiesen und einzeln gezählt. Bei modernen Szintillationszählern wird das ausgesandte Licht mit Hilfe von Photozellen gemessen und elektronisch registriert.

Ionisationskammer. Henri Becquerel fand schon bald nach der Entdeckung der Radioaktivität 1896, daß die radioaktive Strahlung Luft leitend machte und zur Entladung eines Elektroskops führte. In der Ionisationskammer ionisiert die Strahlung das in ihr befindliche Gas, und man mißt den Strom, der durch getrennte Ladungsträger geleitet wird; dies ist in Abb. 1.5 dargestellt. Früher maß man den Stromstoß durch die Entladung eines Elektroskops, heute wird er elektronisch verstärkt und registriert.

Die Ionisationskammer spielt seit der Frühzeit der Teilchenphysik eine bedeutende Rolle. Chadwik hatte die Neutronen mit Hilfe einer Ionisationskammer entdeckt. Sie war mit Paraffin ausgekleidet, die Neutronen stießen die Wasserstoffkerne im Paraffin an, und diese wurden dann über ihre Ionisationseffekte nachgewiesen.

Geiger-Müller-Zähler. Der sicher bekannteste Teilchendetektor ist der Geiger-Müller-Zähler. Dieser besteht aus einer Ionisationskammer, in der die freigesetzten Elektronen durch ein hohes elektrisches

1.3 Kontrolle ist besser

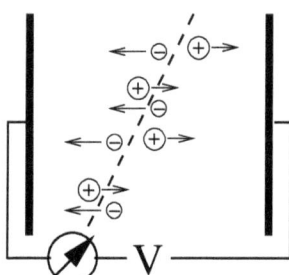

Abbildung 1.5. Durch ein geladenes Teilchen werden die Atome oder Moleküle entlang der Teilchenbahn (*gestrichelte Linie*) in der Ionisationskammer ionisiert. Die angelegte Spannung V zieht die positiven Ionen zum negativen, die Elektronen zum positiven Pol. Der dadurch fließende Strom wird gemessen, aus dem Verlauf des Stromflusses lassen sich Rückschlüsse auf die Energie des ionisierenden Teilchens ziehen

Feld stark beschleunigt werden. Sind sie schnell genug, können sie ihrerseits weitere Atome oder Moleküle ionisieren; dabei wird die Zahl der Ladungsträger durch eine Kettenreaktion vergrößert. Man erzielt hohe elektrische Felder durch eine bestimmte geometrische Anordnung, z. B. nimmt bei einem zylindrischen Zählrohr die Feldstärke zur Mitte hin stark zu. Der durch ein ionisierendes Teilchen ausgelöste Stromstoß kann dann registriert werden. Man kann ihn auch nach Verstärkung auf einen Lautsprecher geben, was dann zum typischen Knacken führt, das in Filmen gemeinhin radioaktive Strahlung anzeigt. Damit die Kettenreaktion nicht zu stark anwächst und dann zu einem permanenten Strom im Geigerzähler führt, werden sie durch geringe Mengen eines mehratomigen Gases (z. B. Alkoholdampf) in der Füllung stabilisiert. Ob dies, wie kolportiert wird, eine Zufallsentdeckung war, weil einer der Mitarbeiter Geigers Alkoholiker war, und seine Fahne automatisch den Zusatz brachte, sei dahingestellt. Ist die angelegte Spannung nicht zu groß, dann ist der durch ein ionisierendes Teilchen ausgelöste Stromstoß proportional der Zahl der erzeugten Ionen, also dem Energieverlust des Teilchens im Zählrohr. Man spricht dann von einem Proportionalzähler.

Eine sehr wichtige Methode bei der Anwendung von Zählrohren ist die Koinzidenz-Methode, die ab 1925 von W. Bothe mit Mitarbeitern entwickelt wurde. Bothe und Geiger untersuchten den Compton-Effekt, d. h. die Streuung von Photonen an Elektronen, mit zwei Zählern und stellten fest, daß das gestreute Elektron und das gestreute Photon die getrennten Zähler gleichzeitig ansprechen ließen. Dabei wurden die Elektroskope beider Zähler gefilmt. Später entwickelte Bothe auch eine elektronische Koinzidenzschaltung, die durch B. Rossi 1930 wesentlich verbessert wurde. Koinzidenz und Antikoinzidenz-Methoden spielen auch heute noch eine wesentliche Rolle bei Teilchennachweis und -identifikation.

Nebelkammer. Die Entwicklung der Nebelkammer durch R.W. Wilson geht direkt auf den Entdecker des Elektrons, J.J. Thomson zurück. Der hatte sich schon früh mit dem Einfluß elektrischer Ladungen auf den Dampfdruck beschäftigt. Über einer ebenen Wasserfläche in einem geschlossenen Gefäß bei fester Temperatur befinden sich die Wassermoleküle in der Flüssigkeit und die im darüber befindlichen Gas im Gleichgewicht, welches durch zwei konkurrierende Mechanismen bestimmt wird. Die thermische Bewegung der Moleküle bewirkt, daß einige von ihnen aus der Flüssigkeit entweichen, aber die anziehende Kraft der Wassermoleküle in der Flüssigkeit verhindert, daß das zu oft geschieht. Bei einer stark gekrümmten Fläche hat ein Wassermolekül auf der Oberfläche weniger Nachbarn als auf einer ebenen Fläche und wird dadurch weniger stark in der Flüssigkeit gehalten. Deshalb verdampft ein kleines Wassertröpfchen auch unter Bedingungen, bei denen eine ebene Oberfläche im Gleichgewicht mit dem Wasserdampf ist. Je kleiner ein Tröpfchen ist, desto weniger anziehende Nachbarn hat es, und deshalb ist die Verdampfung eines Tröpfchens umso stärker, je kleiner es ist. Man kann sogenannten übersättigten Wasserdampf bilden, in dem sich mehr Wassermoleküle befinden, als es im Gleichgewicht sein dürften. Ist das Gas vollkommen rein, so können sich keine kleinen Tröpfchen bilden, weil diese sofort wieder verdampfen würden; da aber alle Tröpfchen einmal klein anfangen müssen, bilden sich überhaupt keine. Die elektrische Ladung eines Ions aber zieht Wassermoleküle an und das kann im übersättigten Wasserdampf dazu führen, daß sich um das Ion ein Tröpfchen bildet, weil die anziehende elektrische Kraft des Ions die schnelle Verdampfung verhindert. Dadurch bilden Ionen Keime für die Kondensation von Wassertröpfchen. Diese Vorgänge hatte Thomson theoretisch untersucht und die relevanten Formeln hergeleitet. Sein Student R.W. Wilson entwickelte daraus eines der wichtigsten Nachweisgeräte der Elementarteilchenphysik: die Nebelkammer. Der Aufbau ist im Prinzip einfach: Durch Ausdehnung wird die Temperatur in einem mit Wasserdampf gesättigtem Gefäß erniedrigt, dadurch wird der Wasserdampf übersättigt. Nur an vorhandenen Ionen können sich Nebeltröpfchen bilden. Da ein geladenes Teilchen entlang seiner Bahn Ionen erzeugt, wird sie durch die daran kondensierten Nebeltröpfchen sichtbar. Durch geschickte Wahl der Versuchseinrichtung läßt sich sogar erreichen, daß die Zahl der Tröpfchen pro Weglänge erlaubt, die Geschwindigkeit des Teilchens zu bestimmen. Die Bahn wird mit Hilfe zweier Kameras stereoskopisch aufgenommen, damit sich die Spur im Raum rekonstruieren läßt.

Ein großer Fortschritt in der Anwendung kam durch die Koinzidenzschaltung einer Nebelkammer mit Zählrohren. Die Kammer wurde nur expandiert, wenn auch die Zählrohre anzeigten, daß mindestens ein geladenes Teilchen durch die Kammer geflogen war. Man war damit sicher, nur Aufnahmen zu machen, auf denen man etwas – hoffentlich Interessantes – sehen konnte. Das klingt sehr einfach, war aber in den frühen Zeiten eher eine Kunst als ein Handwerk, da die Konstruktion und die Bedienung der Geräte sehr viel Geschick und Einfühlungsvermögen erforderten. Die Väter der Methode waren P.M.S. Blackett (Nebelkammer) und G. Ochialini (Geigerzähler). Blackett klagte über Geigerzähler: „Damit sie funktionierten, mußte man an einem Freitag Abend in der Fastenzeit auf den Draht spucken". Der Nebelkammer und ihren Weiterentwicklungen verdanken wir viele wichtige Entdeckungen in der Teilchenphysik. Sie spielte auch in der Diskussion über die Quantenmechanik eine wichtige Rolle: Heisenberg mußte – und konnte – Kritikern der Quantenmechanik die folgende Frage beantworten: Wenn es in der Quantenmechanik wegen der Unschärferelation unmöglich ist, von der „Bahn" eines Teilchens im Sinne der klassischen Physik zu sprechen, wie kommt es dann, daß man gut sichtbare Spuren von Teilchen in der Nebelkammer beobachten kann? Die Lösung besteht darin, daß die Spur natürlich keine Bahn im mathematischen Sinne ist, sondern schon durch die Ausdehnung der Tröpfchen eine gewisse Unschärfe aufweist.

1.4 Die Quantenphysik wird entscheidend

Die Quantenphysik war entwickelt worden, um Vorgänge auf atomarem Niveau zu beschreiben. Ob sie für subatomare Vorgänge, etwa für Prozesse im Atomkern, gültig ist, war für einige Zeit recht unsicher. Es herrschte durchaus die Meinung, daß für die Kernphysik neue Gesetze gefunden werden müßten, die sich von denen der Atomphysik ebenso unterschieden, wie die der Atomphysik von denen der klassischen Physik. Es stellte sich aber heraus, daß die Quantenphysik offenbar allgemein gültig ist. Es ist allerdings nicht die durch die Quantenpostulate modifizierte *Mechanik*, die auf die Elementarteilchen angewandt werden kann, sondern die Quantenfeldtheorie, die quantisierte Form der *Feldtheorie*. In diesem Abschnitt, der nicht streng historisch aufgebaut ist, will ich versuchen, einige der entscheidenden Resultate der Quantenfeldtheorie mit möglichst wenig Formalismus vorzustellen. Dies führt notwendigerweise zu einer Gratwanderung zwischen Verfälschung und Unverständlichkeit, doch ich glaube, daß sich einige wesentliche Gedanken auch für Nicht-Spezialisten weitgehend nur mit Worten darstellen lassen. Die wenigen Formeln, auf die ich unter keinen Umständen verzichten kann, mögen vielleicht durch die darin auftretenden ungewohnten Symbole kompliziert erscheinen, aber ich versichere Ihnen, daß von höherer Mathematik kein Gebrauch gemacht wird. Ich bemühe mich nur das zu sagen, was wahr ist, wenn ich auch nicht immer *alles* sage, was wahr ist.

1.4.1 Spezielle Relativitätstheorie und Quantenphysik

Wir beginnen mit einer der wichtigsten Beziehungen, die im letzten Jahrhundert gefunden wurde: Der von Einstein 1905 entdeckte allgemeine Zusammenhang zwischen Energie E, Impuls p und Masse m eines Teilchens ist

$$E^2 = m^2c^4 + p^2c^2,$$

wobei c die Lichtgeschwindigkeit im Vakuum ist.

Diese Formel enthält doppelten Zündstoff: Einmal gibt sie für Teilchen mit verschwindendem Impuls, also ruhende Teilchen, die berühmte Gleichung für die Ruhenergie:

$$E = mc^2,$$

zum anderen erlaubt sie für gegebene Masse und Impuls *zwei* Lösungen: eine positive und eine negative:

$$E = +|\sqrt{m^2c^4 + p^2c^2}| \quad \text{und} \quad E = -|\sqrt{m^2c^4 + p^2c^2}|.$$

In der klassischen Physik ist die negative Lösung nicht weiter interessant; man erklärt sie schlechterdings für „unphysikalisch" und vergißt sie. In der Quantenmechanik ist das nicht so einfach. Hier werden den Meßgrößen „Ort" (Lage), „Impuls" und „Energie" nicht direkt Meßwerte, also Zahlen, zugeordnet, sondern Operatoren. Das sind Objekte, die nicht durch ihre Werte, sondern durch ihre Wirkung gekennzeichnet sind. Die Energie eines Zustandes ist dadurch bestimmt, wie der Energie-Operator auf ihn wirkt. Wenn man nun gewisse Meßwerte als unphysikalisch verwirft, so muß man dafür den Operator, der den Meßgrößen in der Quantenphysik zugeordnet ist, modifizieren. Es stellt sich heraus, daß diese Modifikation Konsequenzen hat, die im Widerspruch zu den Prinzipien steht, auf denen eine relativistische Quantenphysik aufgebaut ist. Eines der Prinzipien, die verletzt werden, wenn man die negativen Energiezustände einfach wegläßt, ist das der Lokalität. Da

1.4 Die Quantenphysik wird entscheidend 23

es in der Teilchenphysik eine große Rolle spielt, will ich kurz darauf eingehen.

Das Prinzip der Lokalität besagt – etwas salopp ausgedrückt – daß ein Ereignis, das von einem anderen nichts wissen kann, auch nicht durch dieses beeinflußt werden kann. Ein Ereignis kann demnach nicht durch ein zukünftiges Ereignis beeinflußt werden. Es kann aber auch kein Einfluß stattfinden, wenn die beiden nicht durch ein Lichtsignal miteinander kommunizieren können. Dabei wird berücksichtigt, daß sich nach der speziellen Relativitätstheorie Signale prinzipiell nicht schneller als mit Lichtgeschwindigkeit ausbreiten können. In Abb. 1.6 ist der Einflußbereich in Raum und Zeit eines durch einen vollen Kreis gekennzeichneten Ereignisses quergestreift eingezeichnet, der Bereich, der selbst einen Einfluß auf dieses Ereignis ausüben kann, längsgestreift. Je weiter ein Raumpunkt von dem des ursprünglichen Ereignisses entfernt ist, also desto weiter er am rechten oder linken Rande der Abbildung liegt, desto später kann erst der Einfluß einsetzen. So kann z. B. eine Eruption auf der Sonne irdische Ereignisse erst nach acht Minuten beeinflussen, weil das Licht solange braucht, um von der Sonne zur Erde zu gelangen. Hier ist vielleicht die Anmerkung angebracht, daß bei allen Berichten über „Teleportation" in der Quantenmechanik mit Über-Lichtgeschwindigkeit es sich nicht um Signale handelt, die Informationen übermitteln.

Nun kann man natürlich annehmen, daß in der Quantenmechanik dieses Lokalitätsprinzip nicht gilt. Es hat sich aber im Verlauf der Wissenschaftsgeschichte herausgestellt, daß es sich oft lohnt, konservativ zu sein und Prinzipien nicht zu schnell aufzugeben. Oft genug hat diese konservative Prinzipientreue zu revolutionären Ergebnissen geführt, und so war es auch hier, wie wir sehen werden.

P.A.M. Dirac hatte 1928 eine quantenmechanische Gleichung für das Elektron gefunden, die die oben angegebenen relativistische Beziehung zwischen Energie und Impuls in die Quantenphysik überträgt. Diese Gleichung löste viele Rätsel der Atomphysik mit einem Schlag: Sie zeigte, daß die Elektronen Spin $\frac{1}{2}\hbar$ haben *müssen*, daß das Verhältnis von magnetischem Moment zu diesem Spin tatsächlich um einen Faktor zwei größer ist als beim üblichen Bahndrehimpuls, und sie erklärte mit größter Präzision die beobachteten Linien im Wasserstoffspektrum, d. h. die Wellenlängen des von einem angeregten Wasserstoffatom ausgesandten Lichts. O. Klein und Y. Nishina benützten die Dirac-Gleichung, um die Streuung von Photonen an Elektronen zu berechnen, und auch hier waren die Ergebnisse sehr befriedigend, wenn auch wegen der experimentellen Unsicherheiten nicht so zwingend wie beim Spektrum des Wasserstoffs. Allerdings hatte die Dirac-Gleichung

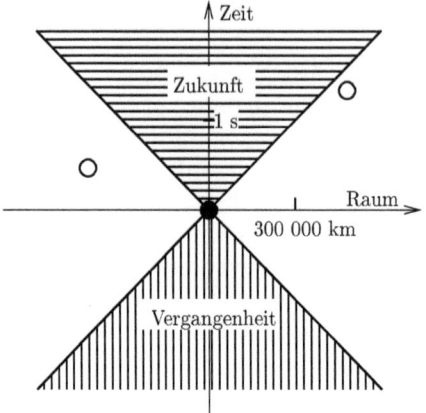

Abbildung 1.6. Illustration der Lokalität. Das Raum-Zeitgebiet, auf das das durch einen vollen Kreis gekennzeichnete Ereignis einen Einfluß haben kann, ist quergestreift eingezeichnet, das Gebiet, das selbst einen Einfluß ausüben kann, ist längsgestreift. Ereignisse, die z. B. an den durch offene Kreise gekennzeichneten Raum-Zeitpunkten stattfinden, sind von dem mit dem vollen Kreis vollkommen unabhängig

ein gewaltiges Problem, was nach der vorigen Diskussion nicht verwunderlich ist: Sie sagte die Existenz von Zuständen mit negativer Energie voraus, und zwar zu jedem Zustand mit positiver Energie gab es einen entsprechenden Zustand, für den die Energie den gleichen Betrag, aber das negative Vorzeichen hatte. Der russische Physiker I.E. Tamm und der Schwede I. Waller zeigten unabhängig voneinander, daß diese negativen Zustände auch tatsächlich nötig sind, um aus der oben erwähnten Klein-Nishina-Formel im klassischen Grenzfall, nämlich für sehr langwellige Strahlung, das altbekannte Thomsonsche Resultat für die Streuung von Licht an Elektronen zu erhalten. Wenn aber diese negativen Energiezustände wirklich existierten, dann war nicht einzusehen, warum nicht gewöhnliche Zustände, also solche mit positiver Energie, unter Aussendung von Licht in die Zustände mit negativer Energie übergingen, genauso wie ein angeregter Zustand in einem Atom in einen Zustand niedrigerer Energie übergeht. In Abb. 1.7 ist das bildlich dargestellt. Die durchgezogenen Pfeile zeigen die beobachteten Übergänge zwischen Zuständen positiver Energie, wie sie z. B. zu den bekannten von Atomen ausgesandten Spektrallinien führen, die gestrichelten Pfeile deuten die nicht beobachteten, aber durch nichts ausgeschlossenen Übergänge an, bei denen am Ende ein Zustand negativer Energie vor-

1.4 Die Quantenphysik wird entscheidend   25

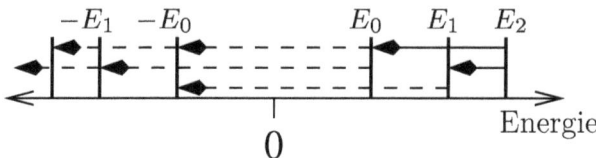

Abbildung 1.7. Die positiven und negativen Energiezustände bei der Dirac-Gleichung. Neben den beobachteten Übergängen zwischen den Zuständen positiver Energie (*durchgezogene Pfeile*) erwartet man auch – nicht beobachtete – Übergänge von Zuständen positiver Energie in solche negativer Energie und Übergänge zwischen Zuständen negativer Energie (*gestrichelte Pfeile*)

liegt. Die dabei ausgesandte Strahlung kann erhebliche Energie mit sich tragen. Der niedrigste positive Energiezustand eines Elektrons hat dessen Ruhenergie, also etwa eine halbe Million Elektronenvolt. Neben diesem gibt es nach der Dirac-Gleichung einen negativen Zustand mit einer Energie von minus einer halben Million Elektronenvolt. Ginge also der positive Energiezustand in den negativen über, so würde dabei eine Million Elektronenvolt frei, die das ausgesandte Photon mit sich trüge. Um so harte, d. h. energiereiche, Röntgenstrahlung zu erzeugen, müßte man an eine Röntgenröhre mindestens eine Million Volt anlegen. Doch damit nicht genug. Da die Energie der Zustände nach unten nicht begrenzt ist, würde ein Zustand zu immer tieferen Energien zerfallen können und dabei laufend Strahlung aussenden: Es gäbe also gar kein stabiles Universum.

Es ist deshalb schon verständlich, daß die Diracsche Theorie auf herbe Kritik stieß. Pauli erfand in diesem Zusammenhang das zweite Pauli-Prinzip: Eine solche Theorie müßte auf den Körper ihres Erfinders angewandt werden. Dann würde dieser sofort zerstrahlen und könnte eine solche Theorie gar nicht erst verbreiten.

Es gab also ein echtes Dilemma: Zum einen hatte die Dirac-Gleichung erstaunlich gut erfüllte Vorhersagen gemacht, zum anderen führte sie zu solch absurden Konsequenzen, wie den eben geschilderten. Nun waren drei Haltungen möglich: Einmal, man verwirft die Dirac-Gleichung in Bausch und Bogen. Eine andere Möglichkeit besteht darin anzunehmen, daß die Dirac-Gleichung schon ihre Bedeutung hat, daß aber bei der Interpretation etwas noch nicht stimmt. Oder man findet eine geniale Ausrede, die das Gute erhält und die unerwünschten Konsequenzen verhindert.

Auf eine bessere Interpretation zu warten, wäre eigentlich zu dieser Zeit sehr legitim gewesen, denn auch die nicht-relativistische Quantenmechanik hatte (und hat) ihre Probleme. Aber Warten bei solch brisanten Fragen liegt nicht in der Natur der Physiker, und so fand Dirac eine geniale Ausrede zur Lösung des Problems.

Das (erste) Paulische Ausschließungsprinzip war bereits bekannt: Falls ein Zustand von einem Elektron besetzt ist, findet kein weiteres in diesem Zustand Platz. Dies erklärt z. B. das Periodische System der Elemente. Das angeregte Leuchtelektron des Natrium-Atoms fällt nicht in den absolut niedrigsten Zustand, der ist nämlich schon besetzt, sondern in den niedrigsten unbesetzten Zustand auf einer höheren Schale; die chemischen Eigenschaften eines Elementes werden durch diese höchsten besetzten Energie-Zustände bestimmt. Dirac schlug vor, daß all die unerwünschten negativen Zustände zwar vorhanden, aber schon besetzt wären. Deshalb könnten die Elektronen positiver Energie nicht in diese negativen fallen, die Welt wäre also stabil. Allerdings mußte er dazu annehmen, daß all die besetzten negativen Energiezustände (unendlich viele) unbeobachtbar seien; man würde jedoch bemerken, wenn einmal ein Zustand negativer Energie *nicht* besetzt sei: Dieses „Loch" verhielte sich wie ein Teilchen mit einer Ladung, die entgegengesetzt der des Elektrons ist, also wie ein Teilchen positiver Ladung. Da man bis dahin nur zwei Arten geladener Teilchen kannte, das negative Elektron und das positive Proton, schlug Dirac vor, die Löcher mit den Protonen zu identifizieren. Er nahm an, daß die Wechselwirkung dafür sorge, daß das „Loch" die Masse des Protons habe, also etwa 2000 mal schwerer sei als das Elektron. Die unbeobachtbaren aufgefüllten Zustände negativer Energie wurden „Dirac-See" genannt.

Auch diese Theorie wurde im allgemeinen nicht gerade enthusiastisch begrüßt, und führte, je nach Temperament, zu den verschiedensten Reaktionen. Heisenberg berichtete, daß das „magnetische Elektron" den Göttinger Physiker Pascual Jordan, einen der am stärksten mathematisch orientierten Väter der Quantentheorie, trübsinnig mache. Enrico Fermi hielt in Rom einen „Schauprozeß" ab, bei dem Dirac – symbolisch – zur Bastonade verurteilt wurde, da er gegen ein gewichtiges Prinzip der Quantenmechanik verstoßen habe, nämlich keine unbeobachtbaren Größen einzuführen. Niels Bohr erfand eine weitere „Wie-fängt-man-wilde-Tiere"-Geschichte, nämlich „Wie fängt man Elefanten lebendig": An der Wasserstelle der Elefanten stellt man ein Poster mit den Diracschen Vorschlägen auf. Der Elefant, der ja bekanntlich ein sehr weises Tier ist, liest dieses Poster und ist für einige Minuten vollkommen schockiert. In dieser Zeit kann der Jäger, der sich in der Nähe verborgen hielt, ihn fesseln und sicher zu Hagenbeck nach Hamburg schicken.

1.4 Die Quantenphysik wird entscheidend 27

Als es klar wurde, daß die Identifikation des Loches mit dem Proton unhaltbar war, kam Dirac 1931 zur Sache: „Ein Loch, wenn es ein solches gäbe, wäre eine neue Art von Teilchen, den Experimentalphysikern unbekannt, das die gleiche Masse und die entgegengesetzte Ladung des Elektrons hätte", formulierte er vorsichtig, aber eindeutig. Ein Jahr später veröffentlichte der Experimentalphysiker C.D. Anderson einen Artikel mit dem ebenso vorsichtigen Titel: „Die offensichtliche Existenz leicht ablenkbarer positiver Ladungen". Leicht ablenkbar bedeutet: sehr viel geringere Masse als das Proton. Das Teilchen, das dem Loch im Dirac-See entspricht, war gefunden. Doch davon später. Dem Vorschlag de Broglies folgend wird dieses Loch im Teilchensee „Antiteilchen" genannt.

1.4.2 Feldtheorie und Quantenphysik

Ich komme nun zum kompliziertesten Teil dieses theoretischen Abschnitts, nämlich einer kurzen Darstellung einiger wesentlicher Grundzüge einer relativistischen Quantenfeldtheorie, d. h. einer Theorie, die den Feldbegriff, die spezielle Relativitätstheorie und die Quantentheorie vereint.

Ganz allgemein ist ein Feld eine Zuordnung der Raum-Zeitpunkte zu irgendwelchen Eigenschaften, mathematisch gesehen eine Abbildung der Raum-Zeitpunkte auf diese Eigenschaften. Eine Wetterkarte stellt ein Feld dar: sie zeigt zu einem festen Zeitpunkt – etwa dem 4. August 1913, 12 Uhr - für jeden Punkt der Erdoberfläche den Luftdruck. Die physikalische Eigenschaft, die Feldgröße, ist hier der Luftdruck. In diesem Beispiel haben wir einen materiellen Träger der Eigenschaft, nämlich die Luft; aber in der Elektrodynamik hat man sich an eine Zuordnung physikalischer Eigenschaften, nämlich elektrischer und magnetischer Feldstärken, an Raum-Zeitpunkte auch ohne materiellen Träger gewöhnt. Die Verknüpfungen der Felder an verschiedenen Raum- und Zeitpunkten werden durch die Feldgleichungen ausgedrückt. Berühmte Feldgleichungen sind die Maxwellschen Gleichungen der Elektrodynamik und die Navier-Stokes-Gleichungen der Hydrodynamik. Typisch für Feldtheorien sind Überlagerungsphänomene: rührt von einer Quelle an einem Punkt eine gewisse Feldstärke her, so kann diese durch eine gleichgroße, entgegengesetzt gerichtete Feldgröße von einer anderen Quelle zum Verschwinden gebracht werden. In der Akustik sind die Schwebungen eines Tones ein typisches Überlagerungsphänomen, in der Optik sind es die Interferenzphänomene. Im Rahmen der klassischen Feldtheorie, wie sie von Euler und Lagrange entwickelt wurde, kann man das Feld selbst als eine Verallgemeinerung der Lagekoordinaten auffassen und eine Feldenergie durch die Felder ausdrücken. Auch kann man einen zum Feld „kanonisch konjugierten" Feldimpuls einführen (nicht zu verwechseln mit dem durch das Feld getragenen Impuls). In der Quantenfeldtheorie werden die Prinzipien der Quantenphysik mit denen der Feldtheorie vereint.

Ich hatte bereits erwähnt, daß in der Quantenmechanik den Meßgrößen Operatoren zugeordnet sind, die auf Zustände wirken. Eine Besonderheit dieser Operatoren ist, daß sie sich nicht miteinander vertauschen lassen. Wenn ich erst den Operator des Orts und dann den des Impulses auf einen Zustand wirken lasse, so erhalte ich ein anderes Ergebnis, als wenn ich die Reihenfolge vertausche, also erst den Impuls- und dann den Ortsoperator auf den Zustand wirken lasse. Bezeichnen wir den Ortsoperator mit $\mathbf{X}$, den Impulsoperator mit $\mathbf{P}$, so ist eines der Grundpostulate der Quantenphysik, daß folgende *Vertauschungsrelation* gilt:

$$\mathbf{X} \cdot \mathbf{P} - \mathbf{P} \cdot \mathbf{X} = i\hbar.$$

Hierbei bedeutet $\mathbf{X} \cdot \mathbf{P}$, daß ich zuerst den linksstehenden Operator, also den Impulsoperator $\mathbf{P}$ und dann den rechtsstehenden Operator, also den Ortsoperator $\mathbf{X}$ auf einen Zustand wirken lasse. Die obige Gleichung besagt in einfachen Worten: wenn ich einmal auf einen Zustand erst $\mathbf{P}$ und dann $\mathbf{X}$ wirken lasse, zum anderen erst $\mathbf{X}$ und dann $\mathbf{P}$ und die beiden Ergebnisse voneinander abziehe, so erhalte ich ein sehr einfaches Ergebnis, nämlich den ursprünglichen Zustand der mit der Zahl $i\hbar$ multipliziert ist. Hier ist $\hbar$ das Plancksche Wirkungsquantum und i die imaginäre Einheit, also die (komplexe) Zahl, die mit sich selbst multipliziert -1 ergibt. Beim Orts- und Impulsoperator führt diese Vertauschungsrelation zu den berühmten Heisenbergschen Unschärferelationen.

In der quantisierten Feldtheorie sind die den Raum-Zeitpunkten zugeordneten Eigenschaften nicht wie in der klassischen Feldtheorie direkte Meßgrößen, also Zahlen, sondern Operatoren. Diesen Operatoren sowie den aus ihnen gebildeten Operatoren des Feldimpulses und der Feldenergie werden strukturell die gleichen Vertauschungsrelationen zugeordnet wie dem Ort, dem Impuls und der Energie in der Quanten*mechanik*. Neben den erwähnten, für die Quantenphysik typischen Vertauschungsrelationen müssen die Feldoperatoren auch den aus der klassischen Feldtheorie bekannten Gleichungen (z.B. in der Elektrodynamik den Maxwell-Gleichungen) genügen.

Dies ist zwar alles begrifflich und technisch hoch kompliziert, aber ich möchte betonen, daß die in der Quantenmechanik entwickelten Prinzipien der Quantisierung zusammen mit der Euler-Lagrangeschen klassischen Feldtheorie ein sehr wichtiges heuristisches Führungsprinzip bil-

1.4 Die Quantenphysik wird entscheidend

deten, so daß man bei der Quantisierung der Felder nicht vollständig im Dunkeln tappte wie zu Beginn der Quantenmechanik. Deshalb waren Versuche von O. Klein und P. Jordan, eine klassische Feldtheorie zu quantisieren (die sogenannte zweite Quantisierung), schon zwei Jahre nach der Quantisierung der Mechanik erfolgreich.

Für freie Felder, also solche die nicht untereinander wechselwirken, ist das Problem der Quantisierung vollständig gelöst. Freie Felder scheinen zwar zunächst uninteressant, aber dennoch lassen sich schon wichtige Züge einer Quantenfeldtheorie an ihnen diskutieren. Das Problem der negativen Energielösungen und der Antiteilchen läßt sich sehr befriedigend lösen. Vor allem aber ist die freie Theorie der Ausgangspunkt für eine störungstheoretische Behandlung wechselwirkender Felder. Man quantisiert zunächst die freie Theorie und behandelt dann die Wechselwirkung als eine Störung. Die meisten Ergebnisse der Quantenfeldtheorie sind mit Hilfe dieser Störungstheorie gewonnen. Wir behandeln erst später im Abschn. 6.7 eine Methode, die über die Störungstheorie hinausgeht.

Die Maxwellsche Theorie der elektromagnetischen Wechselwirkung ohne Ladungen und Ströme ist eine freie Theorie, und die Quantisierung ist vollständig geklärt (ich verwende mit Absicht nicht das Wort „verstanden", um eine Diskussion, was „verstehen" bedeutet von vornherein zu vermeiden). Der quantenmechanische Operator, der dem klassischen elektromagnetischen Potential am Raum-Zeitpunkt mit den Raum-Koordinaten x zur Zeit t entspricht, besteht aus zwei Teilen, a und a^*, die durch eine wohldefinierte mathematische Operation, die sogenannte hermitesche Adjunktion, verbunden sind:

$$A(x,t) = a(x,t) + a^*(x,t).$$

Die hermitesche Adjunktion, gekennzeichnet durch den Stern * läßt alle algebraischen Strukturen ungeändert, und es gilt insbesondere, daß man bei zweimaliger Anwendung der hermiteschen Adjunktion wieder den ursprünglichen Operator erhält: $(a^*)^* = a$. Man sieht daraus, daß das oben definierte Feld $A(x,t)$ selbstadjungiert ist, d. h. bei Anwendung der hermiteschen Adjunktion unverändert bleibt. Die Vertauschungsrelationen, die der Operator A nach den oben erwähnten Vorschriften der Quantisierung erfüllen muß, bedingen die folgende Interpretation der beiden Teile: $a^*(x,t)$ *erzeugt* ein Photon am Ort x zur Zeit t und $a(x,t)$ *vernichtet* ein Photon. Das heißt zum Beispiel: a^*, angewandt auf einen Zustand, der kein Photon enthält, macht daraus einen Zustand, der ein Photon enthält; a angewandt auf einen Zustand, der drei Photonen enthält, macht daraus einen Zustand, der nur noch zwei enthält. Daß solche Operatoren auftreten, ist nicht verwunderlich, denn schließlich werden ja bei atomaren Prozessen Photonen ausgesandt, also erzeugt oder sie werden absorbiert, also vernichtet. Da eine solche Erzeugung und Vernichtung von Photonen in der Quanten*mechanik* nicht vorkommt, kann ein so wichtiger Prozeß wie die Aussendung von Licht adäquat nur durch die Quanten*feldtheorie* beschrieben werden. Für Elektronen ist das Konzept der Quantisierung mit Erzeugungs- und Vernichtungsoperatoren schon wesentlich kühner als bei Photonen. Es ist vielleicht kein Zufall, daß es von Fermi 1934 erstmals konsistent im Zusammenhang mit der Theorie des radioaktiven *beta*-Zerfalls eingeführt wurde. Im alten Kernmodell vor 1932 hatte man angenommen, der Kern bestünde aus Protonen und Elektronen, beim *beta*-Zerfall mußte in diesem Bild also nur ein Elektron aus dem Kern herauskommen. Aber nachdem es nach der Entdeckung der Neutronen klar war, daß der Kern nur Protonen und Neutronen, aber keine Elektronen enthielt, mußte man den *beta*-Zerfall als einen genuinen Erzeugungsprozeß von Elektronen betrachten.

Das Elektron und das Positron werden durch einen gemeinsamen Feldoperator beschrieben. Er besteht ebenfalls aus einem Vernichter und einem Erzeuger:

$$\psi(\boldsymbol{x},t) = b(\boldsymbol{x},t) + d^*(\boldsymbol{x},t),$$

wobei b *ein Elektron vernichtet* und d^* *ein Positron erzeugt*. Der hermitesch adjungierte Operator, $\psi^*(\boldsymbol{x},t)$ ist nach der oben erwähnten Eigenschaft der hermiteschen Adjunktion

$$\psi^*(\boldsymbol{x},t) = b^*(\boldsymbol{x},t) + d(\boldsymbol{x},t),$$

enthält also einen Erzeugungsoperator für ein Elektron und einen Vernichtungsoperator für ein Positron.

Da der Feldoperator die Dirac-Gleichung erfüllen muß, müssen in ihm sowohl positive als auch negative Energien vorkommen. Das ist auch der Fall, aber nun sind die positiven Energien den Vernichtungsoperatoren, die negativen aber den Erzeugungsoperatoren zugeordnet. Berechnet man die Feldenergie, dann führt diese verschiedene Zuordnung dazu, daß diese immer positiv ist. Dies ist die mathematisch saubere Formulierung der Diracschen Löchertheorie, die im vorigen Unterabschnitt besprochen wurde. Da es in der Quanten*mechanik* keine Erzeugungs- und Vernichtungsoperatoren gibt, ist es nicht verwunderlich, daß dort das Problem der negativen Energien nicht befriedigend gelöst werden konnte.

Beim elektromagnetischen Potential bezogen sich der Erzeugungs- und der Vernichtungsoperator auf das gleiche Teilchen, das Photon,

1.4 Die Quantenphysik wird entscheidend

während beim Elektronenfeld ψ Vernichtungsoperatoren b für Teilchen (Elektronen) und Erzeugungsoperatoren d^* für Antiteilchen (Positronen) auftreten. Man kann dies so zusammenfassen, daß beim Photon Teilchen und Antiteilchen identisch sind, nicht aber beim Elektron und Positron. Man nennt die Teilchen, die den Quantenfeldern entsprechen *Feldquanten*. Das Photon ist also das Feldquant des quantisierten elektromagnetischen Feldes, das Elektron und das Positron sind die Feldquanten des oben beschriebenen Feldes $\psi^*(x, t)$.

Richtig interessant wird es aber erst, wenn wir Wechselwirkungen betrachten. In der Quantenelektrodynamik (im folgenden mit QED abgekürzt), also der Theorie von Elektronen, Positronen und dem elektromagnetischen Feld, ist der Wechselwirkungsoperator durch allgemeine Prinzipien festgelegt, die wir in Abschn. 5.1 behandeln werden. Er besteht aus dem Produkt von drei Feldoperatoren:

$$L_{\text{Wechselwirkung}} = e\,\psi^*(x, t) A(x, t) \psi(x, t).$$

Die Stärke der Kopplung ist gegeben durch die elektrische Ladung e des Elektrons. Daneben treten noch weitere Faktoren auf, die das Leben erschweren und auf die es bei der quantitativen Berechnung zwar sehr, aber hier bei der allgemeinen Diskussion nicht ankommt. Ich überspringe nun zunächst einmal 20 Jahre mühsamer Arbeit an der Entwicklung solcher Ausdrücke und führe gleich die geniale graphische Methode ein, die Richard Feynman entwickelte, um sehr schnell die Formeln für die quantenmechanischen Wahrscheinlichkeitsamplituden hinzuschreiben, aus denen man dann zum Beispiel Wirkungsquerschnitte oder Zerfallswahrscheinlichkeiten berechnen kann. Aus der Wahrscheinlichkeitsamplitude berechnet man die Wahrscheinlichkeit als das Quadrat des Absolutbetrages der Amplitude.

Wir stellen die oben angegebene Wechselwirkung durch einen „Vertex-Graphen" dar, wie in Abb. 1.8 gezeigt. Die Wellenlinie steht für das Photonenfeld A, enthält also Erzeuger und Vernichter und dementsprechend Photonen, die in den Vertex hineinlaufen, sowie solche, die aus ihm herauslaufen. Die durchgezogene Linie mit dem Pfeil zum Vertex stellt das Feld ψ dar, enthält also einen Elektronenvernichter und Positronenerzeuger, dementsprechend stellt sie ein *einlaufendes (vernichtetes) Elektron* oder ein *auslaufendes (erzeugtes) Positron* dar. Die Linie, die vom Vertex weg zeigt, steht für ψ^*, enthält also einen Elektronenerzeuger und einen Positronenvernichter und steht daher für ein auslaufendes Elektron oder ein einlaufendes Positron. Um eine Streuung z. B. eines Photons an einem Elektron zu beschreiben, brauchen wir Graphen, bei dem ein Elektron und ein Photon einlaufen und ein Elektron und ein Photon auslaufen; das entspricht der experimentellen

32 1 Die heroische Zeit

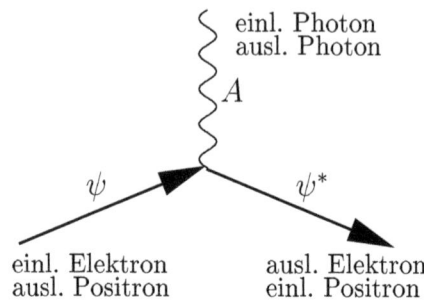

Abbildung 1.8. Graphische Darstellung der Wechselwirkung von Photonen und Elektronen

Situation. Wir müssen diese experimentell realisierbare Reaktion durch die Wechselwirkung erzeugen, also aus dem obigen Vertexgraphen, der die elementare Wechselwirkung beschreibt, zusammensetzen: Die einfachsten zwei Möglichkeiten sind in Abb. 1.9 dargestellt.

Im Graphen Abb. 1.9a wird ein Photon und ein Elektron an dem Punkt S vernichtet und ein einzelnes Elektron wird – allerdings nur für kurze Zeit – erzeugt. Das ist eigentlich mit dem Satz von der Erhaltung der Energie nicht vereinbar, wie man sich leicht überlegen kann. Aber in der Quantenphysik gilt eine Unschärfebeziehung zwischen Energie und Zeit; das Produkt aus Zeitauflösung und Energieauflösung ist größer oder gleich dem Planckschen Wirkungsquantum. Lebt ein Zustand also nur eine kurze Zeit, so brauchen wir es mit dem Energiesatz nicht allzu genau zu nehmen. Und das ist hier der Fall: Der Zwischenzustand lebt nur kurz, am Punkte Q wird das dazwischen auftretende Elektron vernichtet, und die auslaufenden Zustände, ein Elektron und ein Photon, erzeugt. Für den kurzlebigen Zwischenzustand ist wegen der Unschärfebeziehung die Energie gar nicht so scharf definiert, als daß man von einer Verletzung des Energiesatzes sprechen könnte. Im Endzustand muß der Energiesatz wieder im Lot sein, also ist die Gesamtenergie des Elektrons und des Photons nach der Reaktion wieder gleich der Gesamtenergie vor der Reaktion. Man nennt das dazwischen auftretende Elektron, dessen reale Existenz nicht mit dem Energiesatz vereinbar ist, ein „virtuelles Teilchen". Beim Graphen Abb. 1.9b wird an der Stelle Q ein Elektron vernichtet und ein reelles Photon sowie ein virtuelles Elektron erzeugt, wieder unter scheinbarer Verletzung der Energieerhaltung; doch nach der Vernichtung des intermediären Elektrons und des einlaufenden Photons bei gleichzeitiger Erzeugung des auslaufenden Elektrons an der Stelle S ist die Energie wieder erhalten.

1.4 Die Quantenphysik wird entscheidend 33

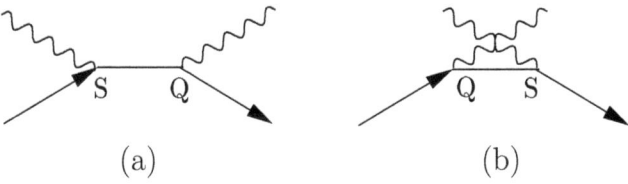

Abbildung 1.9. Feynman-Graphen für die Streuung eines Photons an einem Elektron

Den beiden Graphen entsprechen wohldefinierte mathematische Ausdrücke für die Streuung, die genau die im vorigen Abschnitt erwähnten Formeln von Klein und Nishina für die Compton-Streuung ergeben. Es sind diese mathematischen Formeln, die den eigentlichen Sinn der Feynman-Graphen ausmachen. Die virtuellen Teilchen beschreiben im Grunde genommen die Ausbreitung von Quantenfeldern; man sollte sich davor hüten, ihnen eine realistische physikalische Bedeutung zu geben. Man kann übrigens anstatt mit der Energieunschärfe genauso gut mit einer Massenunschärfe argumentieren. Man sagt dann, die virtuellen Teilchen haben eine unphysikalische Masse.

Auch die Streuung zweier Elektronen aneinander läßt sich aus dem Vertexgraphen 1.8 leicht konstruieren. Abbildung 1.10 zeigt zwei Graphen, die zu dieser Streuung beitragen. Da hier virtuelle Photonen an verschiedenen Elektronenlinien angreifen, spricht man vom „Austausch" virtueller Photonen, und man kann sagen, daß die elektromagnetische Wechselwirkung zwischen geladenen Körpern durch den Austausch virtueller Photonen zustandekommt.

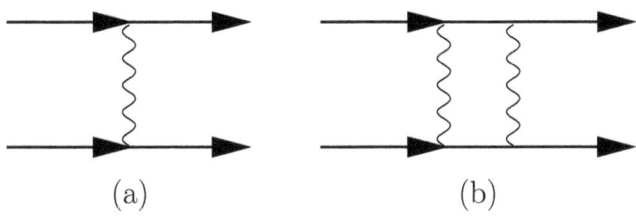

Abbildung 1.10. Feynman-Graphen für die Streuung zweier Elektronen.(a) Beitrag niedrigster Ordnung (b) Beitrag höherer Ordnung

Die beiden Graphen aus Abb. 1.10 illustrieren das Prinzip der Störungstheorie. Der linke Graph mit nur einer inneren Photonlinie ist der Beitrag der Störungstheorie in niedrigster Ordnung, d. h. es gibt keinen einfacheren Graphen, der zur Streuung beiträgt. Da in ihm zweimal die Kopplung eines Photons an eine Elektronlinie vorkommt ist dieser Beitrag proportional zum Quadrat der Ladung des Elektrons, e^2. Der Graph rechts repräsentiert einen Beitrag höherer Ordnung, er ist proportional zu e^4. Wenn die elektromagnetische Wechselwirkung klein ist, d. h. e eine kleine Zahl ist, so ist der Beitrag rechts gegenüber dem Beitrag niedrigster Ordnung stark unterdrückt, nämlich um einen Faktor e^2. Eine genauere Analyse zeigt, daß die Unterdrückung der nächsthöheren Ordnung typischerweise von der Größe $\alpha = e^2/(4\pi\hbar c)$ ist. Diese Zahl ist die sogenannte Sommerfeldsche Feinstrukturkonstante und tatsächlich sehr klein, nämlich ungefähr 1/137.

Die erste Feldtheorie, bei der die Idee der Erzeugungs- und Vernichtungsoperatoren auch auf Teilchen mit Spin $\frac{1}{2}\hbar$ (Fermionen) übertragen wurde, war – wie bereits erwähnt – von Fermi 1933 für den *beta*-Zerfall entwickelt worden. Dabei zerfällt das freie oder im Kern gebundene Neutron in ein Proton, ein Elektron und ein Antineutrino. Das Neutron wird also vernichtet, das Proton, das Elektron und das Antineutrino werden erzeugt. Die entscheidende Wechselwirkungs-Struktur ist eine „Vier-Fermion-Wechselwirkung", bei der vier Feldoperatoren für Fermionen miteinander multipliziert werden, man nennt diese Wechselwirkung die schwache Wechselwirkung. Für den *beta*-Zerfall des Neutrons tritt das Produkt des Neutron- und des Neutrinofeldes sowie der adjungierten Proton- und Elektronfelder auf, wie in Abb. 1.11 dargestellt. Da der (nicht adjungierte) Feldoperator $\psi_\nu(x,t)$ des Neutrinos einen Erzeugungsoperator für ein Antineutrino enthält, steht diese einlaufende Linie für ein auslaufendes Antineutrino. Mit dieser Theorie konnte Fermi die Eigenschaften der beobachteten *beta*-Zerfälle sehr gut beschreiben. Aus der Lebensdauer z. B. des Neutrons, kann man die Kopplung, mit der die vier Fermionen aufeinander wirken, berechnen. Diese Konstante, genannt die Fermi-Konstante G_F, ist sehr klein, man nennt diese Wechselwirkung daher auch die *schwache* Wechselwirkung.

Nach dem Erscheinen der Arbeit Fermis über den *beta*-Zerfall versuchte Heisenberg, die Kraft zwischen einem Proton und einem Neutron durch den Austausch eines Elektron-Neutrino-Paares zu erklären, doch es stellte sich heraus, daß die resultierende Kraft zwischen Neutron und Proton bei den relevanten Abständen viel zu schwach war, um die starke Bindung im Kern zu erklären. Die Wechselwirkung, die die Kerne zusammenhält, wird die *starke* Wechselwirkung genannt.

Für den japanischen Physiker H. Yukawa war aber die Heisenbergsche Arbeit eine entscheidende Anregung. Er schlug vor, die kurzreichweitigen Kräfte im Atomkern durch ein noch unbekanntes Teilchen zu erklären, das stark mit dem Proton und dem Neutron wechselwirkt.

1.4 Die Quantenphysik wird entscheidend 35

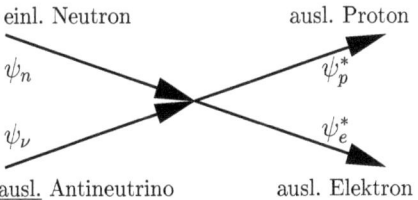

Abbildung 1.11. Graphische Darstellung des *beta*-Zerfalls des Neutrons durch die Vier-Fermion-Wechselwirkung. Das beim Zerfall erzeugte Antineutrino wird durch eine einlaufende Linie dargestellt.

Wir wollen im folgenden dieses Teilchen schon mit seinem späteren Namen *Meson* bezeichnen. Die Wechselwirkung ist eine Drei-Teilchen-Wechselwirkung, analog der elektromagnetischen Wechselwirkung, s. Abb. 1.10. Sie wird durch den Graphen in Abb. 1.12a dargestellt, wobei die gestrichelte Linie ein virtuelles Meson darstellt. Die resultierende Wechselwirkung ist umso stärker, je größer die Kopplung des Mesons an das Proton und das Neutron ist, und die Reichweite der Wechselwirkung ist umgekehrt proportional zur Masse des ausgetauschten Teilchens. Diese wichtige Beziehung zwischen der Reichweite der Wechselwirkung und der Masse läßt sich zumindest qualitativ plausibel machen: Je schwerer das ausgetauschte Teilchen ist, desto stärker ist der Energiesatz verletzt, desto kürzer lebt also der Zwischenzustand, und desto kürzer ist die Strecke, die das ausgetauschte Teilchen zurücklegen kann. Die quantitative Beziehung zwischen der Masse m des Mesons und der Reichweite r_0 der Wechselwirkung ist: $r_0 = \hbar/(mc)$. Die Wechselwirkungsenergie zwischen einem Neutron und einem Proton in Abhängigkeit von deren gegenseitigem Abstand r ist in Abb. 1.12b dargestellt. Man wußte, daß die Kernkräfte nur eine Reichweite r_0 von etwa einem Femtometer, d. h. einem millionstel Nanometer haben. Daraus konnte Yukawa auf einen Wert für die Masse des neuen Teilchens von etwa 200 MeV/c^2 schließen.

Ich möchte noch einmal betonen, daß man den Begriff Austausch nicht wörtlich nehmen sollte; dies sieht man schon daran, daß der Graph 1.12 auf zweierlei Weisen interpretiert werden kann: Das einlaufende Neutron wird vernichtet und ein negatives virtuelles Meson und ein Proton werden erzeugt; das negative virtuelle Teilchen vernichtet sich mit dem einlaufenden Proton und ein auslaufendes Neutron wird erzeugt. Genausogut kann man sagen: Das Proton wird vernichtet und ein positives Meson und ein Neutron werden erzeugt; das positive Meson vernichtet sich mit dem Neutron und ein Proton wird erzeugt. Bei der

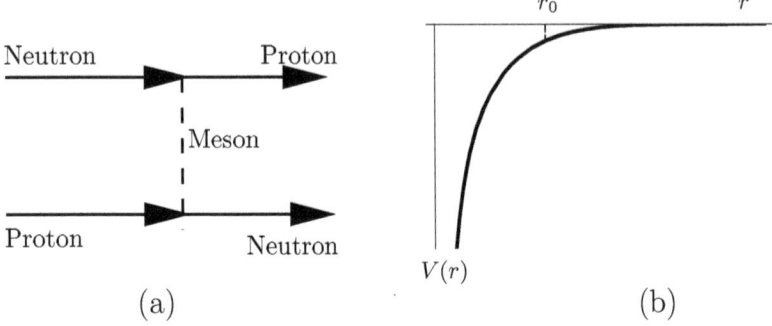

Abbildung 1.12. Erklärung der Kernkräfte durch Mesonenaustausch. (a) Austausch eines mittelschweren Teilchens (Mesons) zwischen einem Proton und einem Neutron. (b) Die resultierende Wechselwirkung zwischen dem Proton und dem Neutron in Abhängigkeit vom gegenseitigen Abstand der beiden Teilchen

zweiten Interpretation läuft in dem Graphen das positive virtuelle Teilchen von unten nach oben, bei der ersten das negative Antiteilchen des positiven Mesons von oben nach unten. Die scheinbar widersprechenden Interpretationen werden dadurch verständlich, daß der „Austausch eines virtuellen Teilchens" die Umschreibung für die Ausbreitung eines Quantenfeldes ist, und dieses Quantenfeld beschreibt sowohl das positive Meson als auch sein Antiteilchen.

Man kann auch die Wechselwirkung eines Elektrons (oder Positrons) mit seinem eigenen Strahlungsfeld berechnen: Ein Elektron emittiert ein virtuelles Photon und absorbiert es dann wieder, d. h. der Endzustand ist wieder ein Elektron, wie dies in Abb. 1.13a dargestellt ist; man nennt einen solchen Beitrag eine Quantenkorrektur. Rechnet man nun den dazu gehörigen Ausdruck aus, erlebt man eine böse Überraschung, er ist nämlich unendlich groß, d. h. die Wechselwirkung mit dem Strahlungsfeld führt zu einer unendlich großen Wechselwirkung des Elektrons mit sich selbst und damit zu einer unendlich großen Elektronmasse. Genauso führt die Korrektur zur Kopplung des Photons an das Elektron (Abb. 1.13), zu einer unendlichen Korrektur der Ladung des Elektrons. Der Grund für die Unendlichkeiten sind die Zwischenzustände mit sehr hoher Energie. Diese können nach der Unschärferelation zwar nur sehr kurz leben, dafür gibt es aber bei hohen Energien auch sehr viele Möglichkeiten für den Zwischenzustand, und unter dem Strich kommt es zu den erwähnten Unendlichkeiten.

Wir werden auf diese Probleme später noch öfters stoßen, deshalb möchte ich hier ganz kurz die Strategie beschreiben, die Ende der vier-

1.4 Die Quantenphysik wird entscheidend   37

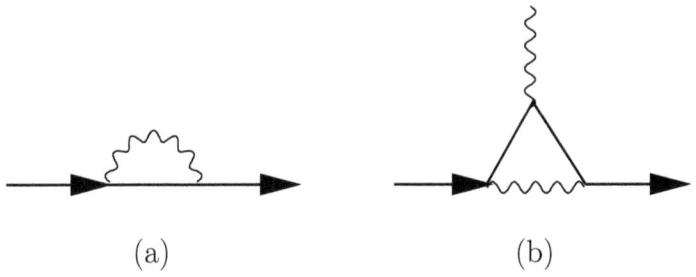

Abbildung 1.13. Beispiele für Quantenkorrekturen (**a**): Ein Beitrag zur „Selbstenergie" des Elektrons; das Elektron wechselwirkt mit seinem eigenen Strahlungsfeld. (**b**) Eine Quantenkorrektur zur elektrischen Ladung

ziger Jahre des 20. Jahrhunderts von R. Feynman, J. Schwinger, S.-I. Tomonaga und F. Dyson entwickelt wurde, um dieses Probleme zu umgehen. Man *regularisiert* zunächst die Ausdrücke, z. B. indem man die Beiträge bei hohen Energien oberhalb einer gewissen Obergrenze (*cutoff*) abschneidet. Dann sind die Resultate endlich, hängen aber natürlich von der Obergrenze ab, die dabei verwandten Werte für die Ladung und die Masse heißen die „nackten" Parameter. Nach der Regularisierung erfolgt eine Renormierung der Eingangsparameter, nämlich Masse und Ladung. Die Abhängigkeit der Eingangsparameter von der Obergrenze wird so gewählt, daß gewisse meßbare Resultate, wie z. B. der Wirkungsquerschnitt der Elektron-Photon-Streuung bei einer bestimmten Energie, der sogenannten Skala, den experimentellen Wert ergeben; schließlich läßt man die Obergrenze gegen Unendlich gehen. Dies führt zur sogenannten renormierten Ladung und zur renormierten Masse. Das sind die einzigen freien Parameter der Theorie. Hat man sie einmal für einen gewissen Prozeß bei einer festen Energie bestimmt, so kann man alle denkbaren Prozesse bei jeder beliebigen Energie berechnen. Wir werden auf die enormen Erfolge dieser Theorie noch mehrmals zurückkommen. Die renormierte Masse und die renormierte Ladung hängen von der an sich willkürlichen Skala ab, bei der man die Ergebnisse der theoretischen Rechnung mit dem Experiment vergleicht. Allerdings gibt es in der QED eine sehr natürliche Wahl für die Skala der Anpassung, nämlich den klassischen Grenzwert sehr niederenergetischer Photonen (langwelliges Licht), den J.J. Thomson schon 1906 berechnet hatte.

Eine Theorie, die es erlaubt, mit einer endlichen Anzahl von Eingangsbedingungen die Eingangsparameter vollständig zu fixieren, soweit man auch die Rechnung treibt, heißt *renormierbare* Quantenfeldtheorie. Wie F. Dyson zeigte, ist die QED eine renormierbare Theorie. Muß man dagegen immer mehr Parameter einführen, je weiter man die Rechnung treibt, dann ist die Theorie nicht renormierbar. Die Fermi-Theorie der schwachen Wechselwirkung, die wir oben kurz behandelt haben, ist nicht renormierbar. Die Vier-Fermion-Kopplung von Abb. 1.11 führt beispielsweise zu einer Sechs-Fermionen-Kopplung, dargestellt in Abb. 1.14a, die nicht mit Hilfe der renormierten Parameter der Vier-Fermion-Kopplung berechnet werden kann. Im Gegensatz dazu kann die Vier-Photon-Wechselwirkung, dargestellt in Abb. 1.11b, sehr wohl im Rahmen der renormierten QED berechnet werden.

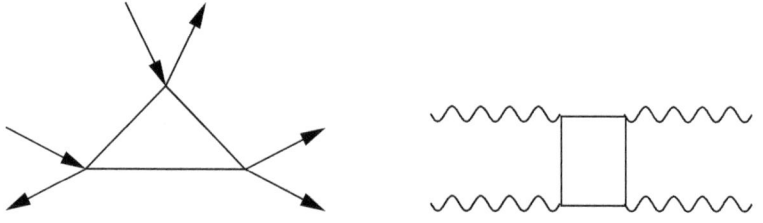

(a) Sechs-Fermion-Wechselwirkung (b) Vier-Photon-Wechselwirkung

Abbildung 1.14. Kopplungen durch Quantenkorrekturen. (**a**) Die Sechs-Fermionen-Wechselwirkung, die aus der Existenz der Vier-Fermion-Wechselwirkung von Abb. 1.11 folgt, kann nicht berechnet werden. (**b**) Die Vier-Photon-Wechselwirkung, die aus der renormierbaren Wechselwirkung von Abb. 1.8 folgt, kann berechnet werden

Abbildung 1.15. Beiträge zur Selbstenergie des Vakuums. Hier entsteht spontan aus dem Nichts (Vakuum) ein virtuelles Elektron-Positron-Paar

Es lassen sich auch Graphen ohne äußere Linien konstruieren. In Abb. 1.15 sind einige Graphen dargestellt, die die Erzeugung eines virtuellen Elektron-Positron-Paares aus dem Nichts beschreiben. Diese Graphen führen zu einer Energiedichte des Vakuums, und Sie werden schon vermuten, daß auch diese unendlich ist. Eine Vakuumenergie macht sich bei Reaktionen nicht bemerkbar, da immer nur Energiedifferenzen gemessen werden, denken Sie nur an die gewaltige „Ruhenergie" eines Teilchens, $E = mc^2$, von der man ja lange Zeit nichts ahnte. In der Gravitation würde sich aber eine solche „Vakuumenergie" bemerkbar machen, da eine Energiedichte zur Schwerkraft beiträgt. Hier liegt eines der großen ungelösten Probleme an der Nahtstelle von Elementarteilchenphysik und Kosmologie, auf das wir in Abschn. 7.6 eingehen werden.

1.4.3 Quantenphysik und Fehler

Ein weiteres Gebiet, bei dem sich die Quantenphysik bemerkbar macht, sind die sogenannten statistischen Fehler. Zwar gab es schon Meßfehler, bevor man etwas von der Quantenmechanik wußte, doch diese schienen nur durch Ungenauigkeiten bei der Messung bedingt. Die Quantenmechanik ist zwar deterministisch, d. h. die Zustände verändern sich in der Zeit nach festen Gesetzen, aber Aussagen über den Ausgang eines bestimmten Experiments sind Wahrscheinlichkeitsaussagen, wie erstmals Max Born schon 1926 erkannte. Dadurch kommt eine neue Fehlerquelle ins Spiel, die statistischen Fehler, gegen die kein anderes Kraut gewachsen ist als lange Meßreihen – unter Umständen unrealistisch lange.

In manchen Fällen ist die Wahrscheinlichkeit, die die Quantenmechanik für das Auftreten eines gewissen Ereignisses macht, Null oder Eins, und dann gibt es natürlich keine Ungewißheit. In vielen anderen Fällen ist das nicht so. Ein gutes Beispiel dafür ist die Lebensdauer eines Zustands, sei es die eines angeregten Atoms, eines angeregten Kerns oder auch die eines instabilen Elementarteilchens. Kennen wir die Dynamik vollständig, dann können wir auch die Lebensdauer genau berechnen und zwar mit einer Genauigkeit, die nur durch unsere Rechenkapazität und unsere mangelhafte Kenntnis gewisser Naturkonstanten bestimmt ist. Nehmen wir also an, wir haben für einen Zustand eine Halbwertszeit von genau einer Sekunde vorausberechnet, d. h. die Wahrscheinlichkeit dafür, daß er innerhalb der nächsten Sekunde zerfällt, ist genau 50%. Haben wir nur ein Exemplar dieses Zustands zur Verfügung, dann ist es einleuchtend, daß wir diese Vorhersage nicht sehr genau testen können. Wir können zwar feststellen, ob die Aussage grob falsch ist: Nach 10 Sekunden nämlich ist die Wahrscheinlichkeit dafür, daß der Zustand zerfallen ist, schon 99.9%; wenn er also dann immer noch lebt, dann muß man sich als Theoretiker darauf gefaßt machen, daß die Theorie falsch ist – oder daß man sich verrechnet hat. Haben wir 1000 Exemplare von diesem Zustand, dann sollten nach einer Sekunde 500 zerfallen sein. Aber auch da folgt aus dem Wahrscheinlichkeits-Charakter der quantenmechanischen Vorhersagen, daß es Abweichungen geben kann. Es können durchaus nur 490 oder auch 520 Zustände zerfallen sein, selbst wenn die Theorie richtig ist und die Halbwertszeit genau eine Sekunde beträgt.

Die durch diese Schwankungen bedingten Abweichungen werden durch den Standardfehler, auch einfacher statistischer Fehler genannt, angegeben. Der Standardfehler gibt die Grenzen an, zwischen denen das Resultat mit einer Wahrscheinlichkeit von etwa 66% liegt, und er ist ungefähr gleich der Wurzel aus der Zahl der beobachteten Teilchen, in unserem Falle sind das also die Wurzel aus 500, etwa 22 Teilchen. Das bedeutet, mit der Wahrscheinlichkeit von etwa 66% beobachten wir in unserem Beispiel in einer Sekunde zwischen 478 und 522 Zerfälle, aber mit 34% Wahrscheinlichkeit können es auch mehr oder weniger sein. Wenn also ein Experimentalphysiker die Theorie mit 1000 Exemplaren testet, und etwa 450 Zerfälle in einer Sekunde findet, so ist die Theorie damit noch lange nicht widerlegt. Standardmäßig redet man heute in der Teilchenphysik von einem *Effekt*, wenn die Abweichung vom erwarteten Ergebnis größer als drei Standardfehler ist, von einer *Entdeckung* erst bei einer Abweichung von mehr als fünf Standardfehlern. In diesem Fall ist die Wahrscheinlichkeit, daß der wahre Wert außerhalb der Fehlerschranken liegt, nur noch 0.00007%. Sagt also etwa eine Theorie im Mittel 500 Zerfälle pro Sekunde voraus und eine andere Theorie für den gleichen Zustand 490 Zerfälle, so muß der Standardfehler kleiner als 2 sein, um die eine Theorie zu widerlegen und die andere zu bestätigen. Der relative Fehler ist 2/500 und um diese Genauigkeit zu erreichen, muß man über 100 000 Zerfälle untersuchen. Natürlich kann man das Experiment etwas raffinierter anstellen, aber grundsätzlich lassen sich die statistischen Fehler nie vermeiden, und nur durch die Untersuchung sehr großer Mengen von Zuständen kann man sie klein halten.

Da in der Elementarteilchenphysik die Erzeugung von Teilchen meist sehr teuer ist und sie oft nur in geringen Mengen produziert werden, sind die statistischen Fehler ein ernstes Problem.

1.5 Das Ebenmaß der Elementarteilchen

In seinen Princeton-Vorlesungen „Symmetries" schreibt der Mathematiker Hermann Weyl, der wie kaum ein anderer zur mathematischen Durchdringung der Quantenphysik beigetragen hat, daß das deutsche Wort Ebenmaß eine sehr treffende Übersetzung des griechischen Wortes *Symmetreia* sei, dies erklärt die Überschrift dieses Abschnitts.

Symmetrie-Überlegungen waren in der Physik schon immer wichtig, doch spielen sie in der Teilchenphysik eine noch entscheidendere Rolle als früher. Die ersten, die dies erkannt hatten, waren Eugene

Wigner und Hermann Weyl. Warum Symmetrien so wichtig sind, werden wir im Verlauf des Buches noch öfters diskutieren, doch zunächst müssen wir uns durch einige recht formale Überlegungen hindurcharbeiten. Natürlich werden wir den ganzen ausgefeilten Apparat, den man zu einer mathematisch adäquaten Behandlung braucht, auch nicht im entferntesten kennenlernen, aber ich hoffe, zumindest einen kleinen Blick – sozusagen durchs Schlüsselloch – in das Wunderreich der Gruppentheorie zu vermitteln.

1.5.1 Symmetrien und Transformationen

Zunächst denkt man beim Begriff Symmetrie eher an eine passive, vielleicht bewundernde Handlung des Betrachters, aber tatsächlich offenbart sich die Symmetrie erst durch Handlungen, die Symmetrie-Transformationen. Denken wir an ein augenfälliges Beispiel für Symmetrie, einen Schmetterling mit ausgebreiteten Flügeln. Ein großer Reiz wird beim Betrachter dadurch erweckt, daß er erkennt, daß die beiden Flügel deckungsgleich sind. Um dies zu erkennen muß er sie – zumindest in Gedanken – übereinander klappen. Die Symmetrie-Operation ist hier die Spiegelung an der Längsachse des Schmetterlingskörpers. Der Hersteller eines Kalleidoskops macht von dieser Reflexion an mehreren Spiegeln kunstvoll Gebrauch, um uns symmetrische Muster erscheinen zu lassen. Wenn wir uns also nun mit einem scheinbar recht trockenen Stoff – nämlich mathematischen Transformationen – beschäftigen, so bedenken Sie dabei, daß es sich um Operationen handelt, die Symmetrien offenlegen können.

Eine besonders wichtige Gruppe von Transformationen sind die Drehungen im Raum. Auch hier ist der Zusammenhang mit Symmetrien offenkundig. Drehen wir, natürlich nur in Gedanken, die Rosette der Kathedrale von Laon (Abb. 1.16) um einen Winkel von dreißig Grad, so kommt sie wieder mit sich zur Deckung. Ihre Form ist invariant gegenüber einer Drehung um ein vielfaches von dreißig Grad. Das massive Rad eines prähistorischen Ochsenkarren kommt – von zeitbedingten Unvollkommenheiten einmal abgesehen – bei einer Drehung um einen beliebigen Winkel mit sich selbst zur Deckung. Im ersten Fall liegt eine diskrete, im zweiten Fall eine kontinuierliche Symmetrie vor.

Drehungen im Raume sind jedem intuitiv zugänglich, und es ist schön, daß wir an Ihnen die wesentlichen Züge vieler Symmetrie-Transformationen studieren können. Da gibt es zunächst drei wichtige Eigenschaften:

1. Zwei hintereinander ausgeführte Drehungen ergeben wieder eine Drehung. Drehe ich mich zunächst um meine eigene Längsachse

Abbildung 1.16. Die Rosette der Kathedrale von Laon. Sie hat 12 gleiche Spitzen. Bei einer Drehung um 360/12 = 30 Grad geht sie in sich über

und mache dann einen Handstand, so habe ich zwei Drehungen hintereinander durchgeführt, ein Akrobat könnte dies auch in einer einzigen Aktion zusammenfassen. Wir sagen, daß das Produkt zweier Drehungen wieder eine Drehung ist.
2. Ich kann eine Drehung rückgängig machen, indem ich einfach zurückdrehe. Man nennt die Drehung, die die ursprüngliche rückgängig macht, die dazu inverse Drehung.
3. Die dritte Eigenschaft scheint sehr trivial, muß aber dennoch erwähnt werden, da sie bei abstrakten mathematischen Überlegungen eine wichtige Rolle spielt: Führe ich drei Drehungen hintereinander aus, ist es gleichgültig ob ich zunächst die ersten beiden oder die letzten beiden zu *einer* Drehung zusammenfasse.

Man nennt eine Menge von mathematischen Objekten, die diese drei Eigenschaften erfüllen, eine Gruppe. Daher hat der oben eingeführte umgangssprachliche Begriff „Gruppe von Transformationen" auch eine tiefere mathematische Bedeutung. Die Drehungen bilden in der Tat auch mathematisch gesehen eine Gruppe, mit dem selbst erklärenden Namen „Drehgruppe".

Eine andere wichtige Gruppe von Transformationen sind die Translationen, Verschiebungen in Raum und Zeit. Auch sie sind mit Symmetrien verknüpft, nämlich mit der von Kristallen. Wenn ein Kristall genau um den Abstand zweier Atome verschoben wird, so geht er, bis auf die Randzone, in sich selbst über. Von Raum und Zeit nehmen

1.5 Das Ebenmaß der Elementarteilchen

wir an, sie seien „homogen", das heißt alle Raum- und Zeitpunkte sind gleichberechtigt. Dies können wir auch als eine kontinuierliche Symmetrie betrachten, denn der Raum geht bei einer Verschiebung aller Punkte um eine beliebige feste, gerichtete Strecke wieder in sich selbst über. Dies bedeutet, daß der Ausgang eines Experiments unter sonst gleichen Umständen nicht von dem Ort abhängt, an dem es ausgeführt wird. Die Internationalität der Wissenschaft spricht dafür. Außerdem soll ein Experiment auch morgen noch das gleiche Ergebnis liefern wie heute, sonst werden wir skeptisch gegenüber dem Resultat. Diese Invarianz von physikalischen Prozessen gegenüber Translationen in Raum und Zeit hat weitreichende Konsequenzen, sie führt nämlich zur Erhaltung von Impuls und Energie, oder genauer: Die Invarianz erlaubt es, zeitunabhängige Größen zu definieren, die wir Impuls und Energie nennen. Ganz allgemein ist der Zusammenhang zwischen Symmetrien und erhaltenen Größen in einem von der Mathematikerin Emmy Noether aufgestellten Theorem zusammengefaßt.

Die Gruppe der Translationen ist kommutativ: Es ist gleichgültig ob ich erst fünf Schritte nach vorne und dann drei Schritte nach rechts gehe, oder ob ich dies in umgekehrter Reihenfolge mache, ich komme immer zum selben Ort. Man nennt solche Gruppen nach dem Norwegischen Mathematiker N.H. Abel „Abelsche Gruppen". Die Drehgruppe (in drei Dimensionen) ist nicht kommutativ: Ich liege anders, wenn ich mich erst um meine eigene Längsachse drehe und dann auf die Nase falle, als wenn ich erst auf die Nase falle und mich dann um meine eigene Achse drehe. Solche Gruppen, bei denen die Transformationen nicht miteinander vertauschen, heißen nicht-Abelsche Gruppen. Die mathematische Struktur der beiden ist recht verschieden und führt zu weitreichenden Konsequenzen, wie wir später sehen werden.

Bevor wir mit der Mathematik fortfahren, ein kleiner physikalischer Einschub zur Überprüfung von Symmetrien. Ich hatte oben ausgeführt, daß der Ausgang eines Experiments nicht von dem Ort abhängen dürfe, an dem es ausgeführt wird, aber hinzugefügt „unter gleichen Umständen". Dies ist oft schwer zu realisieren, aber leicht veränderte Umstände können oft rechnerisch berücksichtigt werden. Wir alle haben gelernt, daß bei kleinen Schwingungen die Schwingungsdauer eines Pendels nur von seiner Fadenlänge abhängt. Aber eine von J. Richer 1672 nach Cayenne gebrachte Penduluhr ging dort etwas langsamer als in Paris. Huygens konnte dieses, der Homogenität des Raumes zunächst scheinbar widersprechende Ergebnis aufklären. In der Nähe des Äquators ist die Erdanziehung durch die größere Zentrifugalkraft der Erddrehung vermindert, was zu einer genau berechenbaren Verlangsamung der Pendelschwingung führt. Da Huygens zumindest implizit von der

Homogenität des Raumes und der Zeit ausging, war die genaue Übereinstimmung seiner Rechnung mit dem Experiment eine Bestätigung für diese Annahme. Etwas subtiler sind die am großen Beschleuniger des CERN beobachteten zeitlichen Schwankungen gewisser Meßergebnisse in Abhängigkeit vom Mondstand. Sie können durch vom Mond bewirkte Gezeitenkräfte erklärt werden, die den Beschleunigerring so deformieren, daß die Energie der darin beschleunigten Teilchen beeinflußt wird.

Doch kommen wir zurück zu den Drehungen, bei denen wir noch einige wesentliche Konzepte kennen lernen müssen. Wir hatten bisher die Drehungen rein intuitiv geometrisch betrachtet. Wenn wir aber etwas rechnen wollen, müssen wir sie auch algebraisch zu fassen kriegen. Dies geschieht über die sogenannte Darstellung der Gruppe. Wir können jeden Punkt eines Körpers im Raum durch drei Koordinaten darstellen. Wird der Körper gedreht, ändern sich die Koordinaten, aber nicht willkürlich, sondern auf eine wohlbestimmte, eben durch die Drehung festgelegte Weise. Diese Änderung der Koordinaten eines jeden Punktes läßt sich nun mit Hilfe einer 3×3 Matrix darstellen, d. h. eines quadratischen Schemas von neun Zahlen. In Abb. 1.17 ist ein magisches Quadrat gezeigt, es ist eine 4×4 Matrix. Wir wollen hier nicht

Abbildung 1.17. Beispiel für eine 4×4 -Matrix: Das „magische Quadrat" aus Dürers Kupferstich Melancholie

auf die Matrix-Algebra eingehen, wer sie kennt, braucht sie hier nicht zu lernen, und wer sie nicht kennt, der lernt sie auch hier nicht. Für uns genügt es festzustellen, daß sich jede Drehung durch eine Matrix darstellen läßt und daß diese Möglichkeit der Matrix-Darstellung für

1.5 Das Ebenmaß der Elementarteilchen

viele Gruppen gilt, daß man sogar sehr häufig Gruppen nach ihrer einfachsten Matrix-Darstellung klassifizieren kann.

Drehungen im Raum können daher auch algebraisch eingeführt werden, nämlich als die Gruppe der 3×3 Matrizen, die Längen und Winkel ungeändert lassen. Aber damit noch nicht genug. Es mag zwar natürlich erscheinen, Drehungen im dreidimensionalen Raum durch 3×3 Matrizen darzustellen, aber es gibt auch Darstellungen durch höherdimensionale Matrizen, z. B. 5×5, die kompliziertere Gebilde wie etwa Kraftflüsse oder Spannungstensoren drehen. Die Größe der Matrix bestimmt die Zahl der Objekte in einem Multiplett, die durch die Transformation miteinander verknüpft werden. Eine $d \times d$ Matrix wirkt auf ein Multiplett mit d Elementen, man sagt, d ist die Dimension der Darstellung. Für die „fundamentale Darstellung" von Drehungen im Raum ist die Dimension $d = 3$, entsprechend den drei Koordinaten eines Raumpunktes.

Es gibt für jede Transformationsgruppe eine besonders einfache Darstellung, die die triviale genannt wird: Ändert sich eine Größe bei einer Drehung überhaupt nicht, wie etwa das Volumen eines Körpers, so kann man auch sagen, bezüglich dieser Größe werden alle Drehungen durch Multiplikation mit der Zahl 1 dargestellt, und diese „Identitätsoperation" ist die triviale Darstellung der Drehgruppe. Ihre Darstellungsmatrix ist eine 1×1 Matrix, die eben nur einen Eintrag hat: die Zahl 1. Die Größen, die sich unter der trivialen Darstellung transformieren, sich also gar nicht ändern, spielen eine besonders wichtige Rolle, da sie ja eine besonders hohe Symmetrie aufweisen. Wenn ich in Zukunft allerdings von der „einfachsten Darstellung" spreche, dann ist damit immer die einfachste *nicht-triviale* Darstellung gemeint.

Wir brauchen nun noch einen weiteren wichtigen Begriff, den der Erzeugenden. Um eine Drehung eindeutig zu bestimmen, brauche ich drei Winkel, und umgekehrt ist durch Angabe dieser drei Winkel die Drehung eindeutig bestimmt. Um diese Drehung zu konstruieren, brauche ich drei „Erzeugende", die bestimmen, wie aus den drei Winkeln die Drehung konstruiert wird. Grob gesprochen sind die Erzeugenden der Drehgruppe aus Drehungen um infinitesimal kleine Winkel gewonnen. Die Tatsache, daß Drehungen nicht untereinander vertauschbar sind, spiegelt sich in den Vertauschungsrelationen (s. Abschn. 1.4.2) der Erzeugenden wieder. Wir nennen die Erzeugenden für Drehungen um die x-, y- und z-Achse $\mathbf{L}_x$, $\mathbf{L}_y$ und $\mathbf{L}_z$. Aus ihnen lassen sich alle Drehungen konstruieren; sie erfüllen recht einfache Vertauschungsrelationen, die aus den Eigenschaften der Drehung abgeleitet werden können. Es gilt z. B.
$$\mathbf{L}_x \cdot \mathbf{L}_y - \mathbf{L}_y \cdot \mathbf{L}_x = i\mathbf{L}_z.$$

Auch hier gilt wieder, daß $\mathbf{L}_x \cdot \mathbf{L}_y$ bedeutet: Wende zuerst $\mathbf{L}_y$ und dann $\mathbf{L}_x$ auf einen Zustand an. Die Beziehungen zwischen den Erzeugenden legen andererseits die Drehgruppe (fast) fest, und hier geschah nun in der Quantenmechanik ein Wunder, das wir im nächsten Abschnitt behandeln werden.

Der Begriff der Erzeugenden ist nicht auf die Drehungen beschränkt, es gibt eine ganze Klasse von Gruppen, die sich mit Hilfe von Erzeugenden konstruieren lassen, dies sind die sogenannten Lie-Gruppen. Diese spielen in der Physik eine wichtige Rolle.

Ich habe hier bewußt Bezeichnungen wie „Gruppe", „Generatoren" und „darstellen" auch in der alltagssprachlichen Bedeutung benutzt, doch sollte man nicht vergessen, daß sie in der Mathematik – speziell in der Gruppentheorie – eine sehr scharf definierte Bedeutung haben. Die Verwechslung von mathematisch wohldefinierten Begriffen mit denen der Alltagssprache kann zu intellektuellen Peinlichkeiten führen, wie sowohl Robert Musil in seinem kurzen Essay „An alle, die den Untergang des Abendlandes überlebt haben" als auch Sokal und Bricmont in ihrem amüsanten Buch „*Fashionable Nonsense*" gezeigt haben.

1.5.2 Das Wunder des Spins

Ein ganz wichtiger Unterschied zwischen der Quantenphysik und der klassischen Physik besteht darin, daß in der Quantenphysik den beobachtbaren Größen Operatoren zugeordnet sind, die auf Zustände wirken. Das Ergebnis einer Messung ist – grob gesprochen – bestimmt durch das Resultat der Wirkung des Operators auf den Zustand. Sowohl in der klassischen Physik wie auch in der Quantenphysik spielt der Drehimpuls eine besonders wichtige Rolle, und die Operatoren, die diesen wichtigen Beobachtungsgrößen in der Quantenphysik entsprechen, sind im wesentlichen die Erzeugenden der Drehungen, die wir oben eingeführt haben. Das sieht man daran, daß die oben erwähnten Vertauschungsrelationen zwischen den Erzeugenden der Drehungen sich einmal aus den Bedingungen an die Drehung herleiten lassen, zum anderen aber auch aus den Vertauschungsrelationen von Orts- und Impulsoperator (Abschn. 1.4.2). Dies ist schon beachtlich, aber noch nicht das Wunder. Ich hatte oben kurz erwähnt, daß die Beziehungen zwischen den Erzeugenden die Gruppe *fast* festlegen. Untersucht man, welche Gruppe man neben der Drehgruppe noch aus den Erzeugenden mit den gleichen Vertauschungsrelationen bilden kann, dann findet man noch eine andere: nämlich eine, die man als Drehungen in einem zweidimensionalen Raum auffassen kann. Allerdings ist dieser Raum keine gewöhnliche Ebene, sondern eine, deren Punkte als Koordinaten komplexe Zahlen haben. Man nennt diese Gruppe $SU(2)$. SU steht für speziell unitär, was Verallgemeinerung der Drehung in einem Raum mit komplexen Koordinaten bedeutet, und (2) für zwei Dimensionen. Da dieser Raum zweidimensional ist, hat der einfachste nicht-triviale „Drehimpuls" dort zwei Einstellmöglichkeiten. In der Quantenphysik hat der kleinste quantisierte Raumdrehimpuls den Wert ein Plancksches Wirkungsquantum, $1\,\hbar$, aber der neue „Drehimpuls", den man Spin nennt, hat den Wert eines halben Wirkungsquantums, $\frac{1}{2}\,\hbar$. Die einfachsten Objekte, die sich nach dieser Gruppe $SU(2)$ transformieren, sind Dubletts, haben also zwei Komponenten. Sie heißen Spinoren. In Zukunft werde ich den Spin immer in natürlichen Einheiten angeben, Spin $\frac{1}{2}$ bedeutet also stets Spin $\frac{1}{2}\,\hbar$.

Das ist alles mathematisch streng, klingt aber natürlich auch ein bißchen nach mathematischer Spielerei. Doch nun kommt das Wunder: Die Natur hat von dieser Möglichkeit Gebrauch gemacht, es gibt tatsächlich Teilchen mit diesem halbzahligen Spin, und dies sind keine Exoten, sondern die Teilchen, die den uns bekannten Löwenanteil der Materie ausmachen: Elektronen, Protonen, Neutronen.

Hat ein Teilchen den Spin $\frac{1}{2}$, so kann sich dieser entweder parallel zu einer festen Richtung einstellen oder entgegengesetzt und hat bezüglich dieser Richtung die Werte $\frac{1}{2}$ oder $-\frac{1}{2}$, dargestellt als auf, $\uparrow$, und nieder, $\downarrow$. Dreht man einen solchen Zustand um 180° um eine Achse senkrecht zu dieser festen Richtung, so geht der Zustand mit der Spin-Einstellung $\frac{1}{2}$ ($\uparrow$) in $-\frac{1}{2}$ ($\downarrow$) über und umgekehrt. Das hat Konsequenzen: Wenn sich die Wechselwirkung bei Drehungen nicht ändert, also invariant gegenüber der Drehgruppe ist, so sind auch die experimentellen Ergebnisse invariant, das heißt bei einem Teilchen mit Spin ist in diesem Falle das Resultat unabhängig davon, ob das Teilchen die Spin-Einstellung $+\frac{1}{2}$ oder $-\frac{1}{2}$ hat.

Besondere Bedeutung für die weitere Analyse hat das Symmetrieverhalten von Systemen, die aus zwei oder mehreren Teilchen bestehen. Starten wir mit einem Zustand von zwei Teilchen, bei dem beide die Spin-Einstellung $+\frac{1}{2}$ haben ($\uparrow\uparrow$). Führen wir eine Drehung um 180° durch, dann landen wir bei der Einstellung, bei der beide die Spineinstellung $-\frac{1}{2}$ haben ($\downarrow\downarrow$). Gilt Symmetrie unter Drehungen, so ist die Wechselwirkung zwischen zwei Teilchen mit nach oben gerichteten Spins ($\uparrow\uparrow$) gleich der zwischen zwei Teilchen mit nach unten gerichteten Spins ($\downarrow\downarrow$). Dies ist experimentell millionenfach bestätigt. Schwieriger ist die Situation, wenn eines der Teilchen die Einstellung $+\frac{1}{2}$ und das andere $-\frac{1}{2}$ hat, da hier der Zustand nach der Drehung die umgekehrte Reihenfolge hat: aus $+\frac{1}{2}-\frac{1}{2}$ ($\uparrow\downarrow$) wird $-\frac{1}{2}+\frac{1}{2}$ ($\downarrow\uparrow$). Hier lehrt uns die Mathematik, daß es nützlich ist, die Summe und Differenz zu bilden, also die Zustände $s = (\uparrow\downarrow + \downarrow\uparrow)$ und $d = (\uparrow\downarrow - \downarrow\uparrow)$. Denn es ergibt sich, daß bei einer Drehung um 90° der Zustand $+\frac{1}{2} + \frac{1}{2}$ $(\uparrow\uparrow)$ in die Summe $s = (\uparrow\downarrow + \downarrow\uparrow)$ übergeht, während sich die Differenz $d = (\uparrow\downarrow - \downarrow\uparrow)$ bei einer Drehung überhaupt nicht ändert. Die vier möglichen Kombinationen $(\uparrow\uparrow)$, $(\uparrow\downarrow)$, $(\downarrow\uparrow)$ und $(\downarrow\downarrow)$ können also in zwei Gruppen zusammengefaßt werden: Das Triplett $\{(\uparrow\uparrow), (\uparrow\downarrow + \downarrow\uparrow), (\downarrow\downarrow)\}$, dessen Mitglieder durch Drehungen ineinander übergeführt werden können, und das Singulett $\{\uparrow\downarrow - \downarrow\uparrow\}$, das sich bei Drehungen überhaupt nicht ändert. Da das Triplett die möglichen Spineinstellungen $+1, 0, -1$ hat, ist der Gesamtspin des Systems 1, beim Singulett mit seiner einzigen möglichen Einstellung ist der Gesamtspin 0. Dies ist in Abb. 1.18 graphisch dargestellt.

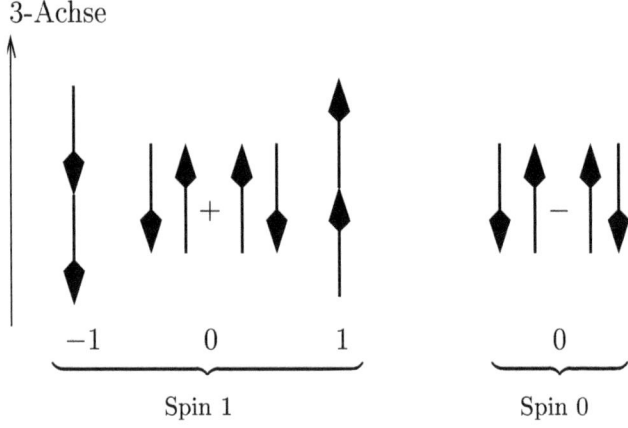

Abbildung 1.18. Kopplung zweier Spin-$\frac{1}{2}$-Teilchen zum Gesamtspin 1 und 0

Wenn wir die Sprache der Darstellungen gebrauchen, die im vorigen Unterabschnitt eingeführt worden war, so können wir das folgendermaßen ausdrücken: Der Spin 1 transformiert sich nach einer dreidimensionalen Darstellung der Drehgruppe, der Spin 0 nach der trivialen.

Gilt Symmetrie unter Drehungen, dann ist die Wechselwirkung unabhängig davon, in welchem der möglichen Einstellungen des Tripletts sich ein Zustand befindet, die Symmetrie reduziert also die im Prinzip möglichen vier Wechselwirkungsterme auf zwei, auf die des Tripletts und die des Singuletts.

1.5.3 Der Isospin

Es ist schon bemerkenswert, daß diesen abstrakten mathematischen Überlegungen tatsächlich beobachtbare Eigenschaften entsprechen, die mittlerweile sogar reichhaltige technische Anwendungen, z. B. in der medizinischen Diagnostik, finden. Aber es kommt noch ein zweites Wunder: Die Natur hat von dieser Gruppe $SU(2)$ noch ein zweites Mal ausgiebig Gebrauch gemacht: bei den sogenannten inneren Symmetrien. Innere Symmetrien beziehen sich auf Eigenschaften, die nicht mit dem Verhalten unter raum-zeitlichen Transformationen zusammenhängen. Die Entdeckung innerer Symmetrien ist eines der bedeutendsten Ergebnisse der Teilchenphysik. Es fing an mit der Entdeckung des Neutrons durch Chadwick im Jahr 1932, die in Abschn. 1.2 geschildert wurde. Gleich nach der Entdeckung vermutete Heisenberg, daß der Atomkern aus Protonen und Neutronen besteht, und nicht – wie man vorher annahm – aus Protonen und Elektronen. Die Massen des Protons und des Neutrons sind einander sehr ähnlich, der Unterschied beträgt nur etwa ein Promille, und aus Eigenschaften der Atomkerne folgte, daß auch die Kräfte zwischen Neutronen und Protonen recht ähnlich sein müssen. Deshalb schlug Heisenberg schon 1932 vor, daß das Neutron und das Proton zwei Zustände ein und desselben Teilchens seien, die sich sozusagen nur durch die Richtung in einem „inneren Symmetrie-Raum" unterscheiden. Die Analogie mit dem Spin des Elektrons war augenfällig, auch das Elektron kann ja in zwei (Spin-)Zuständen erscheinen, und niemand spricht hier von zwei verschiedenen Teilchensorten, sondern von zwei Zuständen desselben Teilchens. Zusammenfassend hat sich für Proton und Neutron seit 1941 der Name Nukleon eingebürgert.

Heisenberg führte für die unterscheidende Eigenschaft den Namen ρ-Spin ein, heute hat sich der Name Isospin durchgesetzt. Man nennt heute diesen inneren Symmetrie-Raum Iso-Raum oder Isospin-Raum und sagt, das Proton hat die Isospin-Einstellung $+\frac{1}{2}$, das Neutron $-\frac{1}{2}$, siehe Abb. 1.19. Schon Heisenberg benutzte zur formalen Beschreibung der Wechselwirkung zwischen den Nukleonen die von Pauli eingeführten (zweidimensionalen) Spin-Matrizen, die die Erzeugenden der Gruppe $SU(2)$ sind.

Der Heisenbergsche Formalismus wurde allerdings als schwerfällig und wenig hilfreich empfunden und geriet fast in Vergessenheit. Er wurde erst 1936 von B. Cassen und E. Condon wiederbelebt, die neue Experimente zur Ladungsunabhängigkeit der Kernkräfte damit interpretieren konnten. Sie nutzten die formale Gleichheit des Spinformalismus mit dem des Isospin voll aus. So, wie bei kugelsymmetrischen Problemen eine Drehung nichts am Ergebnis ändern darf, sollen die Kernkräfte unabhängig von Drehungen im Iso-Raum sein. Diese „Dre-

50   1 Die heroische Zeit

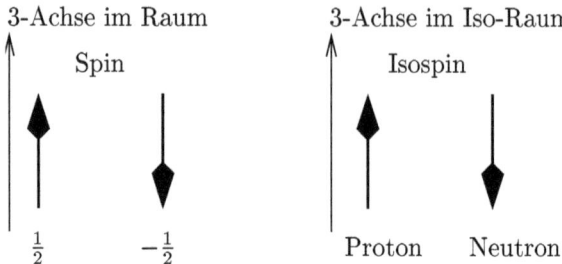

Abbildung 1.19. Die Analogie von Spin und Isospin. Das Proton hat den Isospin $+\frac{1}{2}$, das Neutron $-\frac{1}{2}$

hungen im Iso-Raum" verwandeln etwa ein Proton in ein Neutron, wie eine Drehung im gewöhnlichen Raum ein Elektron mit dem Spin nach unten in eines vom Spin nach oben verwandelt. Ich möchte aber betonen, daß diese Drehungen im Iso-Raum keine anschauliche Bedeutung haben.

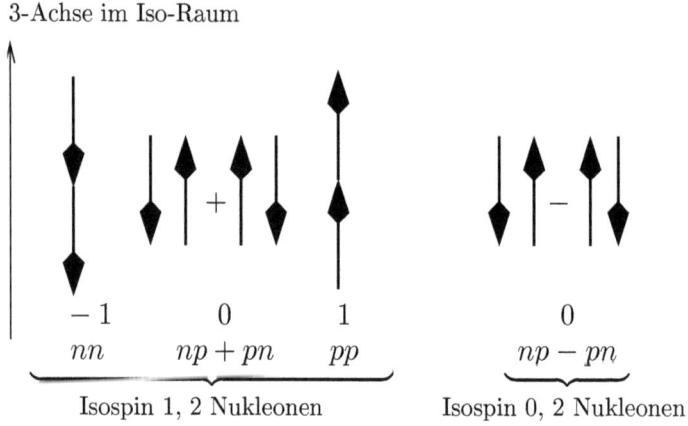

Abbildung 1.20. Kopplung zweier Nukleonen zum Isospin 1 und 0. Der mathematische Formalismus ist genau der gleiche wie bei der Kopplung zweier Spins in Abb. 1.18

Dennoch können wir die *formalen* Ergebnisse vom vorigen Abschnitt über das Verhalten zweier Zustände mit Spin $\frac{1}{2}$ direkt auf einen Zustand von zwei Nukleonen übertragen. Hierzu müssen wir nur die Spineinstel-

1.5 Das Ebenmaß der Elementarteilchen

lung $+\frac{1}{2}$ (↑) durch das Proton (p) und die Spineinstellung $-\frac{1}{2}$ (↓) durch das Neutron (n) ersetzten. Dann kommen wir von der Abb. 1.18 zur Abb. 1.20. Wir können also ein Paar von Nukleonen zu einem Triplett vom Isospin 1 und einem Singulett vom Isospin 0 zusammenfassen.

Diese Überlegungen veranlaßten Nicholas Kemmer, einen entscheidenden Schritt weiter zu gehen. Er führte diese zunächst nur zur Klassifizierung eingefügte Symmetrie auf die Dynamik des Meson-Austauschs zurück. Ich muß hier kurz ein Ereignis vorwegnehmen, das ausführlicher im nächsten Abschnitt besprochen wird. Die 1934 von Yukawa vorgeschlagene Mesontheorie der Kernkräfte hatte 1937 einen gewaltigen Auftrieb erfahren. S.H. Neddermaier und C. D. Andersen hatten 1936 eine neue Teilchensorte mit einer Masse von etwa 240 Elektronenmassen und der Ladung $+1$ und -1 entdeckt. Im Jahre 1937 wurde die Arbeit von Yukawa zum ersten Mal in einer westlichen Publikation erwähnt, nämlich von R. Oppenheimer und R. Serber. Sie schlugen vor, daß die von Anderson und Neddermeyer gefundenen „Mesotronen" die von Yukawa postulierten Mesonen seien. Allerdings hatte man nur ein positiv und ein negativ geladenes Mesotron gefunden, und Kemmer mußte einen kühnen Schritt wagen: Er mußte die Existenz eines dritten, eines neutralen, Mesotrons postulieren, das zusammen mit den beiden geladenen ein Iso-Triplett mit dem Isospin 1 bildet. Unter dieser Voraussetzung konnte er eine Wechselwirkung zwischen dem Iso-Dublett von Nukleonen und dem Iso-Triplett von Mesonen konstruieren, die invariant bei Drehungen im Iso-Raum ist. Er konnte außerdem streng zeigen, daß sich diese Invarianz auch auf die Wechselwirkung zwischen Nukleonen überträgt.

Damit war die erste sogenannte „innere Symmetrie" in die Elementarteilchenphysik eingeführt, also eine Symmetrie, die unabhängig vom Raum-Zeit-Verhalten der Teilchen ist. Sie war noch ganz an das Vorbild der räumlichen Drehungen angelehnt und der mathematische Formalismus konnte direkt übernommen werden. Innere Symmetrien spielen heute in der Elementarteilchenphysik eine entscheidende Rolle, und wir werden noch oft Gelegenheit haben, ausführlicher darauf zurückzukommen.

Die Invarianz unter Drehungen im Iso-Raum konnte sich nicht auf alle Wechselwirkungen beziehen, denn unter der elektromagnetische Wechselwirkung verhalten sich Proton und Neutron grundverschieden. Daher wurde diese Invarianz nur für die sogenannte starke Wechselwirkung, also die Wechselwirkung, die für die Kräfte im Atomkern verantwortlich ist, postuliert und nicht für die elektromagnetische Wechselwirkung. Man sagt, die Symmetrie wird durch die elektromagnetische Wechselwirkung gebrochen. Diese Brechung der Iso-

Symmetrie durch die elektromagnetische Wechselwirkung wurde auch zur Erklärung dafür herangezogen, daß das Proton und das Neutron nicht genau die gleiche Masse haben. Allerdings konnte man nicht so recht verstehen, warum das Neutron schwerer ist als das Proton. Auf Grund der elektrostatischen Abstoßung im Proton erwartet man eher, daß das Proton schwerer ist als das Neutron. Die Brechung gab aber eine sehr plausible Erklärung dafür, daß man das von Kemmer eingeführte neutrale Mesotron nicht beobachtet hatte. Es konnte durch die elektromagnetische Wechselwirkung in zwei Photonen zerfallen. S. Sakata und Y. Tanikawa hatten 1940 die mittlere Lebensdauer für diesen Zerfall berechnet und eine Zeit von etwa einer hundertmillionstel Nanosekunde (10^{-17} Sekunden) gefunden. Diese Lebensdauer ist etwa hundertmilliardenmal kleiner als die Lebensdauer der geladenen Mesotronen, und daher konnten Neddermaier und Andersen das neutrale Teilchen nicht nachweisen.

1.5.4 Diskrete Symmetrien

Diskrete Symmetrien sind nicht etwa besonders verschwiegen, sondern die zugehörigen Transformationen hängen nicht von kontinuierlich veränderlichen Parametern ab, wie ganz zu Anfang des Abschnitts erwähnt. Die diskreten Symmetrien, die wir jetzt betrachten, sind:

- Raumspiegelung oder Paritätstransformation **P**. Bei dieser Transformation wird jeder Punkt am Ursprung gespiegelt. Beispielsweise wird eine rechte Hand bei der Paritätstransformation in eine linke Hand abgebildet.
- Zeitspiegelung oder Bewegungsumkehr **T**. Hier wird die Richtung der Zeit umgekehrt.
- Ladungskonjugation **C**. Hier gehen Teilchen in Antiteilchen über, z. B. ein Elektron in ein Positron. Diese Transformation spielt nur in der Quantenfeldtheorie eine Rolle.

In der Alltagserfahrung kennen wir keine Symmetrie unter Zeitspiegelung: Das Älterwerden ist ein normaler Vorgang, Jüngerwerden gibt es nur in Märchen und in *Science Fiction*. Dennoch sind die fundamentalen Gesetze der klassischen Mechanik und der klassischen Feldtheorie symmetrisch unter Raum- und Zeitspiegelungen. Dies nahm man auch für die Elementarteilchenphysik an, wurde aber im Laufe der Zeit eines besseren belehrt, doch darauf kommen wir später zurück.

In der Feldtheorie kann man einem Feld eine „innere Parität" zuordnen. So ändert bei Raumspiegelung ein elektrisches Feld sein Vorzeichen, man sagt, es hat negative Parität. In der quantisierten Form

1.5 Das Ebenmaß der Elementarteilchen

führt das dazu, daß das Photon eine innere Parität $P = -1$ hat. Es gibt allerdings auch gerichtete Größen, die bei Raumspiegelung ihr Vorzeichen nicht ändern, man nennt diese Größen Axial- oder Pseudovektoren. Die drei Komponenten des Spins bilden zum Beispiel einen solchen Pseudovektor. Die innere Parität einiger Teilchen ist in Tabelle 1.1 angegeben. Die Gesamtparität eines Zustandes ist das Produkt der inneren Paritäten und der sogenannten äußeren Parität, die durch den Drehimpuls bestimmt wird. Ist eine Wechselwirkung invariant gegen Raumspiegelungen, also gleich für eine ungespiegelte und die dazu gespiegelte Welt, dann ändert sich die Gesamtparität nicht. Wir kommen darauf in Abschn. 2.8 ausführlich zurück. Haben Teilchen den Spin $\frac{1}{2}$, so ist die innere Parität des Teilchens immer entgegengesetzt der des Antiteilchens.

Ebenso führt man auch eine Ladungsparität oder C-Parität ein, die im Zusammenhang mit der Ladungskonjugation **C** steht. Selbst wenn ein Teilchen sein eigenes Antiteilchen ist, kann sich bei der Ladungskonjugation doch das Vorzeichen des zugehörigen Quantenfeldes ändern. Das Photon hat eine negative Ladungsparität, $C = -1$. Von einer bestimmten Ladungsparität kann man nur bei neutralen Teilchen sprechen, da nur diese möglicherweise bei der Ladungskonjugation in sich übergehen. Für geladene Mesonen kann man allerdings eine sogenannte G-Parität einführen, eine Kombination von Ladungskonjugation und Drehung im Iso-Raum, auf die wir aber nicht näher eingehen wollen. Es gilt: Ist eine Theorie invariant gegenüber der Ladungskonjugation – also gleich für die Welt und die Antiwelt – so ist das Produkt der Ladungsparität erhalten.

In der Tabelle sind noch zwei weiter „innere Symmetriezahlen" aufgeführt, die Baryonen- und die Leptonenzahl. Berücksichtigt man nur die klassischen Symmetrien wie Ladungserhaltung, Energieerhaltung, Drehimpulserhaltung und so weiter, so verbietet keine von diesen den Zerfall eines Protons in ein Positron und Photonen. Gäbe es solche Zerfälle mit einer Lebensdauer, die nicht groß ist gegen die Lebensdauer unseres Universums, dann wäre ein großer Teil der Materie in Elektronen, Neutrinos und Photonen zerfallen. Da solche Zerfälle nicht beobachtet werden, führt man eine neue Erhaltungsgröße ein, die Baryonenzahl B. Mesonen, Photonen, Elektronen und Neutrinos haben die Baryonenzahl $B = 0$, Protonen und Neutronen die Baryonenzahl $B = 1$. Die Leptonenzahl ist analog gebildet wie die Baryonenzahl. Sie ist 1 für Elektronen und Neutrinos, -1 für deren Antiteilchen.

Beim Zerfall des Neutrons in ein Proton, Elektron und Antineutrino ist die Baryonenzahl und die Leptonenzahl erhalten. Sie wäre nicht erhalten beim oben erwähnten Zerfall eines Protons in ein Positron und ein Photon. Obwohl es heute einige theoretische Gründe dafür gibt, daß die Baryonen- und Leptonenzahl verletzt sind, ist bis jetzt noch kein die Baryonenzahl verletzender Zerfall beobachtet worden. Die sehr vorsichtige untere Grenze für die Lebensdauer des Protons ist 10^{25} Jahre, das Alter des Universums ist „nur" etwa 10^{10} Jahre!

Tabelle 1.1. Innere Parität P, innere Ladungsparität C, Baryonenzahl B sowie Leptonenzahl einiger Teilchen. *Die innere Parität des Elektrons und des Protons ist auf +1 festgelegt

Teilchen	P	C	B	L
Photon	-1	-1	0	0
Proton	$+1^*$		1	0
Neutron	$+1$		1	0
Elektron	$+1^*$		0	1
Positron	-1		0	-1
Neutrino			0	1
Antineutrino			0	-1

1.6 Die Entdeckung des Positrons und des „Mesotrons"

Protonen, Neutronen und Elektronen kommen in der Natur reichlich vor und sie bilden die Grundbausteine der „normalen" Materie. Das Photon wiederum spielt als Vermittler der elektromagnetischen Wechselwirkung eine entscheidende Rolle und ist mit großem Abstand das häufigste Teilchen in unserem Universum. Die Teilchen, über deren Entdeckung im folgenden berichtet wird, spielen zwar für unser Verständnis vom Aufbau der Materie eine entscheidende Rolle, kommen aber in der Natur nicht in nennenswerten Mengen vor. Sie werden auf natürliche Weise nur bei Reaktionen mit hochenergetischen Teilchen, die aus dem Weltraum kommen, erzeugt.

Schon aus der Frühzeit der Radioaktivität war bekannt, daß Ionisationskammern eine Entladung, also eine Leitfähigkeit des Füllgases anzeigten, selbst wenn keine radioaktiven Präparate in der Nähe waren. V.F. Hess in Wien untersuchte seit 1911 die Stärke der Ionisation in einer Serie von bemannten Ballonexperimenten und fand schließlich, daß sie mit der Höhe zunahm. Er schlug zwei Erklärungen vor: Entweder es gibt eine bisher unbekannten Substanz, die vornehmlich in großen

1.6 Die Entdeckung des Positrons und des „Mesotrons" 55

Höhen gefunden wird, oder die durchdringende ionisierende Strahlung kommt aus dem Weltraum. Die Evidenz für die außerirdische Herkunft wurde immer stärker. R. A. Millikan prägte die eindrucksvolle Bezeichnung „Kosmische Strahlen" (*cosmic rays*). Er, der am besten durch seine Bestimmung der Elementarladung mit dem „Öltröpfchenversuch" bekannt ist, leistete durch unbemannte Ballonexperimente wichtige Beiträge zur Erforschung dieser kosmischen Strahlung. Sie war in den 20er und 30er Jahren des 20. Jahrhunderts ein wichtiges Forschungsgebiet und bald lernte man einige ihrer wesentlichen Eigenschaften kennen. In diesem Abschnitt berichte ich nur über zwei wichtige Entdeckungen, die wir ihr verdanken, nämlich der Nachweis von Positronen und der sogenannten *Mesotronen* in der Höhenstrahlung.

C.D. Anderson, ein Schüler Millikans, untersuchte die Höhenstrahlung in einer Wilsonschen Nebelkammer, die sich in einem starken Magnetfeld befand. Auf ein geladenes Teilchen übt ein Magnetfeld eine Kraft aus, die senkrecht zur Bewegungsrichtung des Teilchens und senkrecht zum Magnetfeld steht. Die Bahn eines geladenen Teilchens in einem Magnetfeld ist daher gekrümmt. Die Krümmung ist umso stärker, je geringer der Impuls ist, und man kann aus der Krümmung der Bahnkurve den Impuls der geladenen Teilchen sehr genau bestimmen. Wenn die Richtung bekannt ist, kann man auch das Vorzeichen der Ladung bestimmen: eine positive Ladung wird in einem von oben nach unten laufenden Magnetfeld nach rechts, eine negative nach links abgelenkt. In Abb. 1.21 ist die Bahn eines negativen Teilchens in einem Magnetfeld dargestellt.

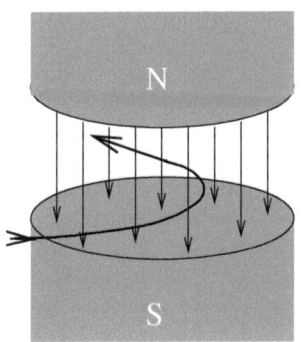

Abbildung 1.21. Die Bahn eines negativ geladenen Teilchens in einem Magnetfeld

1 Die heroische Zeit

Anderson fand viele Spuren, die in der Nebelkammer von unten nach oben laufen mußten, wenn man sie als Elektronen interpretierte. Dies war ungewöhnlich, denn normalerweise laufen die Spuren der Höhenstrahlung aus vom Weltraum kommend von oben nach unten. Um nun festzustellen, in welche Richtung diese Teilchen liefen, dachte sich Millikan ein einfaches, aber geniales Verfahren aus: Er stellte eine Bleiplatte in die Nebelkammer und konnte daraus die Flugrichtung eindeutig bestimmen, da das Teilchen in der Bleiplatte nur Impuls verlieren, aber nicht gewinnen kann. Dabei fand er im Jahre 1931 Teilchenspuren von der Art, wie sie in Abb. 1.22 dargestellt ist.

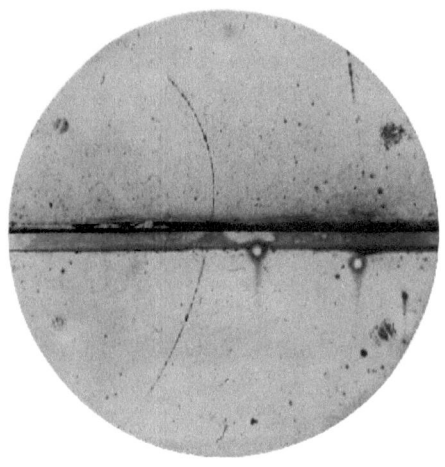

Abbildung 1.22. Die Spur eines geladenen Teilchens in einer Nebelkammer mit einer Bleiplatte von 6 mm Dicke. Aus der verschiedenen Krümmung läßt sich schließen, daß der Impuls im oberen Teil der Bahn beinahe nur ein Drittel des Impulses unterhalb der Platte ist, deshalb muß das Teilchen von unten kommen. Die magnetischen Feldlinien zeigen von oberhalb der Ebene nach unten; daraus kann man schließen, daß die abgebildete Spur von einem positiv geladenen Teilchen herrührt. Ein Proton kommt nicht in Frage, es hätte mit diesem Impuls oberhalb der Platte höchstens ein Zehntel der Wegstrecke zurücklegen können

Hier handelt es sich eindeutig um ein von unten nach oben laufendes Teilchen, denn der Teil mit weniger Impuls, d. h. mit stärkerer Krümmung, ist oberhalb der Platte. In Flugrichtung ist die Bahn ein-

1.6 Die Entdeckung des Positrons und des „Mesotrons"

deutig nach links gekrümmt, es war ein positives Teilchen, das diese Spur hinterließ. Aufgrund der Länge der Spur konnte Anderson ebenso sicher schließen, daß es sich nicht um ein Proton handeln konnte. Er war daher sicher, daß es sich um ein leichtes, positiv geladenes Teilchen von höchstens zwanzig Elektronenmassen handelte. Dies war natürlich ein starkes Anzeichen dafür, daß das von Dirac vorhergesagte und bei vielen Physikern so unbeliebte Antiteilchen des Elektrons wirklich existierte und daß Anderson die Spur eines solchen in seiner Nebelkammer beobachtet hatte. Diese sehr naheliegende Vermutung wurde später durch genaue Massenbestimmungen bestätigt, die zeigten, daß die Masse dieses positiven Teilchens tatsächlich ganz genau die des Elektrons war. P.M.S. Blackett und G.P.S. Ochialini fanden in ihrer in Koinzidenz mit Zählrohren arbeitenden Nebelkammer Paare von Elektron- und Positronspuren mit offensichtlich gemeinsamen Ursprung. Damit war die nach der Dirac-Theorie zu erwartende Paar-Erzeugung von Materie und Antimaterie nachgewiesen.

Dies war ein gewaltige Triumph der Theorie. Was zunächst als ein unschöner Zug eines ansonsten recht beeindruckenden Formalismus erschienen war, entpuppte sich nun als eine eindrucksvolle Vorhersage einer ganz neuen Art der Materie. Dennoch leugneten die Entdecker den Einfluß Diracs. Über den Einfluß der Theorie auf seine Ergebnisse sagte Anderson selbst: „Ja ich wußte etwas von der Dirac Theorie. ...Aber ich kannte nicht die Einzelheiten von Diracs Arbeiten. Ich war zu beschäftigt, diesen Apparat laufen zu lassen, als daß ich viel Zeit gehabt hätte, Arbeiten zu lesen. ...Der hochgradig esoterische Charakter war offenbar nicht in Übereinstimmung mit der allgemeinen wissenschaftlichen Auffassung dieser Tage ...Die Entdeckung des Positrons war vollkommen zufällig." Blackett und Ochialini standen in direktem Kontakt zu Dirac, der auch in Cambridge arbeitete. Aber Blackett sagte 1962, daß zur Zeit der Entdeckung des Positrons niemand Diracs Theorie ernst nahm. Natürlich sind solche Aussagen, wie auch die Andersons, immer mit etwas Vorsicht zu genießen, da es offenbar bei vielen Experimentalphysikern als ehrenvoller gilt, eine Zufallsentdeckung zu machen als „nur" eine Theorie zu bestätigen. Aber man kann wohl mit Sicherheit sagen, daß hier nicht die Theorie das Experiment leitete, sondern eher das Experiment eine viel geschmähte Theorie rettete. Dies steht im Gegensatz zu vielen späteren experimentellen Entdeckungen, bei denen die sehr genauen Vorhersagen der Theorie das Experiment erst ermöglichten.

Bald nach der Entdeckung des Positrons in der kosmischen Höhenstrahlung, 1934, entdeckten I. Joliot-Curie und ihr Mann F. Joliot, daß Positronen auch beim radioaktiven Zerfall bestimmter künstlich erzeugter Elemente auftreten. Hier zerfällt ein Proton im Kern in ein Neutron, ein Positron und ein Neutrino.

Aus der „esoterischen Theorie" entwickelte sich eine medizinische Diagnosetechnik, die Positronen-Emissions-Tomographie (PET). Man injiziert eine radioaktive Substanz, die beim Zerfall Positronen aussendet. Wenn ein Positron abgebremst ist, fängt es ein Elektron ein und vernichtet sich mit diesem in zwei hochenergetische Photonen (*gamma*-Quanten). Diese *gamma*-Quanten kann man nachweisen und den Ort des Zerfalls rekonstruieren. In Abb. 1.23 ist ein Feynmann-Graph für die Vernichtung eines Positrons und eines Elektrons in zwei Photonen dargestellt.

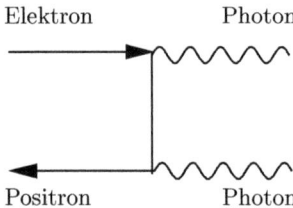

Abbildung 1.23. Feynman-Graph für die Annihilation eines Elektrons mit seinem Antiteilchen, dem Positron. Durch die freiwerdende Energie von über einem MeV werden zwei hochenergetische Photonen (*gamma*-Quanten) erzeugt. Dieser Effekt wird bei der Positron-Emissions-Tomographie (PET) benutzt. Da das Positron ein Antiteilchen ist, wird es durch einen *auslaufenden* Pfeil dargestellt dargestellt, obwohl es vernichtet wird

Die Untersuchung der kosmischen Höhenstrahlung machte weitere Fortschritte. Mit Hilfe der Koinzidenzmethode fanden Bothe und Kohlhörster, daß es eine Komponente der Strahlung gab, die auch dickere Schichten von Materie leicht durchdrang, und man unterschied zwischen der harten, d. h. der durchdringenden, und der weichen, d. h. weniger durchdringenden, Komponente der Höhenstrahlung.

Die harte Komponente zeigte sich meist in einzelnen Spuren, die weiche dagegen trat in zahlreichen gleichzeitig die Kammer durchlaufenden Spuren – den sogenannten Schauern – auf. H. Bethe und W. Heitler hatten 1934 den Energieverlust geladener Teilchen mit Hilfe der noch in ihren Kinderschuhen steckenden QED hergeleitet und ihre Ergebnisse erlaubten eine Analyse der beiden Komponenten der Höhenstrahlung. Die weiche Komponente konnte sehr gut als aus Elektronen und Positronen bestehend erklärt werden, doch die harte Komponente schien der Theorie von Bethe und Heitler nicht zu folgen. Anderson und

1.6 Die Entdeckung des Positrons und des „Mesotrons"

Neddermayer setzten weiterhin ihre erfolgreiche Nachweis- und Analysemethode ein: Nebelkammer mit Absorber und starkem Magnetfeld. Ihre Schlußfolgerung von 1936 war: „Offensichtlich bricht entweder die Theorie der Absorption bei Energien, die größer als 1000 MeV sind, zusammen oder diese hochenergetischen Teilchen sind keine Elektronen". Carl und J.R. Oppenheimer kamen von der theoretischen Seite etwa gleichzeitig zu einem sehr ähnlichen Schluß. 1937 verschärften Neddermeyer und Anderson ihre Aussage: Entweder haben hochenergetische Elektronen eine zusätzliche Eigenschaft oder es gibt ein weiteres Teilchen mit einer Masse, die groß gegen die Elektronenmasse und klein gegen die Protonenmasse ist. Da aber außer Masse und Ladung keine weiteren Eigenschaften bekannt waren, betrachteten sie die Existenz eines neuen Teilchens als die plausiblere Hypothese. Sie gründeten ihren Schluß auf den in Abb. 1.24 dargestellten Sachverhalt. Die geladenen Teilchen gleicher Energie zerfielen in zwei Gruppen, deren Energieverlust in dem Absorber – einer Platinplatte in der Nebelkammer – sehr verschieden war. Bei der einen Gruppe, die vorwiegend aus Teilchen aus den Schauern bestand, war der Energieverlust proportional der Energie, wie es die Theorie für Elektronen und Positronen vorhersagte, bei der anderen Gruppe, den Einzelspuren, streute der Energieverlust stark und war im Mittel unabhängig von der Energie. Dies war nicht mit der Hypothese zu vereinen, daß es sich bei diesen Spuren um Elektronen handelte, die der Theorie von Bethe und Heitler folgten. Da es aber andererseits auch Spuren von Elektronen mit hoher Energie gab, die der Theorie folgten, erschien es sehr unwahrscheinlich, daß die Theorie falsch war, und daher kamen Anderson und Neddermayer zu obigem Schluß, daß sie ein neues Teilchen gefunden hatten.

Im folgenden Jahr machten sie dann eine entscheidende Aufnahme. Eine Teilchenspur durchquerte einen Geigerzähler und kam in der Kammer zur Ruhe. Daraus konnte die Masse recht zuverlässig zu etwa 240 Elektronenmassen abgeschätzt werden. Der moderne Wert ist $105.658\ldots \mathrm{MeV}/c^2$, also etwa 207 Elektronenmassen.

Die Theorie war für die Analyse der Experimente sehr wichtig, aber für die Entdeckung der neuen Teilchen war der Einfluß der Theorie hier sicher noch geringer als bei der Entdeckung des Positrons. Dennoch ist bemerkenswert, daß P. Kunze aus Rostock schon 1933 eine Aufnahme einer Blasenkammer im Magnetfeld veröffentlichte, bei der er feststellte, daß eine Spur „für ein Proton wohl zu wenig, für ein positives Elektron aber zuviel" ionisierte. Er kommentierte: „Die Natur dieser Partikel ist unbekannt" und er vermutete als Ursprung eine Kernexplosion. Dieses Ergebnis blieb aber offensichtlich unbeachtet. Vielleicht lag das daran,

60   1 Die heroische Zeit

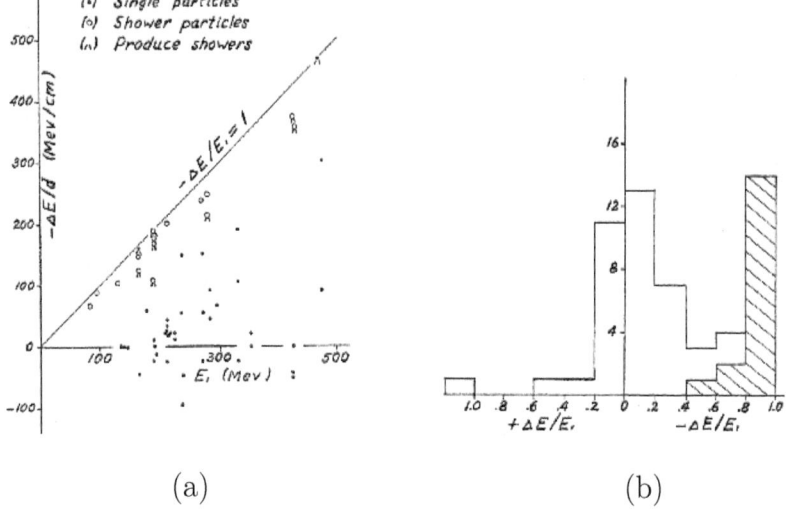

(a)   (b)

Abbildung 1.24. (a) Der Energieverlust kosmischer Strahlen in einem Platin-Absorber von 1 cm Dicke in einer Nebelkammer. Aufgetragen ist der Energieverlust pro Längeneinheit im Absorber, $-\Delta E/d$ (MeV/cm), gegen die Energie E_1 (MeV). Die *offenen Kreise* repräsentieren Spuren aus einem Schauer, die *Punkte* repräsentieren einzeln auftretende Spuren. Man sieht, daß nur bei den Teilchen aus den Schauern (*offene Kreise*) der Energieverlust $-\Delta E$ ungefähr proportional der Energie ist ($-\Delta E/E_1 = 1$). (b) Relativer Energieverlust $-\Delta E/E_1$, die Teilchen aus Schauern sind schraffiert eingezeichnet

daß es 1933 noch keine theoretischen Spekulationen über ein mittelschweres geladenes Teilchen gab.

Ich hatte bereits erwähnt, daß diese Entdeckung des mittelschweren Teilchens, Mesotron genannt, der Theorie Yukawas großen Auftrieb gab, da man dachte, das von Anderson und Neddermayer gefundene Teilchen sei das, das von Yukawa zur Erklärung der Kernkräfte vorgeschlagen worden war. Je mehr man aber über das neue Teilchen lernte, desto größer wurden die Schwierigkeiten, es mit dem von Yukawa vorhergesagten Teilchen zu identifizieren. Neben anderen Indizien war dann folgendes ausschlaggebend: wenn das Mesotron die Kernkräfte erklären sollte, mußte es auch stark mit dem Kern wechselwirken und von diesem absorbiert werden. Für positive Mesonen wird dies durch die elektromagnetische Abstoßung vom positiv geladenen Kern verhindert, aber bei negativen Mesonen sollte der Absorptionseffekt zum Tragen kommen. Das entscheidende Experiment wurde 1946 in Rom durchgeführt: H. Conversi, G. Pancini und V. Piccioni fanden, daß negative Mesotronen entgegen der eindeutigen Vorhersage der Theorie nicht vom Kohlenstoffkern absorbiert wurden. In der Zwischenzeit war aber die Bereitschaft, bisher unbekannte Teilchen ernst zu nehmen, offenbar gestiegen. H. Bethe und R. Marshak sowie S. Sakata und T. Inoue schlugen vor, daß es zwei Arten von Mesonen gäbe, einmal das von Anderson und Neddermeyer gefundene, und zum anderen das von Yukawa postulierte. Unabhängig von diesen Spekulationen wurde bald tatsächlich das zweite Meson gefunden, doch das war bereits der Beginn unserer Neuzeit der Elementarteilchenphysik.

1.7 Frühe Beschleuniger

Für die weitere Untersuchung der Elementarteilchen war es ganz entscheidend, daß man bald nicht mehr auf die seltenen hochenergetischen Teilchen in der kosmischen Höhenstrahlung angewiesen war, sondern daß man im Labor geladene Teilchen sehr hoher Energie in großer Anzahl selbst produzierten konnte. Hier beschreibe ich ganz kurz die ersten Teilchenbeschleuniger aus der Frühzeit. Im Prinzip ist die Lenard-Röhre ein Beschleuniger, bei dem die Elektronen durch die angelegte Anodenspannung zu einem Elektronenstrahl beschleunigt werden, mit dem man experimentieren kann. Auch die Braunsche Röhre, besser bekannt als Fernsehröhre, ist ein Elektronenbeschleuniger, bei dem der Elektronenstrahl nicht nur beschleunigt, sondern auch noch auf eine ganz bestimmte Stelle des Schirms gelenkt wird.

Hohe elektrische Felder wurden von J.D. Cockcroft und E.T.S. Walton benutzt, um einen Protonenstrahl durch eine Spannung von insgesamt 600 000 Volt zu beschleunigen, der resultierende Strahl hatte also eine Energie von 600 000 eV. Diese Energie reichte aus, daß einige Protonen in Lithiumkerne dringen konnten und ihn in zwei Heliumkerne spalteten. Dies war die erste von Menschen bewirkte Kernspaltung (1932).

Folgenreicher für die Weiterentwicklung der Elementarteilchenphysik war die Konstruktion eines kreisförmigen Beschleunigers – des sogenannten *Zyklotrons* – durch den amerikanischen Physiker E.O. Lawrence. Bei diesem Beschleuniger wird ein geladenes Teilchen nicht nur einmal durch eine konstante Gleichspannung, sondern mehrmals hintereinander durch eine Wechselspannung beschleunigt. Ein geladenes Teilchen, das sich senkrecht zu einem homogenen Magnetfeld bewegt, wird durch die elektromagnetische Lorentz-Kraft auf eine Kreisbahn gezwungen (siehe Abb. 1.21). Ist die Geschwindigkeit der Teilchen sehr

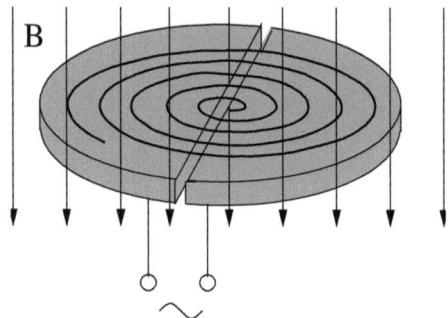

Abbildung 1.25. Konstruktionsprinzip des Zyklotrons. Die Magnetlinien stehen senkrecht auf den seitlich offenen „Camembert-Schachteln", den D's. Zwischen den beiden D's liegt eine Wechselspannung, die die Teilchen beim Übergang vom einen ins andere D beschleunigen. Das homogene Magnetfeld B steht stets senkrecht auf den Bahnen der in den D's beschleunigten Teilchen

klein gegen die Lichtgeschwindigkeit, so ist die Zeit, die sie brauchen, um einmal einen Kreis zu durchlaufen, unabhängig von ihrer Energie. Dies ist leicht einzusehen: Ist die Energie groß, so ist auch die Geschwindigkeit und damit der Radius des Kreises groß. Ein Teilchen mit hoher Geschwindigkeit hat also auch eine größere Strecke zurückzulegen, und diese beiden Effekte heben sich gegenseitig auf. Beim Zyklotron bewegen sich die zu beschleunigenden geladenen Teilchen senkrecht zu einem starken homogenen Magnetfeld in zwei metallischen D-förmige Halbschachteln, den sogenannten D's, siehe Abb. 1.25. Zwischen den beiden D's liegt eine Wechselspannung mit der Amplitude von einigen tausend Volt. Die Frequenz der Wechselspannung ist gerade so eingerichtet, daß ein Teilchen jedesmal, wenn es von dem einen zum anderen D wechselt, beschleunigt wird. Da dies bei jedem Umlauf zweimal geschicht, kann man die Teilchen oft anstoßen und damit auf eine hohe Energie bringen.

Wird die Energie allerdings zu groß, dann ist Geschwindigkeit der beschleunigten Teilchen nicht mehr sehr klein gegen die Lichtgeschwindigkeit und man muß die spezielle Relativitätstheorie berücksichtigen. Dies ist dann der Fall, wenn die Energie nicht mehr sehr klein gegen die Ruheenergie ist. Bei Protonen ist diese 938 MeV, das heißt nach dem obigen Prinzip kann man Protonen nur bis zu einer Energie von etwa 100 MeV beschleunigen. Nach den Gesetzen der speziellen Relativitätstheorie ist die Umlaufsgeschwindigkeit der Teilchen nicht mehr unabhängig von der Energie. Die Geschwindigkeit bleibt nämlich immer unter der

1.7 Frühe Beschleuniger 63

des Lichts, kann also nicht beliebig anwachsen, während der Radius mit wachsender Energie immer weiter zunimmt. Mit wachsender Energie muß also die Frequenz, mit der die Spannung zwischen den D's wechselt, angepaßt werden. Die unabhängig von dem Russen V.I. Veksler (1944) und dem Briten E.M. McMillan (1945) entdeckte Phasenstabilität hilft hier. Teilchen, die zu früh sind, werden weniger beschleunigt als die „synchronen" Teilchen, solche die zu spät sind, werden dagegen stärker beschleunigt. So sammeln sich die Teilchen in Paketen (*bunches*) um die synchronen Teilchen. Lawrence baute nach diesem Prinzip ein Synchrozyklotron mit einem Magnetdurchmesser von 184 Zoll (ca 4.5 m), das am 1. November 1946 erstmals einen Strahl von Helium-Kernen und Protonen auf eine Energie von 350 MeV beschleunigte.

Damit sind wir auch hier in der Neuzeit der Teilchenphysik angelangt. Die rasante weitere Entwicklung der Beschleuniger wird in den Abschn. 2.6, und 5.6 besprochen.

2 Der große Sprung

Nach dem zweiten Weltkrieg machte die Physik der Elementarteilchen einen großen Schritt vorwärts. Es wurden eine ganze Reihe neuer Teilchen entdeckt, solche die vorhergesagt waren und solche, die niemand erwartet hatte. Die Quantenfeldtheorie wurde in einen Zustand gebracht, der sehr präzise Vorhersagen ermöglichte.

2.1 Das vorhergesagte Meson wird wirklich entdeckt

Etwas willkürlich lasse ich die Neuzeit mit der Entdeckung des 1934 von Yukawa vorhergesagten Mesons beginnen. Sie ist geprägt durch die letzten entscheidenden Beiträge der kosmischen Höhenstrahlen zur Teilchenphysik und die schnelle Übernahme des Gebietes durch die Beschleuniger. Wir hatten in Abschn. 1.6 gesehen, daß die in Rom 1946 durchgeführten Absorptionsexperimente eindeutig zeigten, daß die „Mesotronen" von Neddermayer und Anderson nicht die von Yukawa zur Erklärung der Kernkräfte vorgeschlagenen Teilchen sein konnten. Doch die Rettung der Theorie ließ nicht lange auf sich warten. C.F. Powell hatte in Bristol eine Gruppe aufgebaut, die in enger Zusammenarbeit mit der Firma Ilford eine alte Nachweismethode zur Perfektion entwickelte, nämlich die der photographischen Emulsionen, die bereits in Abschn. 1.3 erwähnt wurden. In der kosmischen Höhenstrahlung treten geladene Teilchen sehr hoher Energie auf, die durch Wechselwirkung mit den Atomkernen in der photographischen Emulsion neue Teilchen erzeugen können. Nach solchen neuen Teilchen suchten Powell und seine Mitarbeiter. Dazu setzten sie die Platten der kosmischen Strahlung in möglichst großer Höhe aus, da die Strahlung dort wenig durch die Atmosphäre abgeschwächt ist und deshalb mehr Reaktionen auslöst als etwa in Meereshöhe. Die produzierten Teilchen kann man dann durch ihre Spuren nachweisen. Das ist natürlich ein sehr aufwendiges Ver-

2 Der große Sprung

fahren, da man die Emulsionen unter dem Mikroskop mühsam nach Spuren durchmustern muß.

In photographischen Platten, die etwa einen Monat lang auf dem Pic du Midi in den Pyrenäen der kosmischen Strahlung ausgesetzt waren, fand die Auswerterin Marietta Kurz Anfang 1947 eine ungewöhnliche Spur mit einem Knick (Abb. 2.1).

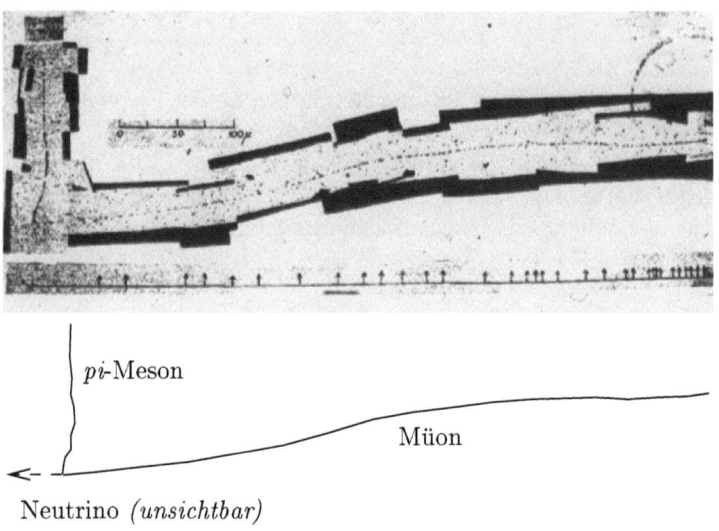

Abbildung 2.1. Der erste veröffentlichte Zerfall eines pi-Mesons in ein Müon. Das pi-Meson kommt von oben und zerfällt in ein offenbar leichteres geladenes Teilchen (Müon) und in ein ungeladenes Teilchen (Neutrino, unsichtbar). Die Spuren sind nicht gerade, da die Teilchen an den Atomkernen in der Photoemulsion gestreut werden

Diese Spur wurde sofort als Zerfallsspur eines mittelschweren geladenen Teilchens in ein leichteres und ein unsichtbares sehr leichtes neutrales Teilchen interpretiert. Eine Verwechslung mit einem Proton war ausgeschlossen, da Protonen gleichmäßiger ionisieren als leichtere Teilchen und geradere Bahnen haben. Nachdem bald darauf eine zweite ähnliche Spur gefunden wurde, kündigten C.G.M. Lattes, H. Muirhead, G.P.S. und C.F. Powell im April 1947 die Entdeckung eines neuen mittelschweren Teilchens („Mesons") an. Eine Theorie mit zwei Mesonen war ja schon vorher von Theoretikern vorgeschlagen worden, und die folgende Interpretation lag nahe: Beim zerfallenden, schwereren Teilchen handelt es sich um das von Yukawa vorgeschlagene Meson, beim

2.1 Das vorhergesagte Meson wird wirklich entdeckt 67

geladenen Zerfallsprodukt um das von Neddermayer und Anderson gefundene „Mesotron", das unsichtbare neutrale Teilchen ist ein Neutrino. Ein zweiter Satz von Photoplatten wurde in 5600 m Höhe bei La Paz in Bolivien der Höhenstrahlung ausgesetzt. In diesem fand man 30 Spuren, die als Zerfall eines Mesons in ein Mesotron zu interpretieren waren. In Zukunft werden wir das von Yukawaa vorhergesagte und von Powell und Mitarbeitern gefundene Teilchen mit dem Namen pi-Meson und das „Mesotron" mit Müon, bezeichnen, selbst wenn es sich um Ereignisse vor der Namensgebung im Oktober 1947 handelt.

Die Entdeckung des pi-Mesons in der kosmischen Höhenstrahlung bedeutete für die Physik an Beschleunigern eine verpaßte Gelegenheit. Denn seit 1946 lief in Berkeley das 184-Zoll-Synchrozyklotron mit einem Strahl von $alpha$-Teilchen (später auch Protonen) von 390 MeV;diese Energie reichte aus, um bei der Kollision eines $alpha$-Teilchens mit einem schweren Kern pi-Mesonen zu erzeugen. Allerdings war das Labor von Lawrence mehr auf die Konstruktion von Beschleunigern als auf die Durchführung von Experimenten spezialisiert. Der Theoretiker Robert Serber, der in Berkeley arbeitete, antwortete E. Teller auf die Frage, ob die Maschine dort pi-Mesonen produziere: „Sicher tut sie das, aber niemand ist in der Lage, sie zu finden". Erst als Cesare Lattes mit der Erfahrung der Bristol-Gruppe kam, fand er in Photoplatten, die dem Strahl des Synchrozyklotrons ausgesetzt waren, reichlich pi-Mesonen. Obwohl die Zahl größer war als bei den Höhenstrahlereignissen, war z. B. die Massenbestimmung schlechter. Es dauerte noch einige Zeit, bis die Beschleuniger die unangefochtene Führung bei der Jagd nach neuen Teilchen übernahmen. Allerdings ließ das erste an einem Beschleuniger entdeckte Teilchen nicht mehr lange auf sich warten. 1949 wurden, ebenfalls am Synchrozyklotron in Berkeley, hochenergetische Photonen gefunden, die sich theoretisch nicht erklären ließen. Da die Quantenfeldtheorie inzwischen weit entwickelt war, nahm man die Diskrepanz zur Theorie sofort ernst und schloß auf die Existenz eines neutralen Teilchens von etwa 300 Elektronenmassen,das sehr schnell in zwei Photonen zerfällt. Dies konnte der von Kemmer zur Erklärung der Ladungsunabhängigkeit der Kernkräfte eingeführte neutrale Partner der geladenen pi-Mesonen sein. Bald danach – 1950 – maßen J. Steinberger, W.K.M. Panofsky und J.S. Steller an einem anderen Beschleuniger in Berkeley die beiden Photonen, die beim Zerfall auftreten, in Koinzidenz. Die Masse stimmte mit der des geladenen pi-Mesons überein, die Lebensdauer mußte kürzer als eine hunderttausendstel Nanosekunde (10^{-14} Sekunden) sein, was mit der theoretischen Vorhersage gut vereinbar war. Der Nachweis des neutralen pi-Mesons in der kosmischen Höhenstrahlung ließ dann auch nicht mehr lange auf sich warten.

2 Der große Sprung

Die für Yukawa-Teilchen (pi-Mesonen) erwartete starke Absorption an leichten Kernen wurde auch bald beobachtet und die Euphorie war groß: Auch die starke Wechselwirkung schien nun verstanden. Die schnelle Verleihung der Nobelpreise, 1949 an H. Yukawa und 1950 an C.F. Powell, unterstreicht dies.Allerdings wurde die Hochstimmung bald getrübt. Es stellte sich heraus, daß die Feldtheorie mit Mesonen zwar einige sehr wichtige allgemeine Aussagen machen konnte, aber bei weitem nicht so genaue quantitative Resultate erlaubte wie die inzwischen für die Analyse neuer Experimente unentbehrliche Quantentheorie der Elektronen und Photonen, die QED.

Das alte Mesotron, das zunächst $mü$-Meson, später Müon genannt wurde, war von seinem Platz als für die Theorie wichtiges Teilchen verstoßen und I.I. Rabi stellte die berühmte Frage: „Wer hat denn das bestellt?" Aber man machte wichtige Entdeckungen zur Aufklärung seiner Eigenschaften. 1947 fanden Anderson und Mitarbeiter in einer sehr empfindlichen Nebelkammer den Zerfall eines negativ geladenen mittelschweren Teilchens in ein Elektron mit recht geringer Energie, nämlich 25 MeV. Es gab zwei Interpretationen: Entweder es handelte sich um den Zerfall in ein Elektron und ein zusätzliches neues neutrales Meson, oder den Zerfall des Müons in ein Elektron und *zwei* neutrale Teilchen. Pontecorvo hatte schon vorher vorgeschlagen, daß bei der Absorption von Müonen an Kernen ein Neutrino emittiert wird, daß also das Müon den Spin $\frac{1}{2}$ hat und an das Neutrino gekoppelt ist, genau wie das Elektron. Weitere Zerfallsmessungen des Müons und Vermessung der Energieverteilung der Zerfallselektronen ergaben tatsächlich als plausibelste Hypothese, daß das Müon in ein Elektron und zwei Neutrinos zerfällt. Der erwartete Zerfall des pi-Mesons in ein Elektron und ein Neutrino wurde (noch) nicht gefunden, aber genauere Massenbestimmungen machten es sehr wahrscheinlich, daß beim Zerfall vom pi-Meson in ein Müon auch ein Neutrino ausgesandt wird. Die von Fermi vorgeschlagene Struktur der schwachen Wechselwirkung (siehe Abb. 1.11) schien also allgemein zu sein: Zu jedem Elektron oder Müon, das bei einem Zerfall erzeugt wird, muß auch ein Antineutrino erzeugt werden. Dabei ist die Erzeugung von Teilchen und die Vernichtung von Antiteilchen formal gleichwertig. Man faßt seit 1946 Elektronen, Müonen und Neutrinos unter dem Namen Leptonen zusammen. Ordnet man diesen Teilchen die Leptonenzahl $+1$ zu und den zugehörigen Antiteilchen wie Positron, positiv geladenem Müon und Antineutrino die Leptonenzahl -1, so läßt sich der oben erwähnte Sachverhalt, daß mit einem Elektron oder Müon auch ein Antineutrino auftreten muß, mit einem Erhaltungsgesetz, nämlich der Erhaltung der Leptonenzahl,erklären, die schon kurz in Abschn. 1.5.4 eingeführt wurde.

2.2 Seltsame Teilchen sorgen für Aufregung

Während die Entdeckung der *pi*-Mesonen sehr gut in die theoretische Landschaft paßte, wurden 1946/1947 weitere Teilchen entdeckt, die auch niemand „bestellt hatte". Entsprechend war auch die Reaktion der anderen Physiker nicht so enthusiastisch wie bei der Entdeckung des *pi*-Mesons, und es brauchte mehrere Jahre, bis die Bedeutung der Entdeckungen voll gewürdigt wurde. Erst dann versuchte man, diese Teilchen in das physikalische Weltbild einzuordnen.

Die Geschichte begann in Manchester. Dort hatte man der Untersuchung von sogenannten durchdringenden Schauern besondere Aufmerksamkeit geschenkt. Das sind Ereignisse in der kosmischen Höhenstrahlung, bei denen gleichzeitig sehr viele Teilchen auftreten, die alle dicke Absorberplatten leicht durchdringen. Heute würden wir sagen, es handelt sich um Kernreaktionen, ausgelöst durch ein Teilchen der kosmischen Höhenstrahlung mit sehr hoher Energie. C.C. Butler und G.D. Rochester steuerten ihre Nebelkammer mit diesen Ereignissen, d. h. sie machten nur eine Aufnahme, wenn gleichzeitig ein solcher durchdringender Schauer auftrat.

Unter den so gemachten Aufnahmen fanden sie 1946/1947 zwei Bilder (Abb. 2.2), die sie als Zerfälle bisher unbekannter Teilchen interpretierten. Das erste, ein deutliches, leicht schräg auf dem Kopfstehendes V interpretierten sie als den Zerfall eines neutralen Teilchens in zumindest zwei geladene, das andere, ein Knick – also ein sehr offenes V –als ein geladenes Teilchen, das in ein anderes geladenes und zumindest ein weiteres neutrales zerfällt.

Was immer die Zerfallsprodukte waren –*pi*-Mesonen, Müonen oder noch leichtere Teilchen – die Berechnung der Masse des neutralen und des geladenen zerfallenden Teilchens ergab einen Wert, der größer als etwa 800 Elektronenmassen, aber kleiner als eine Protonenmasse sein mußte.

In den folgenden zwei Jahren erlebte die Gruppe in Manchester Tantalusqualen: Sie fand keine neuen V-Ereignisse mehr. Erst 1949 kam ein neues, wunderschönes Ereignis, diesmal von der Bristol-Gruppe, die die Emulsionstechnik noch weiter verfeinert hatte. Es ist in Abb. 2.3 wiedergegeben.

Die Interpretation ist recht eindeutig: Ein schweres Meson dringt in die Emulsion ein, von links nach rechts, auf dem Bild mit k bezeichnet. Es zerfällt (am Punkt A) in drei geladene Teilchen; ein langsames, das stark ionisiert, läuft nach unten (zum Punkt B). Dort wird es von einem Kern absorbiert und erzeugt zwei dicke geladene Spuren. Damit ist die Interpretation als *pi*-Meson, das von einem Kern absorbiert wurde, sehr

70   2 Der große Sprung

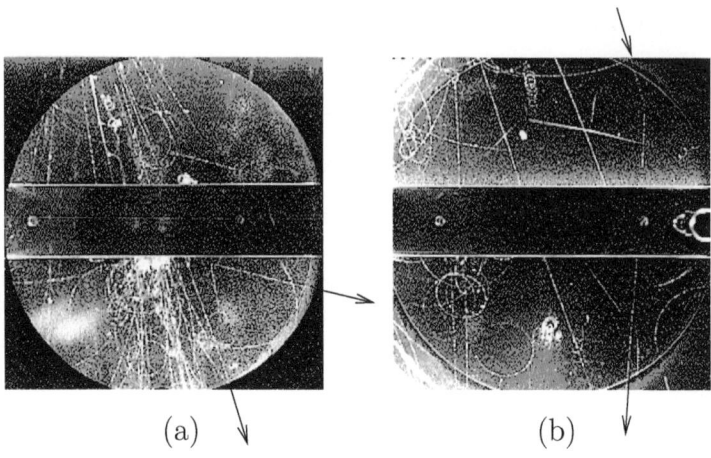

(a)   (b)

Abbildung 2.2. Die ersten Aufnahmen von V-Teilchen. (a) Der Zerfall des ungeladenen V^0 findet unmittelbar unter der Absorberplatte in zwei geladene Teilchen statt, die Spuren bilden ein auf dem Kopf stehendes V(*Pfeile*). (b) Ein geladenes Teilchen kommt oben rechts in die Kammer (*Pfeil*) und zerfällt in ein sehr schnelles Teilchen, das senkrecht nach unten fliegt und durch die Absorberplatte hindurchgeht. Der scharfe Knick zeigt, daß noch ein (unsichtbares) neutrales Teilchen beim Zerfall aufgetreten sein muß

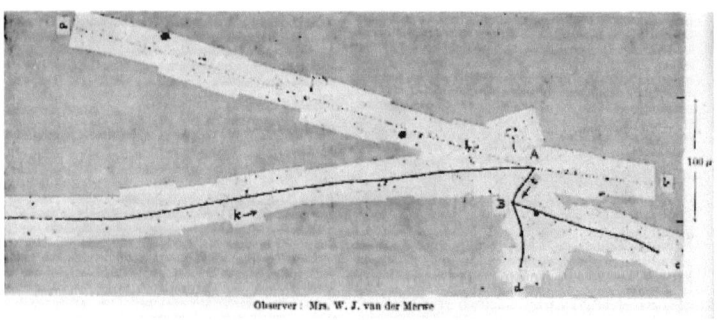

Abbildung 2.3. Der Zerfall eines V-Teilchens. Auf dem Bild ist die Spur mit k gekennzeichnet. Am Punkt A zerfällt das Teilchen in drei geladene Teilchen: einmal ein langsames, das stark ionisiert und am Punkt B eine Kernreaktion auslöst, die Spuren der Reaktionsprodukte führen nach c und d; zum anderen treten an der Stelle A als Zerfallsprodukte zwei schnellere Teilchen mit geringer Ionisationsdichte auf die nach a bzw. b laufen

2.2 Seltsame Teilchen sorgen für Aufregung

wahrscheinlich. Die beiden anderen Zerfallsprodukte ionisieren stärker als Elektronen, sind also pi-Mesonen oder Müonen. Nahm man an, daß alle drei geladenen Zerfallsprodukte pi-Mesonen sind, so ergab sich eine Masse des schweren Mesons von 490 MeV/c^2. Dies stimmt gut mit der modernen Interpretation überein: Ein geladenes K-Meson mit Masse 493.677 MeV/c^2 zerfällt in drei geladene pi-Mesonen. 1950 fanden dann Anderson und Mitarbeiter 34 weitere gabelförmige Spuren. Blackett fungierte als Taufpate und nannte sie V-Teilchen.

Die Manchester-Gruppe hatte inzwischen ihre Nebelkammer auf den Pic du Midi transportiert und fand dort nach etwa sechs Monaten 36 neutrale und sieben geladene V-Teilchen. Damit ließ sich schon eine Zerfallsanalyse machen und man fand, daß für eine Gruppe neutraler V-Teilchen (V_2^0) der Zerfall in ein Proton und ein negativ geladenes pi-Meson vorlag – oder zumindest sehr wahrscheinlich war – für die andere Gruppe (V_1^0) lag wahrscheinlich ein Zerfall in zwei pi-Mesonen vor. Man nennt seit 1953 die Teilchen, bei deren Zerfall ein Proton oder ein Neutron auftritt, Hyperonen, die leichteren werden weiter als Mesonen bezeichnet, zur Unterscheidung von den pi-Mesonen werden sie K-Mesonen genannt.

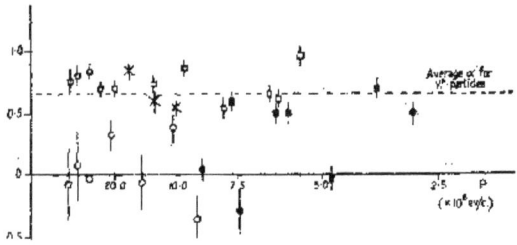

Abbildung 2.4. Das Diagramm, aus dem die Manchester-Gruppe schloß, daß es zwei verschiedene neutrale V-Teilchen gibt

In Abb. 2.4 ist das Diagramm dargestellt, mit dem die Autoren ihren Schluß, daß es zwei Sorten von V-Teilchen geben mußte, begründeten. Ich möchte nicht auf die Einzelheiten eingehen, sondern nur zeigen, aus welch breit streuenden Daten damals die ersten Schlüsse über die Natur der V-Teilchen gezogen wurden. Im Laufe der 50er Jahre lichtete sich aber der Nebel langsam, und es schälte sich heraus, daß es noch mehr Gruppen von neuen Teilchen gab. Die Hyperonen zerfielen nämlich wiederum in drei Teilchensorten mit verschiedenen Massen und Zerfallsarten, sie wurden *Lambda-*, *Sigma-* und *Xi*-Hyperonen genannt. Man faßt

2 Der große Sprung

seit 1954 die Hyperonen und Nukleonen als Baryonen zusammen und ordnet ihnen die Baryonenzahl +1 zu, den Antiteilchen entsprechend −1. Die Zerfallsarten lassen wieder auf eine Erhaltungsgröße schließen, die der Baryonenzahl(siehe Abschn. 1.5.4).

Tabelle 2.1. Massen und Lebensdauern der Elementarteilchen nach der Originaltabelle, die Gell-Mann und Rosenfeld 1957 veröffentlichten

MASSEN UND LEBENSDAUERN DER ELEMENTARTEILCHEN

	Teilchen	Spin	Masse (MeV)	Lebensdauer (s)
Photonen	γ	1	0	stabil
Leptonen u. Antilept.	$\nu, \bar{\nu}$	$\frac{1}{2}$	0	stabil
	e^-, e^+	$\frac{1}{2}$	0.510976	stabil
	μ^-, μ^+	$\frac{1}{2}$	105.70±0.06	$(2.2 \pm 0.02) \cdot 10^{-6}$
Mesonen	$\pi^\pm$	0	139.63±0.06	$(2.56 \pm 0{,}05) \cdot 10^{-8}$
	π^0	0	135.04±0.16	$(0 < \tau < 0.4) \cdot 10^{-15}$
	$K^\pm$	0	494.0 ±0.20	$(1.224 \pm 0.13) \cdot 10^{-8}$
	K^0	0	493 ±5	$K_1 : (0.95 \pm 0.08) \cdot 10^{-10}$ $K_2 : (3 < \tau < 100) \cdot 10^{-8}$
Baryonen	p	$\frac{1}{2}$	938.213±0.01	stabil
	n	$\frac{1}{2}$	939.506±0.01	$(1.04 \pm 0.13) \cdot 10^3$
	Λ	$\frac{1}{2}$?	1115.2 ±0.13	$(2.77 \pm 0.15) \cdot 10^{-10}$
	Σ^+	$\frac{1}{2}$?	1189.3 ±0.35	$(0.78 \pm 0.074) \cdot 10^{-10}$
	Σ^-	$\frac{1}{2}$?	1196.4 ±0.5	$(1.58 \pm 0.17) \cdot 10^{-10}$
	Σ^0	$\frac{1}{2}$?	1188.3 ±2	$(< 0.1) \cdot 10^{-10}$ theoretically $\sim 10^{-19}$
	Ξ^-	?	1321 ±3.5	$(4.6 < \tau < 200) \cdot 10^{-10}$
	Ξ^0	?	?	?

Im Jahre 1957 faßten M. Gell-Mann und A. Rosenfeld das damalige Wissen über Elementarteilchen in einem Übersichtsartikel in der „Annual Review of Nuclear Science" zusammen. Der wesentliche Inhalt von zwei der dort veröffentlichten Tabellen sind hier wiedergegeben (Tabelle 2.1 und 2.2). Die Tabellen von Gell-Mann und Rosenfeld sind von besonderem historischen Interesse. Sie wurde im Laufe der Jahre als „Rosenfeld-Tabellen" weitergeführt und auf Karten gedruckt, die man in der Brieftasche mitführen konnte. Mittlerweile ist daraus die *Review of Particle Physics* geworden, die alle zwei Jahre erscheint und mittler-

2.2 Seltsame Teilchen sorgen für Aufregung

Tabelle 2.2. Die Zerfallsraten der K-Mesonen, nach dem gleichen Übersichtsartikel von Gell-Mann und Rosenfeld wie Tabelle 2.1

VERZWEIGUNGSVERHÄLTNISSE UND ZERFALLSRATEN BEIM K ZERFALL

K^+ Zerfallsart	Verzw. Verh. (%)	Zerfallsr. (Zahl/s)	K^0 Zerfallsart	Verzw. (%)	Zerfallsr. (Zahl/s)
Identifiziert					
$(\theta^+) \to \pi^+ + \pi^0$	25.6 ± 1.7	$20.9 \cdot 10^6$	$K^1_0 \to \pi^+ + \pi^-$	86 ± 6	$0.9 \cdot 10^{10}$
			$K^0_1 \to \pi^0 + \pi^0$	14 ± 6	$0.15 \cdot 10^{10}$
				100	$1.05 \cdot 10^{10}$
$(\tau) \to \pi^+ + \pi^+ + \pi^-$	5.66 ± 0.30	$4.62 \cdot 10^6$	$K^0_2 \to \pi^+ + \pi^- + \pi^0$	~ 30	$\sim 3 \cdot 10^6$
$(\tau') \to \pi^+ + \pi^0 + \pi^0$	1.70 ± 0.32	$1.38 \cdot 10^6$			
$(K_{\mu 2}) \to \mu^+ + \nu$	58.8 ± 2.0	$48.0 \cdot 10^6$	Kein analoger Zerf.		
$(K_\beta) \to e^+ + \nu + \pi^0$	4.19 ± 0.42	$3.42 \cdot 10^6$	$K^0_2 \to e^\pm + \nu + \pi^\mp$	~ 30	$\sim 3 \cdot 10^6$
$(K_{\mu 3}) \to \mu^+ + \nu + \pi^0$	4.0 ± 0.77	$3.26 \cdot 10^6$	$K^0_2 \to \mu^\pm \pm \nu + \pi^\mp$	~ 30	$\sim 3 \cdot 10^6$
	100	$81.6 \cdot 10^6$		100	$\sim 10 \cdot 10^6$
Fehlen (vielleicht streng verboten)		*Verboten wegen:*			*Verboten wegen:*
$K^+ \to \pi^+ + \gamma$	< 2.0	spinlos. K	$K^0_2 \to \pi^+\pi^-$	< 5	CP-Invar.
			$K^0_{1,2} \to \pi^0 + \gamma$	< 10	spinlos. K
$K^+ \to \nu + \nu + \pi^+$	< 2	ν-ν-Paar Aussend.	$K^0_{1,2} \to \nu + \nu$	< 10	spinlos. K
$K^+ \to \mu^+ + e^- + \pi^+$ u.s.w.	< 0.01	μ-e-Paar Aussend.	$K^0_{1,2} \to e^\pm + \mu^\mp$	< 5	μ-e-Paar Aussend.
Fehlen (selten, aber vielleicht erlaubt)					
$K^+ \to e^+ + \nu$	< 1.0		$K^0_{1,2} \to \pi^\pm + \pi^0 + \mu^\mp$ u.s.w.		
$K^+ \to \pi^+ + \pi^- + \mu^+ + \nu$ u.s.w.	< 0.01		$K^0_1 \to e^\pm + \nu + \pi^\mp$ usw.		

weile beinahe 1000 Seiten umfaßt – und die natürlich auf dem Internet zugänglich ist: http://pdg.lbl.gov

Die Tabelle 2.2 erklärt die anfänglichen Unsicherheiten beim Zerfall der schweren Mesonen. Nicht nur war der Nachweis der Zerfallsprodukte schwierig, sondern die gleichen Teilchen können auf noch auf mehrere Arten zerfallen.

Es waren die V-Teilchen, die schließlich Anstoß zu vielen Entwicklungen in der Theorie der Elementarteilchen gaben. Obwohl sie in der ersten Euphorie über die Entdeckung der von Yukawa vorhergesagten Mesonen, also der pi-Mesonen, etwas vernachlässigt wurden, fesselte bald eine rätselhafte Eigenschaft das Interesse der Physiker. Aus der Lebensdauer der V-Teilchen konnte man schließen, daß sie nur durch eine schwache Wechselwirkung zerfallen konnten, aber andererseits wurden sie doch so häufig erzeugt, daß man bei der Erzeugung auf eine starke Wechselwirkung schließen mußte. Dies führte dann letztlich dazu, daß M. Gell-Mann, A. Pais und K. Nishijima diesen seltsamen Teilchen eine neue Eigenschaft zuordneten, die Seltsamkeit (*strangeness*) genannt wurde. Die Seltsamkeit hat viele Ähnlichkeiten mit der Ladung, aber im Unterschied zur Ladung, die immer erhalten ist, ist die Seltsamkeit S nur bei starken und elektromagnetischen Wechselwirkungen, aber nicht bei schwachen Wechselwirkungen erhalten. Bei einer Erzeugung durch starke Wechselwirkung muß also mit jedem Teilchen mit der Seltsamkeit $S = +1$ auch ein Teilchen der Seltsamkeit $S = -1$ erzeugt werden, z. B. ein entsprechendes Antiteilchen. Beim Zerfall durch die schwache Wechselwirkung kann sich die Seltsamkeit aber ändern, d. h. als Zerfallsprodukte eines seltsamen Teilchens können auch ausschließlich Teilchen ohne Seltsamkeit auftreten.

Bei den seltsamen Teilchen wurden zum ersten Mal schwache Zerfälle beobachtet, bei denen keine Leptonen auftraten, die also nicht direkt durch die Fermi-Theorie beschrieben werden konnten. Allerdings zeigen die Lebensdauern, daß die Stärke der nichtleptonischen Zerfälle ähnlich der der leptonischen ist. Das K^+-Meson zerfällt mit 63% Wahrscheinlichkeit in ein positives Müon (Antimüon) und ein Neutrino, zu 21% in ein positives und neutrales pi-Meson. Die Lebensdauer beträgt 12 Nanosekunden. Das neutrale pi-Meson, das durch die elektromagnetische Wechselwirkung zerfallen kann, lebt etwa eine Milliarde mal kürzer. Bei den Zerfällen durch die starke Wechselwirkung sind die Lebensdauern noch einmal um viele Größenordnungen kürzer.

Die Verwandtschaft der Seltsamkeit mit der Ladung zeigt sich in einem einfachen Zusammenhang zwischen der Ladung Q, der Einstellung des Isospins in 3-Richtung I_3, der Baryonenzahl B und der Seltsamkeit S eines Teilchens:

$$Q = I_3 + \tfrac{1}{2}B + \tfrac{1}{2}S.$$

Dieser Zusammenhang wurde 1955 von Gell-Mannund Nishijima unabhängig voneinander gefunden. Die Summe von Baryonenzahl und Seltsamkeit wird als Hyperladung Y bezeichnet, $Y = B + S$. Man überzeugt sich leicht, daß z. B. für Nukleonen und pi-Mesonen die richtigen Ladungon hcrauskommen. Da der Isospin mit einer Symmetrie im Isoraum verknüpft ist, liegt es nahe, nach einer Symmetrie zu suchen, mit denen Isospin *und* Seltsamkeit verknüpft ist. Eine solche Symmetrie zu finden, wurde sofort versucht, führte aber erst einige Jahre später mit dem „Achtfachen Weg" zum Erfolg.

2.3 Leicht verstimmte Teilchen

Die neue Quantenzahl Seltsamkeit (S) führte beiden neutralen seltsamen Mesonen, den K^0-Mesonen, zu einem so merkwürdigen Verhalten,

2.3 Leicht verstimmte Teilchen

daß Gell-Mann und Pais im Jahre 1954 es nicht wagten, es auf einer Konferenz über Kern- und Mesonenphysik vorzustellen. Dieses Verhalten kommt dadurch zustande, daß es zwei neutrale seltsame Mesonen geben muß, das K^0-Meson mit Seltsamkeit -1 sowie das zugehörige Antiteilchen, das $\bar{K}^0$-Meson mit Seltsamkeit $+1$. Bei der Erzeugung durch die starke Wechselwirkung ist die Seltsamkeit erhalten, und es tritt mit jedem K^0-Meson auch ein $\bar{K}^0$-Meson auf. Der Zerfall der einzelnen Mesonen verläuft über die schwache Wechselwirkung;die Seltsamkeit ist dabei nicht erhalten, aber – zumindest in sehr guter Näherung – die Ladungsparität, die in Abschn. 1.5.4 eingeführt wurde.

In der Quantenphysik ist es möglich, die Überlagerung zweier Zustände zu bilden, und diese ist ihrerseits wieder ein Quantenzustand. Betrachten wir die Überlagerungen von einem K^0-Zustand mit einem $\bar{K}^0$-Zustand als Summe und Differenz:

$$K_S = K^0 + \bar{K}^0 \quad \text{sowie} \quad K_L = K^0 - \bar{K}^0.$$

Bei Anwendung der Ladungskonjugation geht der Zustand K_S in sich über, da das Teilchen K^0 in sein Antiteilchen $\bar{K}^0$ übergeht und entsprechend $\bar{K}^0$ in K^0. Aus dem gleichen Grund geht K_L bei Anwendung der Ladungskonjugation in sein Negatives über, wir sagen: K_S hat positive, und K_L hat negative Ladungsparität. Beim Zerfall ändert sich das Produkt der Ladungsparitäten nicht. Ein neutraler Zustand aus zwei pi-Mesonen hat stets die Ladungsparität $+1$, deshalb kann das K_S in zwei pi-Meson zerfallen, z. B. in ein positiv und ein negativ geladenes. Dies ist aber nicht möglich für das K_L mit seiner negativen Ladungsparität: es kann nicht in zwei, sondern muß mindestens in drei pi-Mesonen zerfallen. Damit ist aber die Lebensdauer der beiden K-Mesonenzustände sehr verschieden. Ein Zerfall findet nämlich umso schneller statt, je mehr Energie ihm zur Verfügung steht, und beim Zerfall in zwei pi-Mesonen bleiben noch 217 MeV für die kinetische Energie übrig, beim Zerfall in drei pi-Mesonen aber nur noch 80 MeV. Dies ist der Grund, warum das K_L nur 0.09 Nanosekunden, das K_L aber 52 Nanosekunden lebt. Diese unterschiedliche Lebensdauer führt zu dem ungewohnten Konzept der Teilchenmischung über das Pais und Gell-Mann schreiben: „Das ... Konzept der Teilchenmischung war so ungewohnt, daß wir dachten, es sei am besten, es nicht in der Glasgow-Konferenz vorzutragen".

Dabei ist es gar nicht so kompliziert. Wir können die obigen Gleichungen für K_S und K_L auflösen und das K^0-Meson als eine Überlagerung von K_L und K_S darstellen:

$$K^0 = \tfrac{1}{2}(K_L + K_S),$$

2 Der große Sprung

das $\bar{K}_0$ hebt sich in der Summe weg. Der K_S Anteil zerfällt sehr schnell, und es bleibt nach wenigen Zehntel Nanosekunden nur noch der K_L Anteil übrig. d. h. nach kurzer Zeit ist aus einem Strahl von K_0 Teilchen eine Mischung (eigentlich Überlagerung) von Teilchen und Antiteilchen, d. h. von K^0 und $\bar{K}^0$ Mesonen, geworden.

Dieses „ungewohnte Konzept" hat eine sehr schöne Analogie in der Akustik. Bei einem Piano sind zwei oder drei Saiten für die Töne in der Mittellage und im Sopran zu einem Chord zusammengefaßt. Dies erhöht nicht nur die Lautstärke, sondern trägt auch zur Lebendigkeit des Pianotons erheblich bei, wie wir gleich sehen werden. Die zwei (oder auch drei) Saiten eines Chordes können im Gleichtakt schwingen (Abb. 2.5a) oder im Gegentakt (Abb. 2.5b). Wird nur eine Saite angeschlagen – una corda beim Flügel – kann die akustische Wirkung dieser Schwingung einer Saite formal aufgefaßt werden als eine Überlagerung (Summe) von gleichen und entgegengesetzten Schwingungen. Die Wirkung der ersten Saite hebt sich nämlich bei der Überlagerung auf, wie in Abb. 2.6 dargestellt.

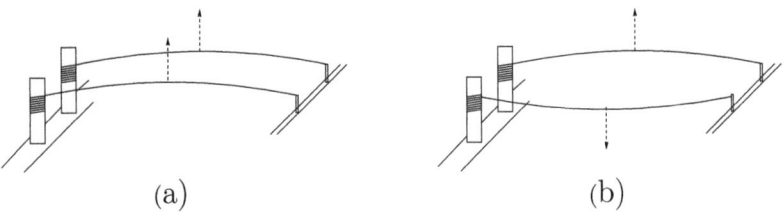

Abbildung 2.5. (a) Zwei gleich schwingende Saiten und (b) zwei entgegengesetzt schwingende Saiten eines Chordes in einem Piano. Der gleichschwingende Anteil fällt schnell ab (entspricht dem K_S), der entgegengesetzt schwingende nur langsam (entspricht dem K_L)

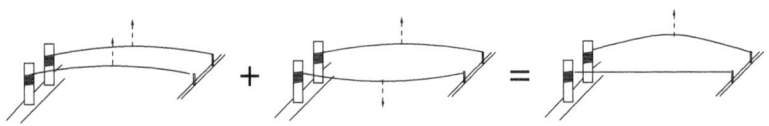

Abbildung 2.6. Die Überlagerung von gleich- und gegenschwingende Saiten (Abb. 2.5) entspricht einer ruhenden und einer schwingenden Saite

Bei der gleich gerichteten Schwingungen der Saiten wird sehr viel mehr Energie auf den Resonanzkörper übertragen als bei entgegengesetzt gerichteten, d. h. die gleich gerichtete Schwingung wird schnell gedämpft, während die Schwingung im Gegentakt leise ist, aber langsam abklingt. Daher haben wir folgendes Phänomen: Selbst wenn nur eine Saite angeschlagen wird, werden nach einer gewissen Zeit beide, und zwar im Gegentakt, schwingen. *Eine* schwingende Saite entspricht einem K^0, eine dazu entgegengesetzt schwingende dem $\bar{K}^0$, zwei im Gleichtakt schwingende Saiten entsprechen damit einem K_S und zwei im Gegentakt schwingende einem K_L. Die Möglichkeit eine Analogie zwischen Teilchenphysik und Akustik herzustellen, beruht darauf, daß beide durch Feldtheorien beschrieben werden. Die Quantisierung spielt bei diesem Aspekt keine entscheidende Rolle.

Dieses Beispiel ist auch noch in einer anderen Beziehung lehrreich: Die Saiten eines Chordes sind im allgemeinen nicht auf exakt die gleiche Tonhöhe gestimmt, sondern sehr leicht verstimmt. Deshalb gibt es zwischen ihnen Schwebungen, die einem Klavierton Lebendigkeit verleihen. Man kann diese Schwebungen als einen laufenden Austausch zwischen den gleich und entgegengesetzt schwingenden Moden auffassen. Im Falle der K-Mesonen entspricht der Verstimmung eine verschiedene Masse für das K^0- und das $\bar{K}^0$-Meson, und eine solche (minimale) Massendifferenz würde sich in Schwebungen zwischen K_L und K_S äußern. Eine Schwebung von 1000 Herz entspricht der winzigen Massendifferenz von $4 \cdot 10^{-18}$ MeV/c^2. Durch diese Besonderheit ist es möglich, die Massendifferenzen des K^0- und $\bar{K}^0$-Mesons extrem genau zu bestimmen. In neuster Zeit sorgen die beobachteten Schwebungen bei Neutrinos für große Aufregung, wie wir noch in Abschn. 7.1 sehen werden.

2.4 Erfolge und Mißerfolge der Quantenfeldtheorie

In den späten vierziger Jahre des 20. Jahrhunderts wurde die Quantenelektrodynamik (QED) zu einem formalen Abschluß gebracht. Es gelang, die Unendlichkeiten zwar nicht zu beseitigen, aber doch mit ihnen zu leben, und die Ergebnisse der QED wurden mit einer selbst in den exakten Wissenschaften selten erreichten Präzision getestet. Es gab zwar mehrmals experimentelle Hinweise dafür, daß theoretische Ergebnisse falsch seien, doch all diese Diskrepanzen endeten mit einem klaren Sieg der Theorie. Dennoch sollte man nicht verheimlichen, daß nicht alle mit diesem pragmatischen Vorgehen zufrieden waren, die Unendlichkeiten nur zu manipulieren, aber nicht zu beseitigen. Dirac, ein Mitbegründer dieser Theorie, war Zeit seines Lebens unzufrieden mit ihr und hielt sie für häßlich und unvollständig. Es ist eine Ironie der Wissenschaftsgeschichte, daß heute, wo die Quantenfeldtheorie nicht nur bei der elektromagnetischen, sondern auch bei der starken und schwachen Wechselwirkung unerhörte Triumphe feiert, diese Meinung vielleicht stärkere Zustimmung findet, als das vor 20 Jahren der Fall gewesen wäre. Doch davon später.

Wir hatten bereits in Abschn. 1.4.2 gesehen,daß wir in der Quantenfeldtheorie im allgemeinen die Störungstheorie benutzen müssen. Wir gehen von einer freien Theorie aus und betrachten die Wechselwirkung als eine kleine Störung. Ich möchte als Beispiel ein Ergebnis der störungstheoretischen Berechnung des magnetischen Moments des Elektrons angeben. Berücksichtigt man Quantenkorrekturen, also die Möglichkeit der Erzeugung und Vernichtung virtueller Photonen und Elektron-Positron Paare, so erhält man als theoretisch berechneten Wert:

$$\mu_{\text{theo}} = \mu_B(1 + 0.5a - 0.32847844400a^2 + 1.181234017a^3 - 1.5098a^4).$$

Hier ist die Zahl a die Sommerfeldsche Feinstrukturkonstante geteilt durch die Zahl π, $a = 0.0023228\ldots$. Die Größe μ_B ist das Bohrschen Magneton,der Wert des magnetischen Dipolmoments eines Elektrons in der freien Theorie, $\mu_B = \frac{e\hbar}{2m_e}$.

Wenn wir die Quantenkorrekturen ganz vernachlässigen, so erhalten wir nur die 1 in der obigen Formel für den theoretischen Wert des magnetischen Moments μ_{theo}. Der zweite Term, $\frac{1}{2}a$, wurde von Schwinger 1948 berechnet, er enthält die Quantenkorrektur, die in dem Graphen von Abbildung 1.13b dargestellt ist. Der dritte Term ist seit etwa 50 Jahren analytisch bekannt, auch der vierte Term ist jetzt analytisch bekannt, beim fünften sind einige Integrale nur numerisch berechnet. Der Aufwand bei den Rechnungen wächst mit jeder Ordnung gewaltig an, der Term proportional a^4 enthält 891 Feynman-Graphen, jeder Graph entspricht einem hoch komplizierten mehrdimensionalen Integral!

Die Experimentalphysiker sind allerdings in keiner bequemeren Lage als die Theoretiker. Um mit dieser Genauigkeit mithalten zu können sind schon sehr raffinierte Techniken nötig, die von den Nobelpreisträgern I.I. Rabi, P. Kusch, H.G. Dehmelt und W. Paul entwickelt und angewandt wurden. Die präzisesten Messungen wurden an einzelnen Elektronen durchgeführt, die in einer magnetischen Falle gefangen waren. Die derzeitig besten experimentellen und theoretischen Werte sind:

$$\mu_{\text{exp}} = 1.00115965218\frac{e\hbar}{2m_e}$$

$$\mu_{\text{theo}} = 1.001159652 \frac{e\hbar}{2m_e}.$$

2.4 Erfolge und Mißerfolge der Quantenfeldtheorie

Die Übereinstimmung der beiden Resultate auf all die vielen Stellen ist schon bemerkenswert.

Ich hatte bereits erwähnt, daß die Entdeckung des *pi*-Mesons 1947 als ein entscheidender Schritt zur Erklärung der Kernkräfte im Rahmen der Feldtheorie betrachtet wurde. In der Tat gab es auch einige beachtliche qualitative Erfolge. Die Ladungsunabhängigkeit der Kernkräfte konnte sehr elegant behandelt werden. Auch die wichtige Entdeckung, daß der Kern des schweren Wasserstoffs, der aus einem Proton und einem Neutron besteht, nicht eine scheiben-, sondern eher zigarrenförmige Verteilung hat, konnte im Rahmen der Mesontheorie verstanden werden. Dies wiederum erlaubte Rückschlüsse auf Eigenschaften des *pi*-Mesons. Es stellte sich heraus, daß das *pi*-Meson den Spin 0 hat, das Quantenfeld aber bei Raumspiegelungen sein Vorzeichen ändert. Man nennt solche Teilchen pseudoskalare Teilchen. Auch das *K*-Meson ist pseudoskalar. Eine Quantenfeldtheorie mit Nukleonen und pseudoskalaren Mesonen ist renormierbar.

Auch daß das Proton ein magnetisches Moment hat, das sich sehr stark von der Vorhersage der freien Theorie unterscheidet, war verständlich. Das Proton kann kurzzeitig in ein virtuelles Neutron und positives *pi*-Meson übergehen, und dies trägt zum magnetischen Moment bei, ein entsprechender Feynman-Graph ist in Abbildung 2.7a dargestellt. Der gleiche Mechanismus erklärt auch, warum sogar das ungeladene Neutron ein magnetisches Moment hat, wie erste Messungen bereits 1947 andeuteten. Hier ist der Beitrag entscheidend, bei dem ein Neutron kurzzeitig in ein virtuelles Proton und ein negatives *pi*-Meson übergeht, siehe Abb. 2.7b.

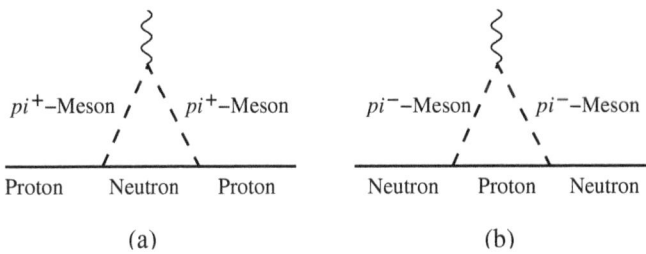

Abbildung 2.7. Feynman-Graphen zum magnetischen Moment der Nukleonen in der Meson-Feldtheorie, (**a**) für das Proton, (**b**) für das Neutron. Die *Wellenlinie* stellt das elektromagnetische Feld dar, in dem das magnetische Moment gemessen wird.

2 Der große Sprung

Mehrere Gruppen berechneten das anomale magnetische Moment des Protons und des Neutrons. S. Borowitz und W. Kohn wandten 1949 das gerade erst von Schwinger in der QED entwickelte Verfahren der Renormierung auf die Mesontheorie an. Die Ergebnisse waren endlich, d. h. das Renormierungsverfahren funktionierte auch hier, und die magnetischen Momente des Protons und des Neutrons hatten die richtigen– nämlich entgegengesetzte – Vorzeichen. Allerdings waren die numerischen Ergebnisse enttäuschend. Nahm man nur den ersten Term mit, der dem Schwingerschen Term $a/2$ entspricht, so mußte man für das Quadrat der pi-Meson-Nukleon-Kopplungskonstanten beim Proton den recht großen Wert 7 wählen, für das Neutron brauchte man einen damit nicht verträglichen, noch wesentlich größeren Wert, nämlich 50. Dies war nun allerdings nicht allzu verwunderlich. Beim magnetischen Moment des Elektrons ist der erste Korrekturterm nur 0.1% des Wertes der freien Theorie, die Terme mit höheren Potenzen der sehr kleinen Größe a sind noch wesentlich kleiner. Beim Proton ist der gemessene Wert des magnetischen Moments fast dreimal größer als in der freien Theorie. Dementsprechend ist auch nicht zu erwarten, daß die Methode der Störungsrechnung, die nur kleine Störungen der freien Theorie betrachtet, überhaupt zu vernünftigen Ergebnissen führt.

Es war daher auch kein Wunder, daß die theoretischen Vorhersagen der Feldtheorie für die Streuung von pi-Mesonen an Nukleonen überhaupt nicht mit den Meßergebnissen übereinstimmten. Eines aber war sicher: Klein konnte die Wechselwirkung, die den Kern zusammenhält, nicht sein, und so setzte sich langsam der Name „starke Wechselwirkung" für die Kernkräfte durch.

Hier nun begannen sich die Geister zu scheiden. Eine Richtung hielt die Quantenfeldtheorie als einen für die starke Wechselwirkung völlig nutzlosen Formalismus. Andere betrachteten die Quantenfeldtheorie als einzige Möglichkeit, die Physik der Elementarteilchen quantitativ zu erklären und versuchten zunächst einmal, alles aus der Feldtheorie zu holen, was sich an allgemeinen Resultaten ableiten ließ. Dieser eher konservative Weg, der mehr als 20 Jahre später unerhörte Triumphe feierte, setzte zunächst eher auf allgemeine Prinzipien als auf unmittelbare numerische Ergebnisse, und so spielten Symmetrie-Überlegungen eine eine ganz besondere Rolle in der Physik der Elementarteilchen, wie wir auch im Abschn. 2.5 sehen werden.

Eine andere wichtige Entwicklung war die Suche nach allgemeinen Ergebnissen, die zur Axiomatisierung der Quantenfeldtheorie führte. Da eine präzise Formulierung den Rahmen dieses Buches weit überschritte, Versuche ich, die von A.S. Wightman eingeführten Postulate für eine Quantenfeldtheorie so weit wie möglich der Alltagssprache an-

2.4 Erfolge und Mißerfolge der Quantenfeldtheorie

zupassen und etwas griffig zu formulieren. Die allgemeinen Postulate für eine „lokale, relativistisch invariante Quantenfeldtheorie" sind:

W1 Kovarianz: In allen gleichförmig bewegten Bezugsystemen haben die Gleichungen die gleiche Form. Es gibt einen Zustand, das Vakuum, der in allen Bezugsystemen gleich ist.

W2 Observable: Alle Zustände lassen sich durch Anwendung der quantisierten Feldoperatoren aus dem Vakuumzustand erzeugen. Die Observablen lassen sich durch Feldoperatoren ausdrücken Dies ist das Programm der „Quantisierung".

W3 Kausalität oder Lokalität: Feldoperatoren an solchen Raum-Zeitpunkten, die nicht durch Lichtsignale verbunden werden können, wissen nichts voneinander.

W4 Eindeutigkeit des Vakuums: Der oben erwähnte Vakuum-Zustand ist der einzige, der sich nicht mit der Zeit ändert.

Ausgehend von diesen Axiomen konnten eine ganze Reihe von weitreichenden Theoremen bewiesen werden. Eines davon ist das CPT-Theorem, das besagt, daß jede Quantenfeldtheorie, die die obigen Axiome erfüllt, invariant unter der gleichzeitigen Anwendung von Ladungskonjugation, Raumspiegelung und Zeitumkehr ist, d. h. in einer Welt, in der Teilchen durch Antiteilchen ersetzt sind, Rechtshänder zu Linkshändern werden und die Zeit rückwärts läuft, müssen die Naturgesetze die gleichen sein wie in unserer Welt. Dies klingt abstrus, aber eine direkte Konsequenz des Theorems ist: die Massen von Teilchen und Antiteilchen müssen exakt gleich sein. Das Theorem wurde um 1955 unabhängig von J. Schwinger, G. Lüders und W. Pauli bewiesen.

Für das Elektron und das neutrale K-Meson ist die Massendifferenz zwischen Teilchen und Antiteilchen besonders genau gemessen und es zeigt sich, wie gut das Theorem erfüllt ist:

$$|m_{e^+} - m_{e^-}|/(m_{e^+} + m_{e^-}) \leq 4 \cdot 10^{-9}$$
$$|m_{K^0} - m_{\bar{K}^0}|/(m_{K^0} + m_{\bar{K}^0}) \leq 10^{-18}$$

Bei den K-Mesonen ist diese ungeheure Präzision nur wegen der im vorigen Unterabschnitt geschilderten Schwebungsphänomene möglich. Es gibt sehr wenige Aussagen in den exakten Naturwissenschaften, die so genau überprüft sind wie die vom CPT-Theorem vorhergesagte Gleichheit der Massen von Teilchen und Antiteilchen. Ein anderes wichtiges Theorem, das streng hergeleitet wurde, ist das Theorem über Spin und Statistik. Es macht Aussagen darüber, wie sich die Zustände bei Vertauschung der Feldoperatoren verhalten. Felder, die Teilchen mit halbzahligem Spin beschreiben, genügen der sogenannten *Fermi-Dirac-Statistik*. Das bedeutet, daß ein Produkt von Erzeugungs- oder Vernichtungsoperatoren sein Vorzeichen ändert, wenn man zwei Operatoren miteinander vertauscht. Dies hat unter anderem das Paulische Ausschließungsprinzip zur Konsequenz. Teilchen mit ganzzahligem Spin, inklusive Spin 0, genügen der sogenannten *Bose-Einstein-Statistik*. Hier ändert sich bei der Vertauschung das Vorzeichen nicht, und deswegen gilt auch das Ausschließungsprinzip nicht. Teilchen mit ganzzahligem Spin zeigen vielmehr eine Tendenz, sich alle im energetisch niedrigsten Zustand anzusammeln; dies führt zur sogenannten Bose-Einstein-Kondensation. Man nennt wegen dieses verschiedenen Verhaltens Teilchen mit halbzahligem Spin *Fermionen*, solche mit ganzzahligem Spin *Bosonen*. Eine erste Version des Theorems für Theorien ohne Wechselwirkung geht auf Fierz und Pauli (1938) zurück, im allgemeinen Rahmen der Quantenfeldtheorie wurde es dann von G. Lüders und B. Zumino sowie N. Bourgoyne 1958 bewiesen.

Der Beweis dieser so ungemein genau überprüften und weitreichenden Theoreme ist einer der größten Triumphe der axiomatischen Quantenfeldtheorie.

2.5 Beginn einer neuen Spektroskopie

Wir gehen jetzt einen Schritt in der Zeit zurück, in die frühen 1950er Jahre, der Zeit der ersten Synchrozyklotrons. Wir hatten bereits gesehen, daß die Beschleuniger mit der Entdeckung des neutralen pi-Mesons einen ersten entscheidenden Beitrag zur Physik der Elementarteilchen geleistet hatten. Als vollends unentbehrliches Hilfsmittel entpuppten sie sich in einem neuen Zweig, den man als die Spektroskopie der starken Wechselwirkung bezeichnen könnte und dem wir ganz wesentliche Einsichten in die fundamentalen Naturgesetze verdanken.

Das Labor in Berkeley unter der Leitung von Lawrence war auf die Entwicklung von Beschleunigern orientiert, bei dem Synchrozyklotron in Chicago, das 1951 fertiggestellt wurde, war Enrico Fermi stark beteiligt. Der war weniger am Bau von Beschleunigern, als an den Experimenten, die man damit durchführen konnte, interessiert. Wir hatten ihn schon in Abschn. 1.4.2 als bedeutenden Theoretiker kennengelernt, er war aber auch ein großer Experimentalphysiker. Die Experimente, die in Chicago begonnen wurden, legten weitgehend den Weg für die gesamte weitere Entwicklung der Experimentalphysik fest.

Das Synchrozyklotron in Chicago beschleunigte Protonen auf eine Energie von 450 MeV. Diese wurden innerhalb des Zyklotrons auf einen Block von Beryllium geschossen und produzierten dort reichlich *pi*-Mesonen. Die meisten Mesonen werden in der Richtung erzeugt, in der auch die beschleunigten Protonen fliegen. Die so erzeugten positiven *pi*-Mesonen werden dann durch das Magnetfeld wie die Protonen nach innen abgelenkt, während die negativen Mesonen nach außen abgelenkt werden und deshalb leicht zu extrahieren sind. Daher waren die ersten Ergebnisse für negative *pi*-Mesonen stets genauer als die für positive. Die Mesonen werden schon durch das Magnetfeld im Zyklotron nach ihrer Energie selektiert. Der so gewonnene Strahl von *pi*-Mesonen einer festen Energie wurde auf ein Ziel (Target) aus flüssigem Wasserstoff gelenkt. Dies erlaubte die Untersuchung der Wechselwirkung von *pi*-Mesonen mit Wasserstoffkernen, also Protonen; die Wechselwirkung mit den Elektronen ist vernachlässigbar klein.

In ersten Experimenten wurde gemessen, wie groß der Anteil der *pi*-Mesonen ist, die im Wasserstoff absorbiert werden. Das erlaubt die Bestimmung des totalen Wirkungsquerschnitts, d. h. der Fläche, die ein *pi*-Meson effektiv „sieht", wenn es auf ein Proton trifft. In wesentlich aufwendigeren Experimenten wurde auch untersucht, mit welcher Wahrscheinlichkeit die *pi*-Mesonen mit einem gewissen Winkel abgelenkt werden. Dies führt zur Bestimmung des sogenannten differentiellen Wirkungsquerschnitts. Bei den Vorbereitungen zum Experiment beteiligte sich Fermi an der Konstruktion des Targets. Er baute selbst an einem Wochenende einen kleinen Karren, auf dem sich das Beryllium-Target im Innern des Synchrozyklotrons befand und der durch eine sinnreiche elektromagnetische Schaltung von außen bewegt werden konnte. Damit konnte das Beryllium-Target in die für die jeweilige Energie optimale Position gebracht werden, der Wagen ist Abb. 2.8 zu sehen.

Die für das Experiment notwendigen Detektoren wurden rechtzeitig1947 von H. Kallmann entdeckt. Es war eine Weiterentwicklung der einfachen Szintillationszähler, die schon Geiger und Rutherford benutzt hatten, aber die Zähler von Kallmann waren durchsichtig und hatten daher ein sehr viel größeres nutzbares Volumen als die alten Szintillationsschirme. Die im Szintillator durch die ionisierenden Teilchen erzeugten Lichtblitze wurden natürlich nicht mehr einzeln mit dem Auge nachgewiesen, sondern elektronisch verstärkt und registriert.

Die Ergebnisse der Streuexperimente erwiesen sich als aufregend. Man hatte zuerst die einfacheren Messungen mit den negativ geladenen *pi*-Mesonen gemacht, der Wirkungsquerschnitt war groß und erreichte bei einer Energie der *pi*-Mesonen von etwa 140 MeV den Wert, den man aus anderen Abschätzungen von der Größe der Protonen erwartete. Bei den Messungen der Streuung der positiven Mesonen, es war Weihnach-

Abbildung 2.8. Der von Fermi eigenhändig gebaute Karren, er konnte ferngelenkt in dem Synchrozyklotron bewegt werden, um das Target in die optimale Position zu bringen

ten 1951, erlebten die Experimentatoren aber eine Überraschung: Der Wirkungsquerschnitt überschritt bei weitem die erwarteten Werte. Bei einer Energie der pi-Mesonen von 120 MeV war er über doppelt so groß wie bei den negativen pi-Mesonen, und ein Ende des Anstiegs mit wachsender Energie war nicht abzusehen.

So überrascht Fermi und seine Mitarbeiter auch waren, ganz unvorbereitet waren sie nicht. Am gleichen Tag war eine Arbeit von K.A. Brueckner eingetroffen, der aus der Analyse der bisherigen Daten einen totalen Wirkungsquerschnitt vorhersagte, der ziemlich genau gleich dem nun gemessenen war. In Abb. 2.9 sind die Brueckernschen Vorhersagen gezeigt, und die experimentellen Ergebnisse der Chicago-Gruppe eingetragen.

Dies bringt uns zurück zum Isospin. Wir hatten in Abschn. 1.5.3 gesehen, wie man die vier aus Protonen und Neutronen gebildeten Paare, nämlich $\{p,p\}, \{n,p\}, \{p,n\}, \{n,n\}$, zu einem Triplett mit Isospin 1 und einem Singulett mit Isospin 0 gruppieren kann. Genauso lassen sich die sechs Paare, die man aus dem Iso-Dublett der Nukleonen und dem Iso-Triplett der pi-Mesonen bilden kann in ein Quadruplett vom Isospin $\frac{3}{2}$ und einem Dublett mit Isospin $\frac{1}{2}$ zusammenfassen. Die einzelnen Elemente dieser Multipletts gehen bei Drehungen im Isoraum

2.5 Beginn einer neuen Spektroskopie

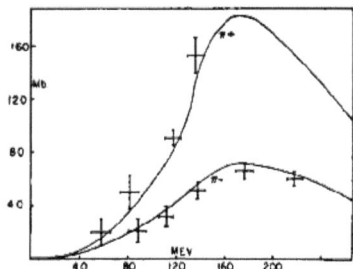

Abbildung 2.9. Die Vorhersage Brueckners für den Wirkungsquerschnitt der Streuung positiver und negativer *pi*-Mesonen an Protonen sowie die experimentellen Ergebnisse von Fermi und Mitarbeitern. Brueckner hatte angenommen, daß es einen Resonanzzustand mit dem Isospin 3/2 gibt und deshalb der Wirkungsquerschnitt für die Streuung positiver *pi*-Mesonen dreimal größer ist als für die Streuung negativer *pi*-Mesonen

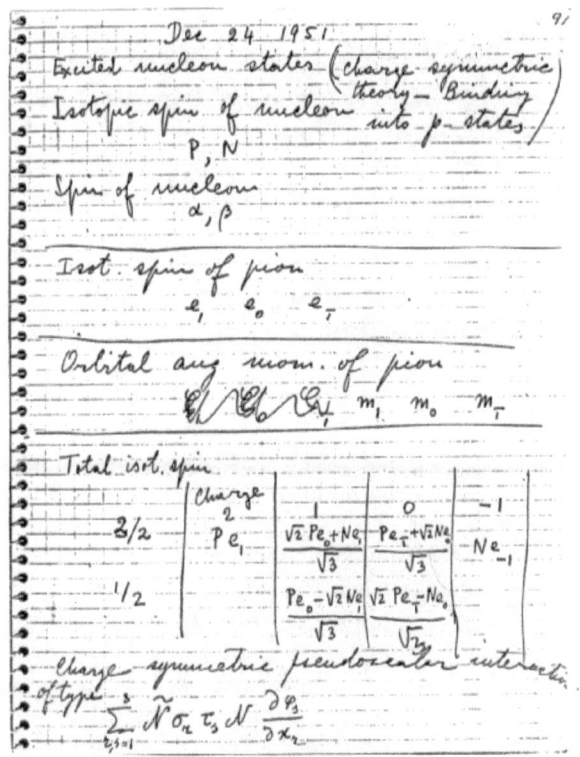

Abbildung 2.10. Eine Seite aus Fermis Laborbuch, in der er das Verhältnis der Wirkungsquerschnitte positiver und negativer *pi*-Mesonen mit Hilfe der Isospin Symmetrie berechnet

ineinander über. Man kann mit Hilfe der Gruppentheorie leicht ausrechnen, daß genau dann, wenn die Reaktion ausschließlich im Isospin $\frac{3}{2}$ stattfindet, der Wirkungsquerschnitt für ein positives Meson und ein Proton dreimal größer ist als der für ein negatives pi-Meson und ein Proton. Dies war es, was Brueckner angenommen hatte, nämlich die Existenz eines Zustandes vom Isospin $\frac{3}{2}$ und und vom Spin $\frac{3}{2}$ mit einer Masse von 1250 MeV. Haben die einfallenden pi-Mesonen gerade die richtige kinetische Energie, um diesen Zustand anzuregen, nämlich 215 MeV, so kommt ein Resonanzphänomen zustande und der Wirkungsquerschnitt ist nicht durch die geometrische Größe des Protons bestimmt, sondern durch die quantenmechanische Wellenlänge, die sogenannte de Broglie-Wellenlänge der einfallenden Mesonen. Eine Seite aus Fermis Laborbuch, wo er den Isospin-Formalismus anwendet, ist in Abb. 2.10 wiedergegeben.

Bei dem einen Zustand mit Isospin $\frac{3}{2}$, dem sogenannten Isobar oder *Delta*-Resonanz, blieb es nicht; im Laufe der Jahre wurden die erreichbaren Energien immer höher, die Detektoren immer raffinierter, und es wurden sprichwörtlich Hunderte dieser angeregten Zustände, nicht nur bei den Nukleonen, sondern auch bei den Mesonen, entdeckt. Man fand fast soviele „Elementarteilchen" wie Spektrallinien bei Atomen und es wurden auch tatsächlich die Namen Teilchenspektrum und Teilchenspektroskopie geprägt. Doch davon mehr in den nächsten Abschnitten.

2.6 Man kann immer mehr produzieren und immer besser sehen

Die großen Entdeckungen der „künstlichen Elementarteilchen", des Positrons, des Müons (Mesotrons), des geladenen pi-Mesons und der V-Teilchen, gehen alle auf naturgegebene Prozesse zurück, auf solche die durch die kosmische Höhenstrahlung ausgelöst wurden. Auch die Nachweismethoden waren alt und wurden Ende des 19. Jahrhunderts erstmals angewandt: Nebelkammer und Photo-Emulsion. Das erste Teilchen, das von einem „künstlich" auf hohe Energien beschleunigten Strahl erzeugt wurde, war das neutrale pi-Meson. Aber bereits die im vorigen Abschnitt besprochenen Experimente zur Streuung von pi-Mesonen an Protonen wären wegen der geringen Dichte von pi-Mesonen in der kosmischen Höhenstrahlung nicht durchführbar gewesen. Hier war der Beschleuniger absolut notwendig, um einen genügend intensiven Strahl von pi-Mesonen zu erzeugen. In Abb. 2.9 ist zu sehen, daß die Chicagoer Experimente gerade da aufhören, wo es interessant wird, nämlich dort, wo der Wirkungsquerschnitt wieder sinken sollte, wenn

2.6 Man kann immer mehr produzieren und immer besser sehen

es sich um ein Resonanzphänomen handelt. Es war also klar, daß ein wesentlicher Fortschritt in der Erforschung der Elementarteilchen nur durch neue Beschleuniger mit höheren Energien erzielt werden konnte. Doch Beschleuniger mit höherer Energie zu bauen, war schwer, denn das Prinzip des Synchrozyklotrons stieß bald an seine Grenzen. Der Durchmesser des Magneten muß so groß sein, wie die Bahn am Ende des Beschleunigungsvorganges; der innere Teil des Magneten wird nur dazu benutzt, um die Teilchen auf eine der Außenbahn entsprechende Energie zu bringen, wie dies in der schematischen Abb. 1.25 zu sehen ist. Der nächste Schritt der Entwicklung war daher, das Innere des Zyklotrons wegzulassen und die Teilchen schon vorbeschleunigt in ein ringförmiges Vakuumgefäß zu schießen, das von Magneten umschlossen war und in dem die Teilchen weiter beschleunigt werden konnten, wie dies in Abb. 2.11 schematisch dargestellt ist. Im Synchrozyklotron ist das Magnetfeld konstant und der Radius der Teilchenbahnen nimmt mit wachsender Energie zu. Im Synchrotron dagegen wird das Magnetfeld und die Beschleunigungsfrequenz der Energie der Teilchen angepaßt.

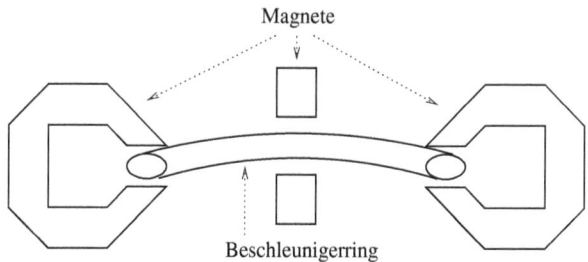

Abbildung 2.11. Prinzipieller Aufbau des Synchrotrons. Um das ringförmige Beschleunigerrohr sind die C-förmigen Magneten angeordnet

Auch hier half das Prinzip der Phasenstabilität und so ist es kein Wunder, daß einer der Entdecker dieses Prinzips, der britische Physiker McMillan, das erste Synchrotron dieser Art baute. Es wurde 1949 fertiggestellt und beschleunigte Elektronen auf die Energie von 320 MeV. Der erste riesige Beschleuniger von diesem Typ war bereits ein nationales Projekt: Das 1948 genehmigte und 1953 fertiggestellte Cosmotron im Brookhaven National Laboratory (BNL) auf Long Island im Staate New York. Es konnte Protonen auf 3.2 GeV, also 3200 MeV beschleunigen. Der Durchmesser war 22.5 m, das Magnetfeld wurde von 288 C-förmigen Magneten erzeugt. Es wurde bis 1966 benutzt und 1969 abgewrackt. Die nächsten großen Maschinen nach diesem Prinzip wurden in Berkeley, Kalifornien (1954, 6 GeV) und Dubna, Rußland (1957, 10 GeV) gebaut. Aber auch das Prinzip, nach dem diese sogenannten schwach fokussierenden Beschleuniger gebaut waren, stieß bei einer Energie von etwa 10 GeV an seine Grenzen. Es bauten sich sehr leicht Schwingungen um die kreisförmigen Bahnen auf, die den Beschleunigungsvorgang destabilisierten. Glücklicherweise erfanden 1952 R. Courant, M.S. Livingston und H. Snyder das Prinzip der starken Fokusierung, mit dem die Schwingungen unter Kontrolle gebracht werden konnten. Dies geschieht durch geschickte Anordnung der Magnete und unter Ausnutzung der Inhomogenitäten in den Magnetfeldern. Von einem Magneten wird die Bahn in Vertikalrichtung fokussiert, vom nächsten Magneten in Horizontalrichtung. Diese Maschinen heißen daher auch „alternierende Gradienten" (AG) oder stark fokussierende Beschleuniger. Diese Vermeidung der Schwingungen erlaubte es, den Querschnitt des Beschleunigerrohres zu verringern und damit die Magneten kleiner zu machen als bei den alten Konstruktionen.

Der erste nach dem neuen Prinzip konstruierte Beschleuniger wurde 1954 an der Cornell University in Ithaca, New York gebaut und beschleunigte Elektronen auf 1 GeV. Der nächste große Beschleuniger wurde am National Laboratory in Brookhaven (BNL) gebaut (um 1960). Er hatte eine Endenergie von 33 GeV und der Querschnitt des Beschleunigerrohres war 17.5 cm×7.5 cm, das Gewicht der Magneten betrug „nur" 4000 Tonnen. Beim 3.2 GeV Cosmotron aus dem Jahre 1953 war der Querschnitt des Beschleunigerrohres 65 cm×15 cm, der Magnet hatte eine Masse von 2000 Tonnen. Hätte man die neue, stark fokussierende Maschine nach dem alten Prinzip gebraucht, hätte man hundert mal soviel, also 200 000 Tonnen Eisen gebraucht.

Der erste große Beschleuniger in Europa war nur durch eine gesamteuropäische Zusammenarbeit realisierbar. 1952 schlossen elf Europäische Nationen, darunter die Bundesrepublik Deutschland, einen Vertrag zur Gründung eines Europäischen „Kernforschungszentrum" CERN (Centre Européen pour la Recherche Nucléaire) in Genf. Dort wurde eine ähnliche Maschine gebaut wie in Brookhaven, die auch etwa zur gleichen Zeit, nämlich 1960, fertiggestellt wurde. Das CERN wurde bald eines der international führenden Institute auf dem Gebiet der Teilchenphysik. Abraham Pais von der Rockefeller Universität, selbst ein führender Theoretischer Physiker und Historiker auf dem Gebiet der Elementarteilchenphysik, schreibt in seinem herrlichen Buch „Inward Bound" (1987): „Jetzt zählt CERN zu den sehr seltenen führenden Zentren des Gebiets, es hat die höchste effektive Energie, die je in einem Labor erzielt wurde, produziert und ist das erfolgreichste Beispiel dafür, was Europa erreichen kann, wenn es seine Kräfte vereint."

In der Bundesrepublik Deutschland war der erste große Beschleuniger ein Elektronen-Synchrotron, das in Hamburg gebaut wurde. Es war der Beginn des DESY (Deutsches Elektronen-Synchrotron), eines der im internationalen Vergleich führenden nationalen Forschungsinstitute. Aber nicht nur die Planung und der Bau von Beschleunigern machte Fortschritte. Auch die Nachweismethoden wurden verfeinert. Bei der „Neuen Spektroskopie"(Abschn. 2.5) hatten wir schon gesehen, daß gerade rechtzeitig die großen Szintillationszähler entwickelt wurden, mit elektronischer Verstärkung und Registrierung der Lichtblitze. Die größte Bedeutung in der frühen Neuzeit der Elementarteilchenphysik hatte aber eine Weiterentwicklung der Nebelkammer: die 1952 von D.A. Glaser erfundene Blasenkammer. In dieser befindet sich eine überhitzte Flüssigkeit. Fliegt ein ionisierendes Teilchen durch diese, so enstehen entlang seiner Bahn Kondensationskeime, an denen sich Bläschen bilden, die die Bahn genauso kennzeichnen, wie die Wassertröpfchen im unterkühlten Dampf der Nebelkammer. Die Blasenkammer hat wegen der im Vergleich zu einem Gas sehr viel höheren Dichte einer Flüssigkeit zwei entscheidende Vorteile gegenüber der Nebelkammer: Zum einen kommt es zu sehr viel mehr Reaktionen, wenn man einen Teilchenstrahl aus einem Beschleuniger hineinschießt. Zum anderen sind die Teilchenspuren kürzer, und daher kann man oft auch noch Folgereaktionen beobachten. Blasenkammern vereinen also das große Volumen einer Nebelkammer mit der hohen Dichte einer photographischen Emulsion. Die ersten Blasenkammern arbeiteten mit Flüssigkeiten mit einem recht hohen Siedepunkt, wie Propan. Später wurden auch große Kammern, die mit flüssigem Wasserstoff mit einer Temperatur von $-250°$ C gefüllt waren, gebaut. Dies waren zwar sehr aufwendige und auch sehr gefährliche Geräte, aber natürlich ideal zum Nachweis elementarer Reaktionen am Proton. Wie bei der Nebelkammer werden die Teilchenbahnen mit zwei Kamaras aufgenommen, damit man sie räumlich rekonstruieren kann. Die Auswertung ist allerdings bei den Blasenkammeraufnahmen ähnlich mühselig wie bei den photographischen Emulsionen. Sie wurden deshalb später, trotz großer Fortschritte bei der Automatisierung der Analyse, weitgehend von einem neuen Typ von Zählern, den Drahtkammern, ersetzt, bei denen die Digitalisierung der Spuren und automatische Auswertung wesentlich leichter ist. Wir kommen darauf in Abschn. 5.6 zurück.

2.7 Immer mehr neue Teilchen

Die neuen Beschleuniger und die verfeinerten Nachweismethoden trugen weiter zu einer Konsolidierung der Quantenfeldtheorie bei. So wurde 1955 von einer Gruppe um O. Chamberlain und E. Segrè am Bevatron in Berkeley (6 GeV) das erste Antiteilchen mit Baryonenzahl -1 – das Antiproton – gefunden. Aber es wurden auch immer mehr „Resonanzen" wie die im Abschn. 2.5 behandelte *Delta*-Resonanz entdeckt. Die Energie dieser Resonanzen ist wegen ihrer kurzen Lebensdauer nicht scharf definiert, ihre Energie-Unschärfe (Breite) ist typischerweise im Bereich von 10–100 MeV, dies entspricht nach der Energie-Zeit-Unschärfebeziehung einer Lebensdauer von etwa 10^{-22}–10^{-23} Sekunden. Wie wir aus Tabelle 2.3 sehen, setzte ab 1960 eine Flut von Entdeckungen neuer Resonanzen ein. Ihr Nachweis und die Analyse ihrer Eigenschaften waren nur durch die Blasenkammern, und besonders durch die mit flüssigem Wasserstoff gefüllten, möglich. Hier sah man die Spuren sämtlicher geladener Reaktionsprodukte und konnte aus der Krümmung im Magnetfeld den Impuls der entsprechenden Teilchen berechnen.besondere Verdienste um die Weiterentwicklung der Blasenkammer und auch um die Verfeinerung der Auswertemethoden erwarb sich L. Alvarez an der Universität des Staates Kalifornien in Berkeley.

In der Blasenkammer wurden auch die ersten mesonischen Resonanzen, also solche mit Baryonenzahl 0 , gefunden. Betrachten wir etwa die Reaktion bei der ein negatives *pi*-Meson auf ein Proton trifft und zusätzlich noch ein positives *pi*-Meson erzeugt. Das Proton muß dabei in ein Neutron übergehen, damit die Gesamtladung nach der Reaktion gleich der vor der Reaktion, nämlich Null ist. Die Kurzschreibweise für diese Reaktion ist, analog den chemischen Reaktionsformeln:
$\pi^- + p \to \pi^- \pi^+ + n$.

Aus den Impulsen der beiden *pi*-Mesonen nach der Reaktion konnte man eine Masse des Zwei-*pi*-Meson-Zustandes berechnen, und man fand ein eindeutiges Resonanzverhalten bei etwa 770 MeV/c^2, wie aus Abb. 2.12 deutlich ersichtlich ist. Aus der Verteilung der beiden *pi*-Mesonen konnte man schließen, daß diese Resonanz den Spin 1 und die Eigenparität -1 hat, die Baryonenzahl ist Null. Einen solchen Zustand nennt man ein Vektormeson. Auf der Kurve ist noch eine zweite Resonanzstruktur zu sehen, deren Interpretation aber schwieriger ist. Neben dieser ungeladenen Meson-Resonanz bei 770 MeV/c^2 fand man in anderen Reaktionen auch noch eine positiv und eine negativ geladene Resonanz bei ungefähr gleicher Masse. Man konnte also auf den Isospin 1 schließen. Man nennt diese Resonanzen *rho*-Mesonen. Man stellt auch die Resonanzen in Graphen dar, wie dies in Abb. 2.13 getan ist. Hier entspricht die Zick-Zack-Linie einem *rho*-Meson. Wir kommen auf die Resonanzen und ihre Stellung unter den Elementarteilchen im weiteren Verlauf noch mehrmals zurück.

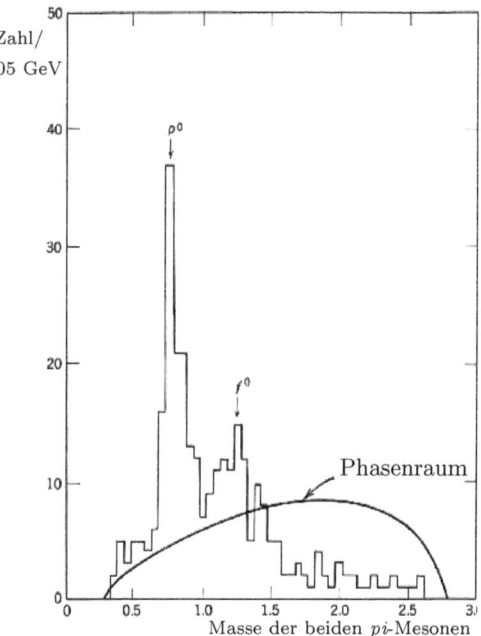

Abbildung 2.12. Die Masse des Systems eines positiv und eines negativ geladenen pi-Mesons, die durch ein negativ geladenes pi-Meson am Proton erzeugt wurden. Die Masse kann etwa durch die Änderung der Energie der einfallenden pi-Mesonen variiert werden. Man sieht deutlich eine Resonanz bei 770 Mev/c^2. Die ausgezogene Kurve zeigt das Verhalten, wenn es keinerlei Resonanzphänomene gäbe

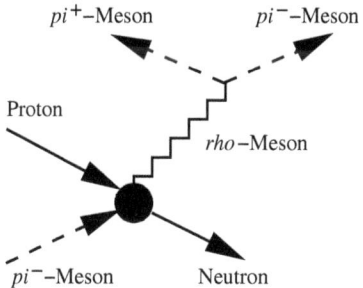

Abbildung 2.13. Diagramm für die Produktion eines rho-Mesons

2 Der große Sprung

Tabelle 2.3. Die Entdeckungsdaten und einige Eigenschaften von „Elementarteilchen". Bei Resonanzen ist die Breite angegeben, ist diese nicht angegeben, so können die Teilchen nicht durch die starke Wechselwirkung zerfallen und ihre Lebensdauer ist im Bereich von Nanosekunden. B ist die Baryonenzahl, S die Seltsamkeit

Jahr	Name	Masse MeV/c^2	Breite/ MeV	B	S
ca 1951	Λ	1115.7	–	1	–1
ca 1951	K	ca 495	–	0	±1
ca 1952	Δ	1232	120	1	0
1952	Ξ^-	1321	–	1	–2
1953	$\Sigma^\pm$	ca 1190	–	1	–1
1959	Ξ^0	1315	–	1	–2
1960	Y^*	1385	36	1	–1
1961	K^*	892	51	0	±1
	ρ	770	150	0	0
	ω	782	8	0	0
	η	547	0.001	0	0
1962	Ξ^*	1530	9	1	–2
	f^0	schwierig		0	0
	ϕ	1020	4.4	0	0
1964	Ω^-	1672	–	1	–3
	η'	958	0.2	0	0
⋮	⋮	⋮	⋮	⋮	⋮

Nun waren ja Resonanzen nichts Neues, das 1913 von J. Franck und G. Hertz durchgeführte Streuexperiment von Elektronen an Quecksilberatomen war ein Schlüsselexperiment zur Quantenmechanik. Sie fanden, daß der Wirkungsquerschnitt besonders groß war, wenn die Elektronen genau die Energie hatten, um den bekannten Zustand des Quecksiberatoms bei einer Anregungsenergie von 4.9 eV zu erzeugen Jede Leuchtstoffröhre nutzt diese Phänomene aus. Die vielen Resonanzen, die man im Laufe der Zeit in der Elementarteilchenphysik fand, erinnerten in der Tat stark an die Niveaux der Atomspektren, wie dies aus Abb. 2.14 ersichtlich ist. Hier sind links die Resonanzen des Nukleons, also Baryonen mit dem Isospin $\frac{1}{2}$ und der Seltsamkeit 0, aufgetragen, die Zahl gibt den Spin der Resonanz an, das hochgestellte Vorzeichen die innere Parität. Rechts sind die angeregten Zustände des Wasserstoffatoms eingezeichnet, die mit Hilfe der Dirac-Gleichung berechnet werden können, und die natürlich bestens gemessen sind. Auch hier ist Spin und Parität angegeben. Die Struktur der Anregungen ist

2.7 Immer mehr neue Teilchen

ähnlich, die Skala der Anregungsenergien ist allerdings fast um eine Milliarde verschieden; sie ist in der Größenordnung von GeV bei den Elementarteilchen, in der Größenordnung von eV bei den Atomen.

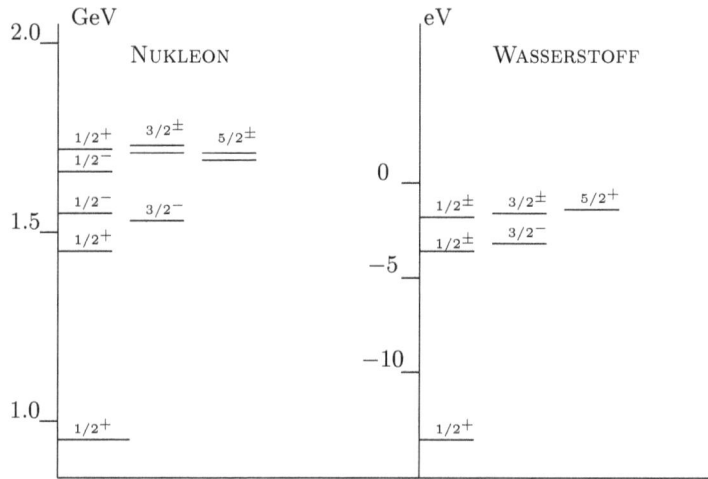

Abbildung 2.14. Resonanzen beim Nukleon (Baryonenzahl 1, Seltsamkeit 0, Isospin $\frac{1}{2}$ und angeregte Zustände des Wasserstoff-Atoms. Bei den einzelnen Zuständen ist Spin und innere Parität angegeben, $5/2^+$ z. B. bedeutet: Spin 5/2, Parität +1

Man hätte aus der Existenz der vielen Resonanzen also gleich schließen können, daß all die vielen neu gefundenen „Teilchen" zusammengesetzt seien. Die stabilen Teilchen wären dann so etwas wie Atome im Grundzustand, den angeregten Atome entsprächen die Resonanzen. Tatsächlich ist dies auch die heutige Meinung, und Ideen dieser Art kamen auch schon 1949 auf, wir werden darauf noch zurückkommen. Allerdings gibt es einen gewaltigen Unterschied. In der Atomphysik kennt man die Bestandteile der Atome: den Atomkern und die ihn umgebende Hülle aus Elektronen. Die Resonanzen kommen durch Anregungen der Hüllenelektronen zu Stande und die theoretische Beschreibung ist mit der Dirac-Gleichung sehr gut bekannt.

Was wird aber bei den Nukleonen angeregt? Ist das Proton ein gebundener Grundzustand aus einem „Ur-Proton" und einem pi-Meson und sind die Resonanzen Anregungen des pi-Mesons? Sind die Mesonen selbst wieder gebundene Zustände von Nukleonen und Anti-Nukleonen? Auf all diese Fragen konnte es keine befriedigenden Antworten geben, denn der Unterschied der Anregungsenergien, den wir oben schon erwähnt hatten, erforderte große Unterschiede auch bei der theoretischen Behandlung. Die typische Anregungsenergie bei einem Atom sind einige eV, die Ruhenergie des Elektrons ist etwa 500 000 eV, also sehr viel größer. Die Erzeugung von Teilchen spielt deswegen bei der Berechnung der Anregungsenergie in Atomen nur eine untergeordnete Rolle. In der Tat sind die Korrekturen der Quantenfeldtheorie, die die virtuelle Teilchenerzeugung in der Atomphysik berücksichtigen, wirklich sehr klein, ähnlich klein wie die Korrekturen zum magnetischen Moment des Elektrons, die in Abschn. 2.4 behandelt wurden. Allerdings spielt eine Quantenkorrektur in der Atomphysik eine wichtige Rolle, die von W.E. Lamb entdeckte Aufspaltung des ersten angeregten Niveaus des Wasserstoffatoms. Nach der Dirac-Gleichung hat hier der Zustand mit Spin $\frac{1}{2}$ und positiver und negativer Parität die gleiche Energie, in Abb. 2.14 durch $1/2^{\pm}$ bezeichnet, und die beobachtete Aufspaltung von etwa vier Millionstel eV ist nur durch die QED zu erklären.

Bei den Elementarteilchen ist das aber ganz anders, hier sind die Anregungsenergien größer als die Ruhenergie des leichtesten Elementarteilchens, des pi-Mesons, die etwa 140 MeV beträgt. Hier erwartet man also, daß Effekte der Teilchenerzeugung und -vernichtung eine ganz wesentliche Rolle spielen. Deshalb sind mit der Störungstheorie, die in der QED so erfolgreich war, hier keine vergleichbaren quantitativen Erfolge zu erwarten, wie wir schon im Abschn. 2.4 diskutiert haben. Es gab daher eine ganze Reihe nicht-störungstheoretische Modelle, die mehr oder weniger einschneidende Näherungen machten. Besonders bekannt war ein Modell von T.D. Lee sowie eines von G. Chew und F.E. Low. Man gewann zwar auch hier einige grundsätzliche Einsichten, aber im allgemeinen keine befriedigenden quantitativen Aussagen. Bei vielen Physikern setzte sich daher die Meinung durch, man müsse in der Elementarteilchenphysik bei der starken Wechselwirkung auf die Feldtheorie vollkommen verzichten und ganz neue Wege gehen. Über diese Versuche wird im nächsten Kapitel gesprochen, doch zuvor kommen wir noch einmal zur schwachen Wechselwirkung zurück.

2.8 Die Überraschungen der schwachen Wechselwirkung

Die Theorie der schwachen Wechselwirkung, die E. Fermi 1933 aufgestellt hatte, war eine der ersten erfolgreichen Anwendungen der Quantenfeldtheorie. Trotz der Erfolge der Theorie war man sich allerdings inzwischen sicher, daß sie nur eine effektive Beschreibung sein konn-

2.8 Die Überraschungen der schwachen Wechselwirkung 95

te. Wenn man nämlich die höheren Ordnungen der Störungstheorie ausrechnete, begegnete man Schwierigkeiten, die nicht mit Hilfe des mittlerweile in der QED entwickelten Formalismus der Renormierung zu bändigen waren. Das bedeutet, daß die Theorie von Fermi nicht renormierbar war, und man mußte sich auf die niedrigste Ordnung beschränken. Es gab allerdings auf experimenteller Seite soviele neue und interessante Fakten, die in der niedrigsten Ordnung behandelt werden konnten, daß die Theoretiker mit dem Ausbau der alten Theorie voll beschäftigt waren; dabei sind besonders G. Gamow, E. Teller, E. Majorana und B. Pontecorvo zu nennen.

Wir hatten im Abschn. 2.2 gesehen, daß die schwachen Zerfälle der seltsamen V-Teilchen dazu führten, daß man eine neue Eigenschaft der Elementarteilchen einführte, die Seltsamkeit S, die bei der starken und elektromagnetischen Wechselwirkung erhalten, aber bei der schwachen Wechselwirkung nicht erhalten (verletzt) war. Aber eine große Überraschung bei der schwachen Wechselwirkung sollte noch kommen. Sie wurde ausgelöst durch das sogenannte *theta-tau*-Rätsel.

Bevor die Klassifikation der Zerfälle von K-Mesonen geklärt war, kannte man zwei Arten von seltsamen geladenen Mesonen, das *tau*- und das *theta*-Meson Das *tau*-Meson zerfiel in drei *pi*-Mesonen. Die Abb. 2.3 zeigt die Spur und den Zerfall eines solchen Mesons. Zur Analyse dieser Zerfälle entwickelte R.H. Dalitz eine Technik, den nach ihm benannten Dalitz-Plot, der eine wichtige Rolle bei der Analyse zerfallender Teilchen spielte. Er trug das durch Energie- und Impulserhaltung festgelegte Gebiet der möglichen Energien der Zerfallsteilchen so auf, daß einer gleichen Fläche auf seinem Plot eine gleiche Fläche im „Phasenraum" entsprach. Dies bedeutet, daß jede Abweichung von der Gleichverteilung in diesem Plot einen dynamischen Grund haben muß. Natürlich funktioniert das umso besser, je mehr Teilchenzerfälle man zur Verfügung hat, denn *ein* Teilchen allein kann beim besten Willen nicht gleichverteilt sein. Durch geschickte Ausnutzung der Symmetrien gelang es Dalitz, die Dichte im Plot zu erhöhen und aus 13 *tau*-Zerfällen zu schließen, daß das *tau*-Meson den Spin 0 hatte. Damit war die innere Parität des *tau*-Mesons festgelegt, nämlich als das Produkt der inneren Paritäten der *pi*-Mesonen, die beim Zerfall auftreten, also -1. Im Jahre 1955 standen schon 53 Zerfälle zur Verfügung, davon 11 von Beschleunigern; ein Jahr später waren es schon etwa 600, wovon weitaus die meisten von Beschleunigern stammten. Damit waren die Ergebnisse der früheren Untersuchungen über jeden Zweifel erhaben: Das *tau*-Meson hatte die innere Parität -1.

Das andere geladene seltsame Meson, genannt *theta*-Meson, hatte innerhalb der damaligen Meßgenauigkeit die gleiche Masse und Lebensdauer. Allerdings dachte man, daß das *theta*- und das *tau*-Meson nicht die gleichen Teilchen sein könnten, denn das *theta*-Meson zerfiel in zwei *pi*-Mesonen und mußte die innere Parität +1 haben. Andererseits war die Übereinstimmung der Massen und besonders der Lebensdauern zweier verschiedener Teilchen schon sehr rätselhaft. Oppenheimer bemerkte nach dem Bericht von Dalitz: „Das*tau*-Meson wird entweder innere oder äußere Schwierigkeiten haben (domestic or foreign), es wird nicht einfach auf beiden Fronten." Kurz darauf notierte Pais: „Sei festgehalten, daß auf dem Weg zurück von Rochester nach New York Prof. Yang und der Autor jeder einen Dollar gegen Prof. Wheeler wetteten, daß das *theta* und das *tau* verschiedene Teilchen seien; und daß Prof. Wheeler in der Zwischenzeit 2 Dollar bekommen hat."

Des Rätsels Lösung kam 1956 zunächst durch T.D. Lee und C.N. Yang. Sie zeigten, daß es keinen experimentellen Hinweis darauf gab, daß die Gesetze der schwachen Wechselwirkung symmetrisch unter Raumspiegelungen sind. Wenn aber die Wechselwirkung nicht invariant gegen Raumspiegelungen ist, dann müssen die Zerfallsprodukte nicht die gleiche Parität haben wie der zerfallende Zustand, und damit könnten das *theta*- und das *tau*-Meson durchaus die gleichen Teilchen sein. Lee und Yang schlugen auch Experimente vor, die direkt den Nachweis der „Paritätsverletzung" bei schwachen Wechselwirkungen erbringen könnten.

Die ersten Ergebnisse eines solchen Experiments wurden 1957 von Madame C.-S. Wu und Mitarbeitern publiziert. Sie richteten mit hohen Magnetfeldern bei tiefen Temperaturen die Spins der Kerne eines Kobalt-Isotops (Co^{60}) vorwiegend in eine Richtung aus und fanden, daß mehr Elektronen in Richtung des Kernspins als in die entgegengesetzte Richtung flogen. Bei einer Raumspiegelung dreht sich die Flugrichtung der Elektronen um, da sie sich wie ein (normaler) Vektor verhält, der Spin dagegen ist ein Axialvektor, der seine Richtung bei Raumspiegelungen nicht ändert. Eine gespiegelte Welt wäre also von unserer verschieden, da dort mehr Elektronen entgegen der Richtung des Kernspins ausgesandt werden als in dessen Richtung. Man hat sich heute in der Elementarteilchenphysik daran – wie an vieles andere – gewöhnt, doch damals war das die Paritätsverletzung eine Sensation. Der Heidelberger Kernphysiker und spätere Nobelpreistäger J.H.D. Jensen erzählte, daß er bei einem Besuch bei Madame Wu spottete, die Amerikaner hätten wohl zuviel Geld, da sie aufwendige Experimente durchführten, deren Ausgang sowieso gewiß sei. Er meinte natürlich, die Parität sei erhalten, und Madame Wu werde keinen Effekt sehen. Die Paritätsverletzung wurde bald in vielen anderen Experimenten bestätigt. Trotz der Überraschung hielt sich der Schock aber in Grenzen, denn bald gewann

2.8 Die Überraschungen der schwachen Wechselwirkung   97

die Theorie der schwachen Wechselwirkung an Eleganz. Dazu muß ich etwas weiter ausholen und auf die Darstellungen von Gruppen, die im Abschn. 1.5.1 kurz eingeführt wurden zurückkommen. Ich werde auch hier über mathematische und physikalische Ergebnisse nur berichten, ohne den Versuch einer Herleitung zu unternehmen.

2.8.1 Einschub: Rechts- und linkshändige Teilchen

Wir hatten in Abschn. 1.5 gesehen, daß eine Gruppe durch ihre Erzeugenden bestimmt ist. Die Struktur der Gruppe wird dabei weitgehend durch deren Vertauschungsrelationen festgelegt; aber eben nur weitgehend. In Abschn. 1.5.2 wurde berichtet, daß Erzeugende, die die gleichen Vertauschungsrelationen haben, sowohl die Drehgruppe als auch die Gruppe $SU(2)$ erzeugen können. Das führte zum „Wunder des Spins": Die Gruppe $SU(2)$ ist umfassender als die Drehgruppe; physikalisch drückt sich das darin aus, daß die Drehgruppe nur ganzzahlige, die $SU(2)$ aber auch halbzahlige Spins zuläßt.

Verallgemeinern wir nun die Drehungen im dreidimensionalen Raum zu den Transformationen im Raum *und* der Zeit, die die Forderungen der speziellen Relativitätstheorie respektieren! Diese müssen nicht nur Längen und Winkel im Raum unverändert lassen, sondern auch noch garantieren, daß die Lichtgeschwindigkeit im Vakuum sich nicht ändert. Man nennt diese Gruppe nach dem holländischen Physiker H.A. Lorentz *Lorentz-Gruppe*. Ihre natürliche Darstellung ist vierdimensional, wegen der drei Raum- und der einen Zeitdimension. Die Darstellungsmatrizen heißen Lorentz-Transformationen. Bei dieser Gruppe wiederholt sich das Wunder des Spins. Auch hier gibt es eine allgemeinere Gruppe, ebenfalls darstellbar durch 2×2 Matrizen, aus der sich alle Darstellungen der Lorentz-Gruppe konstruieren lassen. Dies hatten schon 1929 die Mathematiker B. van der Waerden und Hermann Weyl gefunden. Weyl wies insbesondere darauf hin, daß man mit den Dubletts, die sich nach der zweidimensionalen Darstellung transformieren, eine relativistisch invariante quantenmechanische Wellengleichung formulieren kann, die einfacher ist als die Dirac-Gleichung. Diese Dubletts werden heute Weyl-Spinoren genannt.

Wolfgang Pauli hatte im Handbuch der Physik einen berühmten Artikel über „Die allgemeinen Prinzipien der Wellenmechanik" (1933) geschrieben, in Fachkreisen auch bekannt unter dem Namen „Das Neue Testament". Dort schrieb er über die Weyl-Spinoren und deren Wellengleichung: „Indessen sind diese Wellengleichungen ... nicht invariant gegenüber Spiegelungen (Vertauschung von rechts und links) und infolgedessen sind sie auf die physikalische Wirklichkeit nicht anwendbar.

2 Der große Sprung

Das Fehlen der Invarianz der Wellengleichung äußert sich in einer eigentümlichen Kopplung zwischen der Richtung des Spin-Drehimpulses und des Stroms ... ". Die Begründung schien zwar damals zu stimmen, aber nachdem man erkannt hatte, daß die Raumspiegelung in der schwachen Wechselwirkung keine Symmetrietransformation ist, verwandelte sich dieser Fluch Paulis in einen Segen und heute betrachtet man die Beschreibung durch Weyl-Spinoren tatsächlich als physikalisch relevanter als die durch Dirac-Spinoren, die aus Weyl-Spinoren konstruiert werden können.

Es gibt zwei vollkommen unabhängige Arten von Weyl-Spinoren – mathematisch gesprochen „unitär inequivalente Darstellungen". Beide beschreiben Spin$\frac{1}{2}$-Teilchen; bei den einen zeigt der Spin in die Bewegungsrichtung, das sind die sogenannten *rechtshändigen Spinoren*, bei den anderen in die entgegengesetzte Richtung, dies sind die *linkshändigen*, siehe Abb. 2.15. Teilchen und Antiteilchen haben entgegengesetzte Händigkeit (Chiralität): Wird ein Teilchen durch einen linkshändigen Spinor beschrieben, dann sein Antiteilchen durch einen rechtshändigen.

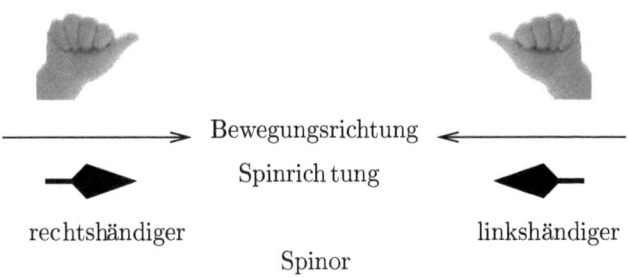

Abbildung 2.15. Ein Teilchen, dessen Spin in Bewegungsrichtung zeigt, heißt rechtshändig, zeigt der Spin in die entgegengesetzte Richtung, dann linkshändig

Ein Teilchen mit nur einer bestimmten Händigkeit kann keine Masse haben. Dies ist leicht einsichtig. Hat ein Teilchen eine Masse, so hat es immer eine Geschwindigkeit, die kleiner als die Lichtgeschwindigkeit ist, und man kann es überholen. Wenn ein Beobachter aber schneller als das Teilchen ist, so bewegt sich dieses von ihm aus gesehen nach hinten, genau wie ein Auto, das von einem schnelleren überholt wird, sich immer weiter nach hinten entfernt. Von der Überholspur aus gesehen hat also das ursprüngliche Teilchen seine Bewegungsrichtung geändert,

2.8 Die Überraschungen der schwachen Wechselwirkung

während sich am Spin, nichts geändert hat. Aus einem linkshändigen Teilchen ist damit ein rechtshändiges geworden und umgekehrt. Wenn ein Teilchen also eine Masse hat, so hat es zwei Komponenten, eine rechts- und eine linkshändige, und es kann nicht mehr durch einen einzigen Weyl-Spinor beschrieben werden. Deshalb mußte Dirac seine vierkomponentigen Spinoren einführen, die aus einem rechts- und einem linkshändigen Weyl-Spinor zusammengesetzt sind.

Man nennt die Transformationen, die rechts- und linkshändige Spinoren getrennt transformieren,chirale Transformationen und die entsprechende Symmetrie chirale Symmetrie. Wir können also zusammenfassen: Die chirale Symmetrie erzwingt masselose Teilchen. Darauf kommen wir im Kap. 6 und 7 noch ausgiebig zurück. Auf die Bedeutung der Händigkeit für die schwache Wechselwirkung hatten J.H.D. Jensen und B. Stech schon 1955, also vor der Entdeckung der Paritätsverletzung, hingewiesen.

2.8.2 Zurück zur schwachen Wechselwirkung

Ich will hier zunächst eine Entdeckung vom Anfang dieses Jahrtausends ignorieren, nämlich daß Neutrinos höchstwahrscheinlich eine sehr sehr kleine Masse haben, darauf kommen wir im Abschn. 7.1 zurück. Ich gehe also zunächst von masselosen Neutrinos aus. Diese sind offensichtliche Kandidaten für eine Beschreibung durch Weyl-Spinoren, und damit ist nicht nur die Paritätsverletzung unausweichlich, sondern auch die Form der Wechselwirkung eindeutig festgelegt, nämlich die sogenannte $V-A$-Wechselwirkung. Dies Kürzel besagt, daß die schwache Wechselwirkung durch zwei gleichberechtigte „Ströme" beschrieben wird, von denen der eine ein„ordentlicher" Vektor ist (V), der bei Raumspiegelungen seine Richtung umdreht, und der andere ein axialer Vektor (A), der seine Richtung bei Raumspiegelungen nicht umdreht. Da zwei Größen, die sich unter Raumspiegelungen verschieden verhalten, gemeinsam mit gleichem Gewicht auftreten, nennt man die Paritätsverletzung „maximal". Nach einigen Irrungen und Wirrungen wurde diese Form der Wechselwirkung auch durch die Experimente bestätigt.

Der Teil des Stromes, der sich wie ein Vektor verhält, wird durch die starke Wechselwirkung nicht beeinflußt, man sagt er sei universell. Aber auch für den axialen Strom gilt eine teilweise Universalität. Dies klingt zwar ziemlich vage, hat aber eine wohldefinierte Bedeutung: In einer Welt, in der die pi-Mesonen die Masse 0hätten, wäre auch der Teil des Stromes, der sich wie Axialvektor verhält,universell und man kann die Abweichung von der Universalität durch diepi-Meson-Masse ausdrücken.

2 Der große Sprung

Ein experimentelles Ergebnis auf dem Gebiet der schwachen Wechselwirkung war zwar allgemein erwartet worden, aber dennoch für die weitere theoretische und experimentelle Untersuchung eminent wichtig. Es war der direkte Nachweis des von Pauli 1931 postulierten Neutrinos. Es war klar daß der Nachweis äußerst schwierig sein würde. 1934 hatten H. Bethe und R.E. Peierls den Wirkungsquerschnitt für eine Reaktion, bei der ein Antineutrino mit einem Proton wechselwirkt und sich dabei in ein Positron und ein Neutron umwandelt, abgeschätzt und gefunden, daß ein Neutrino eine Strecke von mehr als 1000 Lichtjahren in dichter Materie durchlaufen muß, bevor es mit vernünftiger Wahrscheinlichkeit eine Reaktion auslöst. Man brauchte also sehr viele Neutrinos, um in einem Zähler realistischer Größe, z. B. von einem Kubikmeter, in einem vernünftigen Zeitraum, z. B. in einem Jahr, *eine* Neutrinoreaktion zu beobachten.

F. Reines hatte zunächst die Idee, Neutrinos, die bei einer Kernbombenexplosion erzeugt wurden, nachzuweisen. Später rückte er von diesen martialischen Überlegungen ab und wich auf einen Kernreaktor aus. Die Spaltprodukte bei Kernreaktionen haben zu viele Neutronen, um stabil zu sein. Deshalb zerfallen die Neutronen in den Kernen in Protonen, unter Aussendung von Antineutrinos und Elektronen; ein Kernreaktor ist damit eine sehr effektive Quelle von Antineutrinos. Zum Nachweis der Existenz Antineutrinos benutzten F. Reines und C. Cowan den inversen *beta*-Zerfall, d. h. eine Reaktion bei der ein einlaufendes Antineutrino mit einem Proton reagiert und dabei ein Neutron und ein Positron erzeugt wird. Diese Reaktion wird durch auch den Graphen in Abb. 1.11, aber mit umgedrehten Pfeilrichtungen, beschrieben. Um die extrem kleinen erwarteten Zählraten von unerwünschten Reaktionen – etwa aus der kosmischen Höhenstrahlung – zu unterscheiden, mußten die Zähler extrem gut abgeschirmt werden und zwar durch viele hundert Tonnen Blei und durch eine Mischung aus Bor und Paraffin. Dennoch reichte diese Abschirmung nicht aus, um die erwünschte Reaktion eindeutig zu isolieren, aber durch eine geniale verzögerte Koinzidenzmessung konnte die Reaktion, die oben beschrieben wurde, zuverlässig identifiziert werden: Nach der Reaktion des Antineutrinos mit dem Proton in einem Wassertank vernichtet sich das dabei entstandene Positron mit einem Elektron und sendet zwei Photonen einer Energie von 0.511 MeV in entgegengesetzte Richtung aus. Diese zwei Photonen werden in Koinzidenz nachgewiesen. Das ebenfalls entstehende Neutron wird im Wasser abgebremst und einige Mikrosekunden später von Cadmium, das im Wasser gelöst ist, eingefangen; das führt zu einer Kernspaltung. Auch die dabei auftretenden Photonen werden durch eine Koinzidenzmessung nachgewiesen, die ihrerseits aber später stattfin-

2.8 Die Überraschungen der schwachen Wechselwirkung 101

den muß als die Messung der Photonen aus der Positronenvernichtung. Auf diese Weise konnte die Reaktion eindeutig nachgewiesen werden. Insgesamt wurden etwa drei Ereignisse pro Stunde gemessen, und der daraus gewonnene Wirkungsquerschnitt stimmte mit dem theoretisch vorhergesagten überein.

Fermi erlebte den experimentellen Nachweis der Neutrinos nicht mehr, aber Reines und Cowan hatten die Freude, am 14. Juni 1956 folgendes Telegramm an Pauli zu schicken: „Wir sind glücklich, Ihnen mitzuteilen, daß wir endgültig Neutrinos ... entdeckt haben, durch Beobachtung des inversen *beta*-Zerfalls des Protons. Beobachteter Wirkungsquerschnitt stimmt gut überein mit erwarteten sechs mal zehn hoch minus vierundvierzig Quadratzentimeter. Frederick Reines und Clyde Cowan."

Mit ihrem Pionierexperiment hatten Reines, Cowan und Mitarbeiter ein neues Gebiet der experimentellen Elementarteilchenphysik eröffnet, die Neutrinophysik. Die Theorie der schwachen Wechselwirkung hat durch solche Experimente wesentliche neue Impulse erfahren.

Bei der Verfeinerung der Fermi-Theorie durch die Rückführung auf Weyl-Spinoren zeigt sich auf sehr natürliche Weise, wie die Symmetrie unter Raumspiegelungen verletzt ist. Es gilt aber das in Abschn. 2.4 eingeführte CPT-Theorem. Dieses sagt, daß jede lokale Feldtheorie unter der Transformation **C · P · T**, d. h. der gemeinsamen Anwendung von Ladungskonjugation **C**, Raumspiegelung **P** und Zeitumkehr **T** invariant ist. Die modifizierte Fermi-Theorie mit Weyl-Spinoren ergab, daß auch die Symmetrie unter Ladungskonjugation verletzt ist, aber daß immer noch die Symmetrie unter **C·P**, einer gemeinsamen Raumspiegelung *und* Ladungskonjugation, gilt. Doch auch von dieser, der CP-Symmetrie, wurde bald gezeigt, daß sie in der schwachen Wechselwirkung verletzt ist. Ich möchte hier kurz der Zeit vorauseilen und die nächste Überraschung, die die schwache Wechselwirkung bot, schildern.

Wir hatten in Abschn. 2.2 die Zustände K_S und K_L als Überlagerungen des neutralen K-Mesons und seines Antiteilchens eingeführt und gesehen, daß der Zustand K_L nicht in zwei pi-Mesonen zerfallen kann, da er die Ladungsparität $C = -1$ hat, die zwei pi-Mesonen aber die Ladungsparität $+1$ haben. Das gilt allgemein, wenn die oben erwähnte Kombination von Raumspiegelung und Ladungskonjugation, **C · P**, eine Symmetrie ist. Im Jahre 1964 veröffentlichten aber V.L. Fitch, J.W. Cronin und Mitarbeiter eine Arbeit, in der sie zeigten, daß es auch Zerfälle der langlebigen Komponente, des K_L, in zwei pi-Mesonen gibt. Alle Störfaktoren waren ausgeschlossen, der Effekt war zwar sehr klein, aber unzweifelhaft. Bei der schwachen Wechselwirkung ist also auch die Kombination **C · P** keine Symmetrie, man sagt CP

ist verletzt. Allerdings ist diese Verletzung nicht maximal, wie bei der Parität, sondern sehr klein, der Anteil der K_L-Mesonen, die in zwei *pi*-Mesonen zerfallen, beträgt nur 0.3%, obwohl diesem Zerfall wesentlich mehr Energie zur Verfügung steht als dem dominanten Zerfall in drei *pi*-Mesonen. Diese CP-Verletzung ist nahezu 40 Jahre nach ihrer Entdeckung zwar im Rahmen des sogenannten Standardmodells (siehe Kap. 6, insbesondere Abschn. 6.10) etwas besser erklärt, aber im Grunde immer noch ein Rätsel, dessen volle Erklärung sicher einen wesentlichen Schritt vorwärts bedeuten würde. Da die strenge und sehr gut getestete CPT-Symmetrie gilt, bedeutet die Verletzung der CP-Symmetrie auch eine Verletzung der Symmetrie unter Zeitumkehr.

3 Der Versuch, sich am eigenen Zopf aus dem Sumpf zu ziehen

Der Aufbruchstimmung, die durch die Entdeckung des von Yukawa vorhergesagten Mesons und die Erfolge der Quantenelektrodynamik ausgelöst wurde, folgte bald ein gewisse Ernüchterung. Die Zahl der neu entdeckten Teilchen wuchs und wuchs, und in der starken Wechselwirkung konnte die Quantenfeldtheorie weniger Vorhersagen machen, als man gehofft hatte. So versuchte man, ganz neue Wege zu gehen.

3.1 S-Matrix-Theorie

Im letzten Kapitel hatten wir gesehen, wie zur Mitte des 20. Jahrhunderts in der Physik eine gewaltige Aufbruchstimmung herrschte. Verfeinerte experimentelle und theoretische Methoden schienen die Konzepte, die in der ersten Hälfte des Jahrhunderts entwickelt worden waren, voll zu bestätigen. Die erstaunlichen Konsequenzen der Quantenfeldtheorie, wie die Existenz von Antimaterie und die Möglichkeit, Teilchen zu erzeugen, wurden experimentell glänzend bestätigt, und es sah für eine gewisse Zeit so aus, als könne man bald eine endgültige Theorie der Elementarteilchen aufstellen. Doch wir haben auch gesehen, daß nicht alle Blütenträume reiften. Die experimentellen Ergebnisse zeigten, daß die Natur den Physikern offenbar nicht den Gefallen tat, so einfach wie möglich zu sein, die seltsamen Teilchen z. B. „hatte niemand bestellt", und doch waren sie da; auch die theoretischen Mittel waren beschränkter, als man zunächst gehofft hatte.

Die Anwendung der Quantenfeldtheorie auf die starke Wechselwirkung lieferte zwar manche qualitative Einsichten, aber leider keine quantitativ befriedigenden Resultate. Die Fermi-Theorie der schwachen Wechselwirkung war zwar sehr erfolgreich, doch nur weil man sich auf die erste Näherung der vollen Theorie beschränkte und den Schritt zu höheren Näherungen nicht tat. Selbst in der QED, wo die sehr präzisen Vorhersagen der Theorie vom Experiment glänzend bestätigt waren, rumorte es. Landau und Pomeranchuk gingen soweit, diese Theorie als logisch unvollständig zu bezeichnen. Ihre Gründe waren falsch und richtig zugleich. Es ist eine gewisse Ironie der Geschichte, daß die Überlegungen, die zu diesen düsteren Prognosen führten, ganz entscheidend für die spätere Wiederauferstehung der Quantenfeldtheorie waren. Wir werden deshalb auf die Argumente auch erst später, in Abschn. 6.5, eingehen. Diese grundsätzlichen Argumente, mehr aber noch die Unmöglichkeit, über die Störungstheorie hinauszugehen und theoretisch fundierte quantitative Aussagen zu machen, führten dazu, daß viele Elementarteilchenphysiker an der Nützlichkeit der Quantenfeldtheorie zu zweifeln begannen.

Da aber Physiker nicht ohne Theorie leben können, wurde man bescheidener und griff auf eine wichtige, 1943 erschienene Arbeit von Heisenberg zurück. Sie hatte den Titel „Die ‚beobachtbaren Größen' in der Theorie der Elementarteilchen". Diese Arbeit war noch vor der Entwicklung der Renormierungstheorie (Abschn. 1.4.2) entstanden, und Heisenberg glaubte, daß die Schwierigkeiten der Quantenfeldtheorie nur dadurch behoben werden könnten, wenn „die zukünftige Theorie in ihren Grundlagen eine universelle Konstante von der Dimension einer Länge enthalten wird", daß man also vom Prinzip der strikten Lokalität (Abschn. 1.4.1) abweichen müsse. Schon Bohr hatte 1928 vermutet, daß bei Abständen, die kleiner als der sogenannte klassische Elektronenradius sind, eine ganz neue Physik einsetze, die sich von der Quantenmechanik vielleicht genauso sehr unterscheide, wie diese von der klassischen Physik. Der klassische Elektronenradius hat einen Wert von 2.8 Femtometer ($2.8 \cdot 10^{-15}$ Meter), das entspricht ungefähr der Größe eines Atomkerns. Die Vermutung Bohrs erwies sich allerdings als falsch, die Prinzipien der Quantenphysik gelten offenbar bis zu allen Abständen, die man bis jetzt testen kann. Allerdings glauben heute die meisten Physiker wieder an eine Grenzlänge, doch ist jetzt der entscheidende Abstand nicht mehr der klassische Elektronenradius, sondern die Planck-Länge von $1.6 \cdot 10^{-20}$ Femtometer. Bei dieser Länge spielen, – zumindest nach heutiger Vorstellung – Quantisierungseffekte der Gravitation, eine wichtige Rolle. Wir gehen darauf im Kap. 7 noch ausführlicher ein.

Da aber eine Theorie mit einer Grenzlänge noch nicht in Sicht war, versuchte Heisenberg „aus dem Begriffsgebäude der Quantentheorie der Wellenfelder diejenigen Begriffe herauszuschälen, die von der zukünftigen Änderung wahrscheinlich nicht betroffen werden und die daher einen Bestandteil auch der zukünftigen Theorie bilden werden." Heisenberg wollte also nicht über die Grenzlänge spekulieren, sondern er suchte nach einer Theorie, die für den Fall, daß alle Abstände groß gegen die Grenzlänge sind, gültig sein sollte. In diese neue, „effektive" Theorie sollten also nur Eigenschaften der Teilchen bei großen Abständen eingehen, die allgemeinen Erhaltungssätze würden respektiert, vor allem die Erhaltung der Wahrscheinlichkeit. Diese Theorie sollte hauptsächlich auf die Streuung von Teilchen angewandt werden, denn dort ist erfüllt, daß die Teilchen lange vor dem Stoß und nach dem Stoß weit voneinander entfernt sind und daher nicht mehr untereinander wechselwirken. Die quantenmechanische Wahrscheinlichkeitsamplitude für eine Streuung wird S-Matrix genannt, daher heißt dieser Zugang zur Physik der Elementarteilchen, der auf eine detaillierte Dynamik verzichtet, die *Theorie der S-Matrix*.

Ein schönes historisches Beispiel für eine Anwendung einer solchen Theorie, die nur auf allgemeine Prinzipien baut, ist die Herleitung der Stoßgesetze in der klassischen Mechanik durch Christian Huygens (1669). Er machte keine Annahmen über die innere Dynamik der stoßenden Körper, sondern benutzte – modern ausgedrückt – nur die Erhaltungsgesetze für Energie und Impuls. Damit fand er die Gesetze für den elastischen Stoß, die in der Geschichte der Mechanik eine außerordentlich wichtige Rolle spielten.

Heisenberg hat sich übrigens bald wieder von der S-Matrix-Theorie abgewandt, und in seiner letzten veröffentlichten Arbeit schreibt er, daß die Dynamik die Grundlage für unser Verständnis der Elementarteilchen bilden müsse. Aber durch die erwähnten Schwierigkeiten, die auftraten, wenn man die Feldtheorie auf die starke Wechselwirkung anwandte, bekam die S-Matrix-Theorie in der Mitte des 20. Jahrhunderts wieder starken Aufwind. In seiner programmatischen Schrift „S-Matrix Theorie der starken Wechselwirkungen" schreibt G. Chew: „Ich möchte nicht behaupten (wie es Landau tut), daß die übliche Feldtheorie notwendigerweise falsch ist, sondern nur, daß sie im Hinblick auf starke Wechselwirkungen steril ist und daß sie, wie ein alter Soldat, dazu bestimmt ist, zwar nicht zu sterben, aber dahinzuschwinden."

3.2 Streuamplituden

Bevor wir zum eigentlichen Thema, nämlich der Streuung, kommen, muß ich einige Bemerkungen zu Wahrscheinlichkeitsamplituden in der Quantenphysik machen. Dieser Abschnitt ist recht technisch, ich möchte den Leser natürlich nicht überreden, diesen Abschnitt zu überspringen, sonst hätte ich ihn ja nicht geschrieben, ich will aber darauf aufmerksam machen, daß er hauptsächlich nur für das Verständnis dieses Kapitels nötig ist.

Die Quantenmechanik macht für physikalische Prozesse nur Wahrscheinlichkeitsaussagen. Die Information über die Wahrscheinlichkeit ist in einer komplexen Zahl, der Wahrscheinlichkeitsamplitude, enthalten.

Das Quadrat des Betrages der Wahrscheinlichkeitsamplitude gibt die Wahrscheinlichkeit für das Auftreten des durch die Amplitude beschriebenen Prozesses wieder, die Phase spielt bei Überlagerungen zweier Prozesse eine Rolle, da sie die Interferenzen beeinflußt. Die Tatsache, daß bei einem quantenmechanischen Prozeß Betrag *und* Phase eine Rolle spielen, soll z. B. in den sogenannten Quantencomputern ausgenutzt werden. Die Besonderheit der Quantenphysik, daß Prozesse durch komplexe Amplituden beschrieben werden, aber nur der Betrag dieser Amplitude direkt der Messung zugänglich ist, wird uns noch öfters beschäftigen.

Eine Streuamplitude ist die Wahrscheinlichkeitsamplitude für einen bestimmten Streuprozeß; das Quadrat des Betrages ist proportional dem Wirkungsquerschnitt.

In Abb. 3.1 ist ein Steuexperiment schematisch dargestellt

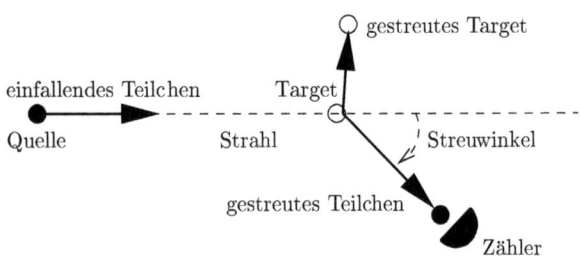

Abbildung 3.1. Schematische Darstellung eines Streuexperimentes

Bei den berühmten Streuexperimenten, wie sie von Geiger und Marsden (Abschn. 1.2) oder Fermi und Mitarbeitern am Synchrozyklotron in Chicago (Abschn. 2.5) ausgeführt wurden, gab es nur zwei physikalisch relevante unabhängige Parameter, nämlich die Energie der einlaufenden und den Winkel der auslaufenden Teilchen. Alle anderen Größen sind durch die Erhaltungssätze von Energie und Impuls festgelegt, wie auch schon in der klassischen Mechanik. Bei Geiger und Marsden war die Energie der einfallenden *alpha*-Teilchen durch die Art der Quelle, das radioaktive Gas Radon, festgelegt, der Streuwinkel wurde bei jedem einzelnen Ereignis registriert. Fermi konnte die Energie der einlaufenden *pi*-Mesonen durch geeignete Führung des Strahls, den Streuwinkel durch Aufstellung der Zähler bestimmen. In beiden Expe-

3.2 Streuamplituden

rimenten ruhte das Target. Bei Geiger bestand das Target aus Gold, bei Fermi aus gasförmigem Wasserstoff. Die elastische Streuung ist nicht die einzig mögliche. Bei der Streuung von negativ geladenen pi-Mesonen an Protonen kann z. B. „Ladungsaustausch" stattfinden. Das negativ geladene pi-Meson wandelt sich in ein neutrales pi-Meson, das Proton in ein Neutron um; im Endzustand, d. h. dem Zustand nach dem Streuprozeß, liegt also ein neutrales pi-Meson und ein Neutron vor. Eine andere mögliche inelastische Reaktion ist etwa die, bei der ein negativ geladenes pi-Meson und ein Proton in ein negativ geladenes K-Meson und ein positiv geladenes $Sigma$-Hyperon übergehen, hier ist neben der Ladung auch noch die Erhaltung der Seltsamkeit für die möglichen Endzustände entscheidend. Ist die Energie der einfallenden Teilchen ausreichend hoch, so können zusätzliche Teilchen produziert werden. Ein positives pi-Meson, das auf ein Proton trifft, kann z. B. zu einem Endzustand mit einem Proton und drei pi-Mesonen führen, zwei davon positiv und eines negativ geladen. In diesem Falle, bei dem die Teilchen im Endzustand nicht mehr die gleichen sind wie im Anfangszustand, nennt man die Streuung *inelastisch*.

Im Falle der Teilchenerzeugung hängt die Streuamplitude nicht mehr nur von der Energie des einfallenden Teilchens und einem Streuwinkel ab, sondern auch noch von zusätzlichen Variablen. Wir wollen auf diese Details hier nicht eingehen. All die unendlich vielen möglichen Streuamplituden sind in der S-Matrix zusammengefaßt.

Eine der wichtigsten Eigenschaften der S-Matrix folgt aus der „Erhaltung der Wahrscheinlichkeit". Sie besagt nichts weiter, als daß die Gesamtwahrscheinlichkeit dafür, daß bei einem Streuprozeß am Ende wieder ein Zustand vorliegt gleich Eins ist. Das klingt recht harmlos, hat aber weitreichenden Konsequenzen für die S-Matrix. Wir können diese ganz allgemein als einen Operator betrachten, der einen Anfangszustand in einen Endzustand überführt. Die Erhaltung der Wahrscheinlichkeit besagt nun, daß dieser Operator eine verallgemeinerte Drehung ist und damit die die S-Matrix unitär ist. Die mathematische Eigenschaft „Unitarität der S-Matrix" ist also eine Konsequenz der physikalischen Forderung nach „Erhaltung der Wahrscheinlichkeit". Eine Konsequenz ist etwa die folgende: Ist kein inelastischer Prozeß möglich, so ist die Wahrscheinlichkeit für einen elastischen Prozeß gleich Eins. Treten inelastische Prozesse auf, dann muß in diesem Falle die Wahrscheinlichkeit für einen elastischen Prozeß kleiner als eins sein. Es ist erstaunlich, aber wahr, daß die Erhaltung der Wahrscheinlichkeit viele mathematische Eigenschaften der Streumatrix festlegt.

Zwar sind Energie des einfallenden und Winkel des gestreuten Teilchens die anschaulichsten Parameter zur Beschreibung eines Streuprozesses, aber für die theoretische Beschreibung sind sie oft nicht die geeignetsten. Als solche haben sich die sogenannten Mandelstam-Variablen (nach dem Physiker S. Mandelstam) herausgestellt. Sie haben in allen zueinander gleichförmig bewegten Bezugsystemen den gleichen Wert, sind also relativistisch invariante Größen. Man kann leicht zeigen, daß bei einem Prozess, bei dem zwei Teilchen aneinander streuen, ohne daß zusätzliche Teilchen erzeugt werden, es nur zwei unabhängige relativistisch invariante Mandelstam-Variable gibt. Im sogenannten Schwerpunktsystem, wo die beiden Teilchen – a und b – mit gleichem Impulsbetrag aus entgegengesetzter Richtung aufeinanderprallen, ist eine Mandelstam-Variable, genannt s, das Quadrat der Gesamtenergie der einlaufenden Teilchen. Die andere Variable, genannt t, hängt auf einfache Weise mit dem Streuwinkel zusammen. Allgemein berechnet man die Variablen folgendermaßen: Man führt den sogenannten Viererimpuls p als Zusammenfassung von Energie und der drei Komponenten des Impulses ein. Die Variable s ist das Quadrat der Summe der Viererimpulse der einlaufenden Teilchen, die Variable t das Quadrat der Differenz der Viererimpulse eines Teilchens vor und nach der Streuung. Ganz allgemein gilt also für einen Streuprozeß $a + b$ geht nach $a' + b'$:
$s = (p_a + p_b)^2$, $t = (p_a - p_{a'})^2$.

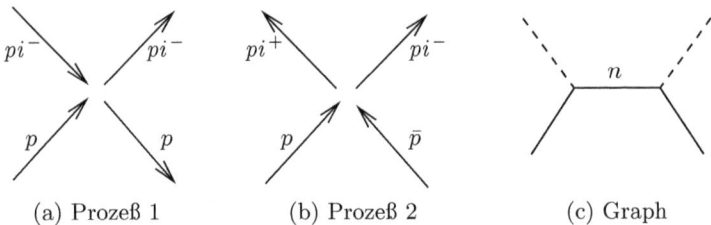

(a) Prozeß 1 (b) Prozeß 2 (c) Graph

Abbildung 3.2. Der Zusammenhang zwischen der Streuung eines negativ geladenen pi-Mesons (pi^-) an einem Proton (p) (Prozeß 1) und der Vernichtung eines Protons und Antiprotons ($\bar{p}$) in ein Paar von pi-Mesonen (Prozess 2) durch Umkehr der Linien bei gleichzeitiger Vertauschung von Teilchen und Antiteilchen. Der Feynman-Graph rechts trägt zu beiden Reaktionen bei; die äußeren durchgezogenen Linien beschreiben ein Proton oder ein Antiproton, die gestrichelten Linien ein pi-Meson, die innere durchgezogene Linie ein virtuelles Neutron

Die Tatsache, daß in einem quantisierten Feld sowohl Erzeugungs- als auch Vernichtungsoperatoren vorkommen, hat zur Folge, daß einlau-

3.2 Streuamplituden

fende Teilchen durch auslaufende Antiteilchen ersetzt werden können und umgekehrt, wie in Abschn. 1.4.2 angedeutet. Dies hat für die Streuamplituden weitreichende Konsequenzen, ein und dieselbe Streuamplitude kann nämlich mehrere Prozesse beschreiben.

Als Beispiel betrachten wir die elastische Streuung eines negativ geladenen pi-Mesons (pi^-) an einem Proton (p), die in Abb. 3.2, Prozeß 1 dargestellt ist, sowie die Reaktion, bei der ein Proton und ein Antiproton ($\bar{p}$) sich gegenseitig vernichten und ein negativ geladenes und ein positiv geladenes pi-Meson erzeugen, siehe Abb. 3.2, Prozeß 2. Wir sehen in der Abbildung, daß wir vom Prozeß 1 zum Prozeß 2 kommen, indem wir das auslaufende Proton in sein einlaufendes Antiteilchen, also ein Antiproton und das einlaufende negative pi-Meson in sein auslaufendes Antiteilchen, also ein positives pi-Meson umwandeln. Die gleiche Funktion, die die pi-Meson-Nukleon-Streuung beschreibt, beschreibt also auch die Nukleon-Antinukleon-Vernichtung. Bei Prozeß 1 ist die Variable s das Quadrat der Energie und t der Impulsübertrag, bei Prozeß 2 dagegen vertauschen s und t ihre Rollen, da bei der Vertauschung von einlaufendem Teilchen mit auslaufenden Antiteilchen der Vierer-Impuls sein Vorzeichen ändert. Wenn allerdings die Streuamplitude nicht als Funktion von s und t vollständig bekannt ist, nützt diese formale Beziehung zwischen Prozeß 1 und 2 wenig. Man rechnet z. B. leicht nach, daß die Variable t bei Reaktion 1 stets negativ sein muß, während sie bei Reaktion 2 größer als Null sein muß. In den Bereichen der Variablen s und t, in denen Reaktion 1 gemessen werden kann, nützt die Information nichts für Reaktion 2 und umgekehrt. Und dennoch, so ganz hoffnungslos ist die Lage nicht. Wie so oft, bringt uns ein Ausflug ins noch Komplexere der Lösung näher. Komplex ist hier wörtlich gemeint, denn man betrachtet die Variablen s und t nicht nur in „unphysikalischen Gebieten", d.h. für solche Werte, die durch Messungen gar nicht zugänglich sind, sondern macht sie auch komplex, man gibt ihnen also einen Real- und einen Imaginärteil.

Zunächst mag es etwas abstrus erscheinen, physikalische Größen als Funktionen reeller und imaginärer Variablen zu betrachten, doch wenn man dies tut, kann man die sehr mächtige mathematische Maschinerie der Theorie komplexer Funktionen anwenden. Daher hat die Verwendung komplexer Variablen etwa in der Elektrotechnik eine lange Tradition. Besonders wichtig ist das Konzept der analytischen Fortsetzung: kennt man eine Funktion in einem beschränkten Gebiet der Variablen genau, kann sie in ein anderes Gebiet der Variablen fortgesetzt werden, also können die Werte dort vorhergesagt werden. Auf diese Weise könnte man also, auch ohne Kenntnis der Dynamik, im Prinzip nur aus der Kenntnis der elastischen pi-Meson-Proton-Streuung (Prozeß 1), die

Vernichtung von einem Proton und einem Antiproton in zwei geladene pi-Mesonen (Prozeß 2) quantitativ vorhersagen. Auch dies ist alles noch sehr akademisch, denn um fortsetzen zu können, muß man eine Funktion an unendlich vielen Stellen beliebig genau kennen, eine Aufgabe die prinzipiell nicht erfüllbar ist. Dennoch kann man für eine solche Funktion mehr oder minder berechtigte Modellannahmen machen, die man dann mit dem Experiment vergleichen kann.

Ein und derselbe Feynman-Graph in Abb. 3.2 trägt zu beiden Reaktionen bei. Die virtuelle Neutronlinie führt zu einer Unendlichkeit (Pol) in der Variablen s beim Quadrat der Neutronmasse mal der vierten Potenz der Lichtgeschwindigkeit, d. h. die Streuamplitude ist proportional zu $1/(s - m_n^2 c^4)$. Für Prozeß 1 ist die Variable s das Quadrat der Gesamtenergie im Schwerpunktsystem, also mindestens das Quadrat der Summe der Ruhenergien, gegeben durch die Summe der Proton- und der Mesonmasse: $s > (m_p + m_{pi})c^4$. Dies ist die sogenannte Schwellenenergie, die hier bei $(1077.84)^2$ MeV^2 liegt. In einem physikalischen Streuprozeß kann damit der Pol bei der Neutronmasse zum Quadrat, d. h. bei 939.57^2 MeV^2, nie erreicht werden, da er unterhalb der Schwellenenergie liegt. Bei der Vernichtung von Proton und Antiproton (Prozeß 2) ist s der Impulsübertragung und hier liegt die Unendlichkeit bei einem ebenfalls experimentell nicht zugänglichen, unphysikalischen Streuwinkel.

Eine wichtige Methode von einem Bereich der Variablen zu einem anderen zu kommen, sind die sogenannten Dispersionsrelationen. Diese wurden ursprünglich benutzt, um Beziehungen zwischen dem Brechungkoeffizienten und dem Absorptionskoeffizienten von Licht in einem Medium herzuleiten. Sie folgen, unabhängig von der detaillierten Dynamik des Systems, nur aus der Forderung der Kausalität, d. h. daß die Ursache nicht vor der Wirkung liegen kann. In der Quantenfeldtheorie entspricht der Kausalität die Lokalität (siehe Wightman-Axiom W4, Abschn. 2.4) und so ist es nicht zu verwundern, daß auch in einer lokalen Quantenfeldtheorie die Fortsetzbarkeit der Streuamplituden von einer Reaktion zu einer anderen streng hergeleitet werden kann. Dies wurde zuerst von Gell-Mann, Goldberger und Thirring 1954 erkannt. H. Lehmann, K. Szymanzik und W. Zimmermann gaben ebenfalls im Jahre 1954 rigorose Ableitungen und stellten insbesondere den Zusammenhang zwischen einer allgemeinen Quantenfeldtheorie und der S-Matrix Theorie her.

Ein klassisches Beispiel für die erfolgreiche Anwendung von Dispersionsrelationen ist die Vorhersage der Existenz der rho-Mesonen. W.R. Frazer und J.R. Fulco hatten 1959 die Abhängigkeit der Elektron-Proton-Streuung von der Variablen t untersucht. Dabei standen ihnen

3.3 „Bootstrap" und „nuclear democracy" 111

natürlich nur Werte mit negativen Impulsübertrag t zur Verfügung, doch sie kamen aus der Analyse der Abhängigkeit des Wirkungsquerschnitts von der Variablen t zu dem Schluß, daß diese Daten am besten erklärt werden können, wenn es ein Meson vom Spin 1 gibt, dessen Masse bei etwa 600 MeV/c^2 liegt. Dieses Meson macht sich als Resonanz in einem System von zwei pi-Mesonen bemerkbar. Wir hatten im Abschn. 2.7 gesehen, daß es in diesem System von zwei pi-Mesonen tatsächlich eine Resonanz gibt, in Abb. 2.12 ist die Resonanzkurve dargestellt. Die Masse des beobachteten Mesons ist allerdings etwas größer als vorhergesagt, nämlich 770 MeV/c^2.

3.3 „Bootstrap" und „nuclear democracy"

„*To bootstrap*" heißt im Englischen, sich an seinen eigenen Schnürriemen (*bootstraps*) emporzuziehen. Eine angemessene deutsche Übersetzung wäre also „zopfen", denn der Baron Münchhausen berichtete ja, wie er sich, samt seinem Pferd, an seinem Zopf aus dem Sumpf gezogen habe. Tatsächlich wurde in einer wissenschaftlichen Arbeit auch scherzhaft der Lügenbaron als Erfinder der *bootstrap*-Methode bezeichnet. Dies war kein gutes Omen, denn das *bootstrap*-Programm entpuppte sich zwar nicht gerade als eine Lügengeschichte, aber doch als ein ziemliches Windei.

Dieses Programm suchte nach einem radikalen Wandel in der Zielrichtung der Physik der Elementarteilchen. Bisher hatte man, je tiefer man grub, immer neue Strukturen gefunden. Die Materie ist aus Molekülen und Atomen zusammengesetzt, die Moleküle aus Atomen, die Atome aus einem Kern und Elektronen, der Kern aus Protonen und Neutronen, und dann fand man noch eine ganze Menge subnuklearer Teilchen, die nur unter sehr extremen Bedingungen auftraten, z. B. in der Höhenstrahlung oder bei Beschleunigerexperimenten. Sollte man nun weiter nach etwaigen Bestandteilen der subnuklearen Teilchen suchen, oder war man am Ende angekommen und waren nun neue Konzepte nötig? Im *bootstrap*-Programm ging man von letzterem aus und nahm an, daß es überhaupt keine elementaren Teilchen gäbe und alle subnuklearen Teilchen theoretisch gleichberechtigt seien; daher kommt auch der Ausdruck „*nuclear democracy*". Allerdings nahm man die Vielfalt der Teilchen nicht nur so hin und gab jede Hoffnung auf ein theoretisches Erklärung auf, sondern postulierte, daß diese Teilchen sich gegenseitig durch Selbstkonsistenz bedingten. Die Konsistenz-Bedingung war im wesentlichen die Erhaltung der Wahrscheinlichkeit.

Wäre die Entwicklung der Elementarteilchenphysik so verlaufen, wie sich das viele Physiker in den späten 50er und frühen 60er Jahren des 20. Jahrhunderts unter dem Eindruck des *bootstrap*-Programms und der *nuclear democracy* vorgestellt hatten, säße ich jetzt ganz schön in der Klemme, denn ich müßte ausführlich Ideen und technische Feinheiten schildern, die sich nur schwer vermitteln lassen. Da die Entwicklung aber anders verlaufen ist, muß ich hier hauptsächlich einer Chronistenpflicht nachkommen und kann mich recht kurz fassen. Natürlich ist auch aus dieser Zeit viel geblieben, was heute zum täglichen Handwerkszeug eines Elementarteilchenphysikers gehört, aber es spielt nicht die zentrale Rolle, wie man in den 60er Jahren des 20. Jahrhunderts dachte.

Betrachten wir einmal, rein theoretisch, die Streuung von geladenen *pi*-Mesonen aneinander. Wir wissen, daß diese bei einer Gesamtenergie von etwa 770 MeV einen resonanten Zustand bilden, das sogenannte *rho*-Meson. Graphisch ist dies dargestellt in Abb. 3.3a. Man kann für diesen Prozeß auch den Graphen 3.3b konstruieren. Wenn man die Graphen 3.3a und 3.3b einfach addiert, kommt man in Widerspruch zur Erhaltung der Wahrscheinlichkeit.

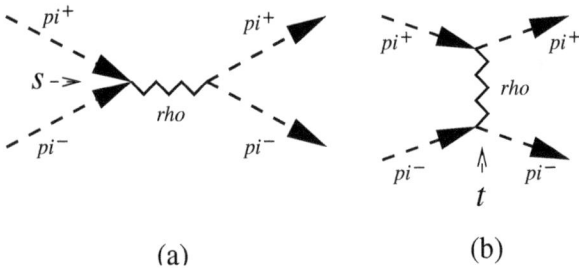

(a) (b)

Abbildung 3.3. Beiträge des *rho*-Mesons zur Streuung von *pi*-Mesonen. Der Graph (b) mit dem Austausch des virtuellen *rho*-Mesons im *t*-Kanal ergibt eine anziehende Kraft zwischen den *pi*-Mesonen. Sie sollte zum Pol im *s*-Kanal bei der Energie, die der *rho*-Masse entspricht, Graph (a), führen

Im *bootstrap*-Programm ging man nun so vor: Man startet mit dem Graphen 3.3b, man spricht vom Austausch einer Resonanz, des *rho*-Mesons, im *t*-Kanal. In der Sprache der Feldtheorie vermittelt ein solcher Austausch eine Kraft, so etwa wie das ausgetauschte Photon die elektromagnetische Kraft zwischen zwei Elektronen, oder das ausgetauschte Pion die Kernkraft zwischen zwei Nukleonen vermittelt, siehe Abschn. 1.4.2 und Abb. 1.12. Mit dieser Kraft berechnet man die Streuung von *pi*-Mesonen aneinander und berücksichtigt dabei die Erhaltung der Wahrscheinlichkeit, d. h. die Unitarität der *S*-Matrix. Bei der Rech-

3.3 „Bootstrap" und „nuclear democracy" 113

nung sollte sich die Resonanz im s-Kanal (Abb. 3.3a) als Konsequenz der durch den *rho*-Austausch (Abb. 3.3b) verursachten Kraft zwischen den *pi*-Mesonen ergeben. Die zunächst noch freien Parameter, nämlich die Masse des ausgetauschten *rho*-Mesons und die Stärke der Kopplung an die *pi*-Mesonen, sind zunächst freie Parameter. Sie sollen dadurch festgelegt werden, daß die berechnete Masse und Kopplung für die Resonanz im s-Kanal mit den hineingesteckten Parameter übereinstimmen. Das System ist also durch die Bedingungen der Selbstkonsistenz im Prinzip bestimmt.

Man fährt dann fort, indem man die Streuung von *pi*-Mesonen an *rho*-Mesonen betrachtet (hier geht es also noch theoretischer zu). In dieser Streuamplitude treten Resonanzen bei der Masse des *pi*-Mesons auf und damit kann die Selbstkonsistenz weiter getestet werden. Das *pi*-Meson und das *rho*-Meson treten also in der Theorie vollkommen gleichberechtigt auf. Wir können genauso gut – oder genauso schlecht – sagen: „Das *rho*-Meson ist ein gebundener Zustand von zwei *pi*-Mesonen", wie „das *pi*-Meson ist ein gebundener Zustand von einem *rho*-Meson und einem *pi*-Meson". Natürlich unterscheidet sich das *pi*-Meson sehr von einem *rho*-Meson. Das *pi*-Meson ist ein Teilchen, das genügend lange lebt, um deutliche Spuren zu hinterlassen oder sogar um Strahlen von *pi*-Mesonen zu konstruieren, während das *rho*-Meson nur eine Resonanz ist mit einer berechneten Lebensdauer von nur drei milliardstel Femtosekunden. Der Unterschied kommt aber allein von der Masse. Nur weil das *rho*-Meson mehr als doppelt so schwer ist wie das *pi*-Meson, kann es in diese zerfallen, nicht aber umgekehrt.

Eine erste quantitative Rechnung im *bootstrap*-Programm wurde 1961 von F. Zachariasen durchgeführt. Das Ergebnis war kein Desaster, aber auch kein Triumph. Die Masse des *rho*-Meson ergab sich in der Rechnung zu etwa zweieinhalb Massen des *pi*-Mesons, das ist weniger als die Hälfte des experimentellen Wertes, die berechnete Kopplung war etwa dreimal größer als der experimentell gemessene Wert. Aber es wurde immerhin gezeigt, daß eine solche Konsistenzüberlegung überhaupt zu Ergebnissen führt.

Das *bootstrap*-Programm ergab im folgenden trotz großer Anstrengungen keine wirklich befriedigenden Ergebnisse, und 1968 zeigte D. Atkinson auch große theoretische Schwierigkeiten auf. Das Programm starb zwar nicht plötzlich, doch wurde ihm das Schicksal, das Chew der Feldtheorie vorhergesagt hatte, beschieden: es verschwand langsam. Die Idee allerdings, bei der Frage nach der Natur der Elementarteilchen völlig neue Wege zu gehen, blieb nicht ohne Einfluß auf die Entwicklung der Teilchenphysik, wie wir in Abschn. 4.3 und 7.7 noch sehen werden.

3.4 Strenge Theoreme und komplexe Drehimpulse

Ein unerwartetes und für die weitere Entwicklung der Elementarteilchenphysik folgenreiches Resultat der Streuexperimente von Fermi und Mitarbeitern war, daß die Energieabhängigkeit des Wirkungsquerschnitts für die Streuung von stark wechselwirkenden Teilchen (Hadronen) alles andere als langweilig war: er zeigte eine reiche Resonanzstruktur. Es war klar, daß dies irgendwann einmal aufhören müsse. Je höher die Energie wird, desto schwerer werden die Resonanzen und desto leichter und schneller zerfallen sie. Wegen der Energie-Zeit-Unschärfe bedeutet dies, daß sie immer breiter werden, bis man schließlich überhaupt nicht mehr sinnvollerweise von einer Resonanz sprechen kann. Damit ergab sich natürlich die Frage: Wie verhalten sich die Wirkungsquerschnitte der stark wechselwirkenden Teilchen bei extrem hohen Energien? Es ist erstaunlich, daß man darauf Antworten geben kann, ohne überhaupt eine spezielle Kenntnis der Dynamik der starken Wechselwirkung zu haben. Allein aus den allgemeinen Prinzipien der Quantenfeldtheorie sowie der Erhaltung der Wahrscheinlichkeit (Unitarität der S-Matrix) konnte M. Froissart 1961 zeigen, daß der totale Wirkungsquerschnitt für stark wechselwirkende Teilchen höchstens mit dem Quadrat des Logarithmus der Energie ansteigen kann. Dies ist das berühmte *Theorem von Froissart*. In einer naiven Betrachtung würde man annehmen, daß bei hohen Energien, bei denen Resonanzphänomene keine Rolle mehr spielen, der Wirkungsquerschnitt etwa gleich der flächenhaften Ausdehnung der Elementarteilchen ist. Damit würde der totale Wirkungsquerschnitt bei hohen Energien unabhängig von der Energie werden. Daß dies nicht so ist und der Wirkungsquerschnitt unbeschränkt ansteigen kann, hängt mit der Möglichkeit, Teilchen zu erzeugen, eng zusammen. Der nach dem Theorem erlaubte logarithmische Anstieg ist zwar sehr schwach, aber immerhin wächst er über alle Grenzen.

Im vorigen Abschnitt hatten wir gesehen, daß der Austausch eines rho-Mesons zur Streuamplitude beiträgt. Aus allgemeinen Argumenten folgt, daß der Wirkungsquerschnitt umso stärker ansteigt, je höher der Spin des ausgetauschten Mesons ist. Ein rho-Meson mit dem Spin 1 liefert einen konstanten Beitrag zum Wirkungsquerschnitt, ein Meson mit einem Spin 2 aber schon einen quadratisch mit der Energie ansteigenden Beitrag. Dies ist aber ein viel steilerer Anstieg, als ihn das oben erwähnte Froissart-Theorem erlaubt. Beim Austausch von Mesonen mit noch höherem Drehimpuls wird der Anstieg noch steiler. Dies ist natürlich ein eklatanter Widerspruch zu dem strengen Theorem. Die Auflösung dieses Widerspruchs ist unerwartet: Falls man alle Bei-

3.4 Strenge Theoreme und komplexe Drehimpulse

träge der ausgetauschten Mesonen zur Streuamplitude aufaddiert, kann durchaus herauskommen, daß die Summe sehr viel langsamer mit der Energie ansteigt, als die einzelnen Summanden. Man untersucht dies im Rahmen der Regge-Theorie, bei der nicht nur die Energie und der Impulsübertrag, sondern auch noch der Drehimpuls als eine komplexe Größe betrachtet wird. Dies klingt zwar wiederum auch sehr exotisch, ist aber ein bekanntes Verfahren der mathematischen Physik und wird für die Berechnung von so konkreten Problemen wie der Ausbreitung von Radiowellen über dem Meer angewandt.

Man spricht dann vom Austausch einer Drehimpuls-Trajektorie und überall dort, wo diese Trajektorie ganz- oder halbzahlige – also für einen Spin mögliche Werte – annimmt, liegt ein Meson oder ein Fermion. Ein solches Verhalten wurde tatsächlich gefunden, und in Abb. 3.4 ist eine solche Trajektorie für Mesonen dargestellt. Eingetragen sind Massen und Spins von Mesonen ohne Seltsamkeit, gekennzeichnet durch ihre Symbole wie ρ, f_2 usw. Man sieht, daß diese Trajektorie in recht guter Näherung eine Gerade ist, entscheidend ist, daß diese die y-Achse bei einem Wert, der 1 oder kleiner ist, schneidet, denn dann ist das Froissart-Theorem erfüllt. Wie man sieht ist dies bei der Trajektorie in Abb. 3.4 erfüllt.

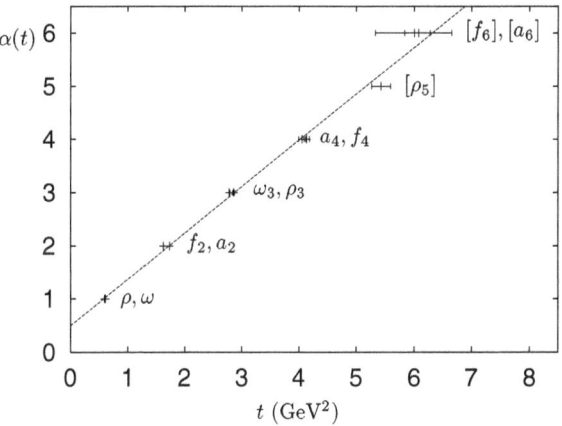

Abbildung 3.4. Eine Trajektorie für Mesonen, die mit ihren Symbolen (ρ, ω, f_2 ...) eingezeichnet sind. Die Variable t ist das Massenquadrat der Mesonen in Energieeinheiten, $\alpha(t)$ ist der Drehimpuls. Wenn die Trajektorie ganzzahlige Werte annimmt, gibt es bei der entsprechenden Masse mehrere Mesonen

Die Fortsetzung der Drehimpulse ins Komplexe wurde 1959 von T. Regge in die quantenmechanische Streutheorie eingeführt und 1962 wurde von G. Chew und S.N. Frautschi der Zusammenhang mit ausgetauschten Resonanzen hergestellt. Die mathematischen Grundlagen gehen auf G.N. Watson (1918) zurück.

Die Verknüpfung von Resonanzen und Hochenergiestreuung ist vielleicht der wichtigste Beitrag des *bootstrap*-Programms für die weitere Entwicklung der Teilchenphysik. Es gibt ein sehr schönes, von G. Veneziano entwickeltes Modell, das diese Verknüpfung in einer mathematisch präzisen Form zeigt und das von einigen *bootstrap*-begeisterten Physikern schon als die „Maxwell-Gleichungen der Hochenergiephysik" betrachtet wurde. Dieses Modell hat dann sein Eigenleben entwickelt, seine Bedeutung für die gegenwärtige Elementarteilchenphysik stellte sich zwar als sehr begrenzt heraus, es war aber der Keim für eine sehr spekulative Entwicklung, die sogenannte String-Theorie (Saiten-Theorie), auf die ich in Abschn. 7.7 kurz eingehen werde.

4 Zusammengesetzte „Elementar"-Teilchen

Die neuen im letzten Kapitel beschriebenen Wege erwiesen sich doch eher als Holzwege, die zu keinem Ziel führten. So entsann man sich wieder alter Konzepte. Es hatte sich ja gezeigt, daß die vielen Atome und Kerne keinen einfachen Gebilde, sondern aus Elektronen und Nukleonen zusammengesetzt sind. So versuchte man, auch die Vielzahl der neu entdeckten Hadronen dadurch zu erklären, daß man sie als aus wenigen Konstituenten zusammengesetzt annahm.

4.1 Erste Anfänge

Wir hatten gesehen, daß die Situation in der Mitte des 20. Jahrhunderts zweideutig war. Einerseits hatte man nach der Entdeckung des *pi*-Mesons guten Grund zu glauben, nun einen wesentlichen Schritt zum Verständnis der Grundbausteine der Materie und deren starken Wechselwirkung weitergekommen zu sein, zum anderen war es aber klar, daß die Zuverlässigkeit der Vorhersagen der Quantenfeldtheorie für stark wechselwirkende Teilchen bei weitem nicht so gut war wie in der Quantenelektrodynamik, der Feldtheorie der elektromagnetischen Wechselwirkung. Außerdem zeigten die 1947 erstmals nachgewiesenen *V*-Teilchen, später seltsame (*strange*) Teilchen genannt, daß die Welt der Elementarteilchen nicht so einfach war, wie man gehofft hatte. Diese seltsamen Teilchen schienen vollkommen überflüssig für das Verständnis der normalen Materie.

Die Entdeckung neuer „Elementarteilchen" regte Fermi und Yang schon im Jahre 1949 zu Spekulationen an, ob die neu entdeckten Teilchen vielleicht gar nicht elementar, sondern aus anderen schon bekannten Teilchen zusammengesetzt seien. Sie untersuchten, ob vielleicht das *pi*-Meson aus einem Nukleon und einem Antinukleon zusammengesetzt sei. Obwohl damals weder das Antiproton noch das Antineutron nachgewiesen war, betrachteten sie deren Existenz als sicher. Gewagter war die Annahme, daß es eine sehr starke Kraft mit sehr kurzer Reichweite zwischen Teilchen und Antiteilchen gibt, die dafür sorgt, daß die

Masse von einem Nukleon und einem Antinukleon, zusammen beinahe 2000 MeV/c^2, auf weniger als ein Zehntel, nämlich die Masse des *pi*-Mesons von etwa 140 MeV/c^2, reduziert wird. In diesem Falle mußte also die (negative) Bindungsenergie fast so groß sein wie die Summe der Ruhenergie des Nukleons und des Antinukleons. Da die typische Bindungsenergie von zwei Nukleonen in einem Kern nur etwa 7 MeV beträgt, war klar, daß die Kraft, die die Nukleonen aufeinander ausüben, nicht ausreicht, das Nukleon und das Antinukleon so stark aneinander zu binden. Auch sollte die neue Wechselwirkung nicht durch den Austausch eines anderen Mesons bewirkt werden, denn dann hätte man das Problem nur verschoben. Fermi und Yang legten deshalb großen Wert darauf, daß sie nicht hofften, ein realistisches Programm aufzustellen, sondern „eher eine Illustration eines möglichen Programms". Eine Eigenschaft der *pi*-Mesonen fand in dem Modell von Fermi und Yang eine natürliche Erklärung, die negative innere Parität. Da Teilchen und Antiteilchen stets entgegengesetzte innere Parität haben, ergibt sich die des *pi*-Mesons als das Produkt der Parität seiner Bestandteile.

Enrico Fermi (Nobelpreis 1938) war einer der größten Physiker seiner Zeit, ich habe seine bedeutenden Beiträgen schon mehrfach erwähnt, und auch Chen Ning Yang (Nobelpreis 1957) war ein vielversprechendes junges Genie; dennoch fand diese Arbeit bei ihrem Erscheinen keine besondere Resonanz. Erst sieben Jahre später, als noch wesentlich mehr neue Teilchen entdeckt worden waren, nahm S. Sakata die Idee wieder auf und übertrug sie auch auf seltsame Teilchen. Er ging dabei von Proton, Neutron und *Lambda*-Hyperon als elementaren Bestandteilen aus. Das *pi*-Meson war bei ihm – wie bei Fermi und Yang – ein gebundener Zustand von Nukleon und Antinukleon, das *K*-Meson ein gebundener Zustand von Nukleon und Anti-*Lambda*-Hyperon, das Antiteilchen des *K*-Mesons ein gebundener Zustand von Antinukleon und *Lambda*-Hyperon. Soweit war das analog dem Modell von Fermi und Yang. Aber es gab da ja auch noch andere seltsame Baryonen: Einmal das *Sigma*-Hyperon, das wie das *Lambda*-Hyperon die Seltsamkeit -1 hat und in drei verschiedenen Ladungszuständen auftritt (positiv, negativ und neutral), zum anderen das *Xi*-Hyperon mit der Seltsamkeit -2, das neutral oder negativ geladenen sein kann. Im Sakata-Modell wurden diese Teilchen als aus drei Baryonen zusammengesetzt angenommen; die *Sigma*-Hyperonen aus einem *Lambda*-Hyperon, einem Nukleon und einem Antinukleon, die *Xi*-Hyperonen aus zwei *Lambda*-Hyperonen und einem Antinukleon. Das Modell ist in Abb. 4.1 bildlich dargestellt. Man überlegt sich leicht, daß man tatsächlich alle beobachteten Ladungszustände erhält, wenn man für das Nukleon ein Proton oder ein Neutron einsetzt. Das war schön; aber sehr unschön war, daß

pi–Meson *K*–Meson Anti–*K*–Meson *Sigma*–Hyperon *Xi*–Hyperon

Abbildung 4.1. Bildliche Darstellung des Sakata-Modells, bei dem die Mesonen und die *Sigma*- und *Xi*-Hyperonen aus Nukleonen (N), Antinukleonen ($\bar{N}$), *Lambda*-Hyperonen (Λ) und deren Antiteilchen ($\bar{\Lambda}$) zusammengesetzt sind

die Hyperonen sehr ungleich behandelt wurden. Das *Sigma*-Hyperon ist nur 6 %, das *Xi*-Hyperon 18 % schwerer als das Lambda. Da die Massen recht ähnlich sind, wäre es durchaus natürlich, die drei Gruppen von Hyperonen, *Lambda, Sigma* und *Xi* auf dem gleichen Niveau zu behandeln. Tatsächlich stellte sich später heraus, das dies auch der richtige Weg ist.

Dennoch ist das Sakata-Modell eine gutes Beispiel für die Erkenntnis Francis Bacons, daß Wahrheit eher aus der Unwahrheit entsteht als aus der Verwirrung. Das Sakata-Modell leitete nämlich eine wichtige Entwicklung ein: M. Ikeda, S. Ogawa und Y. Ohnuki brachten auch noch Symmetrie-Argumente ins Spiel und betrachteten 1959 das Sakata-Modell für den Grenzfall, daß Proton, Neutron und *Lambda*-Hyperon die gleiche Masse haben. Dies ist eine schöne Illustration für die Abhängigkeit von Idealisierungen in der Physik von den äußeren Umständen: Man ist bereit, einen Massenunterschied als klein anzunehmen, wenn er klein gegenüber der gegenwärtig erreichbaren Energie ist. Im Jahre 1959 gab es Beschleuniger, die Protonen auf eine Energie von etwa 30 000 MeV beschleunigen konnten, der Massenunterschied zwischen Neutron und *Lambda*-Hyperon ist dagegen mit „nur" 176 MeV/c^2 klein. Wegen der im betrachteten Grenzfall gleichen Masse von Proton, Neutron und Lambda hatten auch die entsprechenden Mesonen in diesem Grenzfall die gleiche Masse. Die Autoren machten eine sehr wichtige Beobachtung: Sie stellten fest, daß man nicht nur die sieben damals bekannten leichten Mesonen konstruieren konnte, nämlich drei *pi*-Mesonen, zwei *K*-Mesonen und zwei Anti-*K*-Mesonen, sondern noch ein achtes „leichtes" Meson mit Eigenschaften, die es von den *pi*- und *K*-Mesonen unterschied. Es sollte die Seltsamkeit 0 und den Isospin 0 haben. Sie nannten dieses leichte Meson, dessen Existenz sie vorhersagten, *pi*-0 ' (π^{0}').

120   4 Zusammengesetzte „Elementar"-Teilchen

Tatsächlich wurde das vorhergesagte Meson recht bald, nämlich zwei Jahre nach der Vorhersage, gefunden. Es ist mit einer Masse von 547 MeV/c^2 nur etwa 10 % schwerer als das K-Meson. Die Entdecker nannten es eta-Meson und erwähnten die theoretische Vorhersage nicht, vielleicht war die alles andere als überzeugende Einordnung der Baryonen im Sakata-Modell Schuld daran, daß sie das Modell offenbar nicht ernst nahmen.

Schon Fermi und Yang hätten eine solche Vorhersage wagen können. Denn aus einem Nukleon und einem Anti-Nukleon kann man tatsächlich vier verschiedene Mesonen aufbauen, das pi-Meson mit seinen drei Ladungszuständen und noch ein viertes, das den Isospin 0 hat, also nur mit der Ladung 0 auftritt. Die Konstruktion ist genau wie in Abb. 1.20, nur ist eines der Nukleonen durch ein Antinukleon zu ersetzen. Allerdings kannte man 1949 gerade einmal die drei Ladungszustände der pi-Mesonen; die K-Mesonen waren noch nicht einmal identifiziert. Fermi konnte sicher genügend Gruppentheorie, um eine solche Folgerung zu ziehen, aber zusätzliche Mesonen lagen damals einfach noch nicht in der Luft. Vermutlich war es gut, daß sie keine Vorhersage für ein neues Meson machten, sie hätten ja auf eine Masse nahe der des pi-Mesons, also ungefähr 140 MeV/c^2, schließen müssen. Erst eine spätere Zeit mit größeren Beschleunigern war bereit, Mesonen mit Massen von 140 und über 500 MeV/c^2 in eine Gruppe von „leichten Mesonen" zusammenzufassen.

In einer weiteren Arbeit untersuchten Ikeda, Ogawa und Ohnuki die mathematische Struktur der Symmetrie, die dem Austausch von Proton, Neutron und Lambda untereinander entsprach, und fanden, daß es eine unitäre Gruppe vom Rang 3 sei. Dies bringt uns zu einem weiteren Abstecher über Gruppentheorie.

4.2 Der achtfache Weg

Die Einstellungen des Isospins, I_3, also die Ausrichtung im abstrakten Iso-Raum, und die Seltsamkeit S bestimmen die Ladung eines Teilchens. Wir hatten bereits in Abschn. 2.2 die Formel von Gell-Mann und Nishijima kennengelernt, in der sich die Ladung Q eines Teilchens, der Isospin-Einstellung I_3, der Baryonenzahl B und der Seltsamkeit S ergibt:

$$Q = I_3 + \tfrac{1}{2}B + \tfrac{1}{2}S\,.$$

Da der Isospin einer Symmetrieoperation in einem abstrakten Raum entspricht, ist es naheliegend, auch der Seltsamkeit eine solche Richtung in einem dann noch abstrakteren Raum zuzuordnen. Die Analyse

4.2 Der achtfache Weg

des Sakata-Modells durch Ikeda und Mitarbeiter zeigte, daß die dazu geeignete Transformationsgruppe die $SU(3)$ ist. Diese Gruppe ist in der Struktur sehr ähnlich der Gruppe $SU(2)$, nur sind die relevanten Matrizen hier eine quadratische Anordnung von 3×3 komplexen Zahlen. Bei dieser Gruppe gibt es acht Erzeugende.

Wie bei allen Transformationen ist auch bei der $SU(3)$ der einfachste Zustand der, der sich bei der Transformation überhaupt nicht transformiert, genannt der invariante Zustand oder das Skalar. Es gibt ferner zwei dreidimensionale Darstellungen, genannt das fundamentale Triplett $\{3\}$ und das fundamentale Antitriplett $\{\bar{3}\}$. Jede dieser fundamentalen Darstellungen entspricht den Zuständen mit Isospin $\frac{1}{2}$ bei der $SU(2)$. Beim Sakata-Modell besteht das fundamentale Triplett $\{3\}$ aus Proton, Neutron und *Lambda*-Hyperon, das Antitriplett $\{\bar{3}\}$ aus den entsprechenden Antiteilchen. Die Isospin Gruppe $SU(2)$ ist in der Gruppe $SU(3)$ enthalten, mathematisch gesprochen ist $SU(2)$ eine Untergruppe von $SU(3)$, daher läßt sich das fundamentale Triplett der $SU(3)$, also im Sakata-Modell Neutron, Proton und *Lambda*, auch nach dem Isospin analysieren. Das Proton und das Neutron bilden ein Dublett der Isospin Gruppe, das *Lambda* dagegen ist das Element, welches sich unter Isospin-Transformationen überhaupt nicht transformiert: das Singulett.

Ich will hier nicht auf Einzelheiten eingehen, doch zumindest ein einfaches Verfahren zur Konstruktion der Darstellungen der Gruppe $SU(3)$ schildern. Es ist analog der Konstruktion bei der $SU(2)$ in Abb. 1.20. Wir wollen uns ein bißchen vom Sakata-Modell lösen und aus Gründen, die später klar werden, den drei Komponenten der Darstellung $\{3\}$ die Bezeichnung u, d und s geben. Die Buchstaben stehen für **u**p, **d**own und **s**trange. In Tabelle 4.1 sind Isospin und Seltsamkeit der Mitglieder des Tripletts angegeben. Tragen wir in einer Ebene nach oben und unten die Seltsamkeit S auf und nach rechts und links die Isospin-Einstellung I_3, so erhalten wir für das fundamentale Triplett $\{3\}$ ein auf dem Kopf stehendes gleichseitiges Dreieck, wie in Abb. 4.2 zu sehen. Für die Darstellung $\{\bar{3}\}$ steht das Dreieck auf der Basis.

Tabelle 4.1. Das fundamentale Triplett (u, d, s) und Antitriplett $(\bar{u}, \bar{d}, \bar{s})$ der $SU(3)$. I ist der Isospin, I_3 die Isospin-Einstellung und S die Seltsamkeit

Triplett $\{3\}$	I	I_3	S	Antitriplett $\{\bar{3}\}$	I	I_3	S
u	$\frac{1}{2}$	$+\frac{1}{2}$	0	$\bar{u}$	$\frac{1}{2}$	$-\frac{1}{2}$	0
d	$\frac{1}{2}$	$-\frac{1}{2}$	0	$\bar{d}$	$\frac{1}{2}$	$+\frac{1}{2}$	0
s	0	0	-1	$\bar{s}$	0	0	$+1$

122   4 Zusammengesetzte „Elementar"-Teilchen

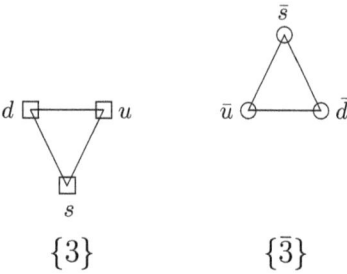

Abbildung 4.2. Das fundamentale Triplett $\{3\}$ der Gruppe $SU(3)$ und das entsprechende „Anti-Triplett" $\{\bar{3}\}$. Nach oben und unten ist die Seltsamkeit S aufgetragen, nach rechts und links die Isospin-Einstellung I_3

Nun bilden wir gebundene Zustände aus Teilchen und Antiteilchen, in der Sprache der Gruppentheorie das „Produkt der Darstellungen" $\{3\} \times \{\bar{3}\}$. Graphisch geht das so, daß wir die beiden Dreiecke so übereinander legen, daß jeder Eckpunkt vom Dreieck $\{3\}$ mindestens einmal von einem Eckpunkt des Dreiecks $\{\bar{3}\}$ berührt wird. Damit bekommen wir das Sechseck der Abb. 4.3. Wenn wir das u mit dem Proton, das d mit dem Neutron und das s mit dem Lambda identifizieren erhalten wir gerade die Konstruktion der Mesonen im Sakata Modell. Der zentrale Punkt des Sechsecks wird von sechs Dreiecken berührt, von den Ecken $u, \bar{u}, d, \bar{d}, s, \bar{s}$. Wir würden also zunächst erwarten, daß es drei Teilchen mit Seltsamkeit 0 und Isospin-Einstellung 0 gibt. Eines davon ist das neutrale pi-Meson, ein anderes das von Ikeda und Mitarbeitern vorhergesagte eta-Meson. Diese bilden, zusammen mit den sechs anderen Mesonen an den Ecken eine achtdimensionale Darstellung der $SU(3)$, ein Oktett. Das dritte neutrale Teilchen im Zentrum ist ein $SU(3)$-Singulett, das sich nach der trivialen Darstellung transformiert, also unverändert bleibt.

Die Tatsache, daß bei der Produktbildung der fundamentalen Darstellungen $\{3\}$ und $\{\bar{3}\}$ eine Darstellung mit acht Elementen, ein Oktett, sowie ein Singulett entsteht, schreibt sich gruppentheoretisch als

$$\{3\} \times \{\bar{3}\} = \{8\} \oplus \{1\},$$

eine nur scheinbar sehr einfache Gleichung.

Nach der Entdeckung des eta-Mesons war also die Klassifizierung der Mesonen als Oktett der $SU(3)$ sehr befriedigend, zumal sich herausstellte, dass die Eigenschaften aller dieser Mesonen mit der Zuordnung Spin 0 und innere Parität -1 gut verträglich waren. Hinzu kam, daß im gleichen Jahr 1961 noch weitere Mesonen mit dem Spin 1 gefunden

4.2 Der achtfache Weg

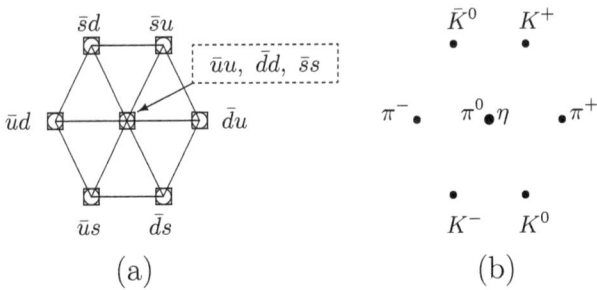

Abbildung 4.3. (a) Oktettdarstellung aus den Elementen des fundamentalen Tripletts $\{3\}$ und Anti-Tripletts $\{\bar{3}\}$. Jeder Punkt wird von mindestens einem Eckpunkt der Dreiecke $\{3\}$ und $\{\bar{3}\}$ aus Abb. 4.2 berührt (b) Die den Oktettzuständen entsprechenden pseudoskalaren Mesonen

wurden, die sehr erfolgversprechende Kandidaten für ein weiteres Oktett waren. Insbesondere die Mesonen für den doppelt besetzten Platz im Oktett waren mit dem neutralen *rho*-Meson und dem *omega*-Meson schon entdeckt.

Diese Klassifikation, die sogar Vorhersagen erlaubte, konnte man als einen großen Erfolg des Sakata-Modells ansehen, doch es versagte vollständig bei den Baryonen. Im Sakata-Modell waren die Baryonen aus drei fundamentalen Darstellungen zusammengesetzt, gruppentheoretisch ein Produkt der Darstellungen $\{3\} \times \{3\} \times \{\bar{3}\}$. Es war klar, daß die bekannten Baryonen unter keinen Umständen in dieses Schema paßten. Unabhängig voneinander schlugen M. Gell-Mann und Y. Ne'eman sowie D. Speiser und J. Tarski vor, sich von der physikalischen Grundlage des Sakata-Modells zu lösen und die Baryonen mit Spin $\frac{1}{2}$ in einer Oktett-Darstellung der $SU(3)$ unterzubringen, genauso wie die Mesonen. Die Mitglieder dieses Oktetts sind die Nukleonen, die *Sigma-*, *Lambda-* und *Xi*-Hyperon, die in Tabelle 4.2 zusammengestellt sind. In Abb. 4.4a ist das Oktett bildlich dargestellt; nach oben und unten ist die Hyperladung Y, nach rechts und links die Isospin-Einstellung I_3. Das neutrale *Sigma-* und das *Lambda*-Hyperon haben beide die Hyperladung $Y = 0$ und die Isospin-Einstellung $I_3 = 0$, besetzen also den zentralen Platz.

Gell-Mann nannte diese Symmetrie „Der Achtfache Weg", (*The Eightfold Way*) heute wird sie *flavour-SU(3)* genannt. Die Zuordnung erscheint heute als recht zwingend, war es aber damals durchaus nicht. In einem Übersichtsartikel von 1962 werden mit jeweils gleichem Gewicht die $SU(3)$ und drei andere mögliche Symmetrie-Gruppen diskutiert. Dies lag zum einen wohl daran, daß die Eigenschaften der Ba-

4 Zusammengesetzte „Elementar"-Teilchen

Tabelle 4.2. Das Oktett der Baryonen, I ist der Isospin, I_3 seine Einstellung, S die Seltsamkeit und $Y = B + S$ die Hyperladung

Baryon	Symbol	I	I_3	S	Y	Masse (GeV/c^2)
Proton	p	$\frac{1}{2}$	$+\frac{1}{2}$	0	+1	938.27
Neutron	n		$-\frac{1}{2}$	0	+1	939.57
Lambda-Hyperon	Λ	0	0	-1	0	1115.68
Sigma$^+$-Hyperon	Σ^+		+1	-1	0	1189.37
Sigma^0-Hyperon	Σ^0	1	0	-1	0	1192.64
Sigma$^-$-Hyperon	Σ^-		-1	-1	0	1197.45
Xi^0-Hyperon	Ξ^0	$\frac{1}{2}$	$+\frac{1}{2}$	-2	-1	1314.83
Xi^--Hyperon	Ξ^-		$-\frac{1}{2}$	-2	-1	1321.31

ryonen teilweise noch unbekannt waren. Ein anderer Grund war die starke Brechung der Symmetrie, der Massenunterschied zwischen der *Delta*-Resonanz, die nicht zur achtdimensionalen Darstellung gehört, und dem Nukleon ist kleiner als die zwischen den beiden Mitgliedern des Oktetts, dem Nukleon und dem *Xi*-Hyperon.

M. Gell-Mann und S. Okubo konnten mit plausiblen Annahmen über die Symmetriebrechung Beziehungen zwischen den Massen innerhalb einer achtdimensionalen Darstellung herleiten, die recht gut erfüllt waren. Sie lieferten beispielsweise die Beziehung zwischen der Masse m_N des Nukleons sowie m_Ξ, m_Λ, m_Σ, den Massen von *Xi-*, *Lambda*- und *Sigma*-Hyperon:

$$2(m_N + m_\Xi)/(m_\Lambda + 3m_\Sigma) = 1.$$

Das experimentelle Ergebnis ist 0.96.

Volle Anerkennung fand der achtfache Weg durch eine Vorhersage, die damals als recht spektakulär empfunden wurde. Im Jahre 1962 waren Resonanzen mit Seltsamkeit 0, 1 und 2 bekannt. Ihre Massen reichen von 1232 bis 1530 MeV/c^2. Sie auch in einer achtdimensionalen Darstellung unterzubringen ist nicht möglich, da die *Delta*-Resonanz mit Isospin $\frac{3}{2}$ darin keinen Platz findet. Wohl aber konnten Sie, bis auf eine Resonanz mit der Masse 1405 MeV/c^2 und der Seltsamkeit -1, in einer zehndimensionalen Darstellung untergebracht werden, wie in Abb. 4.4b dargestellt. Eine Resonanz fand also keinen Platz, aber es gab auch eine Resonanz zu wenig: nämlich eine mit Seltsamkeit -3, Isospin 0 und dem gleichen Spin wie die anderen Mitglieder dieser Darstellung, nämlich $\frac{3}{2}$. Die Ladung mußte nach der Gell-Mann-Nishijima Formel -1 sein, auch die Masse konnte mit den oben erwähnten Annahmen

4.2 Der achtfache Weg   125

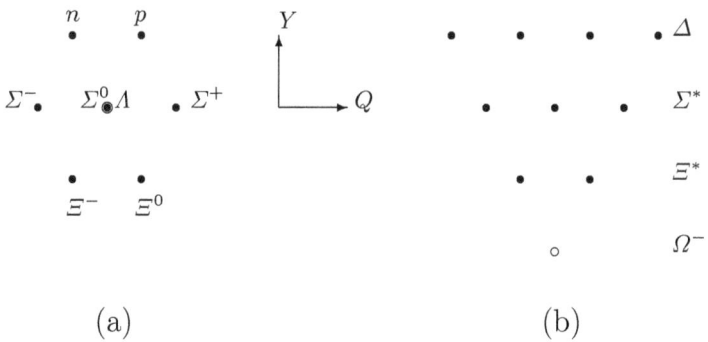

(a) (b)

Abbildung 4.4. (a) Das Oktett der Baryonen mit Spin 1/2 und (b) das Dekuplett der Baryonen mit Spin 3/2 . Nach oben ist die Hyperladung, nach rechts und links die Isospin-Komponente I_3 aufgetragen. Das *Omega*-Hyperon (Ω^-, *offener Kreis*) war eine Vorhersage der Symmetrie

zur Symmetriebrechung vorhergesagt werden, nämlich zu etwa 1680 MeV/c^2. Tatsächlich wurde dieses Teilchen, genannt *Omega*-Hyperon, 1964 in einer Blasenkammeraufnahme eindeutig identifiziert mit einer Masse von 1672 MeV/c^2. Dies war der endgültige Durchbruch für den achtfachen Weg.

Die erste Aufnahme eines *Omega*-Hyperons, die in einer mit flüssigem Wasserstoff gefüllten Blasenkammer von zwei Meter Länge gemacht wurde, ist in Abb. 4.5 gezeigt.

Neben der Bestätigung der Vorhersage der $SU(3)$-Symmetrie hatte die Entdeckung des *Omega*-Hyperons noch eine weitere Vermutung bestätigt, nämlich daß es keinen fundamentalen Unterschied zwischen stabilen Teilchen und Resonanzen gibt. Das Omega ist nämlich stabil unter der starken Wechselwirkung, es lebt lange genug, um eine Spur in der Blasenkammer zu hinterlassen; davon kann man sich in Abb. 4.5 überzeugen. Dies liegt daran, daß der leichteste Zustand, in den ein *Omega*-Hyperon stark zerfallen könnte, von einem negativen *Xi*-Hyperon und einem neutralen K-Meson gebildet wird; er hat die gleiche Baryonenzahl, Seltsamkeit und Ladung wie das *Omega*, seine Gesamtmasse von 1819 MeV/c^2 ist aber größer als die des *Omega*-Hyperons. Daher kann dieses nur durch die schwache Wechselwirkung unter Verletzung der Seltsamkeit zerfallen, z. B. in ein K^--meson und ein *Lambda*-Hyperon ($B = 1$, $S = -2$). Die Dekuplett-Darstellung der $SU(3)$ (Abb. 4.4b) umfaßt also sowohl ein gegenüber der starken Wechselwirkung stabiles Teilchen als auch instabile Resonanzen. Dies

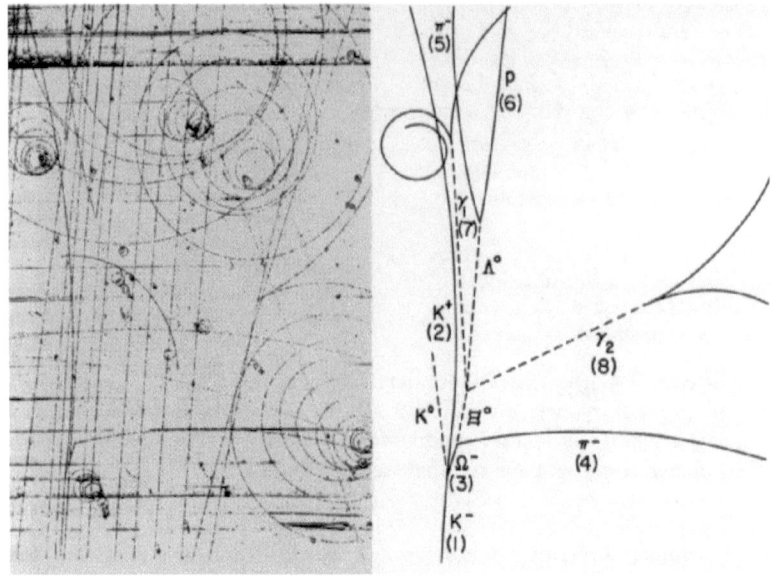

Abbildung 4.5. In einer mit flüssigem Wasserstoff gefüllten Blasenkammer reagiert ein negativ geladenes K-Meson mit einem Proton und produziert durch die starke Wechselwirkung ein $Omega$-Hyperon (Ω^-), ein positiv geladenes und ein neutrales K-Meson (K^+, K^0). Das $Omega$-Hyperon zerfällt über die schwache Wechselwirkung in ein neutrales Xi-Hyperon (Ξ^0) und ein negativ geladenes pi-Meson (π^-). Das Xi-Hyperon zerfällt schwach in ein $Lambda$-Hyperon (Λ^0) und zwei Photonen (γ_1, γ_2). Diese Photonen erzeugen in der Kammer jeweils ein Elektron-Positron-Paar. Die nicht sichtbaren Spuren der ungeladenen Teilchen sind in der schematischen Zeichnung durch gestrichelte Linien angedeutet. Die neutralen Teilchen werden über ihre Zerfallsprodukte identifiziert

war natürlich Wasser auf die Mühlen der „Kerndemokraten", die alle stark wechselwirkenden Teilchen als gleichberechtigt ansahen.

Ich möchte nicht weiter auf die anderen Erfolge dieser Symmetrie eingehen, eine äußerst wichtige Konsequenz ergab sich durch die Anwendung auf die schwache Wechselwirkung, aber darauf kommen wir später in Abschn. 6.3 noch ausführlich zurück.

Es läßt sich eine direkte Linie von der ursprünglichen Arbeit über zusammengesetzte pi-Mesonen von Fermi und Yang über das Sakata-Modell bis zum achtfachen Weg ziehen. Allerdings ist dabei die ursprüngliche Idee ganz in den Hintergrund getreten, nämlich gewisse Teilchen als elementar, andere als zusammengesetzt zu betrachten.

4.3 Das Quarkmodell 127

Wenn etwas für diese spezielle Frage relevantes aus der Entwicklung zu folgern war, dann der Schluß, daß die Baryonen als elementare Teilchen im Sinne der Quantenfeldtheorie wohl kaum in Frage kommen.

4.3 Das Quarkmodell

Nachdem der achtfache Weg als Symmetrie weitgehend gesichert galt, war man nach M. Gell-Mann „versucht, nach einer fundamentalen Erklärung der Situation Ausschau zu halten". In seiner Arbeit „Ein schematisches Modell von Baryonen und Mesonen" gab er eine solche (schematische) Erklärung. Die Arbeit wurde am 4. Januar 1964 bei *Physics Letters* zur Veröffentlichung eingereicht, am 13. Januar veröffentlichte George Zweig als CERN-Vorabdruck die Arbeit „Ein $SU(3)$-Modell für eine Symmetrie der starken Wechselwirkung und ihre Brechung". Die beiden Arbeiten waren ganz verschieden motiviert, aber die Ergebnisse stimmten in wesentlichen Punkten überein.

Bevor wir zur Physik kommen, ein kleiner historischer Einschub. Die Arbeit Zweigs wurde, obwohl ihre Wichtigkeit schnell anerkannt wurde, nie publiziert. Dies hatte einen ganz trivialen Grund: Es war die Politik der europäischen Organisation CERN, nur in europäischen wissenschaftlichen Zeitschriften zu publizieren. George Zweig, der als frisch promovierter Besucher vom California Institute of Technology (wo Gell-Mann Professor war) ans CERN kam, wollte seine Arbeit aber in der amerikanischen *Physical Review* veröffentlichen. Er argumentierte, daß er als Stipendiat nicht nur kein Geld vom CERN bekäme, sondern daß sein Stipendiengeber dem CERN sogar eine Aufwandsentschädigung zahle. Es gab auf den Korridoren mehrere laute Unterhaltungen mit dem Leiter der Theorieabteilung und das Ende war, daß Zweig auf eine Publikation ganz verzichtete.

Obwohl Zweigs Arbeit etwas später war als die Gell-Manns, will ich mit seinem Zugang beginnen, da dieser viel anschaulicher ist als der Gell-Manns. Zweig nahm das Sakata-Modell als Grundlage der $SU(3)$ sehr ernst. Er wurde bestärkt durch die Entdeckung eines neuen Mesons, das 1963 am Brookhaven National Laboratory gefunden wurde. Dieses Teilchen hat den Spin 1 – ein Meson mit Spin 1 heißt Vektormeson – und hat den Isospin 0 und die Seltsamkeit 0. Damit hat es die gleichen Quantenzahlen wie das schon bekannte *omega*-Meson, aber es ist nicht nur um einiges schwerer (1020 gegen 782 Mev/c^2), sondern es lebt auch doppelt so lange. Dies ist sehr ungewöhnlich, denn je schwerer ein Teilchen ist, desto mehr kinetische Energie und Impuls steht den Zerfallsprodukten zur Verfügung und desto kürzer ist die Lebensdauer.

128   4 Zusammengesetzte „Elementar"-Teilchen

Wenn man die Zerfallskanäle im einzelnen betrachtet, dann findet man, daß beim *omega*-Meson der Zerfall in drei *pi*-Mesonen dominiert, beim *phi*-Meson aber der Zerfall in ein K-Meson und dessen Antiteilchen. Dies ist wiederum sehr erstaunlich, denn da die Summe der Massen der K-Mesonen nur wenig kleiner ist als die Masse des *phi*-Mesons, bleibt auch nur wenig kinetische Energie für den Zerfall übrig und deswegen sollte auch beim *phi*-Meson der Zerfall in drei *pi*-Mesonen dominieren.

rho- und omega-Meson   phi- Meson

Abbildung 4.6. Die Konstruktion der neutralen Vektormesonen *rho-*, *omega-* und *phi-*Meson im Sakata-Modell

Im Sakata-Modell kann man dies anschaulich erklären, denn dort kann man drei Mesonen mit der Ladung 0 und der Seltsamkeit 0 konstruieren, wie in Abb. 4.6 dargestellt: Zwei aus den Nukleonen, nämlich Proton-Antiproton und Neutron-Antineutron und eines aus dem *Lambda*-Hyperon und seinem Antiteilchen. Damit ergibt sich die folgende Interpretation der drei neutralen Vektormesonen: Die beiden leichten schon bekannten Vektormesonen, das *omega-* und das neutrale *rho-*Meson, sind Mischungen aus den Nukleon-Antinukleon-Zuständen, während das *phi-*Meson aus dem *Lambda*-Hyperon und seinem Antiteilchen zusammengesetzt ist. Das erklärt, warum das *rho-* und *omega-*Meson ungefähr die gleiche Masse haben, nämlich 770 bzw 782 Mev/c^2, während das *phi-*Meson schwerer ist, weil ja auch das *Lambda*-Hyperon schwerer ist als das Nukleon. Aber auch die merkwürdige Zerfallsart konnte erklärt werden. Offenbar können Bestandteile der Mesonen beim Zerfall durch die starke Wechselwirkung sich nur schwer gegenseitig vernichten, deshalb muß auch das *Lambda*-Hyperon und sein Antiteilchen in den Zerfallsprodukten des *phi-*Mesons auftreten, und das erklärt die Dominanz der energetisch benachteiligten Zerfallsart in ein K-Meson und sein Antiteilchen. Diese Regel, daß sich Bestandteile eines Hadrons nur schwer gegenseitig vernichten, ist eine sehr wichtige empirische Regel, genannt OZI-Regel, nach Okubo, Zweig und Iizuka. Sie ist auch nach heutigem Verständnis nicht vollständig dynamisch begründbar.

Es gab also einige Hinweise, daß das Sakata-Modell zumindest auf einem rein empirischen Niveau einige Erklärungskraft besaß, allerdings gab es immer noch das Problem der Baryonen, wo es überhaupt nicht funktionierte. Hier machte nun Zweig einen revolutionären Vorschlag: Die Baryonen sind aus drei *gleichberechtigten* Bestandteilen zusammengesetzt, die eine dreidimensionale Darstellung der $SU(3)$, also ein fundamentales Triplett, bilden; Zweig nannte diese Bestandteile „aces". Gell-Mann, der den den gleichen Vorschlag praktisch zur gleichen Zeit machte, ließ sich bei der Namensgebung literarisch leiten, er nannte die Bestandteile Quarks, nach einem Satz aus Finnegans Wake von James Joyce: Three Quarks for Mr. Murks. Dieser Name hat sich durchgesetzt und ich werde ihn im folgenden ausschließlich gebrauchen, auch wenn ich von den Zweigschen „aces" spreche.

Die gruppentheoretische Grundlage für die Bildung der Baryonen ist die folgende: Koppelt man drei fundamentale Tripletts, so enthält man als Resultat ein Singulett, zwei Oktetts und ein Dekuplett. In Formelschreibweise:

$$\{3\} \otimes \{3\} \otimes \{3\} = \{1\} \oplus \{8\} \oplus \{8\} \oplus \{10\} \qquad (4.1)$$

Es ist schon bemerkenswert, daß hier genau die Darstellungen für Baryonen vorkommen, die man auch zur Klassifikation der bekannten Teilchen braucht: Die achtdimensionale der „gewöhnlichen Baryonen", die zehndimensionale der „Resonanzen", ja sogar für die eindimensionale gab es sogar schon einen Kandidaten, die bereits erwähnte Resonanz bei 1405 MeV/c^2 mit Seltsamkeit -1, die im Dekuplett keinen Platz fand.

Wenn die drei Bestandteile der Baryonen gleichwertig sein sollen, dann folgt daraus, daß ihre Baryonenzahl auch gleich sein muß, nämlich $\frac{1}{3}$. Isospin und Seltsamkeit der Mitglieder eines fundamentalen Tripletts sind durch Isospin und Seltsamkeit der bekannten Hadronen in der Klassifikation nach der $SU(3)$-Symmetrie festgelegt, wie schon im vorigen Abschnitt diskutiert (siehe insbesondere Abb. 4.2). Die heute üblichen Namen sind, wie schon dort eingeführt, u-Quark (u für up, Isospin $+\frac{1}{2}$), d-Quark, (für down, Isospin $-\frac{1}{2}$) und s-Quark (s für seltsam, Isospin 0, Seltsamkeit -1). Aus der drittelzahligen Baryonenzahl folgt nach der Gell-Mann-Nishijima-Formel, die am Ende von Abschn. 2.2 eingeführt wurde, ein Resultat, das vielen Physikern gar nicht gefiel: Die Quarks müssen auch drittelzahlige Ladungen haben, und zwar das u-Quark die Ladung $+\frac{2}{3}$, das d- und das s-Quark die Ladung $-\frac{1}{3}$.

Wir hatten schon in Abschn. 1.5.2 gesehen, daß es nur ganz- oder halbzahlige Spins geben kann. Die Baryonen, die aus drei Quarks aufgebaut sind, haben alle halbzahligen Spin, daraus folgt, daß der Spin der Quarks $\frac{1}{2}$ sein muß. Aus drei Quarks mit ganzzahligem Spin läßt sich nämlich kein halbzahliger konstruieren. Die Quarks sind also Fermionen. Die Mesonen, die aus einem Quark und einem Antiquark zusammengesetzt sind, müssen ganzzahligen Spin haben, da zwei halbzahlige Spins stets zu einem ganzzahligen führen. Das Quarkmodell erklärt also auch, warum Mesonen stets ganzzahligen Spin haben, also Bosonen sind, während Baryonen Fermionen sind.

Für die Mesonen konnten die Resultate des Sakata-Modells übernommen werden, man muß nur das Proton durch das u-, das Neutron durch das d- und das *Lambda*-Hyperon durch das s-Quark ersetzen.

Zweig hatte in einer gewaltigen Anstrengung alle möglichen Konsequenzen aus diesem Modell gezogen und mit den experimentellen Ergebnissen verglichen. Insbesondere nahm er an, daß die Brechung der $SU(3)$-Symmetrie nur durch die verschiedenen Massen der Quarks induziert wird und zog daraus weitreichende Konsequenzen. Eine gegenüber dem u-Quark etwas größere Masse des d-Quarks ergibt, daß das am stärksten negative Baryon am schwersten ist. Das trifft immer zu, wie man sich an Tabelle 4.2 leicht überzeugen kann. Zum Beispiel hat das negativ geladene *Sigma*-Hyperon, das aus zwei d- und einem s-Quark besteht eine größere Masse als das neutrale, das aus u, d und s besteht, und dieses ist wieder schwerer als das positiv geladene, bestehend aus zwei u- und einem s-Quark. Auch die eigentlich schwer verständliche Tatsache, daß das Neutron (ddu) schwerer ist als das Proton (uud) wird dadurch erklärt. Eine um 100 bis 150 MeV/c^2 größere Masse des s-Quark ergibt, daß ein Baryon umso schwerer ist, je mehr seltsame Quarks es enthält. Ich diskutiere die Quarkmassen ausführlicher in Abschn. 6.9.

Obwohl vieles, was heute gemessen ist, damals noch nicht bekannt war, und einiges was man damals andeutungsweise gemessen hatte, sich als nicht richtig herausstellte, gilt immer noch der Satz aus der Schlußfolgerung, die Zweig in seiner großen Arbeit zog: „Das Schema, das wir skizziert haben, hat zusätzlich zu dem, was wir schon vom achtfachen Weg wissen, eine etwas verwaschene, aber einheitliche Struktur für die Mesonen und Baryonen ergeben. In Anbetracht der äußerst rohen Weise, mit der wir das Problem angegangen sind, scheinen die Resultate, die wir erhalten haben, ein bißchen wie ein Wunder zu sein."

Ich komme nun zu den Motiven Gell-Manns für die Einführung der Quarks. Er hatte schon 1962 eine Arbeit veröffentlicht, in der er hauptsächlich schwache und elektromagnetische Wechselwirkungen von Hadronen untersuchte. Dort hatte er wichtige Eigenschaften dieser Wechselwirkungen aus „einem formalen feldtheoretischen Modell hergeleitet, das auf fundamentalen Größen basierte, aus denen die Baryonen und Mesonen aufgebaut sind." Diese Methode der „Strom-Algebren" wurde dann vor allen von S. Fubini und Mitarbeitern weiter entwickelt. Sie spielte in den späten 60er und frühen 70er Jahren des 20. Jahrhun-

4.3 Das Quarkmodell

derts in der Teilchenphysik eine wesentliche Rolle, sie hielt auch in der Zeit der *nuclear democracy* die Fahne der Feldtheorie hoch. Sie ist weitgehend im Standardmodell der starken und der schwachen Wechselwirkung und in dem sogenannten chiralen Modell aufgegangen. Ich will nur ganz kurz einige wesentliche Punkte dieser Methode skizzieren.

Betrachten wir etwa den elektromagnetischen Strom. In der Quantenelektrodynamik ist er aus den Feldoperatoren für Elektronen zusammengesetzt. Es lag zunächst nahe, diesen Ansatz auch auf das Proton zu übertragen. Pauli soll 1932 Stern verulkt haben, weil der das magnetische Moment des Protons in einem – zumindest für damalige Verhältnisse – sehr aufwendigen Experiment messen wollte: Dieses Experiment sei wohl nicht so wichtig, da man ja mit der Dirac-Theorie das magnetische Moment von Spin-$\frac{1}{2}$-Teilchen verstanden habe. Aber Stern hatte Recht mit seiner Neugier und fand, daß das magnetische Moment des Protons sehr verschieden ist von dem, was man nach der Dirac-Theorie erwartete; darüber hat sich dann Pauli wiederum sehr gefreut.

Gell-Mann hatte abstrakte Stromoperatoren für den elektromagnetischen und den schwachen Strom eingeführt und direkt für diese Ströme Relationen postuliert, die gewissen Symmetriebedingungen der $SU(3)$ genügten. Dazu hatte er angenommen, daß die Stromoperatoren für Hadronen nicht aus den hadronischen Feldern aufgebaut sind, sondern aus den oben erwähnten „fundamentalen Größen", die sich wie das fundamentale Triplett der $SU(3)$ transformieren. Die Auswahl war am Sakata-Modell orientiert. Natürlich wollte Gell-Mann die Methode der Strom-Algebren auch auf Baryonen anwenden und kam dort mit der Anlehnung an das Sakata-Modell in ein Dilemma.

Er konnte also die fundamentalen Größen, aus denen seine Ströme konstruiert waren, nicht mit Proton, Neutron und *Lambda*-Hyperon identifizieren und ging daher – wie auch Zweig– davon aus, daß die Baryonen aus drei fundamentalen Tripletts aufgebaut sind. Allerdings störte er sich mehr als Zweig an der unvermeidlichen Konsequenz, daß die Quarks – in Einheiten der Elektronen oder Protonen-Ladung – gebrochenzahlige Ladungen haben. Da man solche gebrochenzahligen Ladungen nie beobachtet hatte, vermutete er, daß die Quarks nie einzeln auftreten können, sondern immer nur in solchen Kombinationen vorkommen, daß die beobachtbaren zusammengesetzten Teilchen ganzzahlige Ladung haben. In diesem Falle wurde auch das Glaubensbekenntnis der damaligen Zeit, daß alle stark wechselwirkenden Teilchen gleichberechtigt seien, zumindest für die beobachtbaren Teilchen bewahrt. Gell-Mann wollte keine Diskussion über die „Realität" nicht beobachtbarer Teilchen vom Zaune brechen und nannte daher die Quarks in seiner ursprünglichen Arbeit „mathematische Objekte". Er schreibt: „Es macht Spaß darüber zu spekulieren, wie sich Quarks verhalten würden, wenn sie physikalische Teilchen endlicher Masse wären (anstelle rein mathematischer Größen, die sie in der Grenze unendlicher Masse wären)." Daß er überzeugt war, daß man Quarks als freie Teilchen nie entdecken werde, geht schon aus der Formulierung des Schlusses seiner Arbeit hervor: „Die Suche nach stabilen Quarks ... bei den Beschleunigern höchster Energie würde helfen, uns von der Nicht-Existenz reeller Quarks zu überzeugen". Da man keinerlei Vorstellung über die Wechselwirkung der Quarks hatte, wohl aber aus dem Quarkmodell nützliche theoretische Konsequenzen für die Stromalgebra ziehen konnte, zog der Feinschmecker Gell-Mann einen vielzitierten Vergleich mit einem französischen Rezept zur Zubereitung von Fasan: Man koche ihn zwischen zwei Stücken aus Kalbfleisch und werfe diese nach dem Kochen weg (vermutlich hat sich das Küchenpersonal darüber hergemacht). Der Fasan war für ihn die Theorie der Stromalgebren, das weggeworfene Kalbfleisch das Quarkmodell.

Dies hat ihm manchmal den Vorwurf eingetragen, er habe die Quarks nicht ernst genommen, der Vergleich mit dem französischen Rezept scheint das zu bestätigen. In einer persönlichen Erinnerung sagte er: „Ich wollte solche Quarks nicht „real" nennen, weil ich eine Diskussion mit Philosophen über die Realität stets eingefangener Objekte vermeiden wollte. Im Hinblick auf das weitverbreitete Mißverstehen meiner sorgfältig erklärten Bezeichnung hätte ich wohl das philosophische Problem ignorieren sollen und andere Worte benutzten sollen." Ich glaube, daß Gell-Mann mit seiner Vorsicht recht hatte. Wir kommen auf die „philosophische Frage" nach der Realität der Quarks im Kap. 8 zurück.

Andererseits hatte der realistische Zugang Zweigs eine große Wirkung. Seine vielen Hinweise, daß das „naive" Quarkmodell eine große Reihe von bemerkenswerten Effekten zumindest qualitativ erstaunlich einfach erklären kann, hat sicher zur Akzeptanz des Quark-Konzepts, besonders bei Experimentalphysikern, entscheidend beigetragen und dem Gebiet eine große innere Dynamik verliehen. Letztlich recht hatte aber Gell-Mann, denn freie Quarks wurden tatsächlich nie gefunden und es ist sehr unwahrscheinlich, daß sie jemals gefunden werden.

Die gebrochenzahlige Ladung hatte zwar Gell-Mann gestört, aber für die Experimentalphysiker war sie ein wahrer Bonus: Da die Ionisationsdichte für alle Teilchen, wenn sie nur hochenergetisch genug sind, praktisch nicht von der Masse und Energie, sehr wohl aber von der Ladung abhängt, sollte es sehr leicht sein, Teilchen mit der Ladung von ein oder zwei Drittel der Elementarladung nachzuweisen. Man mußte nur nach Spuren suchen, die dünner waren als die, die durch die minimale Ionisation ganzzahlig geladener Teilchen erzeugt waren. Es gab zwar einige Gerüchte, daß solche Ladungen nachgewiesen seien, auch wurden alte Messungen ausgegraben, die im Widerspruch zu den Versuchen Millikans zur Bestimmung der Elementarladung standen, aber bis heute hat man noch keine gebrochenzahlige Ladung nachgewiesen, und es herrscht die allgemein akzeptierte Meinung, daß Quarks als freie Teilchen tatsächlich nicht vorkommen.

Das Quarkmodell wurde erweitert, indem man auch noch den Spin in die Symmetrie einbezog. Damit griff man auf alte Ideen E. Wigners zurück, der den Isospin mit dem üblichen Spin in einer Gruppe – der $SU(4)$ – vereinigte. Die Gruppe $SU(3)$ zusammen mit dem Spin ergibt als vereinheitlichte Symmetriegruppe $SU(6)$. Nimmt man an, die Quarks sind Mitglieder der einfachsten Darstellung von $SU(6)$, so erhält man für die Mesonen genau die gewünschten Darstellungen, nämlich ein $SU(3)$-Oktett von pseudoskalaren Mesonen, ein $SU(3)$-Oktett von Vektormesonen, sowie ein Vektormeson in einem Singulett. Aus drei Quarks kann man unter anderem eine 56-dimensionale Darstellung der $SU(6)$ konstruieren, die aus einem Oktett von Spin-$\frac{1}{2}$-Baryonen und einem Dekuplett von Spin-$\frac{3}{2}$-Baryonen besteht. Das sind genau die beobachteten leichtesten Baryonen (siehe Abb. 4.4). Eine erstaunliche Vorhersage war auch, daß nach der Theorie das magnetische Moment des Neutrons sich zu dem des Protons wie -2 zu 3 verhält, sehr nahe beim experimentellen Wert von -0.685. In ehrgeizigen Projekten wurde versucht, aus der statischen $SU(6)$ eine dynamische Theorie zu konstruieren, was zur Einführung von 35 Impulskomponenten führte. Daß ein solches Unternehmen scheitern mußte, wurde später von S. Coleman und J. Mandula in einem Theorem gezeigt. Wir werden später bei der Supersymmetrie im Abschn. 7.4 noch einmal kurz darauf zurückkommen.

Eine der Grundideen der *nuclear democracy*, die Gleichberechtigung aller Hadronen, war durch das Quarkmodell bestätigt worden, ein anderes wichtiges Konzept, die sogenannte Dualität, ließ sich sogar besonders schön im Quarkmodell veranschaulichen. Die Dualität besagt, daß die dynamisch ausgetauschten Teilchen und die gebundenen Teilchen äquivalent sind, Daher dürfen die beiden Beiträge zur Streuung von pi-Mesonen, die in Abb. 3.3 dargestellt sind, nicht addiert werden, sondern bedingen sich gegenseitig. Stellt man das Meson als gebundenen Zustand eines Quarks und eines Antiquarks dar und bezeichnet die Quarks mit durchgehenden Linien, so lassen sich in der Tat die beiden Graphen in Abb. 3.3 durch ein einziges Diagramm ausdrücken, wie in Abb. 4.7 dargestellt. Die am linken oberen Ende auslaufende u-Quark-Linie stellt ein einlaufendes Anti-u-Quark dar, wir haben es also dort

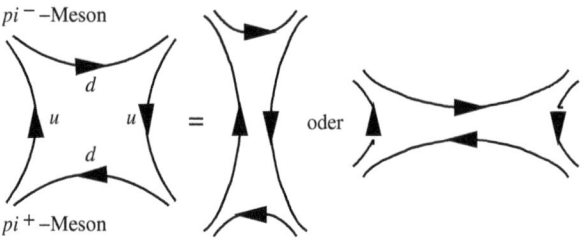

Abbildung 4.7. Die Diagramme von Abb. 3.3 im Quarkmodell.

mit einem einlaufenden negativen pi-Meson zu tun; entsprechend unten links mit einem einlaufenden u-Quark und einem einlaufenden Anti-d-Quark, also einem einlaufenden positiven pi-Meson. Die inneren Linien können entweder als ein im t-Kanal ausgetauschtes rho-Meson oder als eine rho-Meson-Resonanz im s-Kanal interpretiert werden.

4.4 Die Quarks werden farbig

Zwei Dinge beunruhigten die Physiker, die sich mit den möglichen theoretischen Grundlagen des Quarkmodells beschäftigten: Die gebrochenzahligen Ladungen und das Paulische Ausschließungsprinzip. Wir hatten schon gesehen, daß Gell-Mann durch die gebrochenzahlige Ladung so beunruhigt war, daß er die Quarks zwar als Konstituenten der Hadronen, aber nicht als selbständige „physikalische" Teilchen anerkennen wollte. Die Sache mit dem Pauli-Prinzip ist etwas kniffeliger. Ich habe dieses Prinzip schon öfters erwähnt und seine Bedeutung für den Aufbau der Materie auf atomarem Niveau herausgestellt, da es der Grund für die berühmte Schalenstruktur der Atomhüllen ist. Es stellte sich heraus, daß es auch für den Aufbau der Hadronen eine recht bedeutende Rolle spielt.

Das Pauli-Prinzip beruht auf einem der erstaunlichsten Resultate der axiomatischen Feldtheorie, auf dem Satz von Spin und Statistik, der schon in Abschn. 2.4 erwähnt wurde. Dieser besagt, das die Zustände von mehreren Spin-$\frac{1}{2}$-Teilchen (Fermionen) anti-symmetrisch sind. Dies bedeutet, daß ein Zustand bei Vertauschung zweier Komponenten sein Vorzeichen ändert. Dies wiederum hat zur Konsequenz, daß in einem Zustand mit zwei oder mehreren Teilchen diese nicht alle die gleichen Bestimmungsgrößen haben dürfen. Nehmen wir einmal an, ein Zustand bestehe aus zwei identischen Fermionen mit den gleichen Bestimmungsgrößen $a_1 = a_2$. Wenn wir diese vertauschen, so ändert sich der Zustand

4.4 Die Quarks werden farbig

nicht, da die Bestimmungsgrößen gleich sind, andererseits muß sich aber nach dem Satz von Spin und Statistik das Vorzeichen ändern. Da dies ein Widerspruch ist, kann es einen solchen Zustand, in dem alle Fermionen die gleichen Bestimmungsgrößen haben, nicht geben. Das ist genau das Pauli-Prinzip, das natürlich auch für Quarks gilt, da sie Fermionen sind.

Bei den Mesonen gibt das Pauli-Prinzip keine Einschränkung, da sie aus zwei verschiedenen Teilchen, einem Quark und einem Antiquark aufgebaut sind, wohl aber bei den Baryonen. Betrachten wir etwa die doppelt positiv geladene Resonanz Δ^{++}, die im $SU(3)$-Dekuplett (Abb. 4.4) liegt und aus drei u-Quarks aufgebaut ist. Hat sie die maximale Spineinstellung – nämlich $+\frac{3}{2}$ – dann ist die natürlichste Annahme, daß jedes der Quarks die Einstellung $+\frac{1}{2}$ hat und daß auch in der räumlichen Verteilung alle Quarks gleich zu behandeln sind. Diese Annahme steht aber im Widerspruch zum Pauli-Prinzip: Jedes Quark hat die gleichen Bestimmungsgrößen Ladung ($Q = +\frac{2}{3}$, Isospineinstellung $I_3 = +\frac{1}{2}$), und auch die räumliche Verteilung ist als gleich angenommen. Nun ist eine natürliche Annahme keine zwingende, und man kann sich schon Wechselwirkungen vorstellen, bei denen ein Zustand gebildet wird, der mit dem Pauli-Prinzip verträglich ist. Es stellte sich aber heraus, daß auch die am Ende des letzten Abschnitts erwähnte $SU(6)$-Symmetrie, die recht erfolgreiche Vorhersagen erlaubte, Zustände erforderte, die im Widerspruch zum Pauli-Prinzip standen. Es ist also kein Wunder, daß sich viele Physiker mit diesem Problem auseinandersetzten und dabei ein in den 40er Jahren des 20. Jahrhunderts entwickeltes Konzept wieder ausgegraben wurde: die Parastatistik. Natürlich läßt sich der Satz von Spin und Statistik nicht so leicht umgehen, und deshalb läuft die Parastatistik auf die Einführung einer weiteren Eigenschaft der Teilchen hinaus, die dann die Antisymmetrie des Zustands ermöglicht und damit auch seine Verträglichkeit mit dem Pauli-Prinzip. Wir wollen die vielen damals eingeschlagenen Wege nicht weiter verfolgen, bis auf einen einzigen, der 1965 von M.Y. Han und Y. Nambu vorgeschlagen wurde und der dann letztlich den Weg zur Entwicklung der adäquaten Feldtheorie der starken Wechselwirkung wies.

Han und Nambu nahmen an, daß jedes der drei Quarks noch eine zusätzliche Eigenschaft hat, die später willkürlich Farbe (*colour*) genannt wurde. Mit farbigen Sinneseindrücken oder physikalischen Farben (Wellenlängen des Lichts) hat diese „Farbe" außer dem Namen nichts gemein. Jedes Quark sollte in drei verschiedenen „Farben" auftreten und diese sollten sich nach einer Darstellung einer $SU(3)$-Gruppe transformieren. Diese Symmetrie hat nichts mit der $SU(3)$ des achtfachen Wegs zu tun. Mit dieser neuen Symmetrie konnten Han und

4 Zusammengesetzte „Elementar"-Teilchen

Nambu zwei Fliegen mit einer Klappe schlagen: einmal das Problem mit dem Pauli-Prinzip lösen und zum anderen die gebrochenzahligen Ladungen der Quarks vermeiden. Auf die Vermeidung der gebrochenzahligen Ladung will ich nicht weiter eingehen, da sie im Gegensatz zu den anderen Konsequenzen nicht weiter führte, auch heute noch geht man im allgemeinen von Quarks mit gebrochenzahligen Ladungen aus. Der Einfachheit halber wollen wir die später eingebürgerten Namen verwenden und die eine (die alte) $SU(3)$-Gruppe vom achtfachen Weg *flavour*-$SU(3)$ und die neue Farb-$SU(3)$ nennen. Die Quarks sind in diesem Modell neben dem *flavour* u, d, s noch durch eine zusätzliche Eigenschaft – eben die Farbe – gekennzeichnet; z. B. das u-Quark gibt es als u_{blau}, $u_{\text{weiß}}$, u_{rot}.

Han und Nambu gingen wie Gell-Mann und Zweig davon aus, daß die Baryonen aus drei Quarks, die Mesonen aus einem Quark und einem Antiquark aufgebaut sind. Sie nahmen zusätzlich an, daß es eine sehr starke Kraft gibt, die dafür sorgt, daß die niedrigst liegenden gebundenen Zustände – also die bekannten Baryonen und Mesonen – sich wie die triviale, eindimensionale Darstellung unter der Farb-$SU(3)$ verhalten, also Farb-Singuletts bilden. Eine Drehung im Farb-Raum wirkt also überhaupt nicht auf die bekannten Hadronen, man sagt daher auch sie seien „farbneutral". Bei den Baryonen ist der Farb-Singulett-Zustand automatisch anti-symmetrisch, daher muß der Zustand bei Vertauschung der anderen Eigenschaften symmetrisch sein, und dies ist genau die oben erwähnte „natürliche" Annahme, die jetzt mit dem Pauli-Prinzip verträglich ist. Die Farb-Zusammensetzung eines Mesons und eines Baryons ist in Abb. 4.8 dargestellt.

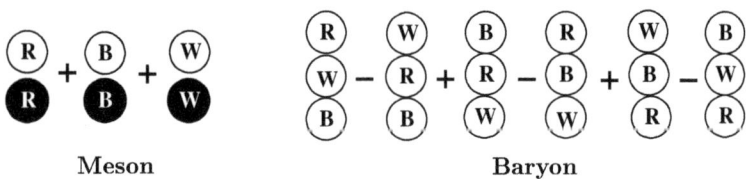

Meson   Baryon

Abbildung 4.8. Farb-Zusammensetzung eines Mesons und eines Baryons im Han-Nambu Modell. Die *offenen Kreise* bedeuten ein „rotes, blaues und weißes" Quark, die *gefüllten Kreise* entsprechend Antiquarks

Han und Nambu schlugen auch andeutungsweise ein dynamisches Modell vor, das die niedere Energie des Farb-Singuletts im Vergleich zum Farb-Oktett bewirkt, nämlich den Austausch eines Vektorfeldes, das zwar invariant unter der *flavour-SU*(3) – der alten Symmetriegruppe des achtfachen Weges – ist, aber unter der neuen „Farb"-Symmetrie sich wie ein Farb-Oktett transformiert, also acht verschiedene Farben tragen kann.

5 Auf dem Weg zum Standardmodell

Man kann die Situation der Teilchenphysik Ende der 1960er Jahre so zusammenfassen: Die experimentellen Methoden hatten seit der Mitte des Jahrhunderts immense Fortschritte zu verzeichnen, aber leider entsprach diesem Fortschritt auf experimentellem Gebiet nicht ein entsprechender Erkenntnisgewinn in der Theorie. Nur die rein elektromagnetischen Vorgänge konnten wirklich befriedigend erklärt werden. Man hatte zwar eine sehr erfolgreiche beschreibende Feldtheorie der schwachen Wechselwirkung, aber diese Theorie war nicht befriedigend, da sie nicht renormierbar war. Noch schlimmer war die Situation bei den starken Wechselwirkungen. Der Traum von einem ganz neuen Zugang zu diesen Wechselwirkungen durch die *bootstrap*-Methode hatte sich nicht erfüllt, und das Quarkmodell, das die Phänomene recht gut beschrieb, war alles andere als ein theoretisch geschlossenes System. Man hatte allerdings durch Symmetrie-Überlegungen große Fortschritte bei der Klassifikation der Teilchen und deren Wechselwirkungen gemacht, aber dieser Klassifikation fehlte eine dynamische Begründung. Daß sich dies sehr bald änderte, und wir heute eine quantenfeldtheoretische Beschreibung der Elementarteilchen mit ihrer elektromagnetischen, schwachen und starken Wechselwirkung haben, liegt daran, daß man das Augenmerk verstärkt auf eine Klasse von Symmetrien richtete, die direkt mit der Dynamik verknüpft sind: auf die sogenannten Eichsymmetrien.

5.1 Der Eichmeister

Die Eichsymmetrien haben zwei Wurzeln: Eine eher pragmatische, die aus der Elektrodynamik und der Quantenmechanik stammt, und eine tiefere, die aus der allgemeinen Relativitätstheorie kommt und unauflöslich mit dem Namen Hermann Weyls verknüpft ist. Ich muß dazu etwas weiter ausholen.

In der Elektrodynamik des 19. Jahrhundert spielten die elektrischen und magnetischen Potentiale eine große Rolle. Bei den Versuchen, die Elektrodynamik zu verstehen, z. B. durch mechanische Modelle des Äthers, suchte man vorwiegend nach einer Herleitung dieser Potentiale. Neben dem elektrischen Potential, das nach dem Muster der potentiellen Energie des Schwerefeldes konstruiert war, hatte man noch das magnetische Potential hergeleitet, ein sogenanntes Vektorpotential. Aus den Potentialen lassen sich die elektrischen und magnetischen Felder berechnen, nur diese sind über ihre Kraftwirkungen direkt der Messung zugänglich. Es gab manche Kontroverse über verschiedene Modelle, die zwar die bestehenden Erfahrungen gleich gut beschrieben, aber zu verschiedenen Potentialen führten. Es würde zu weit führen, hier die Geschichte der Elektrodynamik auch nur andeutungsweise darzustellen, und ich schildere nur kurz die Situation zu Beginn des 20. Jahrhunderts. Es stellte sich heraus, daß die entscheidenden Größen in der Elektrodynamik das elektrische und das magnetische Feld sind. Diese treten direkt in den Grundgleichungen der Elektrodynamik, den Maxwellschen Gleichungen, auf. Das elektrische Potential und das magnetische Vektorpotential können zu einem relativistischen Vierervektor zusammengefaßt werden, den wir in Zukunft kurz „das elektromagnetische Potential" nennen. Dieses ist eine sehr bequeme mathematische Hilfsgröße zur Lösung der Maxwellschen Gleichungen. Es ist nicht eindeutig bestimmt, verschiedene Potentiale können zu den gleichen Feldern führen. Eine Änderung des Potentials, die so beschaffen ist, daß sich das elektromagnetische Feld nicht ändert, nennt man heute Umeichung. Die Eichsymmetrie ist nun etwas recht Banales: Ändert man die Potentiale so, daß sich die Felder nicht ändern, ändert sich nichts an den physikalisch beobachtbaren Größen.

Daß den Potentialen aber dennoch eine große, zumindest formale, Bedeutung zukommt, sieht man aus folgendem: Will man die Bewegung eines klassischen Teilchens in einem Magnetfeld mit Hilfe eines Variationsprinzips (Prinzip der kleinsten Wirkung) herleiten, dann ist die Größe, die variiert wird, die Hamilton-Funktion. In dieser treten aber nicht direkt die elektromagnetischen Felder auf, sondern das elektromagnetische Potential. Dies wird bei der Quantenmechanik von großer Bedeutung, wie wir weiter unten sehen werden.

Bevor wir aber zur Quantenmechanik kommen, möchte ich kurz auf die oben erwähnte zweite Wurzel der Eichsymmetrien eingehen, die allgemeine Relativitätstheorie. Diese geht von der Gleichwertigkeit aller Koordinatensysteme aus. Es gibt also nicht so etwas wie ein „Ur-Koordinatensystem", auf das sich alle Koordinatensysteme direkt beziehen. Dies bedeutet, daß ich die Richtungen zweier Vektoren (das sind gerichtete Größen) an verschiedenen Punkten P_1 und P_2 nicht unmittelbar vergleichen kann, dazu muß ich den den Vektor von Punkt P_1

zum Punkt P_2 „parallel-transportieren" (oder umgekehrt den Vektor von P_2 nach P_1). Im allgemeinen hängt dieser Paralleltransport eines Vektors von der Wahl des Weges ab. Überträgt man einen Vektor auf zwei getrennten Wegen zum gleichen Punkt, so kann die Richtung nach diesem „Paralleltransport" auf getrennten Wegen verschieden sein, wie in Abb. 5.1a dargestellt. Die Abweichung der beiden Richtungen von-

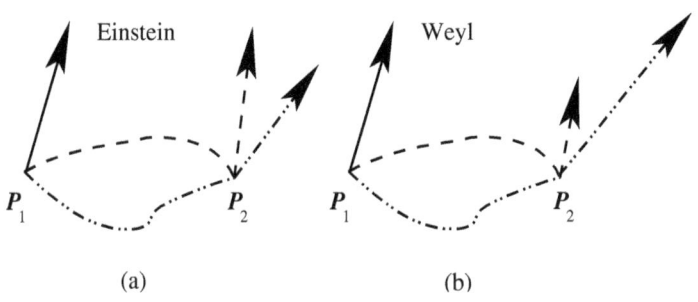

Abbildung 5.1. Parallelverschiebung einer gerichteten Größe (a) nach der allgemeinen Relativitätstheorie Einsteins und (b) nach Weyl. Einstein geht von der Riemannschen Geometrie aus, hier hängt zwar die Richtungsänderung vom Zwischenweg ab, aber nicht die Länge. Bei der Weylschen „Nahgeometrie" kann auch noch die Länge des verschobenen Vektors vom Zwischenweg abhängen

einander ist ein Maß für die sogenannte Raumkrümmung, und diese ist in der allgemeinen Relativitätstheorie durch die Schwerkraft bestimmt. In der allgemeinen Relativitätstheorie bleibt allerdings die Länge beim Paralleltransport unverändert, d. h. es gibt starre Maßstäbe.

Weyl trieb nun diese Überlegung noch einen Schritt weiter: Er nahm an, daß auch der direkte Vergleich von Längen nur an ein und demselben Raum-Zeit-Punkt möglich ist und daß bei der Übertragung eines Maßstabs von einem Punkt zum anderen auch die Länge vom Weg abhängen kann (Abb. 5.1b). Natürlich soll nun dadurch nicht die totale Willkür bei der Eichung von Maßstäben ausbrechen, und die von der Wahl des Weges abhängige Längenänderung muß einen physikalischen Grund haben. Bei der allgemeinen Relativitätstheorie Einsteins ist die wegabhängige Richtungsänderung durch das Gravitationsfeld, also die Schwerkraft, bedingt. Ich benötige diese, um zu wissen, wie ich eine gerichtete Größe parallel transportieren muß, und umgekehrt ist in dem mathematischen Formalismus des Paralleltransport die Schwerkraft enthalten. Dies ist die „geometrische Interpretation" der Gravitation in der allgemeinen Relativitätstheorie. Weyl zeigte, daß bei einer Änderung der Länge beim Paralleltransport die Einführung eines weiteren Feldes nötig ist und daß dieses Feld genau den Grundgleichungen der Elektrodynamik genügt. Weyl glaubte also mit dieser konsequenten Erweiterung der Einsteinschen Theorie eine geometrische Begründung nicht nur der Gravitation, sondern auch der Elektrodynamik gefunden zu haben.

Die Überlegungen Weyls wurden zwar allgemein als genial betrachtet, aber stießen auf große Skepsis, was die physikalische Relevanz betrifft. Weyl wurde von den Skeptikern, zu denen in erster Linie Einstein gehörte, nur langsam überzeugt und rückblickend schrieb er: „Aus dem Jahre 1918 datiert der von mir unternommene erste Versuch, eine einheitliche Feldtheorie von Gravitation und Elektromagnetismus zu entwickeln, und zwar auf Grund des Prinzips der Eichinvarianz, das ich neben dasjenige der Koordinaten-Invarianz stellte. Ich habe diese Theorie selber längst aufgegeben, nachdem ihr richtiger Kern: die Eichinvarianz, in die Quantentheorie herübergerettet ist als ein Prinzip, das nicht die Gravitation, sondern das Wellenfeld des Elektrons mit dem elektromagnetischen verknüpft." Von der ursprünglichen Anwendung auf Längenänderungen ist aber der Name „Umeichung" und „Eichsymmetrie" geblieben.

Nun sind wir beim Stichwort Quantenmechanik angelangt. Noch vor der Entdeckung der nach ihm benannten Gleichung wurde Schrödinger 1922 durch die „Weylsche Weltgeometrie" angeregt, eine Arbeit „Über eine bemerkenswerte Eigenschaft der Quantenbahnen eines einzelnen Elektrons" zu schreiben. Diese Arbeit beruhte noch auf dem alten Bohrschen Atommodell, und Schrödinger kam in ihr zu keinem klaren Schluß, aber sie wirkte anregend und ihre Bedeutung wurde erst nach der Aufstellung der Schrödinger-Gleichung richtig klar.

Ich hatte oben schon erwähnt, daß in der „höheren Mechanik", die von Variationsprinzipien ausgeht, in der grundlegenden Hamilton-Funktion nicht die elektromagnetischen Felder, sondern das elektromagnetische Potential auftritt. Dies sieht zunächst nach einer Verletzung der Eichinvarianz aus, wissen wir doch, daß verschiedene Potentiale zu den gleichen Feldern führen können und daß in der klassischen Elektrodynamik nur die Felder meßbar sind. In der klassischen Physik liegt des Rätsels Lösung darin, daß in den relevanten Bewegungsgleichungen, die aus der Hamiltonfunktion abgeleitet werden können, auf wunderbare Weise am Ende nur die elektromagnetischen Felder auftreten. All die Mehrdeutigkeiten, die im Potential stecken, fallen bei den Bewegungsgleichungen weg.

5.1 Der Eichmeister 143

In der Quantenmechanik ist dies aber nicht so einfach. Hier konstruiert man nach dem Korrespondenzprinzip direkt aus der Hamilton-Funktion die Schrödinger-Gleichung, in der nun auch das elektromagnetische Potential auftritt, und wir müssen uns wieder die Frage stellen: Was passiert wenn wir das Potential ändern, aber auf eine solche Weise, daß sich die Felder nicht ändern. Nach klassischen Vorstellungen dürfen sich dann auch die physikalischen Effekte nicht ändern. Tatsächlich erschien im gleichen Jahr 1926, in dem Schrödinger seine Gleichung publizierte, eine Arbeit von V. Fock aus Leningrad mit dem Titel „Über die invariante Form der Wellen- und der Bewegungsgleichungen für einen geladenen Massenpunkt". Er fand, daß die Schrödinger-Gleichung, genau genommen eine Verallgemeinerung von dieser, sich bei einer oben beschriebenen Änderung der Potentiale nicht ändert, wenn man auch noch die Wellenfunktion des geladenen Teilchens entsprechend modifiziert. Die physikalischen Beobachtungsergebnisse werden durch diese Transformationen nicht beeinflußt. Fock zitierte zwar die Arbeit Schrödingers von 1922, aber er ging nicht auf die von Weyl ein. Die eminente Bedeutung der Weylschen Überlegungen wurde dagegen von F. London bei sehr ähnlichen Überlegungen sofort erkannt, wie schon aus dem Titel seiner 1927 veröffentlichten Arbeit hervorgeht: „Quantenmechanische Deutung der Theorie von Weyl".

Ich möchte auf diese wichtige Arbeit nicht näher eingehen, sondern gleich zu der entscheidenden Publikation von Weyl aus dem Jahre 1929 kommen. Doch dazu muß ich noch ein bißchen weiter ausholen. Eine sogenannte globale Umeichung ist eine einfache Sache, nichts ändert sich wirklich, nur die Namen. Die Einführung des Euro als Währungseinheit ist ein Beispiel dafür. Beschränken wir uns auf Deutschland, so kann man aus einem Preis in Euro den entsprechenden Preis in DM sofort berechnen, wenn man durch 1.9558 dividiert. Am tatsächlichen Wert des Inhalts meines Geldbeutels hat sich dadurch nichts geändert (oder so hätte es mindestens sein sollen). Was für Deutschland alleine gesehen wie eine „globale" Umeichung aussieht, ist allerdings für Europa gesehen „lokal". Der Umrechnungsfaktor 1.9558 nützt einem Italiener überhaupt nichts. Will er den Euro-Preis in Lire umrechnen, so braucht er den für Italien relevanten Umrechnungsfaktor. Für Länder außerhalb der Euro-Zone ist der Umrechnungsfaktor sogar noch zeitabhängig, er folgt den Schwankungen des Wechselkurses. Wenn wir also Preise vor und nach der Währungsumstellung vergleichen wollen, brauchen wir eine lokale Umrechnungstabelle. Nur wenn wir anhand dieser Tabelle feststellen, daß sich die Preise real nicht geändert haben, handelt es sich tatsächlich um eine „lokale Umeichung". In der alten Weylschen Theorie war die Längenänderung eine solche Umeichung, die Umrechnungstabelle ließ sich nach dieser Theorie aus dem elektromagnetischen Feldern berechnen. Wir können aber auch den Spieß umdrehen, und genau das tat Weyl: *Fordern* wir „Eichinvarianz", also daß es sich nur um eine Umeichungen handelt, so muß es eine Umrechnungstabelle und damit elektrische Felder geben, mit Hilfe derer wir die Tabelle berechnen können.

Wie bereits erwähnt, war die Forderung nach der Umeichung der Maßstäbe zwar mathematisch konsistent, aber physikalisch nicht realisiert. Aber in der Quantenmechanik gibt es eine solche physikalisch relevante Umeichung. Schon aus den Prinzipien der Quantenmechanik folgt eine globale Eichinvarianz: Multipliziert man die Wellenfunktion eines Zustands mit einer komplexen Zahl vom Betrage eins, technisch gesprochen mit einem Phasenfaktor, so ändert sich nach den Prinzipien der Quantenmechanik nichts an den Beobachtungsergebnissen. Dies ist eine Konsequenz davon, daß die Wahrscheinlichkeiten, über die die Quantenmechanik Aussagen macht, nur vom Betrag, aber nicht von der Phase der Amplitude abhängen. Ich hatte schon in Abschn. 3.2 gedroht, daß uns dieses recht unanschauliche Ergebnis noch weiter beschäftigen wird. Nun fand es Weyl nicht einsichtig, daß bei der Multiplikation einer Wellenfunktion etwa auf einem fernen Stern der gleiche Faktor wie hier benutzt werden muß. Er lehnte einen solchen „Fernparallelismus" ab und forderte, daß dieser Phasenfaktor an verschiedenen Punkten verschieden sein, also eine Funktion von Raum- und Zeitkoordinaten sein dürfe. Falls dies der Fall ist, dann braucht man eine Umrechnungstabelle. Aus den Grundgleichungen der Quantenmechanik läßt sich zeigen, daß diese Tabelle durch die elektromagnetischen Felder gegeben wird. Die Forderung nach lokaler Eichinvarianz der Quantenphysik zieht also die Existenz von elektromagnetischen Feldern nach sich.

Fassen wir zusammen und führen noch einige Fachausdrücke ein, die für die weitere Diskussion recht praktisch sind. Eine Transformation, die an jedem Raum-Zeit-Punkt die gleiche Wirkung hat, heißt *global*. Man sagt, man *eicht* eine *globale* Transformation, wenn man zuläßt, daß die Transformation an verschiedenen Raum-Zeit-Punkten verschieden wirkt. Man spricht bei solchen lokalen Transformationen auch von Eichtransformationen. In Abb. 5.2 ist eine globale und eine geeichte Drehung dargestellt.

Eine Theorie heißt eichinvariant, wenn die Grundgleichungen invariant unter lokalen, d. h. geeichten Transformation sind. Wie wir bereits gesehen haben, hat die Forderung nach Eichinvarianz dynamische Konsequenzen. Um die „Umrechnungstabelle" erstellen zu können, braucht man neue Felder, die sogenannten Eichfelder, die die Transformation der ursprünglichen Felder in den Grundgleichungen kompensieren.

5.1 Der Eichmeister 145

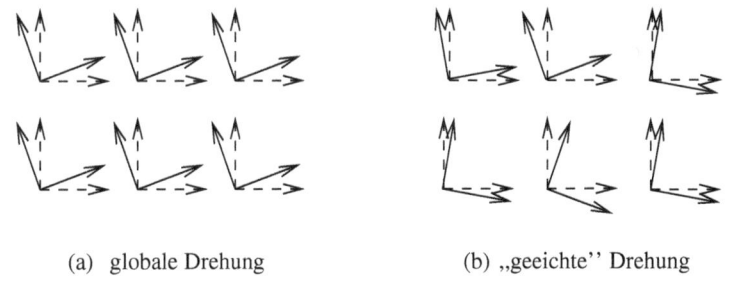

(a) globale Drehung (b) „geeichte" Drehung

Abbildung 5.2. Globale und geeichte (lokale) Transformation, hier eine Drehung. (a) Bei einer globalen Drehung ist der Drehwinkel an allen Punkten der gleiche, (b) bei einer geeichten Drehung kann er an verschiedenen Punkten verschieden sein.

Startet man etwa mit einer Theorie freier, das heißt nicht wechselwirkender Elektronen, dann ist die Grundgleichung – in diesem Falle die freie Dirac-Gleichung – invariant bei Multiplikation mit einem globalen Phasenfaktor. Dies trifft aber nicht mehr zu, wenn man diese Transformation eicht, d. h. den Phasenfaktor auch noch von Raum- und Zeitkoordinaten abhängig macht. Man muß dann die freie Gleichung durch Eichpotentiale so modifizieren, daß bei einer gemeinsamen Transformation der Eichpotentiale und der Wellenfunktion die Gleichung wieder unabhängig von der Eichtransformation wird. Die Eichpotentiale sind in diesem Falle die elektromagnetischen Potentiale. Nicht nur ihre Existenz, sondern auch ihre Wechselwirkung mit den Teilchen ist durch die Forderung der Eichinvarianz festgelegt.

Die Multiplikation mit einem Phasenfaktor, also mit einer komplexen Zahl vom Betrag eins, stellt eine besonders einfache Transformationsgruppe dar, die sich auch gut in die Gruppen $SU(2)$ und $SU(3)$, die wir schon kennengelernt haben, einfügen läßt. Eine Zahl kann ja auch als eine besonders einfache Matrix, nämlich eine 1×1-Matrix betrachtet werden, und daher heißt die Multiplikation mit einem Phasenfaktor $U(1)$-Transformation. Die 1 steht für eine 1×1-Matrix, U dafür, daß es eine komplexe Zahl mit dem Betrag eins ist. Die zur Transformation gehörige Symmetrie ist damit die $U(1)$-Symmetrie. Wir können daher auch kurz und prägnant sagen: Das elektromagnetische Feld ist das Eichfeld der $U(1)$-Symmetrie geladener Teilchen.

Die Forderung nach lokaler Eichinvarianz erwies sich in der zweiten Hälfte des zwanzigsten Jahrhunderts als das entscheidende Prinzip zur Konstruktion neuer und erfolgreicher Theorien. Der mathematisch adäquate Rahmen für die Eichtheorien ist die Theorie der Faserbündel.

Ein Feld ist sozusagen eine Faser, die einzelnen Punkte der Faser sind die entsprechenden Eichpotentiale.

5.2 Die Eichungen werden mehrdimensional

Es liegt nun nicht allzu fern, auch Symmetrien zu eichen, die komplizierter sind als die $U(1)$, z. B. die $SU(2)$ oder $SU(3)$. Sehr weitreichende Versuche in diese Richtung unternahmen O. Klein (1938) und W. Pauli (1953). Klein war angeregt durch die Arbeiten Yukawas und kam zu einer Theorie, die man heute eine explizit gebrochene $SU(2)$-Eichtheorie nennen würde. Auch Pauli, der den Versuchen Weyls meist recht kritisch gegenüberstand, interessierte sich kurzzeitig für dieses Problem: Er fragte sich, ob es möglich sei, die Isospin-Symmetrie (also die $SU(2)$) in analoger Weise zu eichen wie die Elektrodynamik. Er fand dabei das Analogon zur elektrischen und magnetischen Feldstärke einer solchen Theorie. Endgültig wurde das Problem von C.N. Yang und R.L. Mills 1954 gelöst, unabhängig davon auch in einer Dissertation von R. Shaw (1955). Allerdings wurde die Frage nach der Quantisierung der Eichfelder damals überhaupt noch nicht beantwortet.

Bei der Eichung der $U(1)$-Symmetrie muß man ein Eichpotential einführen, aus dem dann die Eichfelder, in diesem Fall das elektrische und magnetische Feld, hergeleitet werden können. Die $SU(2)$ hat drei und die $SU(3)$ acht Erzeugende und entsprechend gibt es auch jeweils drei bzw. acht Eichpotentiale.

Es gibt bemerkenswerte Parallelen zwischen den Eichfeldern der Elektrodynamik und denen etwa der $SU(2)$, $SU(3)$ oder ganz allgemein $SU(n)$. Gemeinsam ist den Eichfeldern dieser Symmertriegruppen, daß sie sich aus Eichpotentialen herleiten lassen und es immer eine Entsprechung zum elektrischen und eine zum magnetischen Feld gibt. Deswegen haben die den Eichfeldern entsprechenden Feldquanten den Spin 1 und sind masselos, sie werden *Eichbosonen* genannt. Die Wechselwirkung der Eichbosonen ist durch die Eichsymmetrie vollständig festgelegt und in der Theorie ist nur noch die Stärke, nicht aber die Form, frei. Es gibt soviele Eichpotentiale und entsprechende daraus hergeleitete Eichfelder, wie die Gruppe Erzeugende hat. Die $U(1)$ hat nur eine Erzeugende, und deshalb gibt es auch nur ein Eichfeld, das elektromagnetische.

Die Eichsymmetriegruppe der Elektrodynamik, die $U(1)$, ist besonders einfach, weil hier das Ergebnis zweier nacheinander ausgeführter Transformationen nicht von der Reihenfolge abhängt, sie ist eine Abelsche Gruppe. Dies ist die Konsequenz der Vertauschbarkeit komplexer Zahlen bei der Multiplikation. Bei $SU(2)$, $SU(3)$ und allgemein

5.2 Die Eichungen werden mehrdimensional 147

den Gruppen $SU(n)$ (mit n größer als eins) hängt dagegen die resultierende Transformation sehr wohl von der Reihenfolge der einzelnen Transformationen ab, sie sind also nicht-Abelsch. Man spricht daher bei der Elektrodynamik auch von einer „Abelschen Eichtheorie" und dementsprechend bei Eichinvarianz unter nicht-Abelschen Gruppen wie $SU(2)$ und $SU(3)$ von nicht-Abelschen Eichtheorien. Man nennt die nicht-Abelschen Eichtheorien nach ihren Erfindern auch Yang-Mills-Theorien.

Die aus der Eichinvarianz folgenden Gleichungen der Elektrodynamik, die Maxwell-Gleichungen, sind linear, es gibt keine Terme, die quadratisch oder höherer Ordnung in den elektromagnetischen Feldern oder Potentialen sind. Dies ist nicht nur für die mathematische Behandlung äußerst bequem, es hat auch eine physikalisch relevante Folge: Die Quanten der Eichfelder – also die Photonen – wechselwirken nicht direkt untereinander, die Photonen sind elektrisch neutral. In der Sprache der Feynman-Graphen heißt dies, daß es keine direkte Kopplungen von drei oder mehr Photonen gibt.

Bei nicht-Abelschen Eichtheorien ist dies anders: Hier gibt es in den Feldgleichungen Terme, die quadratisch und kubisch in den Feldern sind. Hier koppeln die Eichquanten aneinander, man kann sagen, in einer nicht-Abelschen Theorie tragen auch die Eichfelder eine „Ladung", die allerdings nicht mit der elektromagnetischen Ladung verwechselt werden darf. In Abb. 5.3 sind die in nicht-Abelschen Eichtheorien zusätzlich auftretenden Wechselwirkungen der Eichbosonen untereinander durch die Feynman-Diagramme 5.3a und b dargestellt.

Die Kopplung der Eichbosonen untereinander macht bei der Quantisierung erhebliche Schwierigkeiten. Der Weg zu einer konsistenten *quantisierten* nicht-Abelschen Eichtheorie war, wie M. Veltman sagte, „lang und schmerzensreich". Natürlich konnte man nicht hoffen, es bei den komplizierteren Theorien leichter zu haben als bei der Quantenelektrodynamik; daher versuchte man von vornherein das dortige Vorgehen zu übertragen, das heißt die Wechselwirkung rechnerisch als eine kleine Störung einer freien Theorie zu behandeln. Überträgt man allerdings die Regeln der QED auf die nicht-Abelschen Eichtheorien, fügt also zu der Wechselwirkung mit den Fermionen (Abb. 1.8) noch die Kopplungen der Eichbosonen untereinander (Abb. 5.3a und b) hinzu, so stellt man fest, daß bei so berechneten Streuamplituden die Unitarität verletzt, also die Wahrscheinlichkeit nicht erhalten ist. Nach der Periode der *nuclear democracy* war man in dieser Frage sensibilisiert und eine Korrektur dieses Defektes war unumgänglich. Dies gelang dadurch, daß man neue Felder einführte, die in der klassischen Wechselwirkung gar nicht vorkommen. Man nennt solche Felder, die nur virtuell auftreten, Geister-Felder. Ihre Wechselwirkung mit den Eichbosonen ist in Abb. 5.3c dargestellt. Nur wenn man diese berücksichtigt, läßt sich die Quantisierung der nicht-Abelschen Eichtheorien relativistisch konsistent durchführen. Da die technischen Schwierigkeiten schwer zu vermitteln sind, möchte ich nur das Ergebnis der klassischen Arbeiten von t'Hooft und Veltman, das etwa 1971 vorlag, angeben: Auch die nicht-Abelschen Eichtheorien sind renormierbar, das heißt man kann mit einer beschränkten Anzahl von Parametern im Prinzip jede Ordnung der Störung berechnen und deshalb sehr präzise Vorhersagen machen.

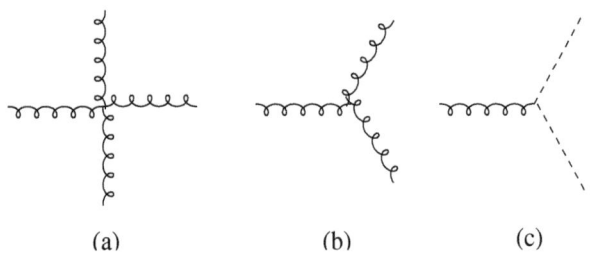

(a)   (b)   (c)

Abbildung 5.3. Kopplungen, die nur in einer nicht-Abelschen Eichtheorie vorkommen. (**a**) Vier-Eichboson-Kopplung; (**b**) Drei-Eichboson-Kopplung; (**c**) Eichboson-Geist-Kopplung; *geschlungene Linien* bedeuten Eichfelder, *gestrichelte* Geisterfelder; diese kommen bei Wahrscheinlichkeitsamplituden für physikalisch realisierbare Prozesse nur in inneren Linien vor

Dabei ist zu bemerken, daß die Forderung nach Eichinvarianz ganz wesentlich für die Renormierbarkeit ist. Ohne Eichinvarianz könnte man das Auftreten von mehr und mehr neuen Termen mit unbestimmten Kopplungskonstanten in höheren Ordnungen der quantenfeldtheoretischen Störungstheorie nicht ausschließen. Insbesondere verbietet die Eichinvarianz, daß Quantenkorrekturen zu einer Masse für die Eichbosonen führen; diese würde die Renormierbarkeit zerstören. In der QED, also einer Abelschen Eichtheorie, ist dies recht einfach zu sehen, allerdings nicht in einer nicht-Abelschen Eichtheorie. Yang berichtet, daß er bei einem Seminar in Princeton im Frühjahr 1954 von Pauli so mit Fragen nach der Masse der Eichfeld-Quanten bedrängt wurde, daß er seinen Vortrag abbrach und nur auf Intervention des Diskussionsleiters Oppenheimer weiterredete.

Nicht-Abelsche Eichtheorien stießen schon in den frühen 1960er Jahren auf reges Interesse, also noch bevor die Quantisierung durchgeführt und die Renormierbarkeit gezeigt war. Nachdem das Oktett der Vektormesonen bekannt war, lag es natürlich nahe, diese als Eichbosonen der *flavour-SU(3)*-Symmetrie (achtfacher Weg, Abschn. 4.2) zu interpretieren. Das Problem der Masse spielte dabei eine große Rolle, da alle diese Teilchen eine Masse von mehr als 700 MeV/c^2 hatten. Andererseits war die Masselosigkeit der Eichfelder ein wesentlicher Zug der Theorie. Irgendwie konnte also die Symmetrie nicht exakt sein, und man mußte nach einer Brechung der Symmetrie suchen. Dies führte in der Theorie der starken Wechselwirkung zwar nicht weiter, brachte aber den Durchbruch bei der schwachen Wechselwirkung, der 1967 mit einer Arbeit von S. Weinberg einsetzte. Dazu müssen wir aber noch ein weiteres wichtiges Konzept kennenlernen, nämlich das der sogenannten spontanen Symmetriebrechung.

5.3 Spontane Symmetriebrechung

Der Unterschied zwischen gebrochener Symmetrie und überhaupt keiner Symmetrie ist fließend, so wie der zwischen einer schlecht erhaltenen Burg und einer gut erhaltenen Burgruine. Daher ist eine gebrochene Symmetrie immer etwas suspekt. Es gibt aber eine sehr respektable, wohldefinierte Art der Symmetriebrechung, nämlich die sogenannte *spontane Symmetriebrechung*, die wir in diesem Abschnitt behandeln.

In der Quantenphysik der Felder gibt es einen ausgezeichneten Zustand, den Grundzustand oder Vakuumzustand. Aus ihm können alle anderen Zustände durch Anwendung der Feldoperatoren erzeugt werden. Dies ist auch in der axiomatischen Formulierung der Quantenphysik, den Wightman-Axiomen (Abschn. 2.4) verankert. Eine Symmetrie heißt spontan gebrochen, wenn die Grundgleichungen, die die Theorie beschreiben, invariant unter den Symmetrietransformationen sind, nicht aber der Grundzustand.

Am einfachsten ist dies in der Festkörperphysik einzusehen, wo das Konzept im Rahmen der Quantentheorie auch 1928 von Heisenberg zum erstenmal eingeführt wurde. Betrachten wir einen Magneten. Ein solcher besteht aus Atomen mit Spin, der eine gerichtete Größe ist. Die Energie zweier benachbarter Atome hängt nur vom Winkel zwischen den Spin-Einstellungen ab und ist dann minimal, wenn beide Spins parallel sind. Diese Spin-Spin-Wechselwirkung ist invariant gegenüber gemeinsamen (globalen) Drehungen, da eine Drehung die Winkel nicht ändert. Im Grundzustand sind alle Spins parallel, denn dann ist die Energie minimal. Alle Spins weisen also in dieselbe Richtung, die allerdings keinerlei Einfluß auf die Energie hat. Es gibt also unendlich viele mögliche Grundzustände, für jede dieser möglichen Gesamtrichtungen einen; in Abb. 5.4 sind zwei mögliche Grundzustände dargestellt.

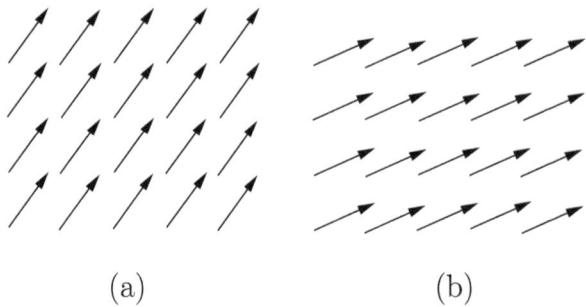

(a) (b)

Abbildung 5.4. Ein System mit unendlich vielen Grundzuständen, ein Magnet aus Eisen (Ferromagnet). Die Energie ist minimal, wenn alle Spins, angedeutet durch Pfeile, parallel ausgerichtet sind; in welche Gesamtrichtung die Spins dabei zeigen, (a) oder (b), ist für die Energie irrelevant

Wir sprechen in diesem Fall von einem entarteten Grundzustand oder auch einem entarteten Vakuum. Bei einem real existierenden Magneten müssen die Spins in irgendeine Richtung weisen. Damit ist diese ausgezeichnet und deshalb sagen wir, die Symmetrie ist hier spontan gebrochen.

Die Entartung des Grundzustands hat eine wichtige physikalische Konsequenz: Da es keiner Energie bedarf, um von einem Grundzustand zum anderen überzugehen, gibt es masselose „Teilchen" (in der Festkörperphysik spricht man von Quasi-Teilchen), die den Übergang von einem zum anderen entarteten Grundzustand vermitteln. Dies ist eine ganz wichtige allgemeine Konsequenz der spontanen Symmetriebrechung in der Quantenfeldtheorie: Ist eine kontinuierliche Symmetrie spontan gebrochen, d. h. gibt es unendlich viele Grundzustände, so gibt es in der Theorie auch masselose Teilchen. Dieses Theorem wurde von J. Goldstone 1961 gefunden; man nennt die masselosen Teilchen, die einen ganzzahligen Spin haben, Goldstone Bosonen. Die Goldstone-Bosonen des Magneten sind die sogenannten Magnonen, die Quanten der Spinwellen. Bekannter sind die Quanten der Schallwellen, die Phononen, die man als Goldstone-Bosonen der spontanen Brechung der Translationsinvarianz durch einen real vorhandenen Festkörper auffassen kann.

In der Elementarteilchenphysik ist der Grundzustand nicht so anschaulich wie in der Festkörperphysik, aber die mathematische Behandlung ist analog. Der erste Vorschlag, die spontane Symmetriebrechung auch in der Elementarteilchenphysik einzuführen, geht auf Heisenberg und Mitarbeiter im Jahre 1959 zurück. Doch die Heisenbergsche nichtlineare Spinortheorie erfreute sich keiner allzugroßen Beliebtheit, und

5.3 Spontane Symmetriebrechung   151

so wurden erst die Arbeiten von Y. Nambu, die etwa zwei Jahre später zu diesem Thema publiziert wurden, beachtet.

Wir wollen nun die spontane Symmetriebrechung an einem einfachen, aber sehr wichtigen feldtheoretischen Beispiel untersuchen. Dazu betrachten wir zunächst ein Teilchen ohne Spin und Ladung. Ein solches Teilchen wird in der Feldtheorie durch ein reelles Feld F beschrieben. Dieses Feld hängt von den Orts- und Zeitkoordinaten ab, aber das ist hier zunächst nicht von Bedeutung. Das Feld soll mit sich selbst wechselwirken und die Feldquanten die Masse m haben. Zu der Feldenergie trägt die Masse des Teilchens mit dem quadratischen Term $m^2 \cdot F^2$ bei, dies entspricht der Ruhenergie. Außerdem ergibt die Selbstwechselwirkung des Feldes den quartischen Beitrag $g \cdot F^4$, die positive Kopplung g beschreibt die Stärke der Wechselwirkung. Damit wird die gesamte statische Feldenergie gegeben durch :

$$V(F) = M \cdot F^2 + g \cdot F^4,$$

wobei $M = m^2$ ist.

Wir sehen daß diese Feldenergie invariant gegen einen Vorzeichenwechsel der Feldstärke F ist. In Abb. 5.5a ist die statische Feldenergie in Abhängigkeit von der Feldstärke F aufgetragen. Der Grundzustand, der Zustand minimaler Energie, liegt bei $F = 0$. Ganz anders sieht es aus, wenn wir ignorieren, daß M das Quadrat einer Masse ist und wir M als eine negative Zahl wählen. Das klingt zwar etwas verwunderlich – es ist es auch – doch wollen wir zunächst einmal sehen, was uns der Formalismus lehrt. Ist er vernünftig, so sollten wir das Ergebnis auch wieder vernünftig interpretieren können.

Bei kleinen Werten von F treibt der jetzt negative quadratische Term $M \cdot F^2$ die Energie nach unten, bei großen Feldstärken gewinnt dagegen der quartische Wechselwirkungsterm $g \cdot F^4$, und wir erhalten den Verlauf, der in Abb. 5.5b dargestellt ist.

Durch das Wechselspiel des „abstoßenden" quadratischen und des „anziehenden" Wechselwirkungsterms liegt der Zustand tiefster Feldenergie nicht bei verschwindender Feldstärke, sondern bei den beiden Werten $+F_0$ und $-F_0$ mit $F_0 = \sqrt{-M/(2 \cdot g)}$ (bedenken Sie, daß in diesem Falle $-M$ positiv ist). Es gibt hier also zwei Grundzustände oder Vakua, die nicht bei der Feldstärke 0 liegen, sondern bei den Werten $+F_0$ und $-F_0$. Die Feldenergie V hat in beiden Vakua den gleichen Wert, diese sind also entartet. Der minimale Wert der Feldenergie, der Vakuumerwartungswert, berechnet sich zu $v = -M^2/(4 \cdot g)$. Da ein reKKal existierendes System sich in einem der beiden Vakua befinden muß, also den Wert $+F_0$ oder $-F_0$ haben muß, ist der Wert, der tatsächlich

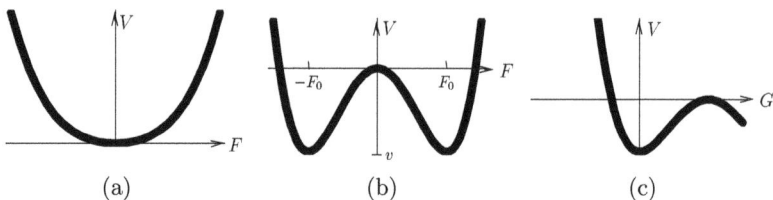

Abbildung 5.5. Statische Feldenergie. (a) Mit positivem quadratischen Term (Massenterm); (b) mit einem negativen quadratischen Term, der zu einer spontanen Symmetriebrechung führt; in (c) ist das Feld um den Wert F_0 verschoben

angenommen wird, ausgezeichnet. Damit ist die Symmetrie gegenüber einem Vorzeichenwechsel spontan gebrochen.

Kehren wir zurück zur Feldtheorie. Bleiben wir bei der oben angegebenen statischen Feldenergie mit negativem M, doch verschieben wir die Feldstärke F um den angegebenen Wert F_0, d. h. wir führen die neue Feldstärke $G = F - F_0$ ein, Abb. 5.5c. Drücken wir nun die Feldenergie anstatt durch die ursprüngliche Feldstärke F durch die neue G aus, so erhalten wir nach einer einfachen Rechnung

$$V = -2M \cdot G^2 + 4g \cdot \sqrt{\frac{-M}{2 \cdot g}} \cdot G^3 + g \cdot G^4 - \frac{M^2}{4 \cdot g}.$$

Der Ausdruck ist nun ein bißchen komplizierter, insbesondere ist ein kubischer Term in der neuen Feldstärke – nämlich der Term mit G^3 – hinzugekommen; dieser zerstört die Symmetrie, nämlich die Invarianz beim Übergang von $+F$ zu $-F$. Das ist die Konsequenz der spontanen Symmetriebrechung, wir haben uns ja für $G = F - F_0$ entschieden obwohl wir uns genausogut für $G = F + F_0$ hätten entscheiden können. Aber dafür hat nun die Theorie wieder einen positiven quadratischen Term, nämlich $-2 \cdot M \cdot G^2$, d. h. dem Feld G ist ein Teilchen mit dem ordentlichen positiven Massenquadrat $m^2 = -2 \cdot M$ zugeordnet. Wir können also die Theorie unter zwei Blickwinkeln betrachten: Für Symmetrieüberlegungen ist es bequem, mit der Feldstärke F zu operieren, für die Teilchen-Interpretation ist dagegen die Feldstärke G, bei der die Symmetrie nicht mehr sichtbar ist, angemessen.

Wir müssen aber das Modell noch weiter ausbauen, damit es für die Feldtheorie richtig interessant wird. Bis jetzt haben wir zwar eine spontan gebrochene Symmetrie, aber noch keinen kontinuierlichen Übergang von einem möglichen Grundzustand in den anderen. Dem können wir abhelfen, indem wir die Kurven aus Abb. 5.5a und b um

5.3 Spontane Symmetriebrechung 153

die Mittelachse, also die V-Achse, rotieren lassen. Dann erhalten wir die Flächen, die in Abb. 5.6 dargestellt sind. Aus der Kurve mit positivem M wird die Schale 5.6a, aus der mit negativem M die Fläche 5.6b, die ähnlich dem Boden einer Sektflasche ist. Der Rotation entspricht die Einführung von zwei Feldern, F_1 und F_2 und der statischen Feldenergie

$$V(F_1, F_2) = M \cdot \left(F_1^2 + F_2^2\right) + \lambda \cdot \left(F_1^2 + F_2^2\right)^2.$$

Jetzt haben wir unendlich viele Grundzustände, nämlich für jeden Punkt aus der „Rinne im Boden der Sektflasche" einen. Für diese Grundzustände gilt:

$$\left(F_1^2 + F_2^2\right) = -\frac{M}{2 \cdot \lambda}.$$

Die Feldenergie und damit die Dynamik ist invariant gegenüber allen Transformationen, die $F_1^2 + F_2^2$ unverändert lassen, was genau den Drehungen in der F_1, F_2-Ebene entspricht, durch die wir die Flächen aus den Kurven erzeugt haben. Mathematisch wird diese Drehung erzeugt durch die Ersetzungen

$$F_1 \to \cos\theta \cdot F_1 + \sin\theta \cdot F_2; \qquad F_2 \to -\sin\theta \cdot F_1 + \cos\theta \cdot F_2,$$

wobei F_1 und F_2 von den Orts- und Zeitkoordinaten abhängen, aber der „Drehwinkel" θ konstant ist.

Es ist sehr bequem, die beiden Felder F_1 und F_2 zu einem komplexen Feld zusammenzufassen mit F_1 als Real- und F_2 als Imaginärteil. Dann ist die oben angegebene Symmetrietransformation gerade die Multiplikation mit einem komplexen Faktor vom Betrag 1, die Symmetrietransformation ist also eine $U(1)$-Transformation. Wir können den oben beschriebenen Sachverhalt sehr kurz und prägnant ausdrücken: Wir haben $U(1)$-Symmetrie vorliegen, aber diese ist spontan gebrochen, d. h. wir haben mehrere, in diesem Falle sogar unendlich viele, mögliche Grundzustände. Wollen wir allerdings einen realen Zustand beschreiben, müssen wir uns wieder für einen festen möglichen Grundzustand entscheiden, z. B. für $F_{10} = F_0$, $F_{20} = 0$ und die Symmetrie ist durch diese spezielle Wahl des Grundzustandes gebrochen.

Da nun das Vakuum entartet ist und ein möglicher Grundzustand kontinuierlich in einen anderen überführt werden kann, trifft hier das Theorem von Goldstone zu, und es wird ein Feld mit einem masselosen Teilchen geben. Dies können wir sehen, indem wir neue Felder einführen, so wie wir das beim oben besprochenen Fall mit nur einem Feld getan haben. Die Rechnungen sind nicht sonderlich kompliziert. Neben dem Feld, das einem masselosen Teilchen entspricht, gibt es –

154 5 Auf dem Weg zum Standardmodell

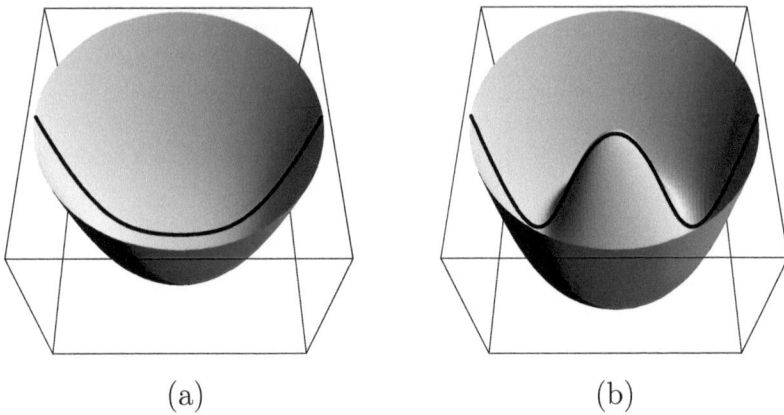

(a) (b)

Abbildung 5.6. Statische Feldenergie $V(F_1, F_2)$ eines Feldes mit zwei Komponenten F_1 und F_2; (a) mit positivem quadratischen Term (Massenterm); (b) mit negativen quadratischen Term, der zu einer spontanen Symmetriebrechung führt

genau wie im vorigen Fall – noch ein weiteres, das einem Teilchen mit dem (positiven) Massenquadrat $-2 \cdot M$ entspricht.

Die spontane Symmetriebrechung erinnert sehr an das in der mittelalterlichen Scholastik beliebte Beispiel von Buridans Esel. Dieser mußte angeblich verhungern, weil er genau zwischen zwei Heuhaufen stand, und es keinen Grund gab, sich für den einen oder den anderen zu entscheiden. Vermutlich aber war der Esel vertraut genug mit spontaner Symmetriebrechung, um die ihm von den Scholastikern auferlegte Symmetrie zu brechen und sich spontan für einen der beiden Haufen zu entscheiden.

5.4 Das Festmahl von Higgs und Kibble

Doch gehen wir weiter: Die im vorigen Abschnitt eingeführte Theorie mit den Feldern F_1 und F_2 und der Feldenergie V ist invariant gegenüber der erwähnten Drehung der Felder um den Winkel θ. Nun wollen wir das Weylsche Eichprinzip anwenden, und verlangen, daß die Theorie auch invariant ist, wenn der Winkel θ eine Funktion von Ort und Zeit ist. Wir haben bereits gesehen, daß wir zur Garantie der Eichinvarianz Eichfelder einführen müssen, deren Kopplung an die Felder F_1 und F_2 der Form nach festgelegt ist. Wird das Eichprinzip von Weyl auf die $U(1)$-Transformationen angewandt, so folgt daraus die Existenz der elektromagnetischen Felder. Oskar Klein versuchte schon

5.4 Das Festmahl von Higgs und Kibble

1938, auch die schwache und die starke Wechselwirkung durch Eichbosonen zu erklären. Da sich dabei die Ladung ändern kann, müssen die Feldquanten der Eichfelder in diesem Falle Ladung tragen. Klein ging von der $SU(2)$ als Transformationsgruppe aus; seine Arbeit hätte vielleicht mehr Einfluß gehabt, wenn sich die Interessen, auch die der Physiker, in den folgenden Jahren nicht auf ganz andere Dinge gerichtet hätten. So schlug erstmals wieder 1958 S. Bludman Eichbosonen als Vermittler der schwachen Wechselwirkung vor. Da auch er von einer $SU(2)$ ausging, folgte daraus die Existenz neutraler Eichbosonen und damit neutraler schwacher Ströme, genauso wie aus den Überlegungen von N. Kemmer zur Isospin-Symmetrie die Existenz neutraler *pi*-Mesonen folgte (Abschn. 1.5.3). Allerdings war von vornherein klar, daß diese Ströme sehr schwer nachzuweisen seien, wir kommen darauf noch im Abschn. 6.3 zurück.

Ein viel größeres Problem als die neutralen Eichbosonen bildeten die Massen. Es war schon früh bekannt, daß die schwache Wechselwirkung eine sehr kurze Reichweite hat, daher müssen die Teilchen, die sie vermitteln, eine große Masse haben. Dies war aber für eine Eichtheorie sehr mißlich, da sie ja vorhersagt, daß die Eichfelder masselose Feldquanten haben; die Eichsymmetrie mußte also gebrochen sein. Eine spontane Symmetriebrechung kam aber dafür scheinbar nicht in Frage, da dann ja auch masselose Goldstone-Bosonen auftreten müßten, wie im vorigen Abschnitt geschildert. Masselose Bosonen waren aber nicht beobachtet worden und daher schien eine spontane Symmetriebrechung ausgeschlossen. Bei der näheren Untersuchung spontan gebrochener Eichsymmetrien stellte sich jedoch heraus, daß wieder einmal ein Wunder passiert, und zwei strenge Theoreme sich gegenseitig neutralisieren. Es findet das sogenannte Higgs-Kibble-Dinner statt, das man so beschreiben kann: Bei der spontanen Symmetriebrechung einer Eichtheorie fressen die Eichbosonen die Goldstone-Bosonen auf und werden fett davon. Die Goldstone-Bosonen sind danach verschwunden, aber die Eichbosonen haben eine Masse bekommen.

Mit dieser drastischen Beschreibung will ich es aber nicht ganz bewenden lassen und zumindest für den einfachsten Fall, die spontan gebrochene $U(1)$-Symmetrie, eine kurze Beschreibung in Worten geben; auf der *homepage* des Buches ist dies auch rechnerisch durchgeführt. Wir gehen zurück zu unserem Modell mit zwei Feldern F_1, F_2 vom vorigen Abschnitt. Die statische Feldenergie ist bei dem geschilderten Modell invariant gegenüber einer Drehung der Felder F_1, F_2 um einen konstanten Winkel θ. Nun wollen wir das Weylsche Eichprinzip anwenden, und verlangen, daß die Gleichungen auch invariant sind, wenn der Winkel θ eine Funktion von Ort und Zeit ist. Wir haben bereits gelernt, daß wir dann ein Eichfeld einführen müssen, dessen Kopplung an die Felder F_1, F_2 der Form nach festgelegt ist. Nun brechen wir die Symmetrie spontan, indem wir den Grundzustand festlegen, etwa auf $F_1 = -F_0$, $F_2 = 0$. Nach der Festlegung des Grundzustandes ist es sinnvoll neue Felder G_1, G_2 einzuführen, deren Feldstärke im Grundzustand den Wert Null annimmt, also

$$G_1 = F_1 + F_0, \quad G_2 = F_2\,.$$

Wenn wir die statische Feldenergie durch diese neuen Felder ausdrücken, erhalten wir einen quadratischen Term für das Eichpotential, das heißt es bekommt einen Massenterm. Das Feld für das Goldstone-Boson tritt in den Formeln immer noch auf, aber es entspricht ihm kein physikalisch nachweisbares Teilchen. Das kann man daraus erkennen, daß man es durch eine geeignete Wahl der Eichung wegtransformieren kann. Das ist das erwähnte Higgs-Kibble-Dinner, das Goldstone Boson ist durch die Eichung „aufgefressen" worden, aber das Eichboson ist davon „fett" geworden: es hat eine Masse bekommen. Es bleibt noch ein Feldquant des Feldes G_1 übrig, ein Boson mit Spin 0 und dem positiven Massenquadrat $m^2 = -2M$. Dies ist das sogenannte *Higgs-Boson*.

Das sieht natürlich sehr verwegen aus, und es ist nicht verwunderlich, daß 1964 diese Überlegungen, die unabhängig voneinander von P.W. Higgs und T. Kibble sowie von F. Englert und R. Brout durchgeführt wurden, zunächst auf große Skepsis stießen. Higgs berichtete, daß ihm ein strenger Feldtheoretiker vor seinem Vortrag in Princeton darauf hinwies, daß er sich verrechnet haben müsse, denn das Goldstone-Theorem sei erst kürzlich im Rahmen der C^*-Algebren streng bewiesen worden. Higgs hatte dennoch Recht, denn zwei strenge Theoreme heben sich hier gegenseitig auf:

- Eichfelder sind masselos.
- In einer spontan gebrochenen Theorie gibt es Goldstone-Bosonen.

Der Beweis des Higgs-Kibble-Dinners erscheint zunächst deshalb etwas suspekt, weil das Verschwinden der Goldstone-Bosonen und die Entstehung einer Masse der Eichfelder nur bei einer bestimmten Wahl der Eichung zu sehen ist, der sogenannten unitären Eichung. Wenn wir nicht diese Eichung wählen, ist es dann möglich mit masselosen Eichfeldern und dafür mit Goldstone-Bosonen zu arbeiten? Diese Frage ist in einem gewissen Sinne zu bejahen, denn für Zwischenrechnungen mag eine andere Eichung durchaus angemessen sein. Insbesondere ist es für den Beweis der Renormierbarkeit sehr wichtig, daß es durchaus die Wahl zwischen einerseits masselosen Eichbosonen und Goldstone-Bosonen und andererseits der unitären Eichung mit massiven Eichbosonen und keinen Goldstone-Bosonen gibt.

Das Phänomen der spontanen Symmetriebrechung einer Eichsymmetrie wurde erstmals in der Festkörperphysik 1958 von P.W. Anderson im Zusammenhang mit der Supraleitung diskutiert. Mit gewissem Recht weisen mathematisch strenge Physiker darauf hin, daß eine Eichtheorie nicht spontan gebrochen ist, wenn man sich nicht auf die Störungstheorie beschränkt. Grundsätzlich passiert bei einer komplizierteren Eichtheorie nichts anderes als das, was wir in dem eben diskutierten einfachen Fall gesehen haben. Die geeichte $SU(2)$-Symmetrie führt zunächst zu drei masselosen Eichbosonen, entsprechend den drei Erzeugenden der Gruppe. Bei spontaner Symmetriebrechung findet dann das Higgs-Kibble-Dinner statt, und die Eichbosonen werden massiv. Es bleibt außerdem noch das massive Higgs-Boson übrig.

Der krönende Abschluß der theoretischen Entwicklung war der strenge Beweis, daß eine gebrochene Eichsymmetrie zu einer renormierbaren Feldtheorie führt, den 't Hooft, gerade bei M. Veltmann promoviert, 1971 vollendete. Die gewundenen Pfade, die zu diesem Ergebnis führten, sind unmöglich darzustellen, ohne auf sehr komplexe technische Einzelheiten einzugehen. Daher will ich gar nicht versuchen, sie auch nur annäherungsweise zu schildern. Ich möchte nur betonen, daß die Renormierung der Eichtheorie nur möglich ist, weil die Symmetrie *spontan* gebrochen ist. Bei einer direkten Symmetriebrechung in der Wechselwirkung, etwa durch direkte Einführung von Massentermen, wäre diese Eigenschaft verloren gegangen. Quantenkorrekturen könnten ebenfalls zu einer für die Renormierbarkeit fatale Symmetriebrechung führen. Darauf gehen wir im nächsten Abschnitt kurz ein.

5.5 Anomalien

Wir wollen in diesem kurzen Abschnitt noch eine Art der Symmetriebrechung untersuchen, die nur in der Quantenphysik vorkommt. Bei dieser Symmetriebrechung sind die Grundgleichungen und der Grundzustand der Theorie invariant unter Symmetrietransformationen, aber es gibt Quantenkorrekturen, die die Symmetrie verletzen. Diese Korrekturen heißen Anomalien; sie rühren von der Erzeugung virtueller Teilchen her und sind daher der Anschauung nicht unmittelbar zugänglich. Glücklicherweise spielen sie auch keine entscheidende Rolle; genauer gesagt, sie könnten in manchen Fällen eine verheerende Rolle spielen, wenn man sie nicht vermeiden könnte. Ich will mich deshalb sehr kurz fassen und nur ein Beispiel zeigen.

Wir betrachten eine Theorie mit masselosen Fermionen. In dieser Theorie kann man auf klassischem Niveau, also ohne Quantenkorrektu-

158   5 Auf dem Weg zum Standardmodell

ren zu berücksichtigen, einen erhaltenen Vektor- und einen erhaltenen Axialvektor-Strom definieren. Erhalten bedeutet, daß man zu diesen Strömen eine erhaltene, also unter allen Umständen zeitunabhängige Größe einführen kann. Dies ist eine Konsequenz der Masselosigkeit der Fermionen. Ein Vektor-Strom ändert bei einer Raumspiegelung sein Vorzeichen, ein Axialvektor-Strom nicht.

Das bekannteste Beispiel für einen erhaltenen Vektor-Strom ist der elektromagnetische Strom, die erhaltene Größe ist die elektrische Ladung, bei einem axialen Strom nennt man die entsprechende Größe die axiale Ladung. Es stellt sich heraus, daß bei Hinzunahme der Quantenkorrekturen die axiale Ladungen nicht mehr erhalten ist. Die Symmetrie, die durch die Masselosigkeit der Fermionen eingeführt wurde, ist durch die Quantenkorrekturen verletzt. Der Beitrag, der zu dieser „Anomalie" führt, ist durch den Dreiecksgraphen in Abb. 5.7 dargestellt.

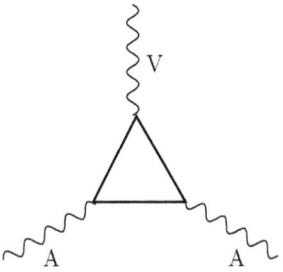

Abbildung 5.7. Der Dreiecksgraph, bei dem die äußeren Linien ein Vektor (V) und zwei Axialvektoren (A) sind. Die inneren Linien repräsentieren masselose Fermionen

Dieser Dreiecksgraph wurde zuerst von J. Steinberger 1949 in seiner Dissertation über den Zerfall des neutralen pi-Mesons behandelt. Er bekam allerdings nicht dafür den Nobelpreis, sondern für seine experimentellen Untersuchungen von Neutrinos. Als Anomalien wurden die Beiträge zuerst 1951 von Julian Schwinger erkannt und dann 1969 ausführlich von S. Adler, J.S. Bell und R. Jackiw diskutiert.

5.6 Bessere Zähler, bessere Beschleuniger und bessere Strahlen

Es wäre eine große Unterlassungssünde, auf dem Weg zum Standardmodell die entscheidenden Beiträge der Experimentalphysik zu unterschlagen. Es war ja keineswegs so, daß die theoretische Entwicklung im luftleeren Raum stattfand und von Anfang an eine fertige Theorie präsentiert wurde, die nur noch getestet werden mußte. Die Entwicklung des Standardmodells war vielmehr ein evolutionärer Prozeß, bei dem die Umwelteinflüsse, sprich die experimentellen Ergebnisse, eine entscheidende Rolle spielten. Dabei waren große Fortschritte auf allen wesentlichen Teilen der experimentellen Hochenergiephysik gleichermaßen wichtig: bei der Konstruktion der Beschleuniger, der Detektoren und der Teilchenstrahlen.

Einen bedeutenden Beitrag zur Entwicklung der Detektoren lieferte die Festkörperphysik, insbesondere die Physik der Halbleiter. Bei den Halbleiter-Detektoren werden die Elektronen beim Ionisationsprozess nicht aus dem Atom oder dem Molekül herausgeschlagen, sondern nur in ein höheres Band gehoben, somit werden auf kleinem Raum viele Ladungsträger für den Nachweis verwertbar. Halbleiterdetektoren sind daher dort besonders nützlich, wo es auf extrem hohe räumliche Auflösung ankommt, z. B. wenn man genau wissen will, wo sich mehrere Bahnen treffen. Dies sind die sogenannten Vertex-Detektoren.

Den größten Einfluß hatte die Halbleiterphysik durch die ganz neuen Möglichkeiten, die sie der Elektronik und damit auch insbesondere der Computertechnik eröffnete. Bei den Blasenkammern, die so wichtig für die experimentellen Entdeckungen der 60er und 70er Jahre des zwanzigsten Jahrhunderts waren, mußte die erste Auswertung mit dem Auge vorgenommen werden. Die Auswerter saßen an Tischen, auf die die Blasenkammer-Bilder projiziert wurden und mußten auf interessante Spurenkombinationen, die ihnen vorgeben waren, achten. Man kann sich ein Bild davon machen, wie schwierig dies ist, wenn man die Blasenkammeraufnahme des ersten nachgewiesenen *Omega*-Hyperons, Abb. 4.5, betrachtet. Fanden die Auswerter eine gesuchte Spurenkombination, so markierten sie manuell mehrere Punkte einer jeden Bahnkurve, und die Koordinaten wurden elektronisch gespeichert. Den Rest übernahm der Computer. Er rekonstruierte aus den registrierten Punkten die Bahnkurven im Raum und bestimmte unter Ausnutzung der Erhaltungssätze die Energien und Impulse der einzelnen Teilchen. Ein Zählrohr war da schon bequemer, da hier die Registrierung automatisch erfolgte, allerdings hatte man keine Information darüber, wo sich das

5 Auf dem Weg zum Standardmodell

Teilchen im Zählrohr befunden hatte, geschweige denn über die ganze Bahnkurve. Die aus dem Zählrohr entwickelten Draht- und Funkenkammern vereinigen in sich die Tugenden eines Zählrohrs, bei dem die Registrierung automatisch erfolgt, mit denen einer Blasenkammer, die Information über die volle Bahnkurve liefert. Eine Drahtkammer hat viele Drähte, von denen jeder wie ein Zähler wirkt. Aus der elektronisch registrierten Information, welcher Draht wo und wann angeregt wurde, läßt sich die Bahnkurve des ionisierenden Teilchen rekonstruieren, ähnlich wie bei den von den Auswertern optisch und manuell registrierten Punkten einer Spur in der Blasenkammer. Tatsächlich konnten zum Teil die Programme, die bei den Blasenkammern zur Rekonstruktion der Bahnen verwendet wurden, direkt übernommen werden. Es gibt jedoch einen gewaltigen Unterschied: Bei der Blasenkammer wurden nur Punkte von solchen Bahnkurven gespeichert, die interessant waren, bei der automatischen Registrierung werden dagegen alle Bahnkurven gespeichert. Dadurch ergeben sich gewaltige Datenflüsse deren Verarbeitung computertechnische und, wegen der nötigen Vorauswahl, vielleicht auch grundsätzliche Probleme mit sich bringt. Für seine Verdienste um die Entwicklung von Drahtkammern wurde G. Charpak 1992 mit dem Nobelpreis ausgezeichnet.

Bei der Vorauswahl der zu registrierenden Ereignisse spielen die Cherenkov-Zähler eine wichtige Rolle. Da sie nur Licht ausstrahlen, wenn die Geschwindigkeit des Teilchens größer ist als die Lichtgeschwindigkeit im Medium, sprechen sie nur an, wenn die Geschwindigkeit und damit auch die Energie einen gewissen Schwellenwert überschreitet. Dieser Schwellenwert läßt sich sehr fein regulieren, z. B. durch den Gasdruck in einem mit Gas gefüllten Zähler, da der Brechungsindex und damit die Lichtgeschwindigkeit im Gas vom Druck abhängt. Interessiert man sich also etwa nur für sehr hochenergetische Teilchen, so registriert man das Ereignis nur, wenn auch ein Cherenkov-Zähler mit entsprechend hoch eingestellter Schwelle Licht aussendet.

Besonders wichtig sind bei den neueren Experimenten hybride Detektoren, bei denen viele verschiedene Zähler und Zählertypen kombiniert werden, um Teilchen sehr verschiedener Eigenschaften und Energien nachzuweisen. In Abb. 5.8 ist ein solcher Zähler abgebildet. Ich kann auf die einzelnen Komponenten nicht eingehen, doch wird die Komplexität dieses Geräts schon in der Photographie und auch durch seine schiere Größe deutlich.

Im Beschleunigerbau kam zu Beginn der 1960er Jahre ein neuer Typ auf, die sogenannten Speicherringe *collider*. Bei diesen werden zwei Teilchenstrahlen beschleunigt und dann frontal zur Kollision gebracht.

5.6 Bessere Zähler, bessere Beschleuniger und bessere Strahlen   161

Abbildung 5.8. Der Detektor Mark I vom Stanford Linear Accelerator Center (SLAC)

Damit wird die verfügbare Energie gewaltig erhöht. Bei den herkömmlichen Beschleunigern werden die beschleunigten hochenergetischen Teilchen auf ein ruhendes Target geschossen, und dabei wird der größte Teil der Energie dazu verbraucht, das ruhende Teilchen mitzureißen, und nur ein kleiner Teil steht zur Erzeugung etwa neuer schwerer Teilchen zur Verfügung. Technisch gesprochen heißt dies, daß nur die Schwerpunktsenergie zur Teilchenerzeugung zur Verfügung steht. Das folgende Beispiel soll dies erläutern: Will man aus einem Proton und Antiproton ein Teilchen erzeugen, dessen Masse etwa 90 GeV/c^2 ist, und schießt dazu hochenergetische Antiprotonen auf ruhende Protonen (Wasserstoff), so muß die Energie der beschleunigten Antiprotonen mindestens 4510 GeV sein. Werden aber sowohl die Antiprotonen als auch die Protonen beschleunigt und frontal zur Kollision gebracht, so muß jeder Strahl nur auf 45 GeV beschleunigt werden.

Bestehen die zwei Strahlen, die zur Kollision gebracht werden, aus Teilchen verschiedener Ladung, also z. B. aus Teilchen und ihren Antiteilchen, so kann die Beschleunigung beider Strahlen in ein und demselben Beschleuniger-Ring erfolgen, da die Ablenkung für Teilchen entgegengesetzter Ladung im selben Magnetfeld entgegengesetzt ist. Man richtet den Verlauf der Strahlen so ein, daß sie von der Kreisbahn leicht abweichen und sich an gewissen Stellen treffen. Dort werden dann die Experimente durchgeführt. Bruno Touschek hatte sich besondere Verdienste um die Theorie und Konstruktion von Speicherringen erworben. Er nahm auch 1964 den ersten Speicher mit einem Ring, in dem Elektronen und Positronen gegenläufig beschleunigt wurden, im italienischen Labor in Frascati in Betrieb. Man kann zwar mit Speicherringen sehr viel höhere Energien erreichen, als mit Maschinen mit festem Target, aber dieser Vorteil wird durch eine gewaltige Einbuße bei Zahl der Ereignisse erkauft. Deshalb haben die Experimente an Speicherringen meist eine sehr lange Laufzeit.

Höhere Energien bedeuten bei Beschleunigern auch größere Durchmesser, da der Krümmungsradius für Teilchen im Magnetfeld mit wachsender Energie zunimmt. Um bei hohen Energien auf bezahlbare Dimensionen für den Durchmesser zu kommen, müssen daher die Magnetfelder sehr stark sein. In neuster Zeit werden hierfür supraleitende Magnetspulen verwendet, die mit geringem Stromverbrauch sehr hohe Magnetfelder erzeugen. Dafür müssen sie mit flüssigem Helium auf wenige Grad über dem absoluten Nullpunkt gekühlt werden; dies ist sehr aufwendig.

Bei Elektronen verbietet noch ein weiterer Effekt zu kleine Durchmesser von Beschleunigern. Auf einer Kreisbahn geführte geladene Teilchen strahlen Energie ab. Diese Strahlungsverluste wachsen mit der Energie an, sie sind auch umso größer, je kleiner die Masse des Teilchens und je kleiner der Durchmesser des Beschleunigers ist. Daher müssen kreisförmige Beschleuniger für Elektronen einen sehr großen Durchmesser haben, der große Elektron-Positron-Speicherring LEP am europäischen Zentrum CERN in Genf hat einen Durchmesser von achteinhalb Kilometer! Man verwendet deshalb für Elektronen oft Linearbeschleuniger. Wie der Name sagt bewegen sich bei diesen die Teilchen auf einer geraden Linie. Hier wird eine elektrische Wanderwelle erzeugt,

5.6 Bessere Zähler, bessere Beschleuniger und bessere Strahlen 163

mit der die Elektronen mitbewegt werden, so wie ein Surfer auf einer Ozeanwelle. Da Elektronen keine geübten Surfer sind, muß natürlich die Elektronik so raffiniert ausgelegt sein, daß die Elektronen mit der sie beschleunigenden Wanderwelle gut mitkommen und nicht unterwegs verloren gehen.

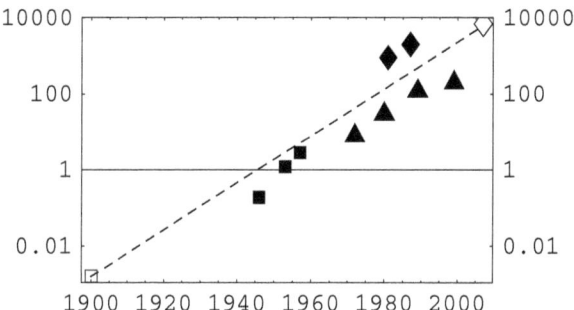

Abbildung 5.9. Die maximale durch Beschleuniger erreichbare Energie seit 1900. *Quadrate* repräsentieren Beschleuniger mit festem Target, *Dreiecke* Speicherringe mit Elektronen und Positronen, *Rauten* Speicherringe mit Protonen und Antiprotonen. Das *offene Quadrat* entspricht der durch natürliche Radioaktivität erreichbaren Energie, die *offene Raute* repräsentiert den *Large Hadron Collider* (LHC), der am CERN, Genf, im Bau ist und der eine maximale Energie von 7000 GeV pro Strahl haben wird. Die *gestrichelte Linie* entspricht einer Verzehnfachung der Energie alle 16 Jahre.

In Abb. 5.9 ist die Entwicklung der mit Beschleunigern erreichbaren Energie im Laufe des 20. Jahrhunderts angegeben. Aufgetragen ist die direkt zur Teilchenerzeugung verfügbare Energie im Schwerpunktsystem. Wie aus der gestrichelten Kurve ersichtlich, hat sich die Energie ungefähr alle 16 Jahre verzehnfacht.

Auch bei der Konstruktion der Teilchenstrahlen wurden große Fortschritte erzielt, dies war insbesondere durch raffiniertes Design der Magnete möglich. So wurde in Brookhaven ein Strahl von Neutrinos, die aus dem Zerfall von pi- und K-Mesonen stammten, gebaut. Die pi- und K-Mesonen wurden in großer Zahl dadurch erzeugt, daß die beschleunigten Protonen auf ein im Beschleuniger angebrachtes Target geschossen wurden. Sie wurden nachher durch magnetische Linsen sehr scharf gebündelt. Da die erzeugten Mesonen bei ihrem Zerfall selbst noch eine große Geschwindigkeit haben, werden auch die Zerfallsteilchen hauptsächlich in Strahlrichtung ausgesandt und somit bekommt man einen fokussierten Strahl von Neutrinos. Ähnliche Neutrino-Strahlen konstruierte man auch am CERN in Genf. Bei Experimenten mit diesen Strahlen fand man ein sehr wichtiges Ergebnis: Die Neutrinos, die bei Zerfällen in Müonen auftreten (z. B. beim Zerfall eines pi-Mesons in ein Müon und ein Antineutrino) erzeugen stets auch wieder ein Antimüon und nie ein Positron. Das zeigt, daß es zwei Arten von Neutrinos gibt, ein Müon-Neutrino und ein Elektron-Neutrino. Die Bedeutung dieser Experimente wurde 1988 durch die Verleihung des Nobel-Preises an M.L. Ledermann, M. Schwartz und J. Steinberger für „die Neutrinostrahl-Methode und den Nachweis der Dublettstruktur der Leptonen durch die Entdeckung des $mü$-Neutrinos" unterstrichen. Experimente mit Neutrino-Strahlen trugen ganz wesentlich zur Entwicklung des Standardmodells bei, wie wir insbesondere noch in Abschn. 6.3 sehen werden.

5.7 Die Elektronenmikroskope der Elementarteilchenphysik

Streuexperimente nehmen in der Physik der Elementarteilchen eine Sonderrolle ein. Die „Spektroskopie" der Elementarteilchen begann mit den Streuexperimenten von Fermi und Mitarbeitern. Aber auch schon zuvor waren Streuexperimente entscheidend, wir hatten gesehen, daß die Ergebnisse der Streuexperimente von Geiger und Marsden es Rutherford erlaubten, den Aufbau des Atoms zu erklären. Zwischen den Geigerschen und den Fermischen Streuexperimenten bestand allerdings ein wesentlicher Unterschied. Geiger und Marsden untersuchten die Streuung von $alpha$-Teilchen aus dem natürlichen radioaktiven Zerfall an Atomen, und die Ablenkung war hauptsächlich durch die elektrische Ladung des Atomkerns bedingt, also die *elektromagnetische* Wechselwirkung. Bei den Experimenten von Fermi dagegen wurden pi-Mesonen aus einem Teilchenbeschleuniger gestreut und dabei spielte ihre Reaktion mit den Protonen durch die *starke* Wechselwirkung die wesentliche Rolle. Der Unterschied war bedingt durch die unterschiedliche Energie. Die $alpha$-Teilchen von Geiger und Marsden hatten in der weit überwiegenden Anzahl der Fälle gar nicht genügend Energie, um nahe genug an den Atomkern zu kommen und stark zu reagieren. Die abstoßende elektrische Kraft des Kerns hinderte sie daran. Aber bei den pi-Mesonen Fermis reichte die Energie aus, um die elektrische Abstoßung zu überwinden und ins Innere des Protons einzudringen. Dort ist dann die

5.7 Die Elektronenmikroskope der Elementarteilchenphysik

starke Wechselwirkung dominant. Da die starke Wechselwirkung komplizierter ist als die elektromagnetische, ist es bei Streuexperimenten mit Hadronen hoher Energie sehr schwierig, eindeutige Informationen über die Struktur eines der beiden Streupartner zu bekommen. Der Schluß Rutherfords auf die Struktur der Atome war nur deswegen so zwingend, weil bei den Streuexperimenten von Geiger nur die sehr gut verstandene elektrische Wechselwirkung eine wesentliche Rolle spielte. Will man also Streuexperimente bei hohen Energien durchführen, bei denen die elektromagnetische Wechselwirkung die Ursache für die Streuung ist, so muß man Teilchen nehmen, die nicht stark wechselwirken. Elektronen bieten sich hier als wohlfeile Lösung an.

Man kann sich natürlich die Frage stellen, warum man überhaupt Streuexperimente bei hohen Energien durchführen will. Die Antwort liegt in denselben physikalischen Prinzipien wie beim Mikroskop: Will man Strukturen einer gewissen Größe erkennen, braucht man Licht, dessen Wellenlänge kleiner ist als die Struktur, die man auflösen will. Mit den in Abschn. 1.4.2 eingeführten Feynman-Diagrammen kann man eine Analogie zwischen Mikroskop und Streuexperiment am Beschleuniger bildlich darstellen, siehe Abb. 5.10. Streut ein Elektron an einem Proton, so kann man dies quantenfeldtheoretisch so beschreiben: das Elektron sendet ein virtuellen Photon aus und mit diesem kann man in das Proton „sehen".

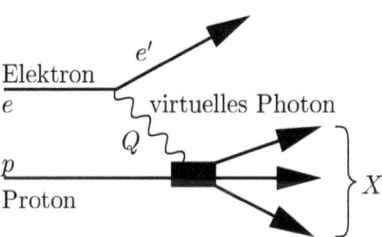

Abbildung 5.10. Elektron-Proton-Streuung. Ein hochenergetisches Elektron wechselwirkt mit einem Proton und überträgt dabei einen hohen Impuls Q. Das ausgetauschte virtuelle Photon hat eine Wellenlänge, die umgekehrt proportional zu dem übertragenen Impuls Q ist

In Abb. 5.10 ist das virtuelle Photon durch eine Wellenlinie und die Wechselwirkung mit dem Proton durch eine schwarze Box dargestellt. Die Wellenlänge λ des virtuellen Photons ist umgekehrt proportional zum Impuls Q, den das Elektron ihm überträgt, $\lambda = \hbar/Q$, wobei $\hbar$

das Plancksche Wirkungsquantum ist. Im allgemeinen wird das Proton durch die Wechselwirkung mit dem virtuellen Photon in einen anderen hadronischen Zustand überführt, der aus einer Resonanz oder einem Baryon und vielen Mesonen besteht. Dieser Endzustand ist mit X bezeichnet. Aus dem Impuls des gestreuten Elektrons e' läßt sich auch die gesamte Energie W des hadronischen Zustands X berechnen. Der übertragene Impuls Q und Energie W des Zustandes X werden im weiteren noch eine wichtige Rolle spielen.

Das Elektron kann umso mehr Impuls übertragen, je mehr es vor dem Stoß hatte, und damit wächst der mögliche Impulsübertrag mit der Energie des Elektrons. Hoher Impulsübertrag bedeutet aber auch kurze Wellenlänge des virtuellen Photons und damit hohe Auflösung. Hohe Energien sind also nicht nur nötig, um schwere Teilchen zu erzeugen, sondern auch um sehr feine Strukturen auflösen zu können. Mit einem Impulsübertrag von 1 GeV lassen sich Strukturen von der Größe von etwa 0.1 Femtometer (10^{-16} Meter) auflösen, das ist etwa der zehnte Teil des Durchmessers eines Protons. Am Speicherring HERA am DESY in Hamburg werden Elektronen auf hochenergetische Protonen mit einer Energie von 920 GeV geschossen. Der maximale Impulsübertrag der Elektronen ist hier etwa 900 GeV, entsprechend einer Auflösung von 0.0001 Femtometer (10^{-19} Meter).

Wie erwähnt, besteht der Vorteil von Streuexperimenten mit Elektronen gegenüber denen mit stark wechselwirkenden Teilchen darin, daß die elektromagnetische Wechselwirkung theoretisch im Rahmen der QED gut bekannt ist. Deshalb kann man aus Streuexperimenten etwas über die Struktur der Teilchen, an denen man streut lernen. Allerdings hat auch hier, wie so oft, der Vorteil seinen Preis: Da die elektromagnetische Wechselwirkung sehr viel schwächer ist als die starke, finden bei Streuexperimenten mit Elektronenstrahlen sehr viel weniger Streuprozesse statt als bei Experimenten mit Hadronenstrahlen, und deshalb muß die experimentelle Ausstattung sehr genau auf das spezielle Experimente ausgerichtet sein; außerdem dauern die Experimente recht lange.

In Abb. 5.11 ist bildlich dargestellt, wie uns die Streuung von Elektronen über die Struktur der Teilchen, an denen gestreut wird, Aufschluß gibt. Links oben (a) sind die klassischen Bahnkurven für die Streuung eines geladenen Teilchens an einem *punktförmigen* Streuzentrum gezeigt; die durchgezogene Kurve repräsentiert ein Teilchen hoher, die gestrichelte ein Teilchen niederer Energie. Je höher die Energie des Teilchens ist, desto näher kann es an das Streuzentrum herankommen. Die Winkelverteilung, das heißt die relative Wahrscheinlichkeit dafür, daß ein gestreutes Teilchen um einen gewissen Winkel abgelenkt

5.7 Die Elektronenmikroskope der Elementarteilchenphysik

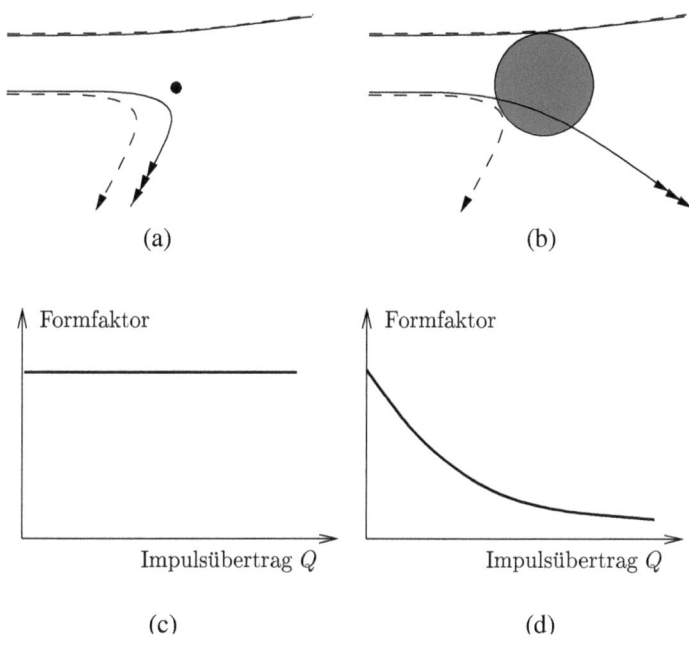

Abbildung 5.11. Bahnkurven für gestreute Teilchen; (a) Streuung an einer punktförmigen, (b) an einer ausgedehnten Ladungsverteilung. Die *gestrichelte Kurve* gilt für ein Teilchen niederer Energie, die *durchgezogene* für ein Teilchen hoher Energie. Darunter (c,d) sind die Formfaktoren qualitativ angedeutet. Hier ist die Streuung zweier gleichnamiger Ladungen dargestellt, für die Streuung von Ladungen mit verschiedenem Vorzeichen gelten die gleichen qualitativen Überlegungen

wird, ist hier unabhängig von der Energie. Bei einem ausgedehnten Streuobjekt ist dies anders. Je höher die Energie des Teilchens ist, desto tiefer kann es in die Ladungsverteilung eindringen, desto weniger Ladung sieht es zwischen sich und dem Zentrum und desto weniger wird es abgelenkt (siehe Abb. 5.11b). Wenn auch die Quantenphysik die Resultate wesentlich komplizierter gestaltet, gilt diese klassische Überlegung grundsätzlich auch in der Quantenfeldtheorie. Es ist daher üblich, die bei der Streuung beobachtete Winkelverteilung durch die für ein punktförmiges Streuzentrum berechnete Winkelverteilung zu dividieren; das Resultat wird Formfaktor genannt. Dieser hängt im allgemeinen von dem übertragenen Impuls Q ab. Fällt der Formfaktor schnell mit dem Impuls ab, ist die Ladungsverteilung des streuenden Teilchens sehr ausgedehnt, ist er unabhängig von Q, dann ist das Streuzentrum punktförmig. Der Formfaktor liefert uns also so etwas wie das „elektronenmikroskopische Bild" des untersuchten Teilchens. Der qualitative Verlauf des entsprechenden Formfaktors ist ebenfalls in Abb. 5.11c und d gezeigt. Geiger und Marsden hatten die Winkelverteilung eines nahezu punktförmigen Streuzentrums gefunden, wie aus Abb. 1.4 ersichtlich ist. Der Formfaktor ist dort also nahezu konstant, und daraus hatte Rutherford auf einen nahezu punktförmigen Atomkern geschlossen.

5.8 Tief inelastische Streuung

Um möglichst genau die Struktur des Protons und des Neutrons zu untersuchen, hatte R. Hofstadter am Linearbeschleuniger „Mark III" von Stanford in Kalifornien sehr präzise Streuexperimente mit Elektronen einer Energie von einem GeV unternommen und aus deren Analyse die Ladungsverteilung der Protonen und Neutronen bestimmt. Wie qualitativ aus der Meson-Feldtheorie zu erwarten war, stellte sich heraus, daß das Proton kein punktförmiges Teilchen ist, sondern seine Ladung in einer „Wolke" von etwa einem Femtometer (10^{-15} Meter) Durchmesser verteilt ist. Auch das Neutron zeigt eine Ladungsverteilung, allerdings kompensieren sich die positiven Beiträge, die mehr im Innern des Neutrons konzentriert sind, und die negativen Beiträge im Äußeren zu einer Gesamtladung mit dem Wert Null. Die sehr erfolgreichen Experimente Hofstadters – er wurde hierfür 1961 mit dem Nobelpreis ausgezeichnet – waren sicher ein wichtiger Beweggrund dafür, das Programm der Streuung hochenergetischen Elektronen an Protonen mit Nachdruck weiter zu verfolgen. 1957 wurde der Plan zum Bau eines drei Kilometer langen Linearbeschleunigers von der Gruppe in Stanford unter der Leitung von „Pief" Panofsky eingereicht. Nach vielen wissenschaftlichen und politischen Diskussionen wurden 1961 für das Projekt 114 Millionen US-$ genehmigt und Panofsky wurde Leiter des Linearbeschleuniger-Zentrum in Stanford, SLAC (Stanford Linear Accelerator Center). Die erste Ausbaustufe sah eine Energie von 20 GeV vor, also zwanzig mal mehr Energie als beim Mark-III-Beschleuniger, sie wurde frist- und kostengerecht 1967 abgeschlossen. Dies schreibt und liest sich sehr einfach, aber bedenkt man die immensen technischen und grundsätzlichen Probleme, die während des Baus auftraten, so ist diese Leistung schon sehr bewundernswert. Der bedeutende Experimentalphysiker Panofsky, Sohn des aus Deutschland vertriebenen berühmten Kunsthistorikers Erwin Panofsky, stellte damit auch sein gewaltiges organisatorisches Talent unter Beweis.

5.8 Tief inelastische Streuung

Eine Arbeitsgruppe von Physikern aus Stanford und dem Massachusetts Institute of Technology führte an diesem neuen Beschleuniger in Stanford das von Hofstadter begonnene Programm mit wesentlich höheren Impulsüberträgen weiter. In Voruntersuchungen betrachteten sie nur elastische Streuungen, d. h. solche, bei denen das Proton intakt bleibt (das X in Abb. 5.10 ist wieder ein Proton). Sie bestätigten, daß sich der schnelle Abfall des Formfaktors mit zunehmendem Impulsübertrag fortsetzt. Dann begannen sie 1967 mit dem eigentlichen Programm, nämlich solche Prozesse zu untersuchen, bei denen aus dem Proton eine hoch angeregte Baryon-Resonanz wird. Auch hier ergab sich, wie erwartet, ein sehr schneller Abfall des Formfaktors mit dem Impulsübertrag. Die große Überraschung kam aber bei der sogenannten *tief inelastischen Streuung*. Tief heißt hier, daß der Impulsübertrag Q groß und daher das Elektron „tief" in das Proton eindringen kann; Q muß größer sein als etwa ein GeV/c. Inelastisch bedeutet, daß der Endzustand X eine Gesamtenergie W hat, die mindestens doppelt so groß ist wie die Ruheenergie des Protons, also größer als etwa zwei GeV. Bei diesen tief inelastischen Reaktionen fand man ein sehr unerwartetes Ergebnis: einen fast konstanten Formfaktor. Das ist in Abb. 5.12 schematisch dargestellt. Die Formfaktoren bei der tief inelastischen Streuung nennt man *Strukturfunktionen*.

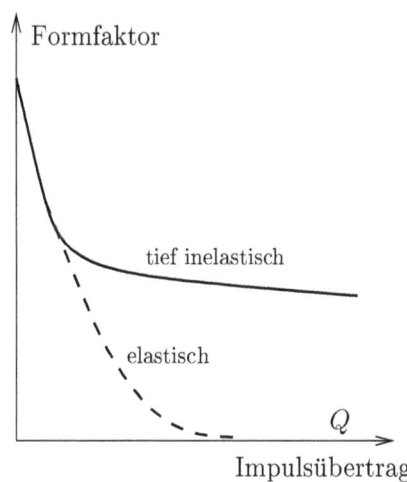

Abbildung 5.12. Der Formfaktor für die Elektron-Proton-Streuung. Aus dem langsamen Abfall bei der tief inelastischen Streuung kann man auf die Existenz punktförmiger Bestandteile des Protons schließen.

Eine mögliche Interpretation dieses Ergebnisses war, daß das Proton aus punktförmigen Teilchen besteht. Diese Möglichkeit hatte schon 1967 J.D. Bjorken diskutiert, bevor die ersten experimentellen Ergebnisse zur tief inelastischen Streuung auf der Hochenergie-Konferenz in Wien 1968 vorgestellt wurden. Bjorken kam auf Grund einer rein theoretischen Analyse von Ergebnissen der Stromalgebra zu dem Schluß: „Wir finden diese Beziehungen so auffällig, daß, unter Bezug auf die Geschichte, eine Interpretation durch elementare Bestandteile vorgeschlagen wird." Es sei hier daran erinnert, daß 1964 Gell-Mann bei seinem Vorschlag, Quarks als „fundamentale Erklärung" der $SU(3)$-Symmetrie einzuführen auch sehr stark von der Methode der Stromalgebren geleitet wurde.

Obwohl Bjorken Professor in Stanford war und regen Kontakt mit den Experimentalphysikern pflegte, machten seine Überlegungen keinen allzu großen Eindruck auf seine Kollegen, die die Experimente am Beschleuniger in Stanford durchführten. Jerome Friedman, einer der wichtigsten Mitarbeiter an der tief inelastischen Streuung schreibt über die Analysen Bjorkens: „Diese Resultate wurden deutlich vor der Veröffentlichung unserer inelastischen Messungen hergeleitet ... aber Bjorkens Resultate beeindruckten uns zu dieser Zeit wenig. Vielleicht kam das daher, daß seine Resultate durch die Stromalgebra, die wir sehr esoterisch fanden, begründet waren. Oder vielleicht waren wir zu sehr von der Physik unserer Zeit durchdrungen, für die Hadronen ausgedehnte Objekte mit verwaschenen Unterstrukturen waren".

In einem anderen Punkt war Bjorken erfolgreicher, seine Kollegen aus der Experimentalphysik von der Wichtigkeit seiner Analysen zu überzeugen, bei dem sogenannten *Skalenverhalten*. Wiederum aus der Analyse von Resultaten der Stromalgebra war er zu dem Ergebnis gekommen, daß – sehr vereinfacht ausgedrückt – die tief inelastische Streuung nicht getrennt von den beiden Variablen Q (Impulsübertrag) und W (Gesamtenergie vom Endzustand X), sondern nur vom Verhältnis von Impulsübertrag zur Energie, also Q/W abhängt.

Die Analyse der Meßdaten zeigte, daß das Skalenverhalten tatsächlich gut erfüllt war. Dies war besonders interessant, da es auch theoretisch aus einem Modell hergeleitet werden konnte, das Feynman 1969 vorgeschlagen hatte: das Parton-Modell. Er nahm an, daß allgemein die Streuung von Hadronen durch die Wechselwirkung von punktförmigen Bestandteilen der Hadronen, die er *Partonen* nannte, zustandekommt. Die Anwendung auf die tief inelastische Streuung ist besonders einfach (Abb. 5.13). Das Proton ist eine Ansammlung von diesen punktförmigen, praktisch nicht untereinander wechselwirkenden Partonen; diese

5.8 Tief inelastische Streuung

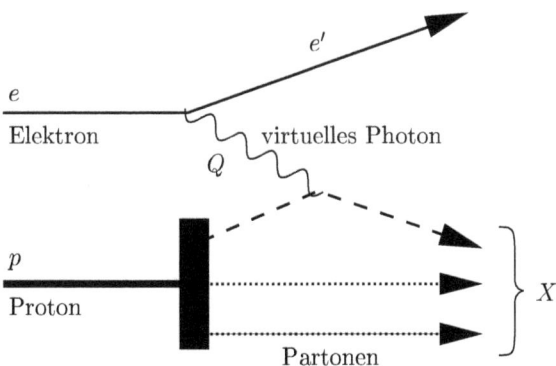

Abbildung 5.13. Schematische Darstellung der tief inelastischen Streuung. Ist der übertragene Impuls ausreichend groß, löst das virtuelle Photon das Proton in seine punktförmigen Bestandteile (Partonen) auf: das Photon wechselwirkt mit einem Parton (*gestrichelte Linie*) während die anderen Partonen (*gepunktete Linien*) unbeeinflußt weiterfliegen

fliegen parallel nebeneinander her, und das Photon wechselwirkt nur mit einem von ihnen.

Das Parton-Modell erlaubt eine recht intuitive Interpretation des schon erwähnten Skalenverhaltens. Man führt die „Bjorkensche Skalenvariable" $x = Q^2 c^2/(W^2 + Q^2 c^2 - m_p^2 c^4)$ ein, wobei m_p die Masse des Protons und c – wie immer – die Lichtgeschwindigkeit im Vakuum ist; für große Werte der Energie W gilt $x \approx Q^2 c^2/W^2$. Im Parton-Modell ist die Skalenvariable x der Anteil des Impulses des gestreuten Partons (gestrichelte Linie in Abb. 5.13) am Gesamtimpuls des Protons. Die tief inelastische Streuung mißt also die Impulsverteilung der Partonen im Proton. Allerdings sollte man die anschauliche Bedeutung nicht überbewerten, denn nur für einen Beobachter, der sich so schnell gegenüber dem Proton bewegt, daß es für ihn einen in der Grenze unendlich großen Impuls hat, gilt dieses einfache Bild. Ich will auf dieses „System des unendlich großen Impulses" nicht näher eingehen, sondern erwähne es nur, um zu zeigen, wie weit die subnuklearen Phänomene, die durch die Quantenfeldtheorie beschrieben werden, von unserer am täglichen Leben geschulten Anschauung entfernt sind. Deswegen können oft anschauliche Bilder, die wir uns machen, einige beobachtete Phänomene sehr gut, andere dagegen überhaupt nicht erklären.

Es lag natürlich nahe, die Partonen mit Quarks zu identifizieren. Das wurde auch verschiedentlich gemacht, doch dies war keinesfalls die einzige Interpretation. Feynman dachte eher, daß den Partonen sogenannte „nackte Felder" von Protonen und *pi*-Mesonen entsprechen. Auch war das Parton-Modell keinesfalls allgemein anerkannt und es gab durchaus alternative Modelle, die ebenfalls die Daten, wenn auch nicht ganz so natürlich, beschrieben. Für die Interpretation der Quarks als Partonen gab es zudem eine scheinbar unüberwindliche Schwierigkeit: Da man keine freien Quarks beobachtet hatte, mußten sie sehr stark in den Hadronen gebunden sein, also stark miteinander wechselwirken. Andernfalls könnte man sie ja in hochenergetischen Prozessen aus dem Hadron herausschlagen, so wie man ein Elektron aus einem Atom herausschlagen kann. Auf der anderen Seite war für das Skalenverhalten des Parton-Modells entscheidend, daß die Partonen praktisch nicht untereinander wechselwirken. Wie so oft in der Geschichte der Physik war dieser scheinbare Widerspruch der Keim für eine ganz neue Entwicklung, wie wir im nächsten Kapitel sehen werden.

Es dauerte recht lange, bis die überragende Bedeutung der Ergebnisse der tief inelastischen Streuung voll anerkannt wurden. Das kommt auch darin zum Ausdruck, daß J.I. Friedman, H.W. Kendall und R.E. Taylor erst 1990 für „ihre bahnbrechenden Untersuchungen der tief inelastischen Streuung, die von wesentlicher Bedeutung für die Entwicklung des Quarkmodells" waren, mit dem Nobelpreis ausgezeichnet wurden, Bjorken ging dabei leer aus.

Für Untersuchungen der Strukturfunktion spielte auch die Streuung von Neutrinos und Antineutrinos eine wichtige Rolle, da auch diese nicht an der starken Wechselwirkung teilhaben. Ich hatte bereits erwähnt, daß man am Nationallaboratorium in Brookhaven (BNL) und am CERN in Genf sehr gute Neutrino-Strahlen zur Verfügung hatte, mit deren Hilfe man die Struktur der Hadronen ähnlich wie mit Elektronenstrahlen untersuchen konnte. Für gewisse Strukturfunktionen ist die Streuung von Neutrinos und Antineutrinos sogar unverzichtbar. Die Analyse der Streuung hochenergetischer Neutrinos an Hadronen mit Hilfe der Stromalgebren war für die oben beschriebene Entwicklung von großer Bedeutung. Allerdings war die Analyse der Elektronstreuung theoretisch sicherer, da man in den 1960er Jahren noch keine befriedigende fundamentale Theorie der schwachen Wechselwirkung hatte. So dienten die Streuexperimente mit Neutrinos in erster Linie der Untersuchung der schwachen Wechselwirkung. Ein wichtiges Ergebnis, nämlich die Existenz zweier unterschiedlicher Neutrinos, habe ich bereits erwähnt. Ein weiteres, den Nachweis neutraler schwacher Ströme, werden wir im nächsten Kapitel, in Abschn. 6.3.2 kennen lernen.

6 Das Standardmodell der Elementarteilchenphysik

Aus den in den beiden vorhergehenden Kapiteln beschriebenen Ansätzen entwickelte sich ein sehr konsistentes Modell, das „Standardmodell der Elementarteilchenphysik". Es beschreibt die starke, elektromagnetische und schwache Wechselwirkung jeweils als quantisierte Eichfeldtheorien.

6.1 Einleitung

Mit dem Standardmodell ist die Physik der Elementarteilchen dem alten Traum, das zu erkennen, „was die Welt im Innersten zusammenhält", nähergekommen als jemals zuvor in der Geschichte der exakten Wissenschaften. Wir kennen die Gesetze der starken, der elektromagnetischen und der schwachen Wechselwirkung. Heute sind viele Physiker nicht etwa darüber enttäuscht, daß das Modell so schlecht ist, sondern daß es so gut ist und wenig Platz für „neue Physik" läßt. Das Standardmodell ist wie die Quantenmechanik oder die Quantenfeldtheorie das Ergebnis eines engen Zusammenspiels von Theorie und Experiment. Zwei experimentelle Entdeckungen waren dabei besonders wichtig, einmal das Verhalten der tief inelastischen Streuung, das wir zu Abschluß des vorigen Kapitels behandelt haben, und zum anderen die Entdeckung der neutralen Ströme, auf die wir in diesem Kapitel ausführlich zu sprechen kommen.

Das Standardmodell beschreibt, wie oben erwähnt, sowohl die schwache und die elektromagnetische als auch die starke Wechselwirkung. Die Entwicklung dieser Zweige war zeitlich und inhaltlich verwoben. Die formale Theorie ist bei der schwachen Wechselwirkung komplizierter, die physikalische Situation ist bei der starken Wechselwirkung weniger durchschaubar. Daher kamen die ersten Anstöße auch von der schwachen Seite, der wir uns zunächst zuwenden wollen.

Wir hatten bereits gesehen, daß die Fermi-Theorie der schwachen Wechselwirkung mit ihrer direkten Kopplung von vier Fermionen (Abb.

1.11) sehr erfolgreich bei der Beschreibung der Experimente war. Dennoch war es unbefriedigend, daß man keine Möglichkeit hatte, ohne zusätzliche Annahmen die Korrekturen höherer Ordnung zu berechnen. Außerdem war die Idee, daß alle Wechselwirkungen nicht durch direkten Kontakt, sondern durch den Austausch von Quantenfeldern beschrieben werden können ein altes – und wie die Entwicklung gezeigt hat – sehr erfolgreiches Vorurteil. Nach der Entdeckung der Paritätsverletzung rückte das Interesse an einer konsistenten theoretischen Behandlung der schwachen Wechselwirkung stärker ins Blickfeld und die Idee eines „intermediären Bosons", das die schwache Wechselwirkung vermittelt, wurde wieder aufgenommen.

Die Idee, daß die schwache und die elektromagnetische Wechselwirkung irgendwie verbunden seien, wurde schon 1957 von Lee und Yang sowie von Schwinger diskutiert. Wie bereits erwähnt machte S. Bludman 1958 den Vorschlag, daß die intermediären Bosonen der schwache Wechselwirkung Eichbosonen einer $SU(2)$-Symmetrie seien. Wenn man davon ausgeht, dann bilden die Eichbosonen ein Triplett, das aus einem elektrisch positiv geladenen, einem negativ geladenen und einem ungeladenen Teilchen besteht. In einer solchen Theorie kommen die beobachteten Zerfälle, wie etwa der *beta*-Zerfall des Neutrons, durch ein intermediäres virtuelles elektrisch geladenes Bosons zustande (Abb. 6.1a). Das neutrale Boson führt zu Reaktionen wie in Abb. 6.1b gezeigt: Ein Neutrino wechselwirkt durch ein virtuelles neutrales intermediäres Boson mit einem Elektron, das in einem Atom gebunden ist. Dabei erhält das ruhende Elektron einen Teil der (hohen) Energie des Neutrinos und fliegt mit großer Geschwindigkeit davon. Man nennt die Prozesse, bei denen das neutrale intermediäre Boson die schwache Wechselwirkung bewirkt, Prozesse mit *neutralen Strömen*.

Das Bludmansche Modell wurde 1961 von Glashow erweitert. Er schlug insbesondere vor, daß das neutrale intermediäre Boson der schwachen Wechselwirkung mit dem Photon „mischt". Dieser Gedanke wurde von Weinberg weiter verfolgt, der das Modell von Glashow im Rahmen der spontanen Symmetriebrechung formulierte. Wir werden das Weinbergsche Modell im nächsten Abschnitt etwas ausführlicher behandeln.

Es fehlte natürlich auch nicht an anderen Ideen, der Schwierigkeiten mit den höheren Ordnungen bei der schwachen Wechselwirkung Herr zu werden. Das prominente Autorenteam M. Gell-Mann, M.L. Goldberger, N.M. Kroll und F.E. Low schlug 1969 eine recht komplizierte Theorie zur „Verbesserung der Divergenzschwierigkeiten in der Theorie der schwachen Wechselwirkung" vor, die zu mindestens einige der Probleme der Fermi-Theorie behob.

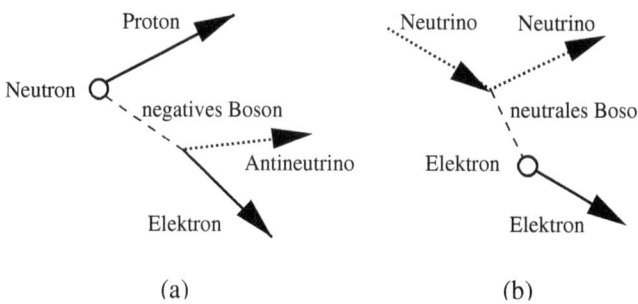

(a) (b)

Abbildung 6.1. Geladene und neutrale Ströme. (a) Geladener Strom: Das Neutron zerfällt über ein virtuelles *geladenes* intermediäres Boson. (b) Neutraler Strom: Ein Neutrino kann durch Austausch eines virtuellen *neutralen* intermediären Bosons ein Elektron aus einem Atom herausschlagen.

6.2 Ein Modell für Leptonen

Drei Jahre nach der Publikation der Arbeiten zum Higgs-Kibble-Mechanismus (Abschn. 5.4) schlug S.Weinberg 1967 „Ein Modell für Leptonen" vor, das auf der Massenerzeugung durch spontane Symmetriebrechung basierte. Er ging davon aus, daß die schwache Wechselwirkung von den drei Eichbosonen einer $SU(2)$ Symmetrie vermittelt wird und fragte: „Was könnte natürlicher sein, als die Eichbosonen (der schwachen und elektromagnetischen Wechselwirkung) in einem Multiplett zu vereinigen?" Er benutzte natürlich die mittlerweile experimentell sehr gut gesicherte Erkenntnis, daß die Parität maximal verletzt ist und deshalb nur die linkshändigen Teilchen an der schwachen Wechselwirkung teilhaben, wie in Abschn. 2.8 ausführlicher diskutiert. Das Neutrino ist ein linkshändiges Teilchen, das Elektron hat eine Masse und ist deshalb sowohl links- als auch rechtshändig. Das linkshändige Elektron und sein Neutrino, das e-Neutrino, wird zu einem sogenannten Dublett des „schwachen Isospins" zusammengefaßt, dem Neutrino wird die Einstellung $+\frac{1}{2}$, dem linkshändige Elektron $-\frac{1}{2}$ zugeteilt. Das rechtshändige Elektron ist ein Isospin-Singulett, es hat also den (schwachen) Isospin 0 . Die Eichbosonen der schwachen Wechselwirkung, bezeichnet mit W^+, W^- und W^0, koppeln nur an das Dublett der linkshändigen Teilchen, während das Eichboson der elektromagnetischen Wechselwirkung, B, sowohl an das Elektron des rechtshändigen Singuletts, als auch an das Elektron im linkshändigen Dublett koppelt. Das W^0- und das B-Boson wechselwirken also mit den gleichen Teilchen und daher kann eine Mischung der beiden elektrisch neutralen Eichbosonen zustande kommen. Diese läßt sich durch einen Win-

176   6 Das Standardmodell der Elementarteilchenphysik

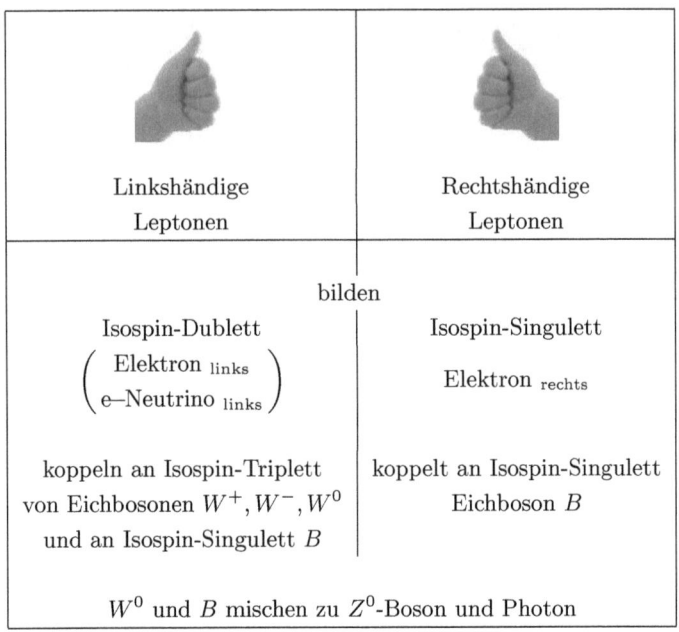

Abbildung 6.2. Zusammenfassung des „Modells für Leptonen" von S. Weinberg

kel ausdrücken, der heute „elektroschwacher Mischungswinkel" oder „Weinberg-Winkel" heißt. Die Ergebnisse der Mischung sind das Photon und das neutrale intermediäre Boson Z^0. In Abb. 6.2 ist das Modell nocheinmal schematisch zusammengefaßt.

Beim Müon und seinem Neutrino wird genauso verfahren wie beim Elektron: Es wird ein Dublett aus dem *mü*-Antineutrino und dem linkshändigen Müon sowie ein Singulett bestehend aus dem rechtshändigen Müon eingeführt. Die beiden Leptonen werden also vollkommen gleich behandelt; wir müssen in Abb. 6.2 nur das Elektron sowie das *e*-Neutrino durch das Müon und das *mü*-Neutrino ersetzen. Wir kommen auf die hier kurz skizzierten Grundgedanken noch einmal etwas ausführlicher zurück, wenn wir das Standardmodell in seiner vollen Schönheit (Abschn. 6.10) schildern.

Man kann den Zusammenhang zwischen Ladung, Isospin und Hyperladung von Gell-Mann und Nishijima, der in Abschn. 2.2 erwähnt wurde, auch auf die Leptonen übertragen, wenn man den linkshändigen Leptonen die (schwache) Hyperladung $Y = -1$, den rechtshändigen

6.2 Ein Modell für Leptonen

$Y = -2$ zuordnet. Der Zusammenhang ist dann genauso wie bei der *flavour*-$SU(3)$

$$Q = I_3 + \tfrac{1}{2}Y,$$

wobei wiederum Q die elektrische Ladung und I_3 die (schwache) Isospineinstellung ist.

Die Arbeit Weinbergs erregte bei ihrem Erscheinen wenig Aufsehen und wurde in den ersten Jahren nach ihrem Erscheinen nicht einmal von ihrem Autor zitiert. Die erste registrierte Zitierung stammt aus dem Jahre 1974. Dies scheint bei einer später so berühmten Arbeit (bis August 2004 wurde sie über 5500 mal zitiert) und bei einem so prominenten Autor zunächst verwunderlich, ist es aber eigentlich doch nicht. Es gibt in der Arbeit nur zwei Vorhersagen. Die eine ist, daß es auch ein neutrales Eichboson für die schwache Wechselwirkung gibt. Dafür gab es beim Erscheinen der Arbeit keinerlei experimentelle Hinweise, und außerdem war die Vorhersage nicht neu, Bludman hatte sie schon 1958 gemacht. Die andere Vorhersage war wirklich originell, denn sie basierte auf der Massenerzeugung durch spontane Symmetriebrechung, wie sie in Abschn. 5.4 besprochen wurde. Danach konnte Weinberg voraussagen, daß die geladenen Eichbosonen der schwachen Wechselwirkung, W^+ und W^-, eine Masse von mehr als 40 GeV und das elektrisch neutrale, Z^0, sogar eine Masse von mehr als 80 GeV haben müsse, die genauen Werte der Massen sind durch den oben erwähnten elektroschwachen Mischungswinkel bestimmt. Das war sehr kühn, denn damit waren die vorhergesagten Teilchen über zehn mal schwerer als alle bekannten subnuklearen Teilchen, schwerer sogar als die Atome mittelschwerer Elemente wie etwa Calcium.

Die theoretische Begründung des Modells basierte eher auf Hoffnungen als auf soliden Theoremen. Weinberg schrieb dies ganz offen: „Ist das Modell renormierbar? ... die Modell-Lagrange-Dichte von der wir ausgehen, ist es wahrscheinlich, so besteht die Frage, ob diese Renormierbarkeit bei der ... Umdefinition der Felder verloren geht." Auch A. Salam, der in seiner Veröffentlichung mit ganz ähnlichen Ideen etwas mehr auf die Renormierung eingeht, kann nur Hoffnungen schildern, aber keine Beweise geben. Schließlich sei auch noch bemerkt, daß die angestrebte *Vereinheitlichung* der schwachen und der elektromagnetischen Wechselwirkung eigentlich nicht erreicht wurde, denn dann wäre der elektroschwache Mischungswinkel durch die Theorie bestimmt, was er aber nicht ist.

Ein weiterer schwacher Punkt der Theorie bestand darin, daß sie nur auf leptonische Zerfälle, also nur auf den Zerfall des Müons, anwendbar war, Zerfälle von stark wechselwirkenden Teilchen wurden in der Arbeit von Weinberg nicht behandelt. Es lag zwar nahe, die Theorie auch auf Quarks anzuwenden, und Salam äußerst in seiner Arbeit auch entsprechende Hoffnungen. Allerdings waren 1967 die Quarks weit davon entfernt, in einer respektablen Quantenfeldtheorie ihren Platz zu finden.

Ein wichtiger Punkt war die Existenz von Prozessen, die durch das neutrale intermediäre Boson vermittelt wurden, also die Existenz von neutralen Strömen. Es gab keinerlei Hinweise dafür, daß es solche gebe. In den Fällen, bei denen sich die Seltsamkeit beim Zerfall ändert, gab es sogar einen sehr guten Hinweis dafür, daß neutrale Ströme nicht auftreten können oder zumindest sehr stark unterdrückt sind. Wenn man schon annimmt, daß die Quarks wie die Leptonen an die intermediären Bosonen koppeln, dann gab es keinen Grund, warum das K^0-Meson nicht an das Z^0, das neutrale intermediäre Boson, koppeln sollte. Dieses aber wiederum koppelt an ein Elektron-Positron Paar, insgesamt sollte man also den Zerfall eines neutralen K-Mesons in ein Elektron und ein Positron beobachten. Dieser Zerfall war allerdings nie beobachtet worden, obwohl man die Zerfälle der K-Mesonen sehr intensiv untersucht hatte. Daraus folgte schon, daß bei neutralen Strömen, wenn sie tatsächlich existierten, die Verhältnisse nicht so einfach von den Leptonen auf die Quarks übertragen werden konnten.

Dem Standardmodell, wie wir es heute kennen, standen also noch mehrere Steine im Wege: Bei den rein leptonischen Zerfällen war es das Fehlen eines Beweises für die Renormierbarkeit der Theorie. Nur durch einen solchen Beweis konnte ein echter theoretischer Fortschritt gegenüber der Fermi-Theorie von 1934 erzielt werden. Dieser Beweis wurde 1971 von 't Hooft vollendet (Abschn. 5.3). Damit war ein wichtiger Schritt getan, aber es fehlte noch der Nachweis von neutralen Strömen in rein leptonischen Prozessen, wie etwa in Abb. 6.1b dargestellt. Es war allerdings klar, daß dieser Nachweis sehr schwierig ist.

Bei den schwachen Zerfällen von Hadronen war die Situation noch düsterer. Zunächst fehlte überhaupt eine einigermaßen respektable Feldtheorie der stark wechselwirkenden Teilchen. Aber auch wenn man die Augen davor schloß, gab es das große Problem der neutralen Ströme: Was ist bei der Wechselwirkung des neutralen intermediären Bosons mit seltsamen Teilchen dafür verantwortlich, daß man den Zerfall eines neutralen K-Mesons in ein Elektron und ein Positron nicht beobachten konnte. Diesem Problem wollen wir uns zunächst widmen, bevor wir dann zum experimentellen Nachweis der schwachen Ströme und einer Feldtheorie der starken Wechselwirkung kommen.

6.3 Schwache Ströme

6.3.1 Ein Wunder wird weggezaubert

Es war vielleicht der Einfluß der Experimente zur tief inelastischen Streuung, daß Modelle, bei denen die Hadronen aus elementaren Konstituenten bestehen, auch für die Feldtheorie wieder attraktiver wurden. Jedenfalls stellten sich um 1970 S.L. Glashow, J. Iliopoulos und L. Maiani die Frage, wie man die zuvor erwähnten Schwierigkeiten mit den neutralen Strömen, die die Seltsamkeit ändern, im Rahmen des Quarkmodells beheben könne. Dieses Problem mußte vielen phänomenologisch orientierten Physikern als sehr akademisch erscheinen: Es existierte überhaupt nur, wenn man die Existenz neutraler intermediärer Bosonen annahm, und für diese gab es keinerlei experimentelle Hinweise. Für strenge Theoretiker andererseits mußte die Untersuchung gleich aus zwei Gründen suspekt sein: Man hatte weder eine konsistente Theorie des Quarkmodells, noch war die Renormierbarkeit der schwachen Wechselwirkung mit intermediären Bosonen bewiesen. Dennoch zeigte sich, daß die Überlegungen von Glashow, Iliopoulos und Maiani äußerst fruchtbar waren und ganz entschieden den Weg zum Standardmodell bereiteten. Wir gehen von einem Quarkmodell aus, ohne uns auf Details festzulegen; die oben erwähnten Autoren Glashow, Iliopoulos und Maiani (GIM) legten sich nicht einmal fest, ob die Quarks drittelzahlig, wie im Modell von Gell-Mann und Zweig, oder ganzzahlig, nach Han und Nambu, seien. Allerdings will ich mich hier bei der kurzen Schilderung auf drittelzahlige Quarks beschränken und die modernen Namen u-, d-, s-Quark verwenden (GIM gebrauchten $\mathcal{P}, \mathcal{N}, \lambda$).

Zur Beschreibung der schwachen Wechselwirkung muß ich etwas weiter ausholen: Kurz nach der Einführung der *flavour*-$SU(3)$ Symmetrie zur Klassifikation der Hadronen hatte Cabbibo 1963 eine Klassifikation der schwachen Wechselwirkung nach dieser Symmetrie vorgeschlagen, die sehr erfolgreich war. Sie ließ sich leicht in das Quarkmodell einbauen, man mußte nur annehmen, daß bei der schwachen Wechselwirkung nicht das d-und das s-Quark einzeln auftreten, sondern eine Überlagerung von d und s. Wir können uns das bildlich so vorstellen, daß wir das d- und das s-Quark in einer Ebene auftragen, dargestellt durch die durchgezogenen Linien in Abb. 6.3a. Bei der schwachen Wechselwirkung sind jedoch nicht d- und s-Quark relevant, sondern die Mischung aus einem d- und einem s-Quark, dargestellt durch die gestrichelte Linie d'. Dabei ist der Drehwinkel θ_C der sogenannte Cabbibo-Winkel. Dieser wurde aus Zerfällen seltsamer Teilchen experimentell zu etwa 13° bestimmt, ist also recht klein. Das für die schwache Wech-

180　6 Das Standardmodell der Elementarteilchenphysik

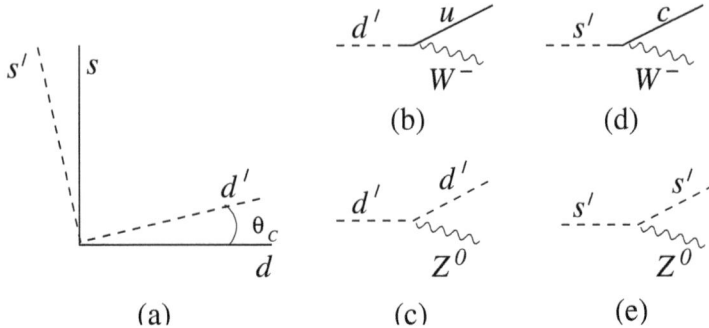

Abbildung 6.3. (a) Die Konstruktion der für die schwache Wechselwirkung relevanten Mischungen s' und d' aus dem s- und dem d-Quark. Die Kopplungen an die intermediären Bosonen W^- und Z^0 sind in (b) bis (e) angegeben

selwirkung maßgebliche d' hat also einen großen d- und einen kleinen s-Quark-Anteil.

Im Quarkmodell der schwachen Wechselwirkung wird angenommen, daß die linkshändige Komponente der Mischung d' in der schwachen Wechselwirkung die gleiche Rolle spielt wie das Elektron bei leptonischen Zerfällen, während die Rolle des Neutrinos vom linkshändigen u-Quark übernommen wird. Das schwache Isospin-Dublett der Quarks, das an die intermediären Bosonen W und Z koppelt, ist also nicht $\binom{u}{d}$ sondern $\binom{u}{d'}$. Die resultierenden Wechselwirkungsterme sind in Abb. 6.3b und c angegeben.

In Abb. 6.4 A) ist der die Seltsamkeit ändernde Zerfall eines neutralen K-Mesons in ein positiv geladenes pi-Meson (pi^+), ein Elektron (e) und ein Antineutrino ($\bar{\nu}$) im Quarkmodell dargestellt. Er ist eine Konsequenz der Wechselwirkung 6.3b, denn das s-Quark vom K-Meson ist im d' enthalten. Die Kopplung des ungeladenen intermediären Bosons Z^0 an das d', Abb. 6.3c, führt zu einer Kopplung des s an das d, da ja sowohl das d-Quark als auch das s-Quark in der Mischung d' enthalten sind. Deshalb sollte, wie aus Abb. 6.4B) ersichtlich, das neutrale K-Mesons in neutrales pi-Meson und ein Elektron-Positron Paar ($e^- e^+$) zerfallen, und zwar etwa ebenso häufig, wie in ein geladenes pi-Meson in ein Elektron und ein Antineutrino zerfällt. Tatsächlich ist aber der Zerfall in ein neutrales pi-Meson und ein Elektron-Positron Paar nie beobachtet worden und muß mindestens tausendmal seltener sein als der Zerfall in ein geladenes pi-Meson.

Glashow, Iliopoulos und Maiani lösten dieses Problem sehr elegant, sozusagen durch Zauberei, indem sie ein neues Quark aus dem Zylinder

6.3 Schwache Ströme 181

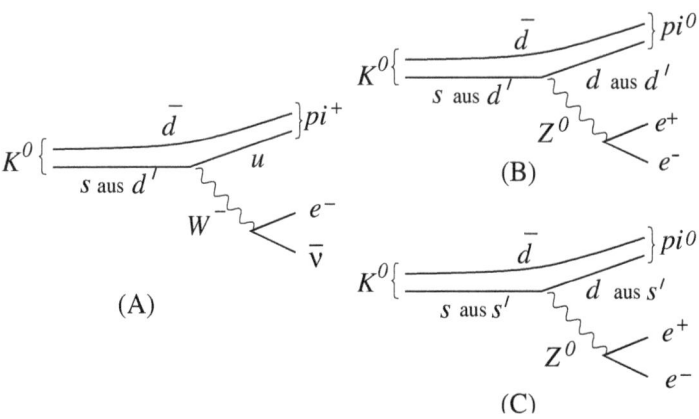

Abbildung 6.4. Die Zerfälle von K-Mesonen im Quark-Bild. Das neutrale K-Meson (K^0) besteht aus einem s-Quark und einem Anti-d-Quark ($\bar{d}$), das positiv geladene pi-Meson ($pi+$) aus einem u-Quark und einem Anti-d-Quark ($\bar{d}$), das neutrale pi-Meson (pi^0) enthält ein d- und ein Anti-d-Quark. Die Beiträge von (**B**) und (**C**) haben das entgegengesetzte Vorzeichen.

zogen. Bei den Leptonen haben wir zwei „Familien", die an die intermediären Bosonen koppeln, nämlich das Elektron und das Müon mit ihren jeweiligen Neutrinos. Bei der Drehung vom d- in das d'-Quark wird aus dem s-Quark eine Mischung s', die in Abb. 6.3a nach oben und schwach nach links zeigt. Diese Mischung s' besteht hauptsächlich aus einem s-Quark mit einer kleinen Beimischung eines d-Quarks, und diese ist, weil s' nach links zeigt, negativ. Diese Mischung s' hatte in der alten Theorie von Cabbibo keinen natürlichen Platz. Glashow und Mitarbeiter nahmen an, daß diese Mischung s' auch an der schwachen Wechselwirkung teilnimmt, und zwar – analog zum d' – als die untere Komponente eines schwachen Isospin-Dubletts. Da sie für das Dublett noch eine obere Komponente brauchten, postulierten sie die Existenz eines neuen Quarks, das die gleiche Ladung wie das u-Quark hat, aber sich von diesem durch eine neue Eigenschaft unterscheidet, die sie *Charm* nannten; charm hat im Englischen die Hauptbedeutung „Zauberspruch". Diese Eigenschaft Charm ist sehr ähnlich der Seltsamkeit. Wie die Seltsamkeit kann sich Charm durch die starke Wechselwirkung nicht ändern, aber ein Quark mit dieser Eigenschaft, genannt c-Quark, kann durch die schwache Wechselwirkung über die Kopplung c-s'-W^- (Abb. 6.3d), die genau analog zu Abb. 6.3b ist, schwach in ein s- und in ein d-Quark zerfallen. Außerdem gibt es auch noch die Kopplung des neutralen Bosons Z^0 an das s' (Abb. 6.3e), ganz analog zu Abb.

6.3c. Diese Kopplung trägt auch zum Zerfall des neutralen K-Mesons bei (Abb. 6.4C). Das d' in Abb. 6.3a zeigt nach rechts und leicht nach oben und besteht deshalb aus dem d-Quark mit einer schwachen *positiven* Beimischung des s-Quarks, während der Beitrag des d zum s' *negativ* ist. Damit heben sich die beiden Beiträge von Abb. 6.4B und C gegenseitig auf. Dies ist der Grund, warum der Zerfall nicht stattfindet oder zumindest stark unterdrückt ist.

Wären diese Überlegungen nicht später durch Experimente bestätigt worden, hätte man sich leicht darüber lustig machen können. Um zu erklären, warum ein Zerfall nicht beobachtet wurde, der aber auftreten müßte, wenn es das unbeobachtete neutrale intermediäre Boson gäbe, führt man noch ein unbeobachtetes Teilchen ein, das c-Quark. Um dem Ganzen noch die Krone aufzusetzen, war auch die Rahmentheorie, nämlich das Quarkmodell, theoretisch nicht oder nur schlecht begründet.

Diese Theorie mit dem c-Quark, genannt GIM-Mechanismus, wurde nicht nur eingeführt um zu erklären, warum es den speziellen oben behandelten Zerfall nicht gibt. Sie löste alle Probleme, die im Zusammenhang mit den neutralen schwachen Strömen auftraten. Insbesondere konnte gezeigt werden, daß auch Quantenkorrekturen nicht zu bisher unbeobachteten Effekten führen können. Aus diesen Überlegungen konnte man auch abschätzen, daß die Masse des neuen c-Quarks nicht viel größer als zwei Protonmassen, also etwa $2\,\text{GeV}/\text{c}^2$, sein durfte.

Die Anzeichen sprachen schon 1970 sehr dafür, daß die Quarks keine direkt beobachtbaren Teilchen sind. Deshalb kann auch das c-Quark nicht direkt beobachtet werden, sondern nur Hadronen, die c-Quarks enthalten. Für die Masse des leichtesten Mesons, das die Eigenschaft „Charm" hat und deswegen nur schwach zerfallen kann, sagten die Autoren eine Masse von $2\,\text{GeV}/\text{c}^2$ oder weniger und eine Lebensdauer von etwa 10^{-13} Sekunden voraus. Wenn das alles auch sehr spekulativ klang, so gab es doch wenigstens handfeste Vorhersagen, und dies machte den GIM-Mechanismus – zumindestens für Theoretiker – sehr attraktiv. Im Jahre 1975 erschien ein langer Übersichtsartikel, in dem alle wesentlichen Eigenschaften vorhergesagt wurden, vor allem auch die Existenz eines gebundener Zustand aus einem c-Quark und seinem Antiteilchen.

Das c-Quark hatte noch einen weiteren, sehr wohltuenden Effekt. Der 1971 von 't Hooft gegebene Beweis der Renormierbarkeit einer Eichtheorie mit spontaner Symmetriebrechung hatte noch einen Haken: Für den Beweis der Renormierbarkeit war die Symmetrie der Grundgleichungen unter Eichtransformationen ganz entscheidend. Diese Symmetrie wurde jedoch durch Quantenkorrekturen, wie sie z. B.

6.3 Schwache Ströme 183

beim Zerfall eines Z^0-Bosons auftreten, gebrochen. Solche die Symmetrie brechende Quantenkorrekturen – die Anomalien – haben wir kurz in Abschn. 5.5 behandelt. Die hier auftretende Anomalie, hätte die Renormierbarkeit der Theorie zerstört.

Eine Lösung war aber in Sicht: Die Beiträge der Quarks zur Anomalie haben ein anderes Vorzeichen als die der Leptonen. Deshalb wird die Anomalie, die vom Elektron und e-Neutrino herrührt durch die Beiträge des u- und des d-Quarks weggehoben. Für die Kompensation der Anomalie des Müons reicht aber der Beitrag des s-Quarks nicht aus. Mit dem Auftreten des c-Quarks ergab sich aber hier dieselbe Situation wie beim Elektron: das s- zusammen mit dem c-Quark kompensiert die Anomalie des Müons. Damit war die Renormierbarkeit wieder gerettet. Das Spiel wiederholte sich noch einmal, doch darauf kommen wir später (Abschn. 6.8) zurück.

Eine Gruppe von Fermionen, bei denen sich die Anomalie kompensiert, wird *Familie* genannt. Sie enthält ein geladenes Lepton und das zugehörige Neutrino und zwei Quarks mit der elektrischen Ladung $+\frac{2}{3}$ bzw. $-\frac{1}{3}$. Bis jetzt haben wir zwei Familien kennengelernt, einmal das Elektron und sein Neutrino sowie das u- und das d-Quark, zum anderen das Müon und sein Neutrino sowie das s- und das (noch) hypothetische c-Quark. Durch die schwache Wechselwirkung können die Quarks innerhalb der einzelnen Familien ineinander übergehen.

6.3.2 Die Nadel im Heuhaufen wird gefunden

Unabhängig von allen theoretischen Untersuchungen war es natürlich eine entscheidende Aufgabe, nach Ereignissen zu suchen, die durch neutrale Ströme verursacht werden. Glücklicherweise gab es am Europäischen Kernforschungszentrum CERN in Genf genau die richtigen Voraussetzungen, um solche Ereignisse nachzuweisen. Es gab einen sehr guten Strahl aus *mü*-Neutrinos aus dem Zerfall positiver Mesonen und einen Strahl von Anti-*mü*-Neutrinos, die von negativen Mesonen herrührten. Außerdem gab es mit der Blasenkammer „Gargamelle" ein Nachweisgerät, in dem man Neutrinoreaktionen beobachten konnte. Wie der Name sagt – Gargamelle ist die riesenhafte Mutter des Riesen Gargantua aus dem Renaissance-Roman des französischen Schriftstellers Rabelais – war die Blasenkammer riesig: 4.8 Meter lang mit einem Durchmesser von 1.9 Meter und einem Gewicht von 20 Tonnen. Die Größe war kein Luxus, sondern nötig, um eine Chance zu haben, Neutrinoreaktionen überhaupt nachzuweisen. Ich möchte nur daran erinnern, daß Pauli befürchtete, man könne das „närrische Kind seiner Lebenskrise" nie nachweisen und daß Reines daran dachte, man brauche eine

Kernbombenexplosion, um Neutrinos nachweisen zu können. Da die Nachweiswahrscheinlichkeit mit dem Volumen zunimmt, war man also auf Geräte angewiesen, die das Ausmaß Rabelaisscher Riesen hatten. Die Kammer war mit Freon gefüllt, eine Verbindung aus Kohlenstoff, Fluor und Chlor, die bei Zimmertemperatur schon bei einem Druck von 20 Atmosphären flüssig wird, also sehr viel weniger gefährlich als Wasserstoff ist. Zur Analyse rein hadronischer Ereignisse war sie nicht so gut geeignet wie eine mit flüssigem Wasserstoff gefüllte Kammer, da die Reaktionen an komplexen Kernen nicht so eindeutig analysiert werden können wie Reaktionen an Wasserstoffkernen; aber für den Nachweis von Neutrinoreaktionen war sie wegen der hohen Dichte des Freons sehr gut geeignet. Neben der schieren Grösse der Kammer hilft nämlich auch noch, daß sich in flüssigem Freon viel mehr Elektronen und Nukleonen pro Volumeneinheit befinden als im Wasserstoff. Die Bindung der Nukleonen im Atomkern stört wegen der kurzen Reichweite der schwachen Wechselwirkung bei hochenergetischen Neutrinoreaktionen nicht.

In der 1968 aufgestellten Prioritätenliste für Experimente mit Neutrinoreaktionen am CERN stand allerdings die Suche nach neutralen Strömen ziemlich weit hinten, nämlich an achter von zehn Stellen. Dennoch gab es genügend unerschrockene Physiker in der Gargamelle-Neutrino-Kollaboration, die sich auf dieses schwierige Unterfangen einließen. Sie wurden durch den inzwischen erbrachten Beweis der Renormierbarkeit der spontan gebrochenen Eichsymmetrie (1971) zusätzlich motiviert.

Neutrale Ströme an Leptonen zu untersuchen, heißt nach Spuren von Elektronen in der Blasenkammer zu suchen, die aus dem Nichts kommen, wie in Abb. 6.1b schematisch dargestellt. Ein Neutrino, als neutrales Teilchen in der Kammer unsichtbar, stößt auf ein ebenfalls unsichtbares Elektron in einem Atom. Durch ein hochenergetisches Neutrino wird das Elektron heftig angestoßen, hinterläßt also eine Spur in Richtung des Strahls, während das Neutrino weiterhin unsichtbar davonfliegt. Etwas einfacher sind neutrale Ströme bei Reaktionen mit Nukleonen in Atomkernen, zu sehen. Hier entstehen – wiederum scheinbar aus dem Nichts – mehrere geladene Spuren aus einem Punkt, eben dort, wo das Neutrino den Kern getroffen hat. Allerdings ist diese Reaktion mit einer Kernreaktion eines Neutrons leicht zu verwechseln. Bei den Ereignissen, bei denen die Neutrinoreaktion durch einen geladenen Strom verursacht wurde, tritt noch gleichzeitig ein Muon auf, das recht leicht zu identifizieren ist.

Nachdem etwa 100 000 Aufnahmen durchmustert waren, wurde Ende 1972 ein Ereignis gefunden, bei dem ein Anti-$m\ddot{u}$-Neutrino ein Elektron angestoßen hatte. Glücklicherweise waren für diese Reaktion

6.4 Eine Dynamik für die starke Wechselwirkung 185

Störungen, die einen solchen Prozeß nur vortäuschen, extrem unwahrscheinlich, so daß mit diesem einen Ereignis tatsächlich der experimentellen Nachweis für neutrale Ströme erbracht war. In den restlichen 1.3 Millionen Aufnahmen fand man noch weitere zwei Ereignisse; diese Zahl entspricht der Größenordnung, die man aus dem Modell für Leptonen erwartete. Aus diesen Ereignissen konnte man den elektroschwachen Mischungswinkel und damit die Massen für die W- und Z-Bosonen grob abschätzen: Das W-Boson musste eine Masse zwischen 50 und $120\,\text{GeV}/c^2$, das Z-Boson zwischen 77 und $126\,\text{GeV}/c^2$ haben.

Inzwischen konnten durch eine sehr sorgfältige Analyse der oben erwähnten störenden Reaktionen von Neutronen an Kernen auch die Reaktionen neutraler Ströme an Nukleonen bestimmt werden, und man fand in ungefähr 300 000 Aufnahmen 166 Ereignisse. Diese erlaubten es, den elektroschwachen Mischungswinkel und damit auch die Massen der intermediären Eichbosonen schon erheblich schärfer einzuschränken. Für die geladenen Eichbosonen erwartete man eine Masse zwischen 60 und $70\,\text{GeV}/c^2$, für das ungeladene zwischen 77 und $83\,\text{GeV}/c^2$. Die endgültigen Resultate für die rein leptonischen und die hadronischen Ereignisse wurden 1973 im gleichen Heft der Zeitschrift *Physics Letters B* veröffentlicht.

Ich möchte hier das Resultat für die später gefundenen Werte vorwegnehmen: $80.42\,\text{GeV}/c^2$ für die geladenen $W^\pm$-Bosonen und 91.19 GeV/c^2 für das ungeladene Z-Boson. Vorweggenommen sei auch, daß der Nobelpreis 1979 an Glashow, Salam und Weinberg verliehen wurde, obwohl man damals die intermediären Eichbosonen noch gar nicht experimentell nachgewiesen hatte. Für den Beweis der Renormierbarkeit von Eichtheorien wurden 't Hooft und Veltmann erst 1999 mit dem Nobelpreis ausgezeichnet.

6.4 Eine Dynamik für die starke Wechselwirkung

In Abschn. 4.4 hatten wir gesehen, wie Han und Nambu 1965 vorschlugen, den Quarks noch eine zusätzliche Quantenzahl zu geben, die sie „Farbe" nannten. Damit konnten sie zweierlei erreichen: Einmal Schwierigkeiten mit dem Pauli-Prinzip beheben und zum anderen den Quarks eine ganzzahlige Ladung zu geben. Die „Farben" der Quarks sollten sich wieder nach einer $SU(3)$-Symmetriegruppe transformieren. Wir wollen diese Symmetrie im weiteren als Farb-$SU(3)$ bezeichnen.

Gell-Mann schrieb später, daß er von den Han-Nambu-Quarks mit ihrer ganzzahligen Ladung nie beeindruckt war, da er sowieso nicht an die Möglichkeit geglaubt habe, Quarks zu isolieren. Viel stärker hätte ihn ein dynamisches Modell beeindrucken müssen, das allerdings in der Arbeit von Han und Nambu nur in einem Satz angedeutet wird. In diesem Modell wird die Kraft zwischen den Quarks durch ein Vektormeson vermittelt, das sich nach einer achtdimensionalen Darstellung der Farb-$SU(3)$ transformiert. Das hätte ihn schon 1965 auf Ideen bringen können, die er erst später ernsthaft verfolgte. Im Jahre 1971 nahm er nämlich, gemeinsam mit H. Fritzsch, die Idee der Farbladung der Quarks auf. Allerdings ließen sie den Quarks die drittelzahligen Ladungen wie im alten Gell-Mann-Zweig-Modell, nahmen aber dafür an, daß es in der Natur nur farbneutrale Zustände geben könne, d. h. nur solche Zustände, die sich wie Singuletts unter Drehungen im Farb-Raum transformieren. Damit postulierten sie, daß die Farb-$SU(3)$ eine ungebrochene Symmetrie ist und daß alle physikalisch realisierten Zustände invariant unter Farb-Transformationen sind.

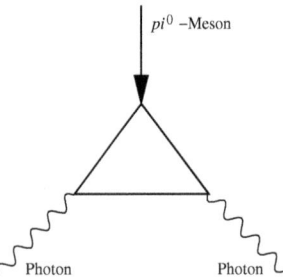

Abbildung 6.5. Der Feynman-Graph für den Zerfall eines neutralen pi-Mesons in zwei Photonen. Die inneren Linien sind stellen virtuelle Quarks dar.

Ein wichtiges Argument zur Unterstützung der Annahme, daß jedes Quark in dreifacher Ausführung auftritt, war der Zerfall des neutralen pi-Mesons in zwei Photonen. Eine einfacher Graph, der den Zerfall eines neutralen pi-Mesons beschreiben kann, ist der Dreiecksgraph von Abb. 6.5. In ihm wird ausgedrückt, daß ein Pion in ein virtuelles Quark und ein virtuelles Antiquark dissoziiert, und daß diese sich unter Aussendung von zwei Photonen wieder vernichten. Nach gewichtigen Gründen, die sowohl mit dem Goldstone-Theorem als auch mit den in Abschn. 5.5 eingeführten Anomalien zusammenhängen, sollte dieser einfache Dreiecksgraph eine gute Beschreibung des Zerfalls geben. Berechnet man allerdings mit diesem Diagramm und den alten Gell-Mann-Zweig-Quarks die Lebensdauer des neutralen pi-Mesons, so erhält man eine neunmal zu lange Lebensdauer. Die Zerfallsamplitude ist also gerade einen Fak-

6.4 Eine Dynamik für die starke Wechselwirkung

tor drei zu klein (die Zerfallswahrscheinlichkeit ist das Quadrat des Betrages der Zerfallsamplitude). Wenn es aber jedes Quark in dreifacher Ausfertigung gibt, dann erhält man drei Graphen dieser Art, von denen jeder den gleichen Beitrag liefert. Damit wird die Zerfallsamplitude dreimal so groß wie ohne zusätzliche „Farbe" und die berechnete Lebensdauer stimmt für die „farbigen" Quarks gut mit der gemessenen überein.

1972 stellte Gell-Mann das Modell in Konferenzen vor, 1973 erschien eine Arbeit von H. Fritzsch, M. Gell-Mann und H. Leutwyler „Vorteile des Farb-Oktett Gluon Bildes". In dieser Arbeit wird vorgeschlagen, daß die Farb-$SU(3)$, nach der sich die Quarks transformieren, eine *lokale Eichtheorie*, also eine Yang-Mills Theorie ist. Daraus folgt dann zwingend, daß es acht „Eichbosonen" geben muß, die mit den Quarks wechselwirken. Diese vermitteln die starke Wechselwirkung genau so wie die Photonen – die Eichbosonen der QED – die elektromagnetische Wechselwirkung zwischen geladenen Teilchen. Danach war die starke Wechselwirkung von einer ähnlichen Struktur wie die elektromagnetische: eine lokale Eichtheorie, bei der die Wechselwirkung allerdings durch „farbige" Eichbosonen vermittelt wird. In Analogie zur Quantenelektrodynamik prägte Gell-Mann daher 1974 für diese Theorie den Namen Quantenchromodynamik, abgekürzt mit QCD. Die Eichbosonen, die man Gluonen nennt, tragen selbst wieder „Farben" – sogar acht verschiedene. Sie sind daher bei Transformationen der Farb-$SU(3)$ nicht invariant,sondern werden durch die Symmetrieoperationen genauso wie die Quarks durcheinander gewirbelt und sollten daher auch nicht beobachtbar sein. Gell-Mann und Mitarbeiter sahen es durchaus als positiv an, daß man nach ihrem Modell Quarks und Gluonen nicht beobachten konnte, denn so gab es keinen Widerspruch zwischen der immer noch vorhandenen „bootstrap"-Idee und dem Quarkmodell. Die QCD war als Feldtheorie genauso respektabel wie die QED, denn ihre Renormierbarkeit war ja schon 1971 von 't Hooft und Veltmann gezeigt worden. Merkwürdigerweise ist das in der Arbeit von Fritzsch, Gell-Mann und Leutwyler aber nicht erwähnt.

Allerdings war mit dem Modell noch nicht viel gewonnen, denn gerechnet hatte man mit dieser Eichtheorie noch nichts. Fritzsch, Gell-Mann und Leutwyler zogen auch durchaus die Möglichkeit in Betracht, daß die Dynamik durch die Eichtheorie noch gar nicht bestimmt sei. Sie schrieben, daß möglicherweise die Theorie zum einen bei kleinen Abständen modifiziert werden müsse, um die Ergebnisse der tief inelastischen Streuung zu erklären und zum anderen bei großen Abständen, um das „*confinement*" zu erklären, also die Tatsache, daß Quarks und Gluonen nicht als isolierte Teilchen beobachtet werden können. Dieser doch recht unbefriedigende Zustand änderte sich erst, als man entdeckte, daß die QCD eine besondere Eigenschaft hat, nämlich die sogenannte „asymptotische" Freiheit, die wir im nächsten Abschnitt kennen lernen.

6.5 Laufende Kopplung und asymptotische Freiheit

Schon in der QED spielte die sogenannte Vakuumpolarisation eine große Rolle. Sie drückt aus, daß ein Photon in ein virtuelles Elektron-Positron-Paar aufspalten kann, also sozusagen das Vakuum in zwei entgegengesetzte Ladungen „polarisiert". Der einfachste Beitrag für die Vakuumpolarisation ist als Feynman-Graph in Abb. 6.6a dargestellt.

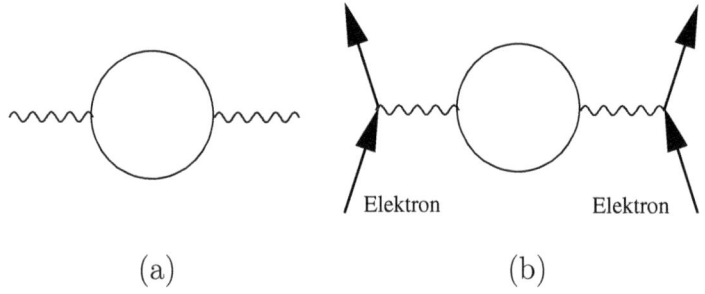

(a)   (b)

Abbildung 6.6. (a) Beitrag zur Vakuumpolarisation in der QED. Ein (virtuelles) Photon dissoziiert in ein virtuelles Elektron-Positron Paar. (b) Beitrag der Vakuumpolarisation zur Elektronstreuung, er führt zu einem Anwachsen der renormierten elektromagnetischen Kopplung (Ladung) bei kleinen Abständen

Schon kurz nach der ersten Diskussion dieser Vakuumpolarisation durch Dirac und Heisenberg im Jahre 1934 hatten R. Serber und E.A. Uehling 1935 gefunden, daß die Wechselwirkung zweier Ladungen durch die Vakuumpolarisation modifiziert wird. Der Beitrag der Vakuumpolarisation zur Elektron-Elektron-Streuung ist in Abb. 6.6b dargestellt. Er führt dazu, daß die Wechselwirkung im Vergleich zur klassischen Elektrodynamik immer stärker wird, je kleiner der Abstand zwischen den Ladungsträgern wird. Dies ist anschaulich zumindest qualitativ zu verstehen: Nehmen wir die Vakuumpolarisation ganz bildlich, so bedeutet dies, daß sich eine negative Ladung mit Elektron-Positron-Paaren umgibt. Die Positronen werden von der negativen Ladung angezogen, die Elektronen abgestoßen. Daher befinden sich die Positronen bevor-

6.5 Laufende Kopplung und asymptotische Freiheit

zugt in der Nähe der Ladung und schirmen sie zu größeren Abständen hin ab.

Diese Überlegungen wurden im Rahmen der renormierten Feldtheorie 1953 von M. Gell-Mann und F.E. Low sowie von E.C.G. Stückelberg und A. Petermann wieder aufgenommen und führten zu einer der wichtigsten Methoden der Quantenfeldtheorie, der sogenannten Renormierungsgruppe. Es ist hier nicht möglich, auch nur annähernd adäquat darauf einzugehen, und so will ich nur ganz kurz zwei Zugänge zu dieser Methode schildern.

Der eine Zugang ist direkt mit der Methode der Renormierung verknüpft. Ich hatte in Abschn. 1.4.2 erwähnt, daß man in der störungstheoretischen Rechnung die „nackten" Parameter der Theorie – wie Ladung und Masse – zunächst unbestimmt läßt und dann die renormierten Parameter durch Angleichung an Experimente bei einer gewissen Skala – sei diese eine Energie oder ein Abstand – festlegt. Es ist einsichtig, daß die renormierten Parameter von dieser Renormierungsskala abhängen. Andererseits dürfen direkt physikalisch meßbare Größen wie Wirkungsquerschnitte nicht von dieser Skala abhängen. Diese Forderung erlaubt, die Abhängigkeiten der renormierten Parameter von der Skala durch die sogenannte Renormierungsgruppen-Gleichung zu bestimmen und zu verknüpfen. Einen gewissen Abschluß dieser Entwicklung bilden die 1970 von C.G. Callan und K. Szymanzik aufgestellten und nach diesen Autoren benannten Gleichungen. Aus ihnen kann man direkt ablesen, wie der Graph der Abb. 6.6a zum Anwachsen der (renormierten) Ladung bei kleinen Abständen führt.

Ein weniger formaler Zugang, der vor allem bei Anwendungen in der Quantentheorie der Festkörper von Bedeutung ist, geht auf den L.P. Kadanoff zurück. Bei diesem Zugang hat die renormierte Konstante eine recht anschauliche Bedeutung: in ihr sind alle Effekte pauschal zusammengefaßt, die bei kleinen Abständen von Bedeutung sind; klein heißt dabei: kleiner als die Renormierungsskala. Nur bei renormierbaren Quantenfeldtheorien ist eine solche pauschale Zusammenfassung der Effekte bei kleinen Abständen überhaupt möglich.

Doch nun kommen wir wieder zur Hochenergiephysik zurück. Im Parton-Modell für die tief inelastische Streuung (Abschn. 5.8) ging man davon aus, daß die punktförmigen Bestandteile der Hadronen – die Partonen – bei kleinen Abständen praktisch nicht untereinander wechselwirken. Wollte man die Partonen mit den Quarks identifizieren, mußte man annehmen, daß bei kleinen Abständen die Wechselwirkung zwischen diesen sehr klein und bei großen Abständen sehr groß wird. Nur so konnte man erklären, daß es trotz intensiver Versuche nicht gelungen war, Quarks aus Hadronen zu isolieren. Man benötigte also für

6 Das Standardmodell der Elementarteilchenphysik

die Wechselwirkung in den Hadronen genau das entgegengesetzte Verhalten wie in der QED. Dies schien aber unmöglich, denn bereits die anschauliche Interpretation der Vakuumpolarisation ergibt ja eine Zunahme der Wechselwirkung bei kleinen Abständen. Man könnte daher denken, daß die Entdeckung, daß in der QCD genau ein der QED entgegengesetztes Verhalten vorliegt, wie eine Bombe einschlug. Dem war aber nicht so, und ich erzähle die recht absurd erscheinende Geschichte dieser Entdeckung, bevor ich weiter auf die physikalischen Konsequenzen eingehe.

Bereits 1965 berechneten die zwei russischen Physiker V.S. Vanyashin und M.V. Terentev die Vakuumpolarisation für eine Theorie massiver geladener Teilchen mit Spin 1, effektiv eine direkt gebrochene $SU(2)$-Eichtheorie. Diese Theorie ist zwar nicht renormierbar, aber die niedrigste Quantenkorrektur kann noch (mit Tricks) berechnet werden. Sie stellten fest, daß bei der Vakuumpolarisation genau der entgegengesetzte Effekt auftrat wie bei der QED, daß also in dieser Theorie die renormierte Ladung mit wachsendem Abstand nicht abgeschirmt wird, sondern zunimmt; die Autoren fanden dies übrigens „sehr wenig wünschenswert". Obwohl die Arbeit in einer angesehenen (und ins Englische übersetzten) russischen Zeitschrift publiziert wurde, hat sie niemand auf das Parton-Modell angewandt, auch die Autoren selbst nicht

Noch seltsamer ist der zweite Akt. Der junge brillante Physiker 't Hooft hatte nach dem Beweis der Renormierbarkeit der QCD auch die renormierte Farb-Ladung berechnet und die Abnahme bei kleiner werdenden Abständen festgestellt. Im Gegensatz zu der Entdeckung der beiden russischen Physiker war dies nun ein Effekt in einer konsistenten Theorie und für sich allein schon sehr interessant. Bei einer kleinen Konferenz in Marseille im Juni 1972 traf 't Hooft den Hamburger Physiker K. Szymanzik. Dieser war ein großer Spezialist in diesen Fragen; er erzählte ihm, noch auf dem Flughafen, daß bei gewissen sehr unrealistischen Theorien ein solcher Abfall der Wechselwirkung mit kleiner werdendem Abstand auftreten könne und dies für das Parton-Modell höchst relevant sei. Darauf berichtete ihm 't Hooft, daß auch bei der QCD, dieses Verhalten auftrete. Szymanzik war überrascht und wohl auch skeptisch; er riet seinem jungen Kollegen: „Wenn dies wahr ist, ist es sehr wichtig, und Sie sollten Ihr Resultat so schnell wie möglich publizieren; wenn Sie es nicht publizieren, wird es jemand anderes tun."
Nun, 't Hooft erwähnte zwar sein Resultat bei dem Treffen in Marseille, folgte aber nicht dem Rat Szymanziks, es so schnell wie möglich zu publizieren. So mußte dieses besondere Verhalten der QCD noch einmal

6.5 Laufende Kopplung und asymptotische Freiheit

entdeckt werden, nämlich 1973 durch D.J. Gross und F. Wilczek sowie, unabhängig davon, von H.D. Politzer. Da die Stärke der Wechselwirkung immer kleiner wird, zu je kleineren Abständen man kommt, hat sich für diese Eigenschaft der Name „asymptotische Freiheit" eingebürgert. Im Nachhinein kann man sich wundern, daß man darauf nicht schon früher aufmerksam wurde, denn sie ist qualitativ ähnlich leicht zu verstehen wie die Abschirmung in der QED, der Abelschen Eichtheorie. Der Unterschied zwischen der QCD und der QED liegt darin, daß in der QED die Photonen keine Ladung tragen, also nicht untereinander direkt wechselwirken. In der QCD ist das anders: hier tragen die Eichbosonen eine Ladung und wechselwirken direkt miteinander. Dies hat für die Vakuumpolarisation eine wichtige Konsequenz: Das Eichboson der QCD, das Gluon, kann nicht nur in ein Quark und ein Antiquark dissoziieren, sondern auch in zwei Gluonen. Bei den Gluonen können sich aber auch gleichnamige Ladungen anziehen, und dadurch kommt der einer Abschirmung entgegengesetzte Effekt zustande: Die Wechselwirkung wird umso kleiner, je näher man der Farbladung kommt.

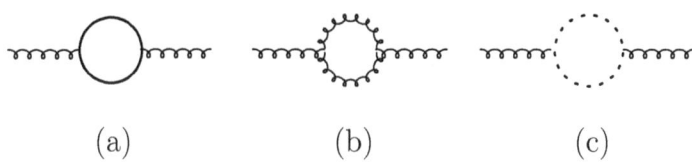

(a)   (b)   (c)

Abbildung 6.7. Beiträge zur Vakuumpolarisation in der QCD. Die *geschlungenen Linien* repräsentieren Gluon-, die *durchgezogenen* Quark- und die *gestrichelten Linien* Geisterfelder (siehe Abb. 5.3). Graph (**a**) ist analog zur Vakuumpolarisation in der QED (Abb. 6.6). Die für die QCD typischen Beiträge (**b**) und (**c**) bewirken, daß die Kopplung mit abnehmenden Abstand kleiner wird.

Die Feynman-Graphen für die Vakuumpolarisation durch ein Eichboson der QCD, also die Dissoziationsmöglichkeiten für ein Gluon, sind in Abb. 6.7 dargestellt. Die geschlungene Linie repräsentiert ein Gluon, die durchgezogene Linie ein Quark. In Abb. 6.7a, ist die auch aus der QED bekannte Dissoziation in ein Fermion und Anti-Fermion, d.h. Quark und Antiquark, dargestellt. Die beiden anderen Graphen treten nur in einer nicht-Abelschen Theorie wie die QCD auf. In Abb. 6.7b dissoziiert das Gluon in zwei virtuelle Gluonen. Der dritte Graph (Abb. 6.7c) zeigt die Dissoziation in einen *Geist* und einen *Anti-Geist*. Die Quantenfelder für die „Geister-Zustände" treten in der Theorie zunächst nicht auf, müssen aber eingeführt werden, um die Theorie konsistent zu halten, z. B. um die Erhaltung der Wahrscheinlichkeit zu garantieren. Ihr Auftreten ist unter anderem der Grund dafür, warum zwischen der Aufstellung der klassischen nicht-Abelschen Eichtheorie durch Yang und Mills (1954), und der vollständigen Quantisierung derselben (1971) eine so lange Zeit verstrich. Wie der Name sagt, haben die „Geisterfelder" recht merkwürdige Eigenschaften, aber wir wollen auf sie hier nicht näher eingehen, obwohl der Graph der Abb. 6.7c genauso wichtig ist wie die leichter einsichtigen (6.7a) und (6.7b).

Hat man die Ausdrücke von Abb. 6.8 ausgerechnet, so kann man damit mit Hilfe der Renormierungsgruppe berechnen, wie sich die Wechselwirkung mit dem Abstand verändert. Will man dies noch genauer wissen, muß man noch mehr und erheblich kompliziertere Graphen berechnen, allerdings sind diese komplizierteren Beiträge um so unwichtiger, je kleiner die Wechselwirkung ist.

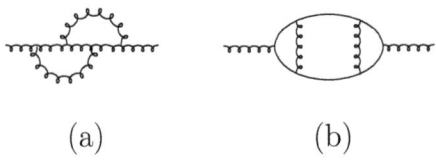

(a)   (b)

Abbildung 6.8. Beiträge höherer Ordnung zur Vakuumpolarisation in der QCD

Das kann man natürlich auch quantitativ fassen. Wir bezeichnen mit g_s die Kopplungskonstante der QCD (der Index s steht für *strong*). Sie ist die Farbladung und bestimmt die Stärke der Wechselwirkung eines Gluons mit einem Quark oder der Gluonen untereinander. Bei Quantenkorrekturen tritt stets die Größe $\alpha_s = g_s^2/(4\pi)$ auf. Die den Graphen von Abb. 6.7 entsprechenden Beiträge sind, da zwei Wechselwirkungsterme (sogenannte Vertices) auftreten, proportional g_s^2, also α_s. Daneben gibt es natürlich kompliziertere, die quadratisch oder mit einer noch höheren Potenz von α_s gehen. In Abb. 6.8 sind die Graphen für zwei solche Beiträge dargestellt. Graph 6.8a enthält vier Wechselwirkungsterme, ist also proportional α_s^2, Graph 6.8b enthält sechs Terme, ist also proportional α_s^3. Je kleiner die Kopplung ist, desto unwichtiger sind natürlich auch die höheren Beiträge. Nehmen wir einmal an, bei einem gewissen Abstand sei $\alpha_s = 0.1$. Dann sind die Beiträge, die in Abb. 6.7 nicht berücksichtigt sind, mindestens mit einem Faktor $\alpha_s^2 = 0.01$ versehen. Wir können deshalb hoffen, daß die noch fehlenden Beiträge nur etwa 10 % von den bereits berechneten ausmachen.

6.5 Laufende Kopplung und asymptotische Freiheit 193

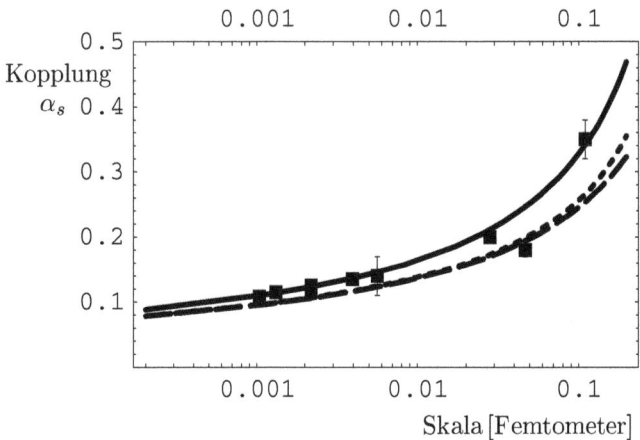

Abbildung 6.9. Die laufende Kopplung in der QCD. Die *ausgezogene Kurve* ist die niedrigste Näherung, die *lang gestrichelte* die nächste Ordnung und die *kurz gestrichelte* die noch höhere Ordnung. Die experimentellen Punkte sind aus Experimenten gewonnen, für die die entsprechende Skala besonders wichtig ist

In Abb. 6.9 ist die Kopplung $\alpha_s = g_s^2/(4\pi)$ als Funktion des Abstands dargestellt. Die durchgezogene Kurve ist in der niedrigsten Ordnung berechnet, also wurden hier nur die Graphen, die in Abb. 6.7 dargestellt sind, berücksichtigt. Die Kurve mit den langen Strichen berücksichtigt auch noch die schon wesentlich komplizierteren Beiträge, die proportional dem Quadrat der Kopplung sind, die kurzen Striche schließlich berücksichtigen die in wahrhaft heroischen Rechnungen erhaltenen Terme, die kubisch in der Kopplung sind. Ob die nächste Ordnung jemals berechnet werden wird, ist äußerst zweifelhaft, es sei denn es hat jemand eine ganz neue Idee, die schon fast astronomische Anzahl der dann auftretenden Graphen zu berechnen.

Man sieht in Abb. 6.9, daß bis zu Abständen von etwa 0.2 fm, was einer Energie von etwa 1 GeV entspricht, die niedrigste Ordnung zumindest qualitativ mit den höheren Ordnungen, die nächste Ordnung aber schon recht gut mit der übernächsten übereinstimmt. Dies ermöglicht nun ein ganz neues Theoretikergefühl: nämlich quantitative Rechnungen bei der starken Wechselwirkung durchzuführen.

Ebenfalls in Abb. 6.9 eingetragen sind experimentelle Werte für die Kopplung α_s, die bei verschiedenen Skalen gewonnen wurden. Ich will hier nicht auf die Einzelheiten eingehen, wie die Kopplungen mit den theoretischen Kurven verglichen werden sollten, es kommt mir nur darauf an zu zeigen, daß das „Laufen der Kopplung" tatsächlich direkt experimentell beobachtet ist.

Die Wechselwirkung wird bei größeren Abständen stärker, aber je größer die Wechselwirkung ist, desto unzuverlässiger werden die Kurven aus Abb. 6.9, denn diese sind ja unter der Annahme einer kleinen Kopplung α_s gewonnen. Dies wird dadurch sichtbar, daß mit zunehmendem Abstand die niedrigste Näherung und die höheren Näherungen immer weiter auseinander laufen. Es ist nicht ausgeschlossen, daß die Kopplung bei großen Abständen so groß wird, daß es nicht möglich ist, die Quarks aus dem Hadron herauszureißen. Diesen Effekt nennt man im Gegensatz zur asymptotischen Freiheit „Infrarote Sklaverei". Aber anders als die asymptotischen Freiheit ist die infrarote Sklaverei eher ein frommer Wunsch als ein theoretisch hergeleitetes Konzept. Glücklicherweise gibt es aber auch Möglichkeiten die QCD bei großen Abständen zu untersuchen, wie wir im Abschn. 6.7 sehen werden.

Die Stärke der Kopplung läßt sich durch eine für die QCD charakteristische Skala ausdrücken, die *Lambda*-QCD (Λ_{QCD}) genannt wird. Sie hat den Wert von etwa einem Femtometer, in Energieeinheiten ausgedrückt etwa 200 MeV. Bei Abständen, die klein gegenüber dieser Skala sind, ist auch die Kopplung der QCD klein, und die Störungstheorie kann angewandt werden. Bei Abständen die vergleichbar mit ihr sind, bricht die Störungstheorie zusammen. Bildlich kann man dies so ausdrücken: mit einem Mikroskop, das Abstände auflöst, die klein gegen diese Skala von etwa einem Femtometer sind, sieht man Quarks und Gluonen, bei einer viel schwächeren Auflösung dagegen Hadronen.

Die asymptotische Freiheit kann nicht nur die Besonderheiten der tief inelastischen Streuung erklären, sie hat noch einen weiteren grundsätzlichen Vorteil. Gegen asymptotisch freie Theorien gelten die Argumente die 1955 von Landau und Pomeranchuk gegen die QED und die Quantenfeldtheorie allgemein vorgebracht wurden (Abschn. 3.1) nicht. Sie hatten argumentiert, daß die Quantenkorrekturen der QED dazu führten, daß die Ladung 0 sein müsse, es also gar keine elektromagnetische Wechselwirkung gebe. Die Grundidee der Argumentation ist: Die Renormierung bei einem bestimmten Abstand (Skala) bedeutet, daß wir alle Effekte, die bei kleineren Abständen wichtig werden, pauschal durch die renormierte Ladung berücksichtigt haben. Natürlich können wir nie bis zum Abstand 0 vordringen, das heißt, was bei kleinsten Abständen vorgeht, wird uns stets verborgen bleiben. Bei einer asymptotisch freien Theorie ist das nicht schlimm, da bei immer kleineren Abständen immer weniger passiert. Bei einer Theorie, die nicht asymptotisch frei ist, werden dagegen die nicht berechenbaren Effekte immer wichtiger, zu je kleineren Abständen wir kommen. Wir können also gar nicht hoffen, daß wir das Verhalten bei kleinen Abständen vollständig in der renormierten Ladung absorbieren können, es sei denn, die Wechselwirkung ist von vornherein Null.

Man hatte zwar mit Recht darauf hingewiesen, daß diese Überlegungen auf der Störungsrechnung mit kleiner Kopplung basieren, doch haben nichtstörungstheoretische numerische Rechnungen der QED die Richtigkeit der Landauschen Vermutung sehr unterstützt. Die Nützlichkeit der QED als effektive Theorie bei den Abständen, die wir momentan oder auch in ferner Zukunft untersuchen können, bleibt von diesen Überlegungen allerdings unangetastet. Ich werde auf das Problem einer Quantenfeldtheorie, die nicht asymptotisch frei ist, noch einmal kurz zu Beginn von Abschn. 7.3 eingehen.

Im nächsten Abschnitt wollen wir kurz einige Beispiele für die Anwendung der Störungsrechnung betrachten, also Phänomene, die sich bei kleinen Abständen und entsprechend schwacher Kopplung abspielen.

6.6 Quantitative Rechnungen in der starken Wechselwirkung

Wir wenden uns zunächst wieder der tief inelastischen Streuung zu. Wir hatten gesehen, daß das Parton-Modell durch die asymptotische Freiheit der QCD seine Berechtigung erhielt. Aber die Eichtheorie ist sehr viel aussagekräftiger als das naive Parton-Modell. In der QCD nimmt die Wechselwirkung mit abnehmendem Abstand zwar ab, aber sie ist nicht Null. Daher erwartet man auch Abweichungen vom Skalenverhalten des naiven Parton-Modells. Die Reaktion sollte z. B. nicht nur vom Verhältnis von Impulsübertrag zur Energie abhängen, sondern auch direkt vom Impulsübertrag, und man kann diese Abhängigkeit theoretisch berechnen. Man kann allerdings nicht die Strukturfunktionen direkt berechnen, sondern nur ihre Abhängigkeit vom Impulsübertrag Q. Dazu ist es nötig, die kurzreichweitigen Effekte, die man mit Hilfe der Störungstheorie berechnen kann, von den langreichweitigen zu trennen. Dafür entwickelte K. Wilson die sogenannte Operatorproduktentwicklung. Auch die Techniken der Renormierungsgruppe spielen bei der Berechnung der Q-Abhängigkeit der Strukturfunktionen eine gewichtige Rolle.

Allerdings waren in den frühen 1970er Jahren die Daten noch nicht so genau und deckten auch keinen so weiten Bereich von Energie und den Impulsübertrag ab, als daß der quantitative Vergleich jeden hätte

6 Das Standardmodell der Elementarteilchenphysik

überzeugen müssen; die Überzeugung, daß die QCD *die* Theorie der starken Wechselwirkung sei, setzte sich erst allmählich durch.

Eine weitere Anwendung für das Parton-Modell im Rahmen der QCD war die Vernichtung von Elektronen und Positronen. In den Speicherringen kann man einen Elektronenstrahl auf einen Positronenstrahl schicken und die Reaktionsprodukte, untersuchen. Theoretisch kann man die Vernichtung dadurch beschreiben, daß das Elektron und das Positron sich zu einem virtuellen Photon vernichten und daß dieses virtuelle Photon wieder in alle möglichen Zustände zerfällt. Die Zerfälle bei denen wieder ein Elektron und ein Positron oder auch ein positives und ein negatives Müon herauskommen, kann man mit der QED theoretisch genau berechnen. Was passiert aber, wenn bei der Elektron-Positron-Vernichtung stark wechselwirkende Teilchen erzeugt werden? Ein Vernichtungsprozeß geschieht auf einem sehr engen Raum. Wenn also das QCD-Parton-Modell stimmt, sollten Partonen und deren Antiteilchen in vergleichbarer Menge wie Elektronen und Positronen erzeugt werden; das Verhältnis ist durch die elektrischen Ladungen der Partonen bestimmt. Man beobachtet allerdings nicht die Erzeugung von Partonen (Quarks und Gluonen), sondern die von Hadronen, es muß also noch eine Zwischenstufe geben, bei der die theoretisch postulierten Partonen sich in beobachtbare Hadronen umwandeln. Man nennt diese Umwandlung von Partonen in Hadronen *Hadronisierung*. Dieser Prozeß ist auch heute noch nicht quantitativ verstanden. Es gibt aber gute Gründe dafür zu glauben, daß gewisse Größen durch den noch unverstandenen Mechanismus der Hadronisierung nicht oder nur wenig beeinflußt werden.

Bei der Elektron-Positron-Vernichtung ist das Verhältnis der Erzeugungsrate von Hadronen zu Elektron-Positron oder Müon-Paaren eine solche Größe, wenn man den Mittelwert über ein gewisses Energieintervall bildet. Für dieses Verhältnis R machten verschiedene Parton-Modelle verschiedene Vorhersagen. Legt man sich nicht auf die Natur der Partonen fest, so ist das Verhältnis R konstant, aber den Wert kann man nicht vorhersagen. Nimmt man an, daß die Partonen Quarks vom alten Quarkmodell sind, also keine zusätzliche „Farbe" tragen, so ist das Verhältnis genau die Summe der Quadrate der Ladungen von u-, d- und s-Quark, also $R = (\frac{2}{3})^2 + (-\frac{1}{3})^2 + (-\frac{1}{3})^2 = \frac{2}{3}$. Die Rechnung ist im alten Quarkmodell nicht nur theoretisch vollkommen unbegründet, das Ergebnis ist auch viel zu klein. In der QCD dagegen ist die Kopplung der Quarks bei kleinen Abständen sehr gering, hier ist also die theoretische Rechnung gerechtfertigt. Außerdem tritt jedes Quark in drei verschiedenen Zuständen auf, seinen drei „Farben", also muß das Ergebnis mit drei multipliziert werden. Damit erhält man für das Verhältnis R den

6.6 Quantitative Rechnungen in der starken Wechselwirkung 197

Wert 2, der durch Quantenkorrekturen sogar noch etwas größer wird. Das ist nicht nur besser begründet als das alte Resultat, sondern stimmt auch viel besser mit den Daten überein. Allerdings gab es auch bei diesem erfreulichen Ergebnis einen Wermutstropfen: Die Daten deuteten an, daß mit wachsender Energie das Verhältnis ansteigt, während es nach der Theorie eher leicht abfallen sollte. Doch auch dieses Verhalten wurde geklärt.

Unabhängig voneinander machten nämlich 1974 S.C.C. Ting am Synchrotron in Brookhaven und B. Richter am Linearbeschleuniger in Stanford eine Entdeckung, die schließlich sehr zur Akzeptanz der QCD und des Standardmodells beitrug: Man entdeckte ein neues Meson mit einer Masse von 3.097 GeV/c^2, das nicht, wie bei Hadronen dieser Masse zu erwarten, eine große Massenunschärfe aufwies. Diese war vielmehr mit 0.09 MeV/c^2 etwa 1000 mal kleiner als die des rho-Mesons. Die eine Entdeckergruppe um Ting an der Ostküste der USA, nannte das neue Teilchen J, die andere Gruppe aus Kalifornien taufte es – wohl nicht ohne Hintergedanken an „psychedelische" Phänomene – psi (ψ), der offizielle Name ist heute J/ψ (sprich jot-psi).

Doch nicht nur der Name war zunächst umstritten, auch die Interpretation des Teilchens selbst. Eine mögliche Erklärung war, daß es sich hier um einen Zustand handle, der sich nicht als ein Singulett unter der Farb-$SU(3)$ transformiere. In diesem Falle wäre die Farbsymmetrie gebrochen, mit verheerenden Folgen für die Renormierbarkeit der Theorie. Als attraktivere Möglichkeit erschien, daß dieses Meson nicht aus bereits bekannten Quarks aufgebaut ist, sondern aus einem neuen, bisher unbekannten Quark und dessen Antiteilchen. Dieses konnte sehr wohl das von Glashow, Iliopoulos und Maiani vorgeschlagene c-Quark mit der Quantenzahl Charm sein. Diese Erklärung wurde vollends akzeptiert, als man etwa ein Jahr später eine neue Art von Mesonen fand, die stabil unter der starken Wechselwirkung waren und dementsprechend „lange", lebten, nämlich etwa eine tausendstel Nanosekunde. Diese neuen Mesonen, genannt D-Mesonen, sind zusammengesetzt aus einem c-Quark und einem gewöhnlichen, z. B. einem u-Quark. Das c-Quark überträgt auf dieses Meson seine Eigenschaft Charm. Da sich diese bei der starken Wechselwirkung nicht ändern kann, zerfällt es durch die schwache Wechselwirkung, was die „lange" Lebensdauer erklärt. Es wiederholte sich hier, nur etwas beschleunigt, noch einmal die Geschichte der Entdeckung der seltsamen Teilchen. Auch dort hatte man sich ja gewundert, warum die seltsamen Teilchen die 1947 entdeckt wurden, solange lebten, bis 1953 Gell-Mann die Erklärung dafür in einer neuen Eigenschaft der Teilchen fand, die Seltsamkeit genannt wurde.

Schon 1971 hatte eine japanische Gruppe über „Den möglichen Zerfall eines neuen Teilchens im Fluge" berichtet. Es ist sehr wahrscheinlich, daß dieses neue Teilchen die Quantenzahl „Charm" trug. Doch vor der Entdeckung der neutralen Ströme und erst ein Jahr nach der Spekulation über ein viertes Quark waren die Theoretiker offenbar noch nicht bereit, sich mit ganzer Kraft auf die Interpretation dieses Teilchens zu stürzen.

Die geringe Massenunschärfe des J/ψ-Mesons konnte mit der in Abschn. 4.3 eingeführte OZI-Regel erklärt werden. Diese besagt, daß die Quarks des zerfallenden Mesons auch in den Zerfallsprodukten vorkommen müssen. Nach dieser Regel müßte das J/ψ-Meson in zwei D-Mesonen zerfallen. Da aber die Summe der Massen zweier D-Mesonen größer ist als die Masse eines J/ψ-Mesons, ist dieser Zerfall durch die Energieerhaltung verboten. Daher kann das J/ψ sich nur in virtuelle Gluonen vernichten, die sich dann wieder in leichte Mesonen umwandeln. Wir hatten in Abschn. 4.3 gesehen, daß die Erklärung der geringen Breite des phi-Mesons durch diese Regel eine wichtige Stütze für das Quarkmodell war. Dies trifft auch hier wieder zu, aber nun kann man noch einen Schritt weiter gehen. Die OZI-Regel ist nur eine empirische Regel, aber beim J/ψ-Meson kann man die Zerfallsrate über Gluonen zumindest grob berechnen, da sich die Quarks bei der Vernichtung in Gluonen sehr nahe kommen müssen und daher die starke Kopplung recht klein ist.

Kurz nach der Entdeckung des J/ψ-Mesons wurde in Stanford noch ein weiteres Teilchen gefunden, das hauptsächlich in das J/ψ-Meson und andere Hadronen, (z. B. pi-Mesonen) zerfiel. Auch dieses Meson, genannt psi'-Meson, ist zusammengesetzt aus einem c-Quark und dessen Antiteilchen, aber es befindet sich nicht im Grundzustand, sondern ist angeregt, ganz analog der ersten Anregung im Wasserstoffatom. Dies eröffnete einen neuen Zweig der QCD, die sogenannte nichtrelativistische QCD. In der Grenze, in der die Quarks sehr schwer sind, kann man die nichtrelativistische Quantenmechanik anwenden und dann die angeregten Zustände mit Hilfe der Schrödinger-Gleichung bestimmen. Man kannte zwar die Wechselwirkung bei großen Abständen der Quarks nicht, dafür mußte man Ansätze machen und die auftretenden freien Parameter den Experimenten anpassen. Aber man kann aus der QCD die kurzreichweitigen Kräfte herleiten, und diese Beiträge führen zu einer sehr charakteristischen Feinstruktur der Anregungszustände, ganz analog zu denen im Wasserstoffatom. Tatsächlich haben ja die beiden Eichtheorien QED und QCD viele Gemeinsamkeiten, und bei kleinen Abständen unterscheiden sich die beiden Theorien hauptsächlich nur durch die Stärke der Wechselwirkung. Zur Berechnung all der möglichen angeregten Zustände des Systems, bestehend aus einem c-Quark und seinem Antiteilchen, konnte man tatsächlich auf die aus der Atomphysik bekannten Formeln zurückgreifen und mit etwas Gruppentheorie die entsprechenden Ausdrücke für die QCD leicht herleiten. Man braucht aber nicht bei der Quantenmechanik stehen zubleiben, sondern kann eine nichtrelativistische Quantenfeldtheorie (NRQCD, Nicht-Relativistische-Quanten-Chromo-Dynamik) anwenden, die zu beeindruckender Übereinstimmung von Theorie und Experiment führt.

6.7 Quantenchromodynamik auf dem Gitter

Obwohl die Störungstheorie der QCD als Theorie sehr überzeugend ist und in gewissen Bereichen beeindruckende Erfolge aufzuweisen hat, ist ist es damit nicht möglich, typische Eigenschaften der Hadronen, wie etwa ihre Massen, zu berechnen. Dazu müßte man die Wechselwirkung der Quarks bei Abständen kennen, die so groß wie ein Hadron sind, und da versagt die Störungstheorie. Das größte Problem bleibt auch ungelöst: Die elementaren Felder, also die Felder der Quarks, treten nicht als beobachtbare Teilchen auf. Genauer gesagt: Man hat noch keine isolierten Quarks beobachtet. Wenn wir also sagen, daß die Hadronen aus Quarks zusammengesetzt sind, so hat das eine ganz andere Bedeutung als die Aussage, daß die Atome aus Elektronen und dem Kern oder daß der Kern aus Protonen und Neutronen zusammengesetzt ist. Denn ein Atom kann man in isolierte Elektronen und einen Kern und diesen wiederum in Protonen und Neutronen zerlegen. Die Quarks scheinen innerhalb der Hadronen gefangen, und deshalb spricht man vom *confinement*. Für den, der dieses *confinement*-Problem im Rahmen der QCD löst, ist ein Preis von einer Million Dollar ausgelobt. Mir erscheint dieses Problem das aufregendste Problem der ganzen Elementarteilchenphysik zu sein, da es in der Tat ein ganz neues Konzept in die Physik brachte. Man stelle sich nur vor, Lavoisier hätte gesagt, Wasser besteht zwar aus den Elementen Wasserstoff und Sauerstoff, aber man kann es nicht in diese beiden Elemente zerlegen. Ich glaube in diesem Falle hätte die „Neue Chemie" nicht viele Anhänger gewonnen.

Es ist daher sehr befriedigend, daß man zumindest numerisch die QCD auch bei großen Abständen quantitativ behandeln und damit z. B. die Hadronmassen berechnen kann. Dies geschieht mit Hilfe der sogenannten Gitterregularisierung. Der erste Schritt bei diesem Vorgehen besteht darin, daß man die Quantenfelder nicht an jedem Raum-Zeit-Punkt betrachtet, sondern nur auf einer diskreten Teilmenge. Eine solche Teilmenge ist in Abb. 6.10a dargestellt, es sind gerade die Schnittpunkte der Gitterlinien, angedeutet durch dicke Punkte. Natürlich hat

6 Das Standardmodell der Elementarteilchenphysik

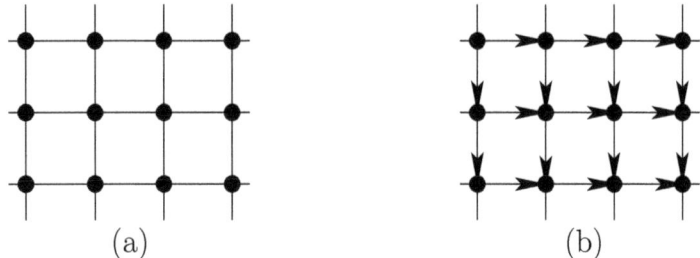

Abbildung 6.10. (a) Ein Gitter in einer Ebene. (a) Die Punkte sind die Gitterpunkte, auf denen die Felder definiert sind. (b) Gitterpunkte und deren Verbindungen; in der Gitter-QCD sind die Quarkfelder den Punkten und die Eichfelder (Gluonen) den Verbindungen zugeordnet

das Gitter in der QCD vier Richtungen, drei für den Raum, eine für die Zeit. Man hatte schon früher Feldtheorien auf den Gitterpunkten untersucht, aber wenn man die Felder, die in der QCD vorkommen, also die Quark- und Eichbosonfelder, nur an diesen Punkten definiert, kommt man nicht weit, denn man verliert eine ganz wesentliche Eigenschaft der Theorie, die Eichinvarianz. Diese Eichfelder enthalten die Information darüber, was man tun muß, wenn man von einem Punkt zu einem benachbarten geht. In der Gittertheorie sind die Punkte vollständig isoliert und deswegen kann die Eichinvarianz in einer solchen Theorie scheinbar gar nicht formuliert werden. Die Lösung dieses Problems wurde angeregt durch Überlegungen aus der Festkörperphysik. Franz Wegner hatte ein Modell aus diesem Gebiet untersucht und festgestellt, daß es sinnvoll ist, nicht nur den Gitterpunkten, sondern auch deren Verbindungen Felder zuzuordnen. K. Wilson formulierte die QCD auf dem Gitter, indem er die Quarkfelder den Gitterpunkten, die Eichfelder aber den Verbindungen zwischen den Gitterpunkten zuordnete, also den Pfeilen in Abb. 6.10b. Damit lassen sich die Grundgleichungen dieser Theorie auch auf dem Gitter so formulieren, daß die Eichinvarianz respektiert wird. In der Grenze, in der der Abstand der Gitterpunkte gegen Null strebt, gehen die klassischen Gleichungen der QCD auf dem Gitter in die üblichen an jedem Raum- und Zeitpunkt definierten über. Es wäre also recht einfach, Probleme der klassischen Chromodynamik auf dem Gitter zu lösen, genauso wie man Probleme der klassischen Elektrodynamik, z. B. die Abstrahlung von Antennen, auf diese Weise löst. Die QCD auf dem Niveau der klassischen Physik ist allerdings ohne Anwendung, und die interessanten Fragen treten erst durch die Quanteneffekte, d. h. durch die virtuelle Teilchenerzeugung und -vernichtung, auf.

6.7 Quantenchromodynamik auf dem Gitter

Die Besonderheit der QCD besteht darin, daß die Gluonen, die Eichbosonen der Theorie, untereinander wechselwirken, im Gegensatz zu den Photonen, den Eichbosonen der QED. Berücksichtigt man in Gitterrechnungen der QCD nur die Erzeugung und Vernichtung virtueller Gluonen, so erhält man in numerischen Rechnungen ein sehr interessantes Ergebnis: Die Wechselwirkungsenergie zwischen zwei Quarks nimmt mit steigendem Abstand linear zu, d. h. um zwei Quarks zu isolieren, benötigte man also eine unendlich hohe Energie. Damit ist das oben erwähnte *confinement* numerisch gezeigt.

Natürlich können Gitterrechnungen immer nur mit endlichen Abständen zwischen den Punkten durchgeführt werden, aber glücklicherweise kann man sie auch bei sehr kleinen Entfernungsskalen durchführen, wo die Störungstheorie gilt. Diese ist nicht auf ein Gitter fixiert, sondern im ganzen Raum-Zeit Kontinuum definiert. Man findet eine sehr gute Übereinstimmung zwischen Gitterrechnungen bei kleinen Gitterabständen und der Störungstheorie, und dies macht es mehr als nur plausibel, daß die QCD auf dem Gitter tatsächlich in die Theorie im Raum-Zeit-Kontinuum übergeht, wenn nur der Gitterabstand gegen Null strebt. Gitterrechnungen stimmen im allgemeinen auch mit solchen Näherungsverfahren der QCD gut überein, die weder von der Störungstheorie noch von der Gitterregularisierung Gebrauch machen.

Da die Gittertheorie von den Grundgleichungen der QCD ausgeht, benötigt man nur die Parameter, die in diesen Grundgleichungen vorkommen, um im Prinzip alle Eigenschaften der Hadronen zu berechnen. Diese Parameter sind die renormierte Kopplungskonstante sowie die renormierten Massen der Quarks bei einer vorgegebene Skala, die in diesem Fall der Gitterabstand ist. Obwohl man weit davon entfernt ist, alle hadronischen Eigenschaften berechnen zu können, hat man doch bei denen, die tatsächlich berechnet wurden, eine gute Übereinstimmung mit den experimentellen Werten gefunden. Auf ein Modell für das *confinement* gehe ich in Abschn. 7.5 noch einmal kurz ein.

Ein interessantes Resultat der Gitterrechnungen ist der sogenannte Phasenübergang in der QCD bei hohen Temperaturen. Bringt man viele Quarks auf engem Raum zusammen, so kann man diesem System eine Temperatur zuschreiben. Je höher die mittlere Energie der Quarks ist, desto höher ist auch die Temperatur. Theoretische Rechnungen der QCD auf dem Gitter haben ergeben, daß bei einer gewissen Temperatur die Wechselwirkung zwischen den Quarks sich ändert und daß man nicht mehr unendlich viel Energie braucht, um zwei Quarks zu trennen. Man kann sagen, daß bei dieser Temperatur die Hadronen schmelzen und ein sogenanntes Quark-Gluon-Plasma bilden, so wie Schneeflocken oberhalb des Gefrierpunktes schmelzen und Wasser bilden. Da das *con-*

finement nicht mehr gilt, spricht man auch vom „*deconfinemnt*" bei einer bestimmten Temperatur. Natürlich ist es damit immer noch nicht möglich, Quarks zu isolieren, denn aus dem Plasma kann man sie nicht herausholen. Nach den Rechnungen sollte der Übergang bei einer Temperatur von etwa 10^{12} Grad stattfinden, was einer Energie von etwa 100 MeV entspricht. Es wird berichtet, daß es Anzeichen gebe, daß bei Zusammenstößen sehr hochenergetischer schwerer Atomkerne tatsächlich ein solches Schmelzen der Nukleonen zum Quark-Gluon-Plasma beobachtet wurde.

6.8 Die Konsolidierung des Standardmodells

Im Jahr 1973 war das Standardmodell eigentlich theoretisch vollendet. Der Beweis für die Renormierbarkeit war gegeben und die asymptotische Freiheit der QCD war voll ins Bewußtsein gerückt. Der GIM-Mechanismus erklärte, warum keine neutralen, die Seltsamkeit ändernden Ströme beobachtet wurden. Mit der Entwicklung der Gittereichtheorie war auch die Möglichkeit gegeben, quantitative Rechnungen in der QCD auch außerhalb der Störungstheorie durchzuführen und hadronische Eigenschaften zu berechnen.

Dennoch war damals das heute so genannte Standardmodell noch nicht „Standard". 1973 hielt Martinus Veltmann einen Übersichtsvortrag über Eichtheorien, zu deren Verständnis er wesentlich beigetragen hatte. Er sagte, daß er sich zurückhalten wolle, zu viel Begeisterung zu zeigen und er gab seinem Vortrag das Motto frei nach Wilhelm Busch:

> Es gibt viele Theorien
> Die sich jedem Check entziehen
> Diese aber kann man checken
> Elend wird Sie dann verecken

Aber Veltmann wies darauf hin, daß es schwierig sei, seine Begeisterung nicht zu zeigen, denn „es erscheint mehr und mehr, daß wir auf dem richtigen Wege sind". Und in der Tat, auch auf experimenteller Seite gab es viele Anzeichen, die für das Standardmodell sprachen: Die vorhergesagten neutralen Ströme waren beobachtet und erlaubten sogar eine grobe Abschätzung für die Masse der Eichbosonen. Auch gab es Anzeichen für das vierte Quark, das für den GIM-Mechanismus und für die Kompensation der Anomalien gebraucht wurde. Die folgenden Jahre brachten eine weitgehende Konsolidierung des Modells, aber auch neue Herausforderungen, die alle mit einer glänzenden Bestätigung des Modells endeten.

6.8 Die Konsolidierung des Standardmodells

Ein äußerst wichtiger Schritt war die Entdeckung der Ereignisse der sogenannten Drei-Jet-Ereignisse. Bei der Vernichtung von Elektronen und Positronen bei sehr hoher Energie gibt es Ereignisse, bei denen die meisten Teilchen in zwei Bündeln, sogenannten Jets, vom Ort der Elektron-Positron-Vernichtung wegfliegen. Man kann die Rate und Verteilung dieser Ereignisse in der QCD berechnen. Man nimmt dazu an, daß zunächst bei der Vernichtung ein Quark-Antiquark Paar erzeugt wird und daß die Hadronisierung, d. h. die Umwandlung der Quarks in Hadronen, an den Ergebnissen nicht mehr viel ändert. Dies läßt sich theoretisch begründen, wenn man sich auf gewisse Eigenschaften dieser Jet-Events konzentriert, solche Eigenschaften nennt man infrarot-sicher. In Abb. 6.11c ist ein solches Zwei-Jet-Ereignis dargestellt, darüber (a) der einfachste dafür verantwortliche Graph. Da es in der QCD neben den Quarks auch noch Gluonen, gibt, sollte man neben Zwei-Jet-Ereignissen, auch Drei-Jet-Ereignisse beobachten, deren Graphen und Erscheinungsbild in Abb. 6.11b und d dargestellt sind. Nach solchen Ereignissen wurde am DESY in Hamburg intensiv gesucht und 1979 wurden am Elektron-Positron Speicherring Petra mehrere solche Ereignisse gefunden, die eindeutig auf den Elementarprozess (Abb. 6.11b) hinwiesen. Dafür wurden P. Söding, B.H. Wiik, G. Wolf und S.L. Wu mit dem Preis der Europäischen Physikalischen Gesellschaft ausgezeichnet. Der Nachweis der „Drei-Jet-Ereignisse" wird etwas vereinfachend als die „Entdeckung des Gluons" gewertet.

Die tief inelastische Streuung mit Elektronen konnte durch die Konstruktion des Beschleunigers HERA in Hamburg (1992) in ganz neue Bereiche ausgedehnt werden. In diesem Beschleuniger und Speicherring stoßen hochenergetische Protonen (920 GeV) mit Elektronen (30 GeV) frontal zusammen. So können in der tief inelastischen Elektron-Proton Streuung Energien und Impulsüberträge erreicht werden, die bei Experimenten mit ruhenden Protonen auch nicht annähernd zugänglich sind. Es können Formfaktoren bei einem Impulsübertrag bis zu 200 GeV gemessen werden; die hohen Energien W des hadronischen Endzustands erlauben, die tief inelastische Streuung bis hinab zu Werten der Skalenvariablen $x \approx Q^2 c^2/W^2 = 0.00006$ zu messen. Bei sehr hohen Energien und großen Impulsüberträgen fand man erhebliche Abweichungen vom Skalengesetz, das heißt vom naiven Parton-Modell mit freien Partonen. In Abb. 6.12 ist die Strukturfunktion, das ist im wesentlichen der Formfaktor der tief inelastischen Streuung, für zwei Werte des Impulsübertrages Q zu sehen. Für die Werte von x, die am Linearbeschleuniger in Stanford zugänglich waren, nämlich x größer als etwa 0.1, ist der Verlauf für die beiden sehr verschiedenen Q-Werte recht ähnlich. Die Strukturfunktion zeigt also näherungsweise „Skalenverhalten", das

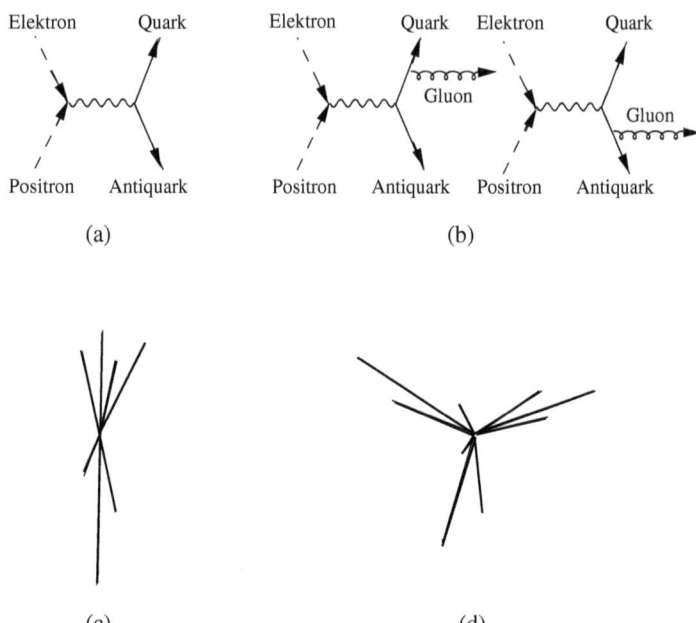

Abbildung 6.11. Zwei- und Drei-Jet-Ereignisse in der Elektron-Positron Vernichtung. (a) Einfachster Graph für Zwei-Jet-Ereignisse, (b) Einfachste Graphen für Drei-Jet-Ereignisse, Quarks und Gluonen werden hier wie reelle Teilchen behandelt; (c,d) die im Zähler beobachteten Bahnen der Hadronen für Zwei- (c) und Drei-Jet-Ereignisse (d)

heißt sie hängt nur vom Verhältnis x und nicht von Q und W getrennt ab. Für kleine Werte von x ist das aber keineswegs der Fall.

Wären diese Ergebnisse vor der Entwicklung des Parton-Modells durch Feynman gefunden worden, wäre man wohl kaum auf die Idee gekommen, die Partonen als beinahe freie Teilchen zu betrachten. Durch die QCD wird aber dieses Verhalten in extremen kinematischen Gebieten, das die Wechselwirkung der Partonen untereinander widerspiegelt, quantitativ erklärt. Die durchgezogene Kurve, die durch die Punkte bei $Q^2 = 90$ GeV^2 geht ist mit Hilfe der QCD aus der Kurve, die durch die Punkte bei $Q^2 = 3.5$ GeV^2 geht, berechnet. Die Interpretation der Ergebnisse ist etwa die folgende: Schaut man mit sehr hoher Auflösung, also großem Impulsübertrag Q, in das Proton, so sieht man bei kleinen Werten der Skalenvariablen x immer mehr und mehr Gluonen.

Die spektakulärsten Erfolge hatte aber der elektroschwache Teil des Standardmodells. Ich hatte bereits erwähnt, daß das Nobelkomitee das

6.8 Die Konsolidierung des Standardmodells 205

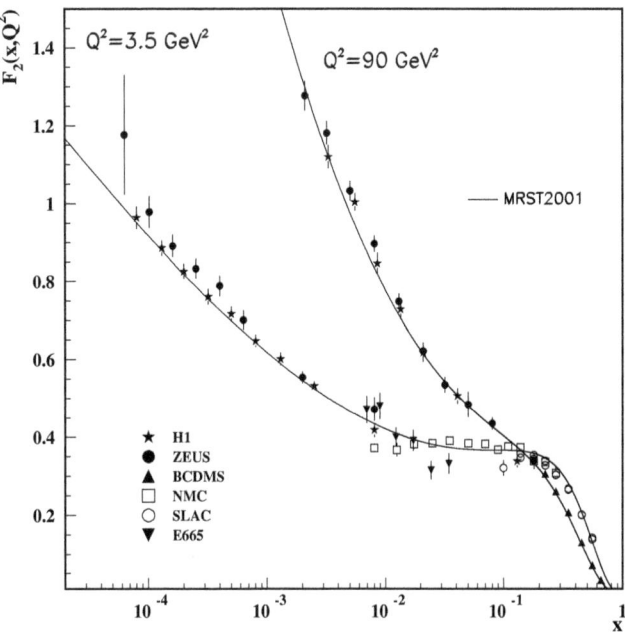

Abbildung 6.12. Die Strukturfunktion des Protons bei zwei verschiedenen Werten des Impulsübertrages Q als Funktion der Skalenvariablen $x = Q^2 c^2/(W^2 + Q^2 c^2 + m_p^2 c^4)$. Man sieht sehr deutlich die Verletzung des Skalenverhaltens bei kleinen Werten von x. Die *offenen Kreise* sind die ersten Messungen vom Linearbeschleuniger SLAC, die *vollen Kreise* und *Sterne* sind Meßpunkte vom Beschleuniger HERA in Hamburg

Risiko einging, den Preis an Glashow, Salam und Weinberg zu verleihen, noch bevor die Eichbosonen experimentell nachgewiesen wurden. Im Jahre 1982 war die experimentelle Untersuchung der neutralen Ströme schon so weit gediehen, daß man mit dem Modell recht präzise Vorhersagen für die Massen machen konnte: 77.9 ± 1.7 GeV/c^2 für die geladenen intermediären Bosonen W^+ und W^-, 88.8 ± 1.4 GeV/c^2 für das ungeladene Z^0. Damit konnte man sehr gezielt ein Experiment zum Nachweis der Bosonen planen. Carlo Rubbia und Mitarbeiter machten sich daran, dies am Proton-Antiproton-Speicherring am CERN in Genf zu tun.

In dem Speicherring – einer Maschine von über zwei Kilometer Durchmesser – werden Protonen einer Energie von 300 bis 400 GeV auf Antiprotonen gleicher Energie, aber entgegengesetzter Richtung geschossen, die Energie reicht also gut zur Erzeugung der vorhergesagten

Eichbosonen aus. Die Protonen stehen zwar als Wasserstoffkerne leicht zur Verfügung, aber die Antiprotonen müssen erst in Hochenergiereaktionen erzeugt und dann gespeichert werden. Erst wenn in einem kleineren Speicherring genügend Antiprotonen gesammelt sind, werden sie in den großen Ring geschossen, um dort auf die Protonen zu treffen. Beim Einschuß in den großen Speicherring ist es nötig, daß die Teilchen eine sehr genau bestimmte Energie haben. Bei den Protonen ist das kein Problem, man hat so viele davon, daß man sich die geeignete Energie herausfiltern kann. Die Antiprotonen sind aber wertvoll und man kann nicht die ungenutzt lassen, die nicht genau die richtige Energie haben.

Hier ließ sich der Physiker Simon van der Meer einen genialen Trick einfallen: die sogenannte stochastische Kühlung. Man mißt die Energie eines jeden Antiprotons; wenn es zu langsam ist, beschleunigt man es, ist es zu schnell, so bremst man es etwas ab. Damit kann man dann eine genügende Zahl von Antiprotonen mit gleicher Energie im Speicher sammeln. Das klingt einfach, und bei Billardkugeln wäre es das auch, aber bei einem „Gas" von Antiprotonen ist das vergleichbar mit der Aufgabe, einen Sack von Flöhen dazu zu bringen, im Gleichschritt zu marschieren.

Der gewaltige Aufwand, der bei diesem Experiment getrieben wurde, lohnte sich: Zu Beginn des Jahres 1983 erschien eine Arbeit der Gruppe um Rubbia mit dem Titel: „Experimentelle Evidenz von Leptonenpaaren mit einer invarianten Masse von ungefähr 95 GeV/c^2 am CERN SPS-Speicherring". Es handelte sich um die Zerfälle des ungeladenen intermediären Bosons, des Z^0. Kurz darauf wurde auch über die Existenz geladener Eichbosonen (W^+, W^-) mit einer Masse von 81 ± 3 GeV/c^2 berichtet. Die heutigen (2004) Werte für die Massen sind 91.1876 ± 0.0021 GeV/c^2 für das Z^0 und 80.423 ± 0.039 GeV/c^2 für die geladenen Eichbosonen W^+ und W^-. Die Werte liegen also recht nahe bei den theoretischen Vorhersagen von 1982. Der Nachweis der Teilchen war relativ einfach und sicher: Da es keine anderen Teilchen in diesem Massenbereich gibt, gab es bei deren Zerfallsprodukten wenig störende Ereignisse aus dem Hintergrund.

Die große Bewährungsprobe der Quantenfeldtheorie sollte aber noch kommen. Es begann mit einer Herausforderung. Wir hatten ja bereits gesehen, daß das c-Quark auch für die feineren Züge der Theorie wertvolle Dienste leistet: Es dient dazu, die vom Müon erzeugte Anomalie zu kompensieren, die die Renormierbarkeit der elektroschwachen Theorie zerstören würde. Allerdings wurde schon lange die Frage gestellt, ob es denn nur zwei Sorten geladener Leptonen – Elektron und Müon – gebe oder noch mehr davon. Zwar hatte I. Rabi schon beim Müon gefragt „Wer hat denn das bestellt?". Doch wenn man schon nicht versteht,

6.8 Die Konsolidierung des Standardmodells 207

warum es zwei geladene Leptonen gibt, dann hat man auch keinen Grund zu glauben, daß es nicht noch mehr davon gibt. Erste positive Anzeichen dafür fanden dann M.L. Perl und Mitarbeiter 1974 am Elektron-Positron-Speicherring SPEAR in Stanford in Reaktionen, in denen sowohl ein Elektron als auch ein Müon im Endzustand auftraten. Eine mögliche Erklärung dafür war, daß bei der Elektron-Positron-Vernichtung ein Paar neuer Leptonen, Teilchen und Antiteilchen, erzeugt wurde. Ein solches neues Lepton könnte dann in ein Müon, ein Neutrino und ein Antineutrino zerfallen und das Müon wiederum in ein Elektron, ein Neutrino und ein Antineutrino. Da die Neutrinos unsichtbar bleiben, machen sich in einem solchen Fall nur das Müon und das Elektron in der Nachweisapparatur bemerkbar. Die Zahl der Ereignisse mit einem Elektron und einem Müon nahm zu und 1975 veröffentlichten Perl und Mitarbeiter eine Arbeit, in der sie zu dem Schluß kamen, daß diese Ereignisse nicht durch Erzeugung und Zerfall bekannter Teilchen erklärt werden können, wohl aber durch die paarweise Produktion neuer Teilchen, von denen jedes eine Masse zwischen 1.6 und 2 GeV/c^2 haben müsse. Nach anfänglichen Zweifeln wurde diese Interpretation allgemein anerkannt, besonders nach dem Nachweis des Zerfalls diese neuen Teilchens in ein *pi*-Meson und ein Neutrino. Dieses neue Lepton wird *tau*-Lepton genannt.

Damit war man in einem ähnlichen Dilemma wie vor der Vorhersage und Entdeckung des *c*-Quarks. Das *tau*-Lepton erzeugte nämlich wieder eine Anomalie und es gab keine Quarks, um diese zu kompensieren. Doch da bekam, wie Leon Ledermann schrieb, die Natur Angst: „Wir fanden das *mü*-Neutrino, aber verpaßten die neutralen Ströme. Wir entdeckten das, was als Drell-Yan-Prozeß bekannt wurde, aber verpaßten das J/ψ. Wir verpaßten wieder das J/ψ am ISR ⟨interner Speicherring am CERN⟩, aber stolperten über Hadronen mit hohem Querimpuls. Wir verpaßten 1973 das J/ψ am Fermilab. Dann fanden wir ein falsches Upsilon. Doch schließlich ergriff die Natur eine Panik, daß wir ihr für immer auf dem Halse blieben, und sie enthüllte uns ihr Geheimnis, das wahre Upsilon (Υ), wohl in der Hoffnung, daß wir dann von ihr ließen."

Dieses Upsilon, das 1975 gefunden wurde, war etwa dreimal schwerer als das J/ψ, doch hatte es sonst sehr ähnliche Eigenschaften; deshalb lag die Interpretation sehr nahe, daß es aus einem neuen Quark, das *b*-Quark genannt wurde, und seinem Antiteilchen zusammengesetzt sei. Der Buchstabe *b* steht für *bottom*, analog zum *d*-Quark, denn das *b*-Quark hat auch die Ladung $-\frac{1}{3}$. Die neue Eigenschaft, die der *Seltsamkeit* und dem *Charm* entspricht, wurde, vielleicht weil *bottomness* ein zu häßliches Wort ist, allgemein *Schönheit* (beauty) genannt. 1980 wurden auch Hadronen mit offener „Schönheit" gefunden, also Teilchen die aus einem b-Quark und gewöhnlichen Quarks bestanden. Zunächst fand man solche Mesonen, B-Mesonen genannt, und zwar 1980 an der Cornell University in Ithaca, New York.

Dieses fünfte Quark, das etwa dreimal so schwer ist wie das c-Quark, kompensiert allerdings die Anomalie des tau-Leptons noch nicht, dazu brauchte man noch ein sechstes Quark. Dieses wurde bereits vor seiner Geburt, d. h. bevor man es entdeckte, auf den Namen t-Quark getauft; t steht für *top*, da es wie das u-Quark die Ladung $+\frac{2}{3}$ haben mußte, um die Anomalie zu kompensieren.

Wenn man optimistisch war, konnte man sagen, man habe Anzeichen für *drei* Familien von Quarks und Leptonen gefunden (siehe Tabelle 6.1): Einmal die Familie aus dem Elektron mit seinem e-Neutrino, dem u- und dem d-Quark, zum zweiten das Müon mit seinem $m\ddot{u}$-Neutrino, dem s- und dem c-Quark und zum dritten eine unvollständige Familie, bestehend aus dem tau-Lepton und seinem tau-Neutrino sowie dem b-Quark. Das zweite Quark dieser dritten Familie, das t-Quark, das für die Kompensation der Anomalie dringend benötigt wurde, fehlte noch.

Es gab auch noch einen anderen theoretischen Hinweis, daß es drei vollständige Familien geben sollte. Die im Abschn. 2.8 erwähnte CP-Verletzung war (und ist) zwar noch immer unverstanden, doch bei der Untersuchung, wie weit diese CP-Verletzung mit dem Standardmodell vereinbar sei, fanden M. Kobayashi und T. Maskawa, daß man dazu mindestens drei vollständige Familien von Quarks und Leptonen brauche. Ihre Arbeit, die schon 1973 veröffentlicht wurde, erhöhte also weiter den Erwartungsdruck auf das t-Quark. Die Suche nach ihm war zunächst aber äußerst schwierig, da man ja keinerlei Hinweise hatte, wie schwer es sei. Man konnte nur vermuten, daß es sehr schwer sein müsse, und zwar aus folgenden Gründen. Betrachten wir die anderen Quark-Familien. Das u-Quark und das d-Quark sind beide sehr leicht, nur einige MeV (siehe Tabelle 6.1), das u ist etwas leichter als das d. Die nächste Familie ist schon erheblich gewichtiger, das s-Quark hat eine Masse von etwa 150 MeV/c^2, das c-Quark ist etwa 10 mal schwerer. Das b-Quark hat eine Masse von etwa 4.5 GeV/c^2. Natürlich gab es auf Grund dieser bekannten Zahlen jede Menge Spekulationen über die Masse des t-Quarks, aber sie waren, wie sich herausstellte, näher bei der Zahlenmystik als bei der Physik angesiedelt. Da man bei immer höher werdenden Energien keinen Hinweis auf ein t-Quark fand, fehlte es natürlich auch nicht an spekulativen Theorien, die ohne dieses top-Quark auskamen (sogenannte „*topless theories*"). Doch schließlich konnten die Theoretiker eine recht präzise Vorhersage machen, die Masse sollte zwischen 155 und 185 GeV/c^2 liegen.

6.8 Die Konsolidierung des Standardmodells

Tabelle 6.1. Die drei Familien von Leptonen und Quarks. Alle Quarks haben Spin $\frac{1}{2}$ und die gleiche innere Parität $+1$.* Die Quarkmassen sind die in dem sogenannten $\overline{MS}$-Schema, renormierten Massen. Beim u-, d- und s-Quark ist die Renormierungsskala 2 GeV/c^2, bei den schweren Quarks ist die Masse selbst die Skala

Name	Symbol	Ladung	Baryonen-zahl	Leptonen-zahl	Masse (MeV/c^2)
Elektron	e	-1	0	1	0.511
e-Neutrino	ν_e	0	0	1	< 0.000003
d-Quark	d	$-\frac{1}{3}$	$\frac{1}{3}$	0	7*
u-Quark	u	$\frac{2}{3}$	$\frac{1}{3}$	0	3*
Müon	μ	-1	0	1	105.7
$m\ddot{u}$-Neutrino	ν_μ	0	0	1	< 0.19
s-Quark	d	$-\frac{1}{3}$	$\frac{1}{3}$	0	120*
c-Quark	u	$\frac{2}{3}$	$\frac{1}{3}$	0	1200*
tau-Lepton	τ	-1	0	1	1777
tau-Neutrino	ν_τ	0	0	1	< 18.2
b-Quark	b	$-\frac{1}{3}$	$\frac{1}{3}$	0	4200*
t-Quark	u	$\frac{2}{3}$	$\frac{1}{3}$	0	174 000*

Tabelle 6.2. Die Eichbosonen des Standardmodells. Alle Eichbosonen sind Vektormesonen, haben also den Spin 1 und die innere Parität -1. *Die Masse des Gluons ist wie die Quarkmasse keine direkt meßbare Größe

Name	Symbol	Eichgruppe	Masse (MeV/c^2)	Breite (MeV/c^2)
Photon	γ	$SU(2) \otimes U(1)$	0	0
Z-Boson	Z^0	$SU(2) \otimes U(1)$	91.19	2.50
W-Boson	W^+, W^-	$SU(2) \otimes U(1)$	80.4	2.1
Gluon	g	$SU(3)$	0*	0

Wie kam man auf diese Zahl? Natürlich basierte sie, wie alle anderen erfolgreichen Vorhersagen auch, auf Messungen und nicht auf Zahlenmystik. Die Messungen stammten vom großen Speicherring LEP am CERN, in dem Elektronen einer Energie von 100 GeV frontal auf Positronen gleicher Energie geschossen wurden; die größte erreichbare Energie war also die Summe, 200 GeV. Der Ring hat einen Durchmesser von etwa achteinhalb Kilometer und er paßte an der Stelle, wo sich das CERN befindet, nicht mehr ganz in den Kanton Genf, ein Teil des Tunnels, in dem er untergebracht ist, findet sich unter französischem Boden. An diesem Beschleuniger konnten nun die Vorhersagen des Standardmodells der elektroschwachen Wechselwirkung mit hoher Präzision getestet werden. So wurde etwa die Masse des neutralen Eichbosons Z^0 auf 0.02 % genau zu 91.1876 GeV/c^2 gemessen. Bei dieser Genauigkeit waren die Quantenkorrekturen schon bedeutend, d. h. die ganzen Subtilitäten der Renormierungstheorie kamen zum Tragen. Da zu den Quantenkorrekturen virtuelle Teilchen beitragen, spielt bei ihnen auch das t-Quark eine Rolle und seine Masse geht in die Quantenkorrekturen ein, zum Glück für die Theoretiker sogar recht stark. Um nun alle Messungen mit dem Modell in Einklang zu bringen, mußte man ein t-Quark mit einer Masse von etwa 170 GeV/c^2 einführen. Auf diesen sehr soliden Rechnungen basierte also die oben erwähnte Voraussage.

Nachdem man einen recht präzisen theoretischen Wert für die Masse hatte, war es natürlich sehr viel leichter, gezielt nach dem t-Quark zu suchen. Die Suche führte schließlich 1995 zum Erfolg: Am Tevatron bei Chicago, einem Speicherring mit Protonen und Antiprotonen mit einer Energie von je 1000 GeV, wurden Hadronen, die das t-Quark enthielten, eindeutig nachgewiesen und die Masse des t-Quarks lag genau im vorhergesagten Bereich, nämlich bei etwa 173 GeV/c^2.

Man kann diese theoretische Vorhersage des t-Quarks und die experimentelle Bestätigung mit der Auffindung des Planeten Neptun vergleichen. Der Brite J.C. Adams und der Franzose U.-J.-J. le Verrier hatten aus Bahnstörungen des Planeten Uranus die Existenz eines neuen Planeten jenseits der Uranusbahn vorhergesagt und einigermaßen genau die Position des neuen, später Neptun genannten Planeten bestimmt. Die Vorhersagen wurden von mehreren beobachtenden Astronomen nicht sonderlich ernst genommen. Doch als le Verrier seine Berechnungen dem Berliner Astronomen J.G. Galle mitteilte, fand dieser, zusammen mit seinem Assistenten H.L. d'Arrest, noch in der gleichen Nacht des 23. September 1846 den Planeten.

Mit dem Nachweis des t-Quarks waren also drei Familien von Leptonen und Quarks komplett. Wie stehen nun die Aussichten für die Finanzierung von Anträgen für die Suche nach der vierten Familie? Schlecht, denn ein weiteres Resultat der Präzisionsmessungen am LEP im CERN war, daß es genau drei Familien gibt. In Abb. 6.13 ist die beobachtete Vernichtungsrate von Elektronen und Positronen in Hadronen als Funktion ihrer Energie gezeigt.

Das Z^0-Boson macht sich als Resonanz bei 91.2 GeV bemerkbar, die Breite ist etwa 2.5 GeV. Daraus schließt man auf ein instabiles „Teilchen" mit der Masse 91.2 GeV/c^2, die Lebensdauer ergibt sich daraus rechnerisch zu $2.6 \cdot 10^{-25}$ Sekunden. Natürlich ist hier der Teil-

6.8 Die Konsolidierung des Standardmodells

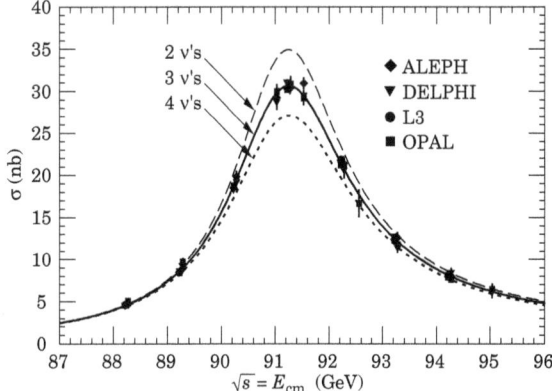

Abbildung 6.13. Beobachtete und theoretische Zerfallsbreite des Z^0-Bosons. Die theoretische Kurve, die von drei Familien ausgeht, ist die einzige, die mit den Experimenten übereinstimmt.

chenbegriff nur sehr symbolisch zu verstehen, und ich gehe auf diese Problematik im Kap. 8 noch einmal kurz ein. Nur zur Beruhigung sei bemerkt, daß die exakten Rechnungen natürlich nicht auf dem klassischen Teilchenbegriff basieren, sondern auf der adäquaten Beschreibung durch ein quantisiertes Feld. Abbildung 6.13 zeigt, daß die beobachtete Kurve excellent mit der theoretisch berechneten übereinstimmt, wenn man von drei Sorten von Neutrinos, nämlich denen der beobachteten Familien, ausgeht. Geht man von zwei Neutrinos aus, nimmt also an, daß das *mü*-Neutrino mit dem *tau*-Neutrino übereinstimmt, so liegt die theoretische Kurve weit oberhalb der Daten, nimmt man noch ein vierte Familie mit einem „leichten" Neutrino an, liegt die theoretische Kurve deutlich unter den Daten. Eine Möglichkeit für eine vierte Familie gibt es allerdings noch: falls ihr Neutrino schwerer als 40 GeV/c^2 wäre, so hätte dies keinen Einfluß auf die Kurven in Abb. 6.13. Die beobachteten Neutrinos sind alle sehr leicht. Die obere Schranke für die Masse des *tau*-Neutrinos, für das es die wenigsten Daten gibt, ist 18 MeV/c^2. Deshalb ist die Einschränkung auf Neutrino-Massen von weniger als 40 000 MeV/c^2 wirklich sehr milde.

In den Tabellen 6.1 und 6.2 sind die bekannten „Elementarteilchen des Standardmodells" und einige ihrer Eigenschaften zusammengestellt.

Eine große Herausforderung besteht für die Experimentalphysiker immer noch: Der Nachweis des Higgs-Bosons, das für die spontane Symmetriebrechung (Abschn. 5.3) verantwortlich ist. Glücklicherweise ist die Signatur – sozusagen der Steckbrief des Higgs-Bosons – recht eindeutig: Da es für die Erzeugung der Massen verantwortlich ist, koppelt es hauptsächlich an schwere Quarks und Leptonen und zerfällt deswegen bevorzugt in diese. Am stärksten sollte es an das schwere t-Quark koppeln, doch da es – hoffentlich – leichter ist als zwei t-Quarks, kann es nicht in diese zerfallen. Seine bevorzugter Zerfallskanal ist daher der in ein b-Quark und ein Anti-b-Quark; im beobachteten Endzustand sollten also Hadronen auftreten, die b-Quarks und Anti-b-Quarks enthalten.

Im Jahre 2000 gab es am CERN große Aufregung: Der Elektron-Positron-Speicherring LEP sollte zu Jahresende abgeschaltet werden, um in seinem kreisförmigen Tunnel von mehr als 26 Kilometer Länge den großen Hadronenbeschleuniger LHC zu bauen. Kurz vor dem Aus für LEP aber glaubte man, dort erste Anzeichen für ein Higgs-Boson mit einer Masse von etwa 115 GeV/c^2 gefunden zu haben. Es war nun eine schwierige Entscheidung, ob man das Abschalten des LEP-Speicherrings verschieben und damit den Bau des Hadronenbeschleunigers LHC weiter verzögern sollte. Eine solche Entscheidung hätte nicht nur wissenschaftliche, sondern auch recht schwerwiegende finanzielle Folgen gehabt; die Aufträge für den Bau des LHC waren natürlich schon vergeben, und es drohten hohe Konventionalstrafen. Den Ausschlag für die Entscheidung, zum Jahresende 2000 endgültig abzuschalten gab wohl die recht geringe Aussicht, das Higgs-Boson am LEP so sicher nachzuweisen, daß vernünftige Zweifel ausgeschlossen sind. Es klingt hier etwas merkwürdig, daß ich einen eher juristischen Begriff wie „vernünftige Zweifel" verwende. Bei der statistischen Natur der Messungen gibt es aber stets eine sehr kleine Möglichkeit, daß das wahre Resultat recht weit entfernt vom gemessenen ist, wie in Abschn. 1.4.3 diskutiert.

Warum gestaltet sich die Suche nach dem Higgs-Boson so schwierig? Ein möglicher Grund ist natürlich, daß es das Higgs-Boson überhaupt nicht gibt, und die spontane Symmetriebrechung andere Gründe hat. Doch selbst wenn es das Higgs-Boson gibt, wovon die überwiegende Mehrheit der Teilchenphysiker überzeugt ist, ist es recht schwierig es zu finden, da man nicht genau weiß, wo man es suchen soll. Bei der Suche nach dem t-Quark war die Theorie eine entscheidende Hilfe, da man seine Masse aus den Quantenkorrekturen recht genau bestimmen konnte. Das Higgs-Boson trägt zwar auch zu den Quantenkorrekturen bei, aber leider ist der Einfluß seiner Masse sehr viel schwächer als beim t-Quark; dies hängt damit zusammen, daß das Higgs-Boson den Spin 0 hat. Daher sind die theoretisch berechneten Grenzen für die Masse des Higgs-Bosons recht schwach. Mit 70 % Wahrscheinlichkeit sollte es eine Masse zwischen 40 und 210 GeV/c^2 haben. Die Werte unter 114 GeV/c^2 sind experimentell ausgeschlossen, es ist aber noch recht viel Platz nach oben.

6.9 Die Massen der Quarks und deren Folgen

Die Massen der Quarks kann man nicht direkt messen, da man Quarks nicht als isolierte Teilchen untersuchen kann. Die Quarkmassen sind vielmehr Parameter in den Grundgleichungen der QCD und müssen durch Vergleich mit meßbaren Eigenschaften der Hadronen bestimmt werden. So kann man die Quarkmassen durch Vergleich von theoretisch berechneten mit experimentell beobachteten Hadronmassen bestimmen. Zur Berechnung braucht man eine nicht-störungstheoretische Methode wie die QCD auf dem Gitter (Abschn. 6.7). Auf diese Weise erhält man renormierte Quarkmassen, die von einer Skala abhängen; in der Gitter-QCD ist diese Skala durch den Abstand der Gitterpunkte gegeben. Als Skala wählt man für das u-,d- und s-Quark meist einen Wert von 0.1 Femtometer, für die restlichen, die schweren Quarks (c, b, t), wählt man eine Skala, die selbst durch die Masse bestimmt ist. Die in Tabelle 6.1 angegebenen Quarkmassen sind so definiert. Da die Grundgleichungen der QCD sich aus einer sogenannten „Lagrange-Dichte" herleiten lassen, nennt man die so definierten Massen auch „Lagrange-Massen". Ein anderer Name ist „Strom-Massen", da diese Überlegungen durch die Methode der Strom-Algebren (Abschn. 4.3) ausgelöst wurden.

Der Zusammenhang zwischen den Massen der Quarks und der Hadronen ist zwar nicht einfach, aber eindeutig. Dies folgt daraus, daß neben der Stärke der Kopplung an die Gluonen die Massen der Quarks die einzigen freien Parameter der QCD sind. Da die Kopplung für alle Quarks gleich ist, muß der Unterschied der Massen bei verschiedener Hadronen mit gleichen Quantenzahlen wie Isospin und Spin durch die verschiedenen Quarkmassen kommen.

Wie wir aus Tabelle 6.3 sehen, sind die Summen der Quarkmassen sehr verschieden von den Hadronmassen, besonders bei den leichten Quarks. Allerings gibt es dennoch eine bemerkenswerte Systematik: die Differenzen verschiedener Hadronmassen sind von der gleichen Größenordnung wie die Differenzen der Quarkmassen. Wären die Massen der leichten Quarks u, d, s alle gleich, so wären nach der Theorie auch die der entsprechenden Hadronen wie pi- und K-Meson oder Neutron, Proton, *Lambda*- und *Xi*-Hyperon gleich. Die *flavour-SU*(3)-Symmetrie (Abschn. 4.2) ist also auch in der QCD eine Konsequenz der ähnlichen Massen von u-,d- und s-Quark. Dies sollte uns nicht zu sehr wundern, denn

214   6 Das Standardmodell der Elementarteilchenphysik

Tabelle 6.3. Massen von Hadronen und der Anteil der Quarkmassen. I ist der Isospin, J der Spin und P die innere Parität des Hadrons, Masse ist die Masse des Hadrons, Quarks bedeutet den Quark-Inhalt und Summe ist Summe der Quarkmassen nach Tabelle 6.1

Hadron	I	J	P	Masse (MeV)	Quarks	Summe (MeV)
pi^+-Meson	1	0	−	139.6	$u\bar{d}$	10
K^+-Meson	$\frac{1}{2}$	0	−	493.7	$u\bar{s}$	123
rho^+-Meson	1	1	−	771.1	$u\bar{d}$	10
a_1-Meson	1	1	+	1230	$u\bar{d}$	10
phi-Meson	0	1	−	1019.5	$s\bar{s}$	240
J/ψ-Meson	0	1	−	3096.9	$c\bar{c}$	2400
Υ	0	1	−	9640.3	$b\bar{b}$	8400
Neutron	$\frac{1}{2}$	$\frac{1}{2}$	+	939.6	udd	17
Proton	$\frac{1}{2}$	$\frac{1}{2}$	+	938.3	uud	13
N^*-Resonanz	$\frac{1}{2}$	$\frac{1}{2}$	−	1535	uud	13
$Lambda$-Hyp.	0	$\frac{1}{2}$	+	1115.7	uds	130
Xi^0-Hyp.	$\frac{1}{2}$	$\frac{1}{2}$	+	1314.8	uss	243

wir hatten in Abschn. 4.3 gesehen, daß die *flavour*-$SU(3)$-Symmetrie entscheidende Anregungen bei der Aufstellung des Quarkmodells gab. Die Differenz zwischen der Masse des u- und d-Quarks ist sehr viel kleiner als die Masse des s-Quarks. Dies erklärt, warum die Isospin-$SU(2)$-Symmetrie soviel besser erfüllt ist als die *flavour*-$SU(3)$-Symmetrie.

Wären die Massen des u- und des d-Quarks genau gleich Null, dann gälte eine *chirale* Symmetrie, das heißt die linkshändigen und die rechtshändigen Quarks könnten vollständig unabhängig voneinander nach der Isospin-$SU(2)$-Symmetrie tranformiert werden. Dies führt zur sogenannten *chiralen* $SU(2)_R \otimes SU(2)_L$ Symmetrie (Die Indizes R und L stehen für rechtshändig und linkshändig). Wäre diese exakt, dann müsste es für jedes aus u- und d-Quarks aufgebaute Hadron mit festem Spin und fester innerer Parität noch eines mit gleichem Spin und gleicher Masse, aber entgegengesetzter innerer Parität geben. Die Quarkmassen sind nicht exakt Null, und daher erwarten wir auch nicht eine exakte Gleichheit der Massen der Hadronen verschiedener Parität, aber die Massendifferenz sollte von vergleichbarer Größe sein wie die Massenunterschiede der Quarks, also etwa $10\,\text{MeV}/c^2$. Es gibt solche Paritätspartner, in der Tabelle 6.3 sind sie für das rho-Meson und das Nukleon unter diesen eingetragen. Wir sehen aber, daß die Brechung dieser chiralen Symmetrie zu Massenunterschieden führt, die etwa 50

6.9 Die Massen der Quarks und deren Folgen

mal größer sind als der Wert von $10\,\text{MeV'}c^2$, den man von den Quarkmassen erwartet.

Da wir glauben, die Dynamik der starken Wechselwirkung mit den Grundgleichungen der QCD zu kennen, gibt es nur eine Möglichkeit für diese starke Symmetriebrechung, nämlich eine *spontane* Brechung (Abschn. 5.3). Die strenge Trennung von rechts- und linkshändigen Quarks wird zwar von den Grundgleichungen der QCD respektiert, aber nicht vom Grundzustand. Bei schwachen Wechselwirkung wird die die spontane Symmetriebrechung durch das zusätzliche Quantenfeld des Higgs-Boson bewirkt, in der QCD aber sorgen die starken Kräfte selbst dafür, daß sich im Grundzustand (Vakuum) stark gebundene Quark-Antiquark-Paare bilden, die die chirale Symmetrie verletzen. Etwas blumig kann man sagen: ein Quark taucht rechtshändig im Vakuum unter und taucht linkshändig wieder auf.

Bei einer spontanen Symmetriebrechung treten masselose Goldstone-Bosonen auf. Die Eigenschaften dieser Teilchen sind durch die Brechung festgelegt. In unserem Falle müssen die Bosonen Isospin 1, Spin 0 und negative innere Parität haben. Da u- und d-Quark nicht genau die Masse Null haben, ist die chirale Symmetrie nicht nur spontan, sondern auch noch durch die kleinen Quarkmassen gebrochen. Dadurch bekommen die Goldstone-Bosonen eine Masse, die nicht nur durch die Massen der Quarks, sondern auch noch durch die Stärke der spontanen Symmetriebrechung bestimmt ist. All diese Eigenschaften treffen genau auf die *pi*-Mesonen zu, die mit Abstand leichtesten Hadronen. Ich möchte auf weitere Subtilitäten der chiralen Symmetrie und deren Brechung nicht eingehen. Mit ihrer Hilfe kann man viele hadronischen Eigenschaften berechnen, ein wichtiger Zweig der Hadron-Physik beschäftigt sich damit.

Im Rahmen der QCD kann man Hadronen nicht nur aus Quarks, sondern auch aus Gluonen aufbauen. Man nennt solche Hadronen „Glue-Bälle" (*glueballs*). Nach ihnen wird intensiv gesucht, und es gibt auch einige Kandidaten dafür. Da sich ein Gluon immer in ein Quark-Antiquark Paar umwandeln kann, kann man allerdings nicht erwarten, daß Glue-Bälle ausschließlich aus Gluonen aufgebaut sind, es wird immer eine Beimischung von Quark-Antiquark-Paaren geben. Daher ist es auch eine Frage der Interpretation, ob man gewisse Mesonen als gewöhnliche Quark-Antiquark-Zustände oder als Glue-Bälle bezeichnet.

Für kleinere Aufregungen sorgen auch immer wieder Berichte über „exotische Hadronen", die aus mehr als drei Quarks aufgebaut sind. Zur Zeit (2004) werden sogenante Pentaquarks sehr diskutiert. Dies sind Baryonen, die aus vier Quarks und einem Antiquark zusammengesetzt sind. In der Vergangenheit verebbten diese Diskussionen meist, da die Existenz dieser Hadronen in Experimenten mit sehr vielen Ereignissen und dementsprechend kleinen statistischen Fehlern nicht bestätigt wurde. Allerdings sind solche Hadronen im Rahmen der QCD durchaus zu erwarten, und es ist möglich – oder sogar wahrscheinlich – daß man einmal solche Zustände zweifelsfrei nachweist.

Neben der oben besprochenen „Lagrange"- oder „Strom"-Masse hat man auch die nur unpräzise bestimmte „Konstituenten-Masse" eingeführt, die in einfachen Quarkmodellen auftritt. Für schwere Quarks liegt sie nahe bei der sauber definierten Lagrange-Masse, bei leichten Quarks ist sie erheblich größer. Man kann sogar den Gluonen eine Konstituenten-Masse zusprechen; nach dem wenigen, was man über Glue-Bälle weiß, sollte man dafür einen recht großen Wert von mehreren hundert MeV wählen.

Der Vollständigkeit halber sei noch erwähnt, daß Hadronen, die ein leichtes und ein schweres Quark enthalten, zwar nicht im Rahmen der Störungstheorie behandelt werden können, doch es treten durch die große Skala – die Masse des schweren Quarks – Vereinfachungen und zusätzliche Symmetrien auf, die in der effektiven schweren Quark Theorie (HQET, *Heavy Quark Effective Theory*) theoretisch beschrieben werden.

Im nächsten Kapitel gehe ich auf die „schwarzen Wolken" über dem Standardmodell ein, die man, je nach Temperament, auch als Morgenröte einer neuen Physik interpretieren kann. Zuvor will ich aber noch einmal das Standardmodell, das wir bis jetzt stückweise im historischen Kontext kennengelernt haben, in seiner vollen Schönheit schildern.

6.10 Das Standardmodell in voller Schönheit

In einem sehr schönen Brief an Hermann Weyl beschreibt Albert Einstein, wie der Herrgott die Welt hätte konstruieren müssen, wäre er den Anregungen Weyls gefolgt. Einstein tat dies, um Weyl zu überzeugen, daß seine ersten Überlegungen zur Eichinvarianz zwar sehr natürlich und schön, aber dennoch nicht richtig waren. Er schreibt: „Weil aber der Herrgott schon vor der Entwicklung der theoretischen Physik gemerkt hat, dass er den Meinungen der Menschen nicht gerecht werden kann, macht er es eben wie er will".

Ich will hier nun dem gleichen Verfahren folgen, um zu zeigen, wie geschlossen das Standardmodell ist, wenn man die Forderung nach Eichinvarianz ernst nimmt und die Konsequenzen der Quantenfeldtheorie berücksichtigt, aber daß es dennoch nicht alle Wünsche befriedigt „und den Meinungen der Menschen nicht gerecht werden kann".

6.10 Das Standardmodell in voller Schönheit

Nehmen wir also zunächst einmal eine besonders einfache Welt an und gehen von der $U(1)$-Symmetrie aus. Da die Eichbosonen einer solchen Symmetrie sich wie Photonen verhalten, verstehen wir damit die Existenz von Photonen und von sonst nichts. Damit liegen wir gar nicht so schlecht, denn nach der Standardkosmologie sind die Photonen in der Tat die weitau häufigsten Teilchen im Universum. Auf 40 Billionen ($4 \cdot 10^{10}$) Photonen kommt gerade einmal ein Hadron oder Lepton. Dieses Universum ist ziemlich langweilig, da die Photonen überhaupt nicht miteinander wechselwirken. Es ist natürlich, bei einer Eichsymetrie auch noch die Zustände einzuführen, auf die die Eichsymmetrie angewandt wird. Das mathematisch einfachste ist es, dazu ein masseloses Fermion zu nehmen. Dieses wird dann durch einen Weyl-Spinor beschrieben, davon gibt es zwei Sorten, rechts- und das linkshändige Fermionen. Um möglichst unparteiisch zu sein, fügen wir beide hinzu. Damit haben wir eine Welt aus masselosen geladenen Teilchen („Elektronen") die über Photonen miteinander wechselwirken.

Wir sind also bei einem Universum, in dem die QED gilt. Diese hat aber einen ernsthaften Fehler, weil sie nicht asymptotisch frei ist. Wir hatten in Abschn. 6.5 erwähnt, daß eine solche Theorie innere Konsistenzprobleme hat. Wenn wir zu einer asymptotisch freien Theorie kommen wollen, müssen die Eichbosonen miteinander wechselwirken und daher muß die Eichsymmetrie komplizierter sein als die $U(1)$-Gruppe. Die einfachste Gruppe, die zu einer asymptotisch freien Eichtheorie führt, ist die mit zwei Basiselementen, die $SU(2)$. Wir brauchen also neben dem Elektron noch ein Teilchen, das mit ihm ein Dublett bildet, das Neutrino. Damit haben wir auch die schwache Wechselwirkung eingeführt und sind der realen Welt schon ein Stück näher. In dieser real existierenden Welt passiert aber etwas, was wir beim besten Willen nicht verstehen können: links wird hier eindeutig vor rechts bevorzugt, denn das beobachtete Dublett, das aus dem Elektron und dem Neutrino besteht, ist linkshändig, d. h. der Spin ist immer der Flugrichtung entgegengesetzt. Wir haben an diesem Punkt zwei Parameter: die beiden Kopplungen der „elektromagnetischen" und der „schwachen" Wechselwirkung.

Zusammen mit der Bevorzugung des linkshändigen Zustands passiert in der Welt noch etwas, was man als „unschön" bezeichnen könnte: Die Eichbosonen der schwachen Wechselwirkung und auch die Elektronen bekommen eine Masse. Allerdings tritt diese Masse nicht direkt in den Grundgleichungen auf, sie ist vielmehr mit dem Auftreten eines weiteren Teilchens verknüpft, dem Higgs-Boson. Die Wechselwirkung dieses Higgs-Boson ist so beschaffen, daß im Grundzustand das Feld nicht den Wert 0, sondern einen endlichen Wert hat. Dies führt zu einer spontanen Symmetriebrechung und gibt sowohl den Eichbosonen als auch den Elektronen eine Masse (wir wollen hier noch – wider besseres Wissen – annehmen, daß die Neutrinos masselos sind). Damit hat sich die Zahl der Parameter in der Theorie auf fünf erhöht: Zur elektromagnetischen und schwachen Kopplung kommt noch Masse und Selbstkopplung des Higgs-Boson sowie dessen Kopplung an das Elektron hinzu. Jetzt haben wir den leptonischen Anteil der ersten Familie komplett, inklusive aller Wechselwirkungen; die elektromagnetische und die schwache mischen zur elektroschwachen. Allerdings ist das Problem der fehlenden asymptotischen Freiheit bei dem elektromagnetischen Teil noch immer nicht ganz behoben. Es deutet sich hier aber ein Ausweg an, den wir im nächsten Kapitel diskutieren.

Es kommt aber noch ein neues Problem: Die Eichsymmetrie wird durch eine Anomalie – also Quantenkorrekturen – gebrochen, und die Theorie ist nicht renormierbar! Also füllen wir die Materie weiter auf. Falls wir dazu drittelzahlige Quarks mit der $SU(3)$ als Eichsymmetrie wählen, kompensiert die Anomalie der Quarks die der Leptonen und wir sind nun bei einer konsistenten Theorie angelangt. Wir haben die elektromagnetische, schwache und starke Wechselwirkung. Die Zahl der Parameter ist mittlerweile auf acht angestiegen, denn es kommt noch hinzu: die Eichkopplung der starken Wechselwirkung sowie die Massen der beiden Quarks. Die Leptonen und die Quarks, bilden eine Familie, und nach unserem jetzigen Verständnis spräche nichts dagegen, daß die Welt nur aus einer Familie aufgebaut wäre. All die in der Natur sichtbare uns vertraute Materie ist aus diesen Materiefeldern zusammengesetzt, sieht man von den gelegentlich durch die Höhenstrahlung erzeugten seltsamen Teilchen ab. Die starke, die elektromagnetische und die schwache Wechselwirkung werden durch Eichbosonen vermittelt.

Doch die Welt ist nicht so einfach, irgendjemand hat offenbar noch zwei weitere Familien bestellt (Tabelle 6.1). Dadurch wird nicht nur die Zahl der Parameter um sechs, nämlich die die der Quark- und Leptonmassen erhöht, sondern zu allem Überfluß mischen die Quarks aus verschiedenen Familien auch noch, das heißt für die starke Wechselwirkung sind andere Zustände zu wählen als für die schwache. Dies scheint nicht nur eine unnötige Komplikation zu sein, sondern erhöht die Anzahl der Parameter noch um vier weitere. Allerdings, so ganz nutzlos ist die Verdreifachung der Familien möglicherweise doch nicht. Wir hatten ja bereits gesehen (Abschn. 6.8), daß nur bei drei Familien eine Verletzung der CP-Invarianz, also eine Diskriminierung zwischen Materie und Antimaterie möglich ist. Da es in unserem Universum nur natürlich vorkommende Materie, aber keine Antimaterie gibt, haben die drei Familien vielleicht doch ihren tieferen Sinn. Einige Zeit hat man tatsächlich geglaubt, die Asymmetrie von Materie und Antimaterie im Universum im Rahmen des Standardmodells erklären zu können, doch heute ist man davon nicht mehr überzeugt.

Wir sehen also, daß es neben der bemerkenswerten Geschlossenheit auch einige weniger elegante Züge im Standardmodell gibt, vor allem aber wird von vielen Physikern die Zahl der auftretenden Parameter, nämlich 18, für eine fundamentale Theorie als zu hoch empfunden. Damit ist man natürlich sehr unbescheiden: man denke nur daran, mit welcher Begeisterung die Newtonsche Theorie des Weltsystems begrüßt wurde, obwohl zur Beschreibung des Sonnensysytems weit mehr als 18 Parameter benötigt wurden. Aber in der Tat liegen auf dem Standardmodell auch einige, echte oder eingebildete dunkle Schatten. Diese sowie einige ehrgeizige Projekte der Teilchenphysik möchte ich im nächsten Kapitel sehr kurz anschneiden.

In Abb. 6.14 ist nocheinmal der Teilcheninhalt des Standardmodells in einer Graphik im historischen Ablauf dargestellt. Bei den Leptonen und den Eichbosonen hat sich die Zahl der Felder vermehrt und sie haben an Struktur gewonnen. Jedes geladene Lepton bildet mit seinem Neutrino ein Dublett, und insbesondere werden alle drei Wechselwirkungen, schwache, elektromagnetische und starke, durch Eichbosonen vermittelt. Bei den Hadronen hat um 1970 ein Bruch stattgefunden: Man betrachtet sie nicht mehr als fundamentale Teilchen, sondern als aus Quarks zusammengesetzt; den drei Dubletts der Leptonen entsprechen drei Dubletts von Quarks. Alle in diesem Buch erwähnten Hadronen sind nocheinmal in der Tabelle 6.4 zusammengefaßt.

220   6 Das Standardmodell der Elementarteilchenphysik

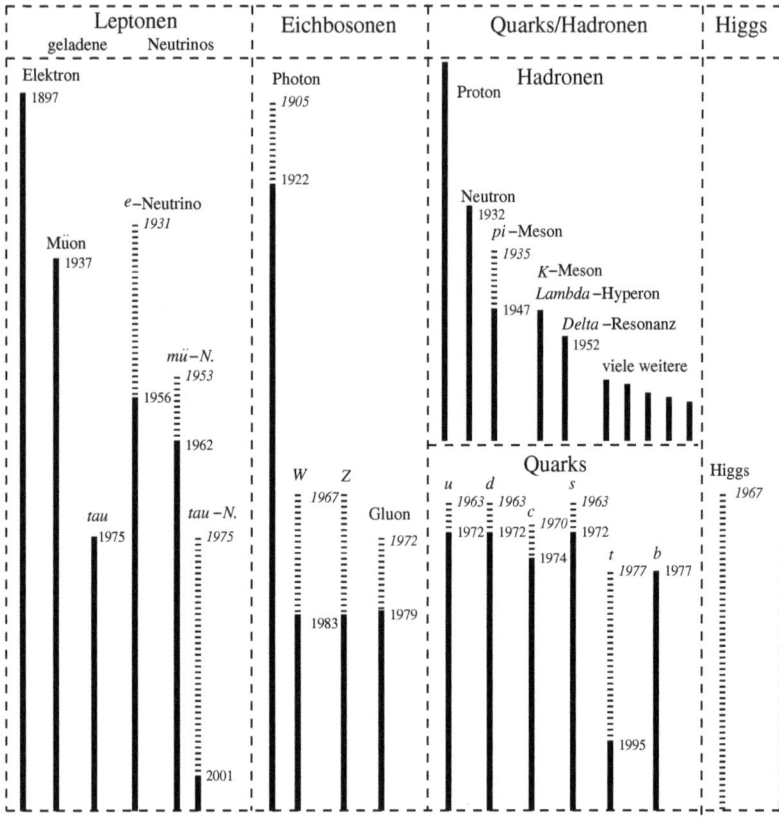

Abbildung 6.14. Der Teilchenzoo. Angegeben sind die theoretische Vorhersage (*Beginn der gestrichelten Linie*) und der experimentelle Nachweis (*durchgezogene Linie*); die Daten sind oft nicht scharf definiert und die exakten Jahreszahlen manchmal etwas willkürlich. Seit etwa 1970 betrachtet man die Hadronen, die stark wechselwirkenden Teilchen, nicht mehr als „elementar".

Tabelle 6.4. Die im Buch erwähnten Hadronen; unter Breite/Lebensdauer ist die mittlere Lebensdauer in Sekunden [s] angegeben, wenn das Teilchen unter der starken Wechselwirkung stabil ist, bei instabilen Teilchen die Breite. J bedeutet Spin, I Isospin, P innere Parität und S Seltsamkeit bzw. Charm (c) oder Schönheit (b). * Das K_S^0 und K_L^0 haben als Überlagerungen von K^0 und $\bar{K}^0$ keine definierte Seltsamkeit. Jahr gibt das Jahr des experimentellen Nachweises an, oft vergeht ein längerer Zeitraum zwischen ersten Hinweisen auf ein Teilchen und der endgültigen Identifikation, die Jahreszahl ist daher oft nur ein Anhaltspunkt, kein exaktes Datum

Name	Symbol	Masse (GeV/c^2)	Breite/Lebensdauer	J	I	P	S	Jahr
Baryonen								
Proton	p	0.938	stabil(?)	1/2	1/2	+	0	
Neutron	n	0.939	886 s	1/2	1/2	+	0	1932
Lambda-Hyp.	Λ	1.115	$2.6 \cdot 10^{-10}$ s	1/2	0	+	-1	1951
Sigma-Hyp.	Σ^+	1.189	$0.8 \cdot 10^{-10}$ s	1/2	1	+	-1	1953
	Σ^0	1.193	$7.4 \cdot 10^{-20}$ s	1/2	1	+	-1	1956
	Σ^-	1.197	$1.5 \cdot 10^{-10}$ s	1/2	1	+	-1	1953
Xi-Hyperon	Ξ^0	1.315	$2.9 \cdot 10^{-10}$ s	1/2	1/2	+	-2	1959
	Ξ^-	1.321	$1.6 \cdot 10^{-10}$ s	1/2	1/2	+	-2	1952
Delta-Res.	Δ	1.232	120 MeV	3/2	3/2	+	0	1952
Sigma*-Res.	Σ^*	1.385	37 MeV	3/2	1	+	-1	1960
Xi*-Resonanz	Ξ^*	1.533	9.5 MeV	3/2	1/2	+	-2	1962
Omega	Ω	1.672	$0.8 \cdot 10^{-10}$ s	3/2	0	+	-3	1964
Y*-Res.	Y^*	1.406	50 MeV	1/2	0	−	-1	1961
Mesonen								
pi-Meson	$\pi^\pm$	0.140	$2.6 \cdot 10^{-8}$ s	0	1	−	0	1947
	π^0	0.135	$8.4 \cdot 10^{-17}$ s	0	1	−	0	1949
K-Meson	$K^\pm$	0.494	$1.2 \cdot 10^{-8}$ s	0	1/2	−	±1	1951
	K_S^0	0.498	$0.89 \cdot 10^{-10}$ s	0	1/2	−	*	1954
	K_L^0	0.498	$5.2 \cdot 10^{-8}$ s	0	1/2	−	*	1954
rho-Meson	ρ	0.771	150 MeV	1	1	−	0	1961
omega-Meson	ω	0.782	8.4 MeV	1	0	−	0	1961
eta-Meson	η	0.547	0.0012 MeV	0	0	−	0	1961
phi-Meson	ϕ	1.02	4.6 MeV	1	0	−	0	1962
J/ψ-Meson	J/ψ	3.096	0.087 MeV	1	0	−	0	1974
ψ'-Meson	ψ'	3.685	0.3 MeV	1	0	−	0	1974
D-Meson	$D^\pm$	1.869	$1.0 \cdot 10^{-12}$ s	0	0	−	c	1975
	D^0	1.865	$0.4 \cdot 10^{-12}$ s	0	0	−	c	1975
Upsilon	Υ	9.460	0.052 MeV	1	0	−	0	1974
B-Meson	$B^\pm$	5.279	$1.7 \cdot 10^{-12}$ s	0	0	−	b	1980
	B^0	5.279	$1.5 \cdot 10^{-12}$ s	0	0	−	b	1980

7 Dunkle Wolken oder Morgenröte einer neuen Physik?

Die meisten Elementarteilchenphysiker hoffen, daß das Standardmodell nicht zu genau stimmt: Sie erwarten eine grundlegend „neue Physik", und Abweichungen von theoretischen Berechnungen könnten Anzeichen dafür sein. In diesem Kapitel gebe ich zunächst einige Hinweise auf solche Abweichungen. Ich werde anschließend schildern, wie man das Standardmodell möglicherweise so erweitern kann, daß es auch noch für Abstände gilt, die etwa zehnbillionenmal kleiner sind als die, die wir jetzt gerade noch auflösen können. Dies wäre wahrlich noch einmal ein gewaltiger Schritt im Gebiet jenseits der Nanowelt. Die Spekulationen machen aber selbst vor dem nicht Halt, was danach kommt; auch das wird sehr kurz in diesem Kapitel angeschnitten.

7.1 Auch die Neutrinos sind verstimmt

Dieser Abschnitt beginnt mit der Schilderung der für das Standardmodell wichtigsten Entdeckung der letzten Jahre: den Neutrino-Oszillationen, und er endet mit einigen kleineren Verstimmungen im Standardmodell.

Ich hatte in Abschn. 2.3 bereits erwähnt, daß kleine Massenunterschiede zu Teilchenoszillationen führen können. Im Laufe der Zeit verwandelt sich eine Teilchensorte in eine andere und wieder zurück; diese Oszillation ist analog dem Phänomen der Schwebungen bei leicht verstimmten Saiten. Es gibt mittlerweile sehr gute Evidenz dafür, daß dies bei den Neutrinos stattfindet. Im Laufe der Zeit kann sich etwa ein *mü*-Neutrino in ein *tau*-Neutrino oder ein *e*-Neutrino in ein *mü*-Neutrino umwandeln. Daraus lernt man zweierlei: die Neutrinos der verschiedenen Familien sind nicht durch strenge Auswahlregeln getrennt, und mindestens eines der Neutrinos muß eine Masse haben, da die Oszillationen auf Massenunterschieden beruhen. Ob dies zu einem einfachen Anbau an das Standardmodell führt, oder zu Umbauarbeiten an den Fundamenten, ist noch nicht geklärt. Deshalb möchte ich darüber nicht spekulieren und mich hier auf die spannende Geschichte der experimentellen Entdeckung der Neutrino-Oszillationen beschränken.

Die Suche nach der Masse der Neutrinos ist natürlich so alt wie die Neutrino-Hypothese selbst. Wird ein neues Teilchen eingeführt, so wollen die Physiker auch seine Masse wissen. Das änderte sich auch nicht, als die maximale Paritätsverletzung es sehr plausibel machte, daß die Neutrinos durch Weyl-Spinoren beschrieben werden und deshalb masselos sind. Man kann ja nie wissen ... Die ersten Versuche, die Neutrino-Masse zu bestimmen, fanden beim *beta*-Zerfall statt, wo man aus der Energiebilanz im Prinzip die Neutrinomasse direkt bestimmen kann. Solche Experimente hatten nie einen Hinweis auf eine Masse des Neutrinos gegeben, man konnte – bei den gegebenen Meßfehlern – immer nur eine obere Grenze herleiten. Diese liegen für das e-Neutrino bei einer Masse von etwa $3\,\mathrm{eV}/c^2$, für das *mü*-Neutrino bei $0.18\,\mathrm{MeV}/c^2$ und für das *tau*-Neutrino bei $18\,\mathrm{MeV}/c^2$. Dies heißt nicht unbedingt, daß das *tau*-Neutrino schwerer sein muß als das e-Neutrino, sondern zunächst nur, daß für das *tau*-Neutrino sehr viel weniger Meßdaten vorliegen als für die anderen beiden Neutrinos.

Ich hatte bereits bei den Schwebungen der K-Mesonen erwähnt, daß man durch etwaige Oszillationen Massen sehr viel genauer bestimmen kann als durch direkte Messungen. Auch ein Musikinstrument läßt sich sehr viel leichter stimmen, wenn man auf Schwebungen achtet, als durch Bestimmung der absoluten Tonhöhe. Voraussetzung bei der Beobachtung von Schwebungen ist natürlich, daß solche Schwebungen überhaupt erlaubt sind, also daß es Übergänge zwischen den einzelnen Neutrino-Sorten geben kann. Das ist allerdings recht plausibel, denn auch bei den Quarks gibt es durch die schwache Wechselwirkung Übergänge zwischen den einzelnen Familien

Erste ernst zunehmende Hinweise für eine Umwandlung von e-Neutrinos gab es aus einer Diskrepanz zwischen astrophysikalischen Rechnungen und beobachteten Neutrinoflüssen von der Sonne. Die Energieerzeugung in der Sonne läßt sich letztlich auf die Umwandlung von Protonen in Neutronen durch die schwache Wechselwirkung und die Bildung von Atomkernen zurückführen. Dies haben zuerst H. Bethe und R. von Weizsäcker berechnet. Wie sich erst später herausstellte, ist dabei die direkte Verschmelzung von zwei Protonen zu einem schweren Wasserstoffkern ein wichtiger Prozeß: Zwei Protonen stoßen zusammen und dabei wandelt sich das eine Proton durch die schwache Wechselwirkung in ein Neutron, ein Positron und ein e-Neutrino um. Das so entstandene Neutron bindet sich mit dem anderen Proton zu einem Deuteron, dem Kern des schweren Wasserstoffs; die dabei frei werdende Bindungsenergie von etwa 2 MeV wird hauptsächlich von dem Positron

7.1 Auch die Neutrinos sind verstimmt

und dem Neutrino aufgenommen; der Prozeß ist graphisch in Abb. 7.1a dargestellt. Nach weiteren Kernreaktionen wird unter anderem ein Bor-Isotop gebildet, das aus fünf Protonen und drei Neutronen besteht. Es zerfällt sehr schnell in ein Positron, ein e-Neutrino und ein ebenfalls instabiles Isotop des Elements Beryllium. Energiereiche Neutrinos aus diesem Zerfall sind besonders zum Nachweis geeignet.

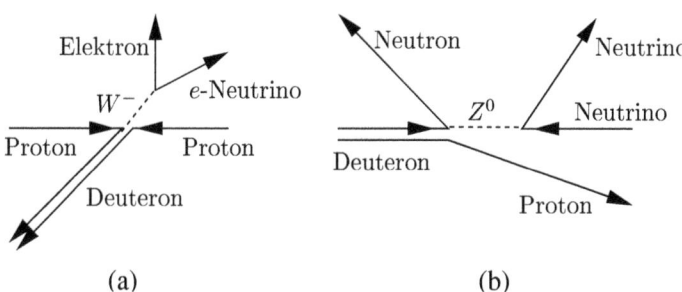

Abbildung 7.1. (a) Die Heizung der Sonne. Zwei Protonen erzeugen ein Deuteron, d. h. einen Kern des schweren Wasserstoffs, ein Positron und ein e-Neutrino. Dabei wird ein virtuelles W^--Boson erzeugt. (b) Nachweisprozeß für Neutrinos mit schwerem Wasser. Ein Neutrino einer beliebigen Familie spaltet ein Deuteron in ein Proton und ein Neutron. Dabei wird ein virtuelles Z^0-Boson ausgetauscht

Die bei den Kernreaktionen und der Vernichtung der Positronen erzeugten Photonen heizen die Sonne auf, die Neutrinos verlassen sie praktisch ungehindert und kühlen sie daher. Diese Kühlung ist für die Sonnenmodelle wesentlich. Man kann daher die Zahl der erzeugten e-Neutrinos in Modellen für die Sonne recht genau berechnen.

Die Zahl der e-Neutrinos, die auf der Erde ankommen, kann in sehr aufwendigen Experimenten gemessen werden. All diese Experimente finden tief unter der Erde statt, denn dann schirmt die dicke Erdschicht die geladenen Teilchen der kosmischen Höhenstrahlung ab, während die Neutrinos diese Materieschicht praktisch ungehindert durchdringen. Wegen der geringen Reaktionswahrscheinlichkeit der Neutrinos sind auch sehr große Zähler nötig.

Das Pionierexperiment wurde von dem Physikochemiker R. Davis und Mitarbeitern in der Homestake Goldmine in South Dakota aufgebaut. Die Mine ist 1500 Meter tief, der Detektor war ein Tank, gefüllt mit beinahe 400 000 Liter Perchlorethylen. Die Neutrinos der Höhenstrahlung können ein Neutron im Kern eines Chloratoms in ein Proton und ein Elektron umwandeln, dabei erhöht sich die Ordnungszahl des Chlors um eins und es entsteht das Edelgas Argon. Die physikalisch-chemische Reaktionsgleichung lautet: $\nu_e + {}^{37}\text{Cl} \to e + {}^{37}\text{Ar}$. Das so erzeugte Argon ist radioaktiv und kann über seinen Zerfall nachgewiesen werden. Das Experiment von Davis löste die „Neutrino-Krise" aus: Man fand nur ein Drittel der Neutrinos, die nach Modellrechnungen von J. Bahcall zu erwarten waren. Dieses unerwartete Ergebnis gab Anlaß zu weiteren Experimenten, bei denen die Sonnen-Neutrinos durch andere Reaktionen nachgewiesen wurden.

Beim Gallex-Experiment war das Nachweisgerät ein Tank mit 54 Kubikmeter einer Lösung von Galliumchlorid in Salzsäure, er war neben dem Straßentunnel unter dem Gran Sasso in Italien untergebracht. Hier verwandelt das e-Neutrino das Gallium in Germanium und ein Elektron.Die Germaniumatome können chemisch vom Gallium getrennt und über ihren radioaktiven Zerfall nachgewiesen werden. Im Unterschied zur Chlor-Argon-Reaktion vom Homestake-Experiment lösen beim Gallium auch schon recht niederenergetische Neutrinos die Kernumwandlung aus.

Beim japanischen Super-Kamiokande-Experiment in einer Mine 1000 Meter unter dem Erdboden besteht das Nachweisvolumen aus 50 000 Tonnen reinstem Wasser. e-Neutrinos können die Elektronen der Wassermoleküle anstoßen, wie in Abb. 6.1 dargestellt. Die sehr schnellen Elektronen senden durch den Cherenkov-Effekt (Abschn. 1.3) Licht aus, das in 11 200 Photozellen registriert wird. Gegen diese gigantischen Ausmaße von Super-Kamiokande ist die im Abschn. 6.3 erwähnte Riesen-Blasenkammer Gargamelle zwergenhaft. Dafür ist dann auch die Ausbeute gewaltig: In 300 Tagen wurden bei Super-Kamiokande 44 000 Neutrinos von der Sonne nachgewiesen.

Bei diesen und anderen Experimenten bestätigten sich die bedeutenden Diskrepanzen zwischen dem beobachteten und dem astrophysikalisch berechneten Neutrinofluß. Natürlich gab es noch einige offene Fragen: War das Sonnenmodell wirklich so zuverlässig? Waren die sehr aufwendigen Experimente wirklich so genau? Aber je öfter die Experimente wiederholt wurden und je raffinierter sie wurden, desto klarer wurde, daß entweder das Sonnenmodell falsch war oder ein Teil der e-Neutrinos auf dem Weg von der Sonne zur Erde verschwand. Da man beim experimentellen Nachweis der Sonnenneutrinos auf der Erde zunächst nur Methoden verwendete, die auf e-Neutrinos ansprachen, war eine mögliche Erklärung, daß sich ein Teil der e-Neutrinos auf dem Weg von der Sonne zur Erde in $m\ddot{u}$- oder tau-Neutrinos umgewandelt hatte und deshalb nicht nachgewiesen wurde.

7.1 Auch die Neutrinos sind verstimmt

Daß es sich tatsächlich um solche Umwandlungen handelt, wurde durch neue Experimente bestätigt. Dort wurde die Aufspaltung von schweren Wasserstoffkernen durch Neutrinos in ein Proton und ein Neutron beobachtet. Diese Reaktion ist für die Neutrinos der anderen Familien genauso empfindlich wie für die e-Neutrinos; sie verläuft über einen neutralen Strom und ist in Abb. 7.1b skizziert. Dieses Experiment war nur möglich, weil in Kanada vom Reaktorbau große Mengen schweren Wassers zur Verfügung standen, die dem Neutrino-Observatorium in Sudbury (SNO) nahe Ontario ausgeliehen wurden. 1000 Kubikmeter schwerenDie Heizung Wassers war das Meßvolumen bei diesem Experiment, das mehr als 2000 Meter unter der Erde in einer Mine durchgeführt wurde. Wenn das Sonnenmodell richtig ist und die Diskrepanz zwischen berechnetem und gemessenem e-Neutrinofluß daher kommt, daß e-Neutrinos sich auf dem Weg von der Sonne zur Erde teilweise in $m\ddot{u}$- oder tau-Neutrinos umwandeln, dann muß bei diesem Experiment der beobachtete Neutrinofluß mit dem berechneten übereinstimmen, da nun auch die umgewandelten Neutrinos nachgewiesen werden.

In Tabelle 7.1 sind die neuesten Ergebnisse zusammengefaßt. Wenn man nur die e-Neutrinos nachweist, erhält man gegenüber dem aus dem Sonnenmodell berechneten Fluß einen zu geringen Wert. Weist man dagegen auch die Neutrinos der anderen Familien nach, die aus den ursprünglich erzeugten durch Oszillationen entstanden sein können, so ist die Übereinstimmung vollkommen; fast zu vollkommen, wenn man die recht großen theoretischen und experimentellen Fehler betrachtet.

Dieser schon sehr überzeugende Hinweis auf Neutrino-Oszillationen (eigentlich nur das Hinschwingen, das Herschwingen ist noch nicht

Tabelle 7.1. Modellrechnungen und Nachweisexperimente für den Fluß von Neutrinos von der Sonne, die aus dem radioaktiven Zerfall des Bor (Isotop ^{8}B) stammen. Die Einheit des Flusses ist eine Million Neutrinos pro Quadratzentimeter und Sekunde. Kamiokande und Super-Kamiokande sind zwei japanische Experimente, SNO steht für Sudbury (Kanada) Neutrino Observatorium

Experiment Jahr	Nachweis	Neutrino-Fluß
Sonnenmodell I 2001		5.05 ± 1
Sonnenmodell II 2001		4.95 ± 0.72
Kamiokande 1996	e-Neutrinos	2.8 ± 0.4
Super-Kamiokande 2001	e-Neutrinos	2.32 ± 0.1
SNO 2002	e-Neutrinos	2.39 ± 0.3
	alle Neutrinos	5.09 ± 0.6

beobachtet) wird durch zwei weitere, methodisch unabhängige Experimente erhärtet. Im unterirdischen Experiment Super-Kamiokande suchte man nach *mü*-Neutrinos, die durch den Zerfall von Müonen aus der kosmischen Höhenstrahlung stammen. Sie entstehen in der Erdatmosphäre, und eine leichte Überlegung zeigt, daß genausoviele *mü*-Neutrinos von unten wie von oben in die Zähler einfallen sollten. Das war aber nicht der Fall, man fand, daß deutlich mehr Neutrinos von oben kamen als von unten. Auch hierfür bieten Neutrino-Oszillationen eine natürliche Erklärung: Die von unten kommenden Neutrinos werden hauptsächlich in dem Teil der Erdatmosphäre erzeugt, der Japan gegenüber liegt, also über Südamerika. Sie müssen einen wesentlich längeren Weg zum Detektor zurücklegen als die von oben kommenden, die über Japan erzeugt wurden; sie hatten daher mehr Zeit sich durch Oszillationen in eine andere Familie dem Nachweis zu entziehen. Alle Details werden gut erklärt, wenn man annimmt, daß die *mü*-Neutrinos sich in *tau*-Neutrinos umwandeln. Da Massendifferenzen zu diesen Oszillationen führen, müssen die Neutrinos auch eine Masse haben und man schließt aus den Experimenten, daß mindestens eine der Neutrino-Sorten eine Masse von mindestens 0.03 eV/c^2 haben muß.

Ein weiterer Hinweis auf Neutrino-Oszillationen kommt von einem Experiment in Los Alamos, das einen großen flüssigen Szintillationsdetektor (LNSD, *Liquid Scintillation Neutrino Detektor*) benutzt, um nach Anti-*e*-Neutrinos beim Zerfall positiver Müonen zu suchen.

R. Davis und M. Koshiba vom Super-Kamiokande-Experiment wurden 2002 für „Pionierbeiträge zur Astrophysik, insbesondere für die Entdeckung kosmischer Neutrinos" mit dem Nobelpreis für Physik ausgezeichnet.

Ich hatte bereits erwähnt, daß es noch nicht klar ist, wie weit das Standardmodell wegen der Neutrinomassen modifiziert werden muß, doch werden die nächsten Jahre mit zusätzlichen Informationen über die Neutrino-Oszillationen hier sicherlich interessante Erkenntnisse liefern. Zur Zeit wird sehr darüber diskutiert, ob die Neutrinos nur innerhalb der drei bekannten Familien oszillieren oder ob es ein viertes sogenanntes steriles Neutrino gibt, das zwar nicht an die intermediären Bosonen koppelt, aber in grundlegenden Erweiterungen des Standardmodells seinen Platz hätte. Eine weitere wichtige Frage ist, ob die Neutrinos sogenannte Dirac-Fermionen oder Majorana-Fermionen sind. Bei einem Majorana-Fermion fallen Teilchen und Antiteilchen zusammen, wie beim Photon oder dem neutralen *pi*-Meson unter den Bosonen. Bei einem Dirac-Fermion kann das nicht der Fall sein. Bei masselosen Neutrinos ist diese Frage recht müßig, aber bei massiven Fermionen spielt sie, besonders im Hinblick auf die Erweiterung des Standardmo-

7.1 Auch die Neutrinos sind verstimmt

dells, eine wichtige Rolle. Zwar geht man heutzutage meistens davon aus, daß die Neutrinos Majorana-Fermionen sind, aber nachgewiesen ist das noch nicht.

Neben diesen doch sehr eindeutigen Effekten bei den Neutrinos, die eine Modifikation des Standardmodells sicher nötig machen, gibt es auch noch einige kleinere Effekte, deren Signifikanz jedoch nicht über alle Zweifel erhaben ist. Ein Beispiel hierfür sind gewisse Asymmetrien beim Zerfall des Z^0-Bosons in Teilchen, die b-Quarks und Anti-b-Quarks enthalten, die in einem Asymmetrieparameter $A_{FB}^{0,b}$ zusammengefaßt werden können. Der berechnete Wert ist $A_{FB}^{0,b} = 0.0982 \pm 0.0017$, während der gemessene Wert 0.1036 ± 0.0008 ist; die Diskrepanz beträgt etwa drei Standardfehler. Wie ernst diese Diskrepanz zu nehmen ist, ist schwer zu sagen. Neben den unvermeidlichen statistischen Fehlern fällt hier auch ins Gewicht, daß die Korrekturen durch die starke Wechselwirkung nicht wirklich zuverlässig berechnet werden können; auch die Experimente sind manchmal mit schwer abschätzbaren systematischen Fehlern behaftet. Ein Beispiel dafür ist R_b, das Verhältnis der Zerfälle des Z^0-Bosons in Teilchen mit b- und Anti-b-Quarks zu allen hadronischen Zerfällen. Auch hier gab es zeitweilig eine beunruhigende Diskrepanz von mehr als drei Standardfehlern, die aber durch die Verbesserung der Experimente im Laufe der Zeit insignifikant wurde. In Abb. 7.2 sind die experimentellen Werte und die Vorhersagen des Standardmodells für diese Größen, wie sie von 1994 bis 2004 in der *Review of Particle Physics* veröffentlicht wurden, graphisch dargestellt.

Bevor wir auf theoretische – oder man kann fast schon sagen ideologische – Einwände gegen das Standardmodell in seiner gegenwärtigen Form eingehen, folgt ein Exkurs über das Problem der Massen von Elementarteilchen.

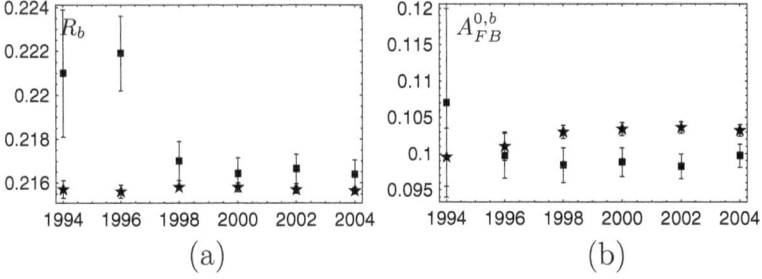

Abbildung 7.2. Experimentelle Werte (*Quadrate*) und Vorhersagen des Standardmodells (*Sterne*) im Laufe der Zeit. (**a**) das Verhältnis R_b; (**b**) der Asymmetrieparameter $A_{FB}^{0,b}$, siehe Text

7.2 Warum haben Elementarteilchen Massen?

In der einfachsten aller möglichen Welten wären alle Teilchen masselos. Die Fermionen, also die Leptonen und die Quarks, würden durch Weyl-Spinoren beschrieben und damit der chiralen Symmetrie genügen, die eine Masse ausschließt; die Eichbosonen, also das Photon, die Gluonen und die intermediären W^+- und Z^0-Bosonen, sind wegen der Eichsymmetrie masselos. Wir hatten aber gesehen, daß durch das Higgs-Boson und die spontane Symmetriebrechung sowohl Eichbosonen als auch Fermionen Massen bekommen. Dennoch ist die Aussage: „alle Teilchen sind masselos" mit einer sehr guten Näherung noch immer erfüllt. Die Massen der Elementarteilchen sind nämlich alle sehr klein, fast schon unvorstellbar klein. Da fragt man natürlich, was heißt „klein". Daß sie in Einheiten des Alltagslebens, wie Kilogramm, klein sind, bringt ja schon die Natur der Sache mit sich, aber die Massen sind auch klein in natürlichen Einheiten, nämlich der Planck-Masse. Die von Planck 1899 eingeführten natürlichen Einheiten, die auf der Lichtgeschwindigkeit im Vakuum, dem Planckschen Wirkungsquantum und der Newtonsche Gravitationskonstante beruhen, sind im Anhang über Einheiten beschrieben.

Die Planck-Masse ist in Einheiten des täglichen Lebens zwar nicht gerade groß, aber mit zwei hundertstel Milligramm kommt sie doch fast in die Reichweite der Apothekergewichte. Das bedeutet, daß sie in Einheiten, die den Elementarteilchen angemessen sind, nämlich GeV/c^2, unvorstellbar groß ist, nämlich $1.22 \cdot 10^{19}$ GeV/c^2. Damit verglichen ist die Masse etwa des Z^0-Bosons – mit etwa 90 Protonmassen unter den Elementarteilchen ein Schwergewicht – verschwindend klein, so klein wie die Masse einer Fliege im Vergleich zu der von 10 Millionen Elefanten.

So gesehen, können wir die Familien der Fermionen sowie die Eichbosonen in guter Näherung als masselos bezeichnen, und wir haben durch die oben erwähnten Symmetrien auch eine gute Erklärung dafür. Es bleibt dann nur noch ein Teilchen übrig, das Higgs-Boson. Für dieses gibt es keinen Grund, die Masse 0 zu haben, und damit wäre seine natürliche Masseneinheit die Planck-Masse. Nun ist das Higgs-Boson noch nicht gefunden, und man weiß nur, daß es schwerer als 114 GeV/c^2 ist. Es gibt aber eine recht überzeugende theoretische obere Schranke für die Higgs-Masse, die mit etwa 500 GeV/c^2 sehr, sehr weit unterhalb der Planck-Masse liegt. Es müßte also auch eine Symmetrie geben, die die Masse des Higgs-Bosons klein hält. Eine solche ist die Supersymmetrie, auf die wir im Abschn. 7.4 eingehen werden.

7.3 Die große Einheit   231

Eine andere Möglichkeit, eine kleinere Zahl für die natürliche Masseneinheit zu bekommen, ist in den letzten Jahren viel diskutiert worden. Sie basiert darauf, daß die allgemeine Relativitätstheorie zwar sehr gut für große, aber nicht für kleine Abstände getestet ist. Es ist durchaus möglich, daß das Newtonsche Gravitationsgesetz, nach dem die Schwerkraft mit dem Quadrat der Entfernung abfällt, für Abstände, die kleiner als etwa ein Millimeter sind, nicht erfüllt ist. Solche Abweichungen könnten dadurch hervorgerufen werden, daß unser dreidimensionaler Raum in einen höher dimensionalen Raum eingebettet ist, der nur von der Gravitation durchdrungen werden kann. In einem solchen höher dimensionalen Raum wäre die die Planck-Masse wesentlich kleiner als in unserem dreidimensionalen Raum, durch zwei zusätzliche Raumdimensionen könnte sie auf 100 GeV/c^2 sinken, also genau in den Bereich der elektroschwachen Symmetriebrechung.

Theorien mit mehr als drei Raumdimensionen wurden schon früh von T. Kaluza (1921) und O. Klein (1926) diskutiert. Da selbst der weltfremdeste mathematische Physiker nicht umhinkommt, sich makroskopisch in drei Raum- und einer Zeitdimension zu bewegen, können natürlich nicht alle Dimensionen gleichwertig sein. Das Problem wird dadurch behoben, daß alle Dimensionen außer den vier makroskopischen kompaktifiziert werden. Eine solche Kompaktifizierung kann man sich sehr anschaulich vorstellen: Ein Blatt Papier ist ein zweidimensionales Gebilde, rollt man es zu einer sehr engen Rolle auf, dann ist eine Dimension, die Länge, unverändert makroskopisch, aber die andere ist kompaktifiziert: von weitem sieht das aufgerollte Blatt wie ein eindimensionales Gebilde aus, das nur noch eine Länge, aber eine verschwindende Breite hat.

Diese Spekulationen über zusätzliche Dimensionen (*extra dimensions*) klingen vielleicht ziemlich abenteuerlich, aber sie führen alle zu experimentell überprüfbaren Konsequenzen. Es ist nicht ausgeschlossen, daß einer zukünftigen Generation von Physikern zusätzliche Dimensionen genauso selbstverständlich sind, wie es die Verletzung der Symmetrie unter Raumspiegelungen heute ist. In zusätzliche Dimensionen werden wir im Abschn. 7.7 noch einmal vorstoßen.

7.3 Die große Einheit

Der meiner Meinung nach überzeugendste Einwand gegen das Standardmodell in seiner gegenwärtigen Form ist recht subtil: Es gibt Teile, die nicht asymptotisch frei sind. Wie am Ende von Abschn. 6.5 geschildert, sind Theorien vermutlich inkonsistent, wenn deren Wechselwirkung bei kleiner werdendem Abstand immer größer wird. Im Standardmodell gibt es zwei Wechselwirkungen, die diese gefährliche Eigenschaft haben: Einmal die elektromagnetische und zum anderen die Selbstwechselwirkung des Higgs-Bosons. Während gegen die Higgs-Kopplung noch immer kein Kraut gewachsen ist, gibt es für die elektromagnetische Wechselwirkung eine elegante Lösung, die sogenannte „Große Vereinheitlichung".

Im Standardmodell wird die elektromagnetische und die schwache Wechselwirkung nicht wirklich vereinheitlicht, mathematisch kommt das dadurch zum Ausdruck, daß die beiden Symmetriegruppen nur als direktes Produkt auftreten, eben die $SU(2) \otimes U(1)$. Physikalisch zeigt sich das dadurch, daß es zwei unabhängige Kopplungskonstanten gibt, eine für die $SU(2)$ und eine für die $U(1)$. Es ist also korrekter, von einer Mischung der elektromagnetischen und der schwachen Wechselwirkung zu sprechen als von einer Vereinheitlichung. Ein anderer unbefriedigender Punkt ist, daß die Leptonen und die Quarks ziemlich unvermittelt nebeneinander stehen, obwohl die Familienstruktur aus Quarks und Leptonen für die Kompensation der Anomalien nötig ist, wie in Abschn. 6.8 kurz dargestellt.

Beide Probleme können mit einem Schlag behoben werden: Man unterwirft Quarks und Leptonen einer einzigen Eichsymmetrie, deren Eichfelder die starke, die schwache und die elektromagnetische Wechselwirkung vermitteln. Dies ist die Grosse Vereinheitlichte Theorie (GUT, für *Grand Unified Theory*).

Eine wichtige Konsequenz der großen Vereinheitlichung ist, daß es für alle Wechselwirkungen nur eine Kopplung gibt. Allerdings gilt das nur dort, wo die Symmetrie ungebrochen gültig ist. Da bei den heute zugänglichen Energien die Wechselwirkungen sehr verschieden sind, kann die Symmetrie nur bei sehr hohen Energien, das heißt bei sehr kleinen Abständen gelten. Dies klingt ein bißchen so wie „im Himmel ist Jahrmarkt", doch das stimmt nicht: Obwohl die Symmetrie möglicherweise nur bei Abständen gilt, die experimentell nicht erreichbar sind, können wir doch die Konsequenzen mit gegenwärtigen Mitteln überprüfen. Den Schlüssel dazu bietet die Renormierungsgruppe, die vorhersagt, wie die Kopplungskonstanten von der Skala abhängen (Abschn. 6.5).

Bei den Abständen, bei denen die vereinheitlichte Symmetrie noch nicht gilt, verhalten sich die Kopplungskonstanten so, wie es das Standardmodell vorhersagt: Die asymptotisch freie starke Kopplung fällt ab, ebenso die schwache, genauer die, die der $SU(2)$ in der elektroschwachen Symmetriegruppe $SU(2) \times U(1)$ entspricht. Die Kopplung, die der $U(1)$ entspricht, steigt dagegen zu kürzeren Abständen hin an. Bei dem klei-

7.3 Die große Einheit   233

nen Abstand aber, ab dem die einheitliche Symmetrie gültig ist, gibt es nur noch eine gemeinsame Kopplung, die drei müssen sich also dort treffen. Von da ab verhalten sie sich gleich, und die gemeinsame Kopplung wird mit kleiner werdendem Abstand auch kleiner, d. h. die Theorie ist asymptotisch frei, wenn wir nur weit genug in „Asymptopia" sind. Der Treffpunkt der drei Kopplungskonstanten ist durch die Theorie bestimmt. Schon die ersten Überlegungen zur großen Vereinheitlichung sagten voraus, daß dieser Treffpunkt bei etwa 10^{-17} Femtometer liegen muß, in Energieeinheiten ausgedrückt bei 10^{16} GeV. Dies ist zwar immer noch tausendmal kleiner als die Planck-Masse, doch weit, weit jenseits der experimentellen Möglichkeiten, zumindest derer, die uns in absehbarer Zeit zur Verfügung stehen.

Viele Physiker waren über diese hohe Energie entsetzt, denn sie bedeutete, daß zwischen den heute erreichbaren Energien von etwa 1000 GeV und dieser wahrhaft astronomischen Energie von 10^{16} GeV die Natur sich so verhält, wie es das Standardmodell vorhersagt, also in diesem gewaltigen Bereich keine neuen physikalischen Entdeckungen zu erwarten sind; man sprach von der „großen Wüste".

Doch hatte diese riesige Skala auch einen Vorteil für das Überleben der Theorie. Sie macht einen Zerfall sehr unwahrscheinlich, der in einer vereinheitlichten Theorie unvermeidlich ist, aber bisher noch nicht beobachtet wurde. Es handelt sich um den Zerfall des Protons. Da Quarks und Leptonen nun in ein und derselben Darstellung der Symmetriegruppe liegen, gibt es durch die Symmetrie bedingte Wechselwirkungen, die Quarks in Leptonen verwandeln. Wenn sich aber Quarks in Leptonen umwandeln können, dann können auch Protonen und im Kern gebundene Neutronen in Leptonen zerfallen. Wenn man die vereinheitlichte Symmetriegruppe festlegt, sagt die Theorie die Stärke des Zerfalls voraus.

Um quantitative Vorhersagen zu machen, muß man also die neue vereinheitlichte Symmetriegruppe kennen. Sie muß die Symmetriegruppen des Standardmodells enthalten, also die $SU(3)$ der starken und die $SU(2) \otimes U(1)$ der elektroschwachen Wechselwirkung. Technisch gesprochen heißt dies, daß diese Gruppen des Standardmodells Untergruppen der vereinheitlichten Symmetriegruppe sein müssen. Für lange Zeit stand dafür die Gruppe $SU(5)$ hoch im Kurs. Sie ergab für die mittlere Lebensdauer des Protons eine Zeit von etwa $3 \cdot 10^{32}$ Jahren. Mit diesem Zeitraum verglichen ist das Alter des Universums sehr klein, so klein wie 10 Mikrosekunden verglichen mit den mehr als 13 Milliarden Jahren seit dem Ur Knall. Dennoch ist diese Zahl meßbar, weil es so viele Protonen gibt. In einem Gramm Wasser sind etwa $6 \cdot 10^{23}$ Protonen oder Neutronen enthalten, im Tank des Super-Kamiokande-Experiments, das wir schon bei den Neutrino-Oszillationen kennengelernt haben, sind 50 000 Tonnen Wasser enthalten, also über 10^{34} Nukleonen (d. h. Protonen oder im Sauerstoffkern gebundene Neutronen). Bei einer mittleren Lebensdauer von 10^{32} Jahren erwartet man also über 100 Zerfälle von Nukleonen im Jahr. Nach dem Zerfall von Nukleonen wurde und wird immer noch in vielen Experimenten gesucht. Sie alle finden tief unter der Erde statt, und der störende Untergrund sind Neutrino Reaktionen, deshalb hat man aus diesen Experimenten sehr viel über Neutrinos erfahren, wie im vorigen Kapitel geschildert, aber man hat bisher keinen Zerfall eines Protons beobachtet. Nach dem gegenwärtigen Stand ist die mittlere Lebensdauer für den Zerfall eines Protons in ein Positron und ein neutrales pi-Meson größer als $5 \cdot 10^{33}$ Jahre, ebenso für den Zerfall eines im Kern gebundenen Neutrons in ein Positron und ein negativ geladenes pi-Meson. Damit ist die oben erwähnte, einst sehr populäre Symmetriegruppe $SU(5)$ schon ausgeschlossen. Dies ist einerseits schade, von einer höheren Warte aus gesehen aber auch gut, zeigt es doch, daß die theoretischen Spekulationen über das Verhalten bei direkt nicht zugänglichen kleinen Abständen dennoch experimentellen Tests unterzogen werden können.

Die große Vereinheitlichung des Standardmodells kam auch durch die Präzisionsexperimente vom großen Elektron-Positron-Beschleuniger LEP im CERN in Schwierigkeiten. Die Kopplungen waren mittlerweile so präzise bestimmt, daß man ihren Verlauf mit sich änderndem Abstand sehr genau berechnen konnte. Dabei stellte sich heraus, daß sich die drei Kopplungen für die starke, die schwache und die elektromagnetische Wechselwirkung nicht in einem Punkt trafen, siehe Abb. 7.3a. Hier hilft aber eine neue Symmetrie, die schon lange untersucht worden war, für die es aber bis dahin noch keinerlei experimentell begründete Hinweise gab, die Supersymmetrie, der wir uns nun zuwenden.

7.4 Die Supersymmetrie

Die Supersymmetrie ist eine neue Art von Symmetrie, bei deren Transformationen Teilchen mit verschiedenem Spin, also etwa Teilchen vom Spin $\frac{1}{2}$ und Spin 0, ineinander übergehen. Wäre die Supersymmetrie exakt erfüllt, müßte es zu jedem Spin-$\frac{1}{2}$ Teilchen auch ein Teilchen gleicher Masse mit dem Spin 1 oder dem Spin 0 geben. Ist die Supersymmetrie nicht exakt erfüllt, so müßten die Teilchen zumindest ungefähr die gleiche Masse haben. Wer nun erwartet, daß die *bekannten* Spin 0-, Spin $\frac{1}{2}$- und Spin 1-Teilchen in einem „Supermultiplett" vereint werden, der ist allerdings zu optimistisch. Hinsichtlich der Experimente besteht der

7.4 Die Supersymmetrie

einzige bisherige „Erfolg" der Supersymmetrie darin, die Existenz sehr vieler neuer Teilchen vorherzusagen, von denen allerdings bis jetzt noch keines gefunden wurde. Die echten Erfolge dieser neuen Theorie sind bis jetzt rein theoretischer Natur.

Die Supersymmetrie hat eine etwas diffuse Entdeckungsgeschichte; als Theorie ernst genommen wurde sie nach den grundlegenden Arbeiten von Julius Wess und Bruno Zumino, die 1974 erschienen. Ein Jahr später fanden R. Haag, M. Sohnius und J.T. Lopuszanski, daß eine supersymmetrische Feldtheorie eine einmalige Rolle einnimmt: Sie findet genau das Schlupfloch, das eine Theorie braucht, um ein Theorem von S. Coleman und J. Mandula zu umgehen. Etwas verkürzt ausgedrückt, besagt dieses Theorem: Es gibt keine Symmetrie, die Teilchen mit verschiedenem Spin verknüpft. Das Schlupfloch für die Supersymmetrie besteht darin: Man erweitert die Symmetrietransformationen um gewisse Erzeugende, die nicht, Vertauschungsrelationen erfüllen (Abschn. 1.4.2), sondern sogenannte Anti-Vertauschungsrelationen. Diese neuen Erzeugenden verknüpfen Teilchen, die sich im Spin um eine halbe Einheit unterscheiden, also zum Beispiel Teilchen vom Spin 0 mit solchen vom Spin $\frac{1}{2}$.

Dies ist nicht nur mathematisch bemerkenswert, sondern auch nützlich für das Standardmodell: Wir hatten ja bereits im Abschn. 7.2 gesehen, daß es keinen befriedigenden Grund für ein „leichtes" Higgs-Boson gibt, seine natürliche Masse wäre die ungeheuer große Planck-Masse. Für Fermionen, also Teilchen vom Spin $\frac{1}{2}$, gibt es allerdings einen Grund, leicht zu sein, nämlich die chirale Symmetrie, nach der die Teilchen sich wie Weyl-Spinoren transformieren. Wenn also das Higgs-Boson und ein Spin $\frac{1}{2}$-Teilchen in ein und demselben Supermultiplett liegen, so müßten sie – wenn die Supersymmetrie exakt erfüllt wäre – die gleiche Masse haben. Wenn die Symmetrie gebrochen ist, sind die Massen nur „ungefähr" gleich; dabei heißt ungefähr gleich, daß ihr Massenunterschied ungefähr gleich der Masse ist, bei der die Supersymmetrie gebrochen ist. Die Supersymmetrie würde also ein „leichtes" Higgs-Boson erklären.

Diese Argumente wurden so ernst genommen, daß die Supersymmetrie nicht nur von mathematisch orientierten Theoretikern weiter betrieben wurde, sondern auch von denen, die an Experimenten interessiert sind. Diese überzeugten wiederum die Experimentalphysiker, daß es sich lohnt, nach den supersymmetrischen Partnern der bekannten Teilchen zu suchen. Man hat zwar bis jetzt noch keinen Partner gefunden, ihnen aber schon Namen gegeben. Die Partner der Bosonen mit Spin 0 oder 1 sind Fermionen mit Spin $\frac{1}{2}$. Ihre Namen sind gekennzeichnet durch die Endung -ino: Die Neutralinos, Partner des Higgs-

Bosons und der neutralen intermediären Eichbosonen, die Charginos, Partner der geladenen Eichbosonen, Photino und Gluino entsprechen dem Photon und dem Gluon. Die Partner der Quarks und Leptonen werden durch ein S vor dem Namen des beobachteten Teilchens gekennzeichnet, Squarks und Sleptonen oder spezifischer Selektron, Stau; Sie haben den Spin 0.

Durch die Präzisionsexperimente am LEP kam neben dem Argument des „leichten" Higgs-Bosons noch eine weitere, diesmal quantitativ begründete Stütze für die Supersymmetrie. Ich hatte zu Ende des letzten Abschnitts erwähnt, daß im Standardmodell die große Vereinheitlichung auf Schwierigkeiten stößt, weil sich die drei Kopplungskonstanten der starken, schwachen und elektromagnetischen Wechselwirkung nicht in einem Punkt, also bei einem festen Abstand, treffen (Abb. 7.3a).

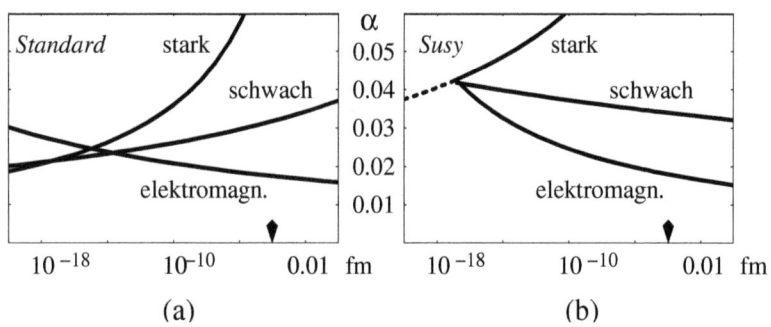

Abbildung 7.3. Das Verhalten der Kopplungskonstanten in Abhängigkeit von der Skala (**a**) im Standardmodell, (**b**) im supersymmetrischen Standardmodell.

Hier bewirkt nun die Supersymmetrie ein Wunder: Modifiziert man das Standardmodell zu einem supersymmetrischen Modell, so treffen sich die Kopplungskonstanten genau in einem Punkt bei einer Skala von $6 \cdot 10^{-18}$ Femtometer, entsprechend einer Energie von $3 \cdot 10^{16}$ GeV (Abb. 7.3b). Bei kleineren Abständen nimmt die Kopplung mit abnehmendem Abstand tatsächlich ab, wie dies durch die gestrichelte Linie angedeutet ist. Die Theorie ist also asymptotisch frei.

Die Supersymmetrie selbst darf allerdings nicht erst in Asymptopia erfüllt sein, sondern bei solchen Skalen, die heute gerade experimentell erreichbar sind. In Längeneinheiten ist dies 0.0002 Femtometer, in Energieeinheiten weniger als 1000 GeV. Bei solchen Massen müßte man die supersymmetrischen Partner der bekannten Teilchen entweder am

7.4 Die Supersymmetrie

Beschleuniger Tevatron im Fermilab in Chicago oder am im Bau befindlichen großen Hadronenbeschleuniger (LHC für *Large Hadron Collider*) am CERN finden.

Besonders intensiv wird nach dem leichtesten supersymmetrischen Teilchen gesucht, dieses ist höchstwahrscheinlich ein neutrales Spin $\frac{1}{2}$-Teilchen, d. h. ein Neutralino. Es würde mit den bekannten Teilchen nur schwach wechselwirken, könnte sich also dadurch bemerkbar machen, daß bei beobachteten Reaktionen scheinbar der Satz von der Energie- und des Impulserhaltung verletzt ist. Die Situation ist ähnlich wie beim *beta*-Zerfall, wo ja Pauli aus der scheinbaren Verletzung des Energiesatzes auf die Existenz eines neutralen, schwach wechselwirkenden Teilchens – des Neutrinos – geschlossen hatte. Man hat beim Fermilab tatsächlich Anzeichen für fehlenden Impuls bei Hochenergiereaktionen gefunden, doch sind diese noch nicht statistisch signifikant: mit einigen Prozent Wahrscheinlichkeit sind konventionelle Erklärungen nicht ausgeschlossen. So kann man zur Zeit nur untere Schranken für die Massen der Neutralinos angeben, sie liegen bei etwa 40 GeV/c^2, also in einem Bereich für Teilchenmassen, an denen man heutzutage durchaus gewöhnt ist.

Die Masse des Higgs-Bosons wird von der Theorie vorhergesagt. Das Higgs-Boson sollte tatsächlich „leicht" sein und eine Masse von weniger als 150 GeV/c^2 haben; es müßte also in den nächsten Jahren gefunden werden. Die Lebensdauer des Protons ist in diesem Modell lange genug, um mit den derzeitigen Messungen des Super-Kamiokande-Experiments verträglich zu sein, aber immerhin nicht so lang, als daß ein Nachweis mit derzeitigen Mitteln ausgeschlossen wäre. Wir werden also in den nächsten Jahren erfahren, ob das supersymmetrische Standardmodell eine Chance hat, zu überleben, oder ob „es elend verreckt, weil man es gecheckt hat", um das Motto von M. Veltmann aufzunehmen. Wenn die Spekulationen durch Experimente weiter bestätigt werden und insbesondere wenn man die supersymmetrischen Partner der bereits bekannten Teilchen findet, so kann man mit Präzisionsexperimenten and Beschleunigern mit Energien von etwa 1000 GeV den ungeheuren Energiebereich bis 10^{16} GeV untersuchen. Werden die Vorhersagen des supersymmetrischen Standardmodells bestätigt, dann gibt es in der Tat eine große Wüste von 1000 bis 10^{16} GeV, in der nichts physikalisch Aufregendes passiert. Gäbe es neue Effekte in diesem Bereich, so würden sie sich nämlich durch Strahlungskorrekturen bei Energien von etwa 1000 GeV bemerkbar machen.

7.5 Monopole

Die große vereinheitlichte Theorie erneuerte wieder das Interesse an einem alten Problem, nämlich der Frage, ob es nicht nur elektrische, sondern auch magnetische Ladungen gibt. Diese werden (magnetische) Monopole genannt. Die Elektrodynamik zeigt eine bemerkenswerte Übereinstimmung von elektrischen und magnetischen Phänomenen, aber auch einen bemerkenswerten Unterschied: Es gibt zwar elektrische, aber keine magnetischen Ladungen. Wenn wir einen magnetischen Dipol, also z. B. einen Stabmagneten zerschneiden, trennen wir nicht den magnetischen Nordpol vom Südpol, sondern wir erhalten wieder zwei Dipole, jeder mit seinem eigenen Nord- und Südpol.

In einer klassischen Eichtheorie ist das ganz natürlich, und so könnte man sich beruhigen und sagen: Die Eichinvarianz verbietet das Auftreten von magnetischen Ladungen. Aber 1931 zeigte Dirac, daß das nicht unbedingt richtig ist. In der Quantenphysik ist das Auftreten von magnetischen Monopolen durchaus mit der Eichinvarianz vereinbar. Allerdings gilt das nur, wenn die Stärke des magnetischen Monopols – die magnetische Ladung – ganz bestimmte Werte annimmt: Das Produkte der magnetische Ladung g und der elektrischen Ladung e muß in natürlichen Einheiten halbzahlig sein, d. h.

$$e \cdot g = \hbar c \cdot \tfrac{1}{2} n,$$

wobei n eine ganze Zahl ist.

Dies ist die Diracsche Quantisierung der elektrischen Ladung. Sie besagt nicht nur, daß es Monopole geben kann, sondern auch, daß ihr Auftreten die Lösung eines der großen Probleme der Physik böte: Gibt es nämlich einen Monopol mit der magnetischen Ladung g, dann gibt es auch eine Elementarladung $e = \tfrac{1}{2}\hbar c/g$ und alle auftretenden Ladungen müssen ganzzahlige Vielfache dieser Ladung sein. Bei groß vereinheitlichten Theorien (GUTs, Abschn. 7.3) treten magnetische Monopole zwar nicht als elementare Felder auf, aber als Lösungen der Feldgleichungen. Die Feldenergie dieser Losungen, also die Masse der entsprechenden Teilchen, ist so groß, daß sie kaum in Beschleunigern erzeugt werden können, aber möglicherweise kommen sie in der kosmischen Höhenstrahlung vor. Sie könnten dort Überbleibsel des Urknalls (Abschn. 7.6.2) sein, man hat deshalb z. B. auch in Mondgestein nach ihnen gesucht. Es gibt einige Ereignisse, die durch magnetische Monopole erklärt werden können, aber noch keine unabhängige zweifelsfreie Bestätigung.

Monopole spielen auch in einem der erfolgversprechendsten Modelle für die permanente Einschließung der Quarks in Hadronen, dem *confinement*, eine wichtige Rolle. S. Mandelstam und G. 't Hooft haben 1975

7.5 Monopole

und 1978 das folgende Szenario vorgeschlagen: Der Grundzustand der QCD, das Vakuum, wird durch sehr viele farb-magnetische Monopole gebildet. Diese treten genausowenig frei auf wie die Quarks und Gluonen. Sie haben die Eigenschaft, daß sie die farb-elektrischen Felder zu Flußschläuchen zusammenpressen, in Abb. 7.4 ist dies bildlich dargestellt. Dies bewirkt, daß die farb-elektrische Kraft nicht umgekehrt proportional mit dem Quadrat des Abstands abfällt, sondern unabhängig vom Abstand wird. Um zwei Quarks unendlich weit voneinander zu trennen, wird also auch unendlich viel Energie benötigt, d. h. das Quark und das Antiquark können gar nicht voneinander getrennt werden.

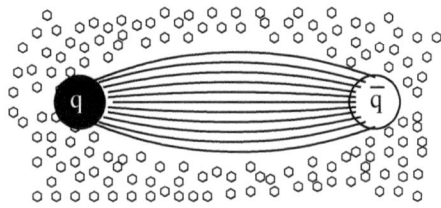

o Magnetischer Monopol

Abbildung 7.4. Kompression des farb-elektrischen Feldes zwischen einem Quark (q) und einem Antiquark ($\bar{q}$) durch farbmagnetische Monopole

Dieser Effekt ist in der Supraleitung tatsächlich beobachtet, allerdings mit vertauschten Rollen der elektrischen und magnetischen Größen. Im Supraleiter gibt es im Grundzustand sehr viele elektrische Ladungen niedrigster Energie, die sogenannten Cooper-Paare. Diese bewirken, daß das Magnetfeld zu Flußschläuchen zusammengepresst werden, ein Effekt der experimentell überprüft ist.

Numerische Untersuchungen der QCD auf dem Gitter, wie sie in Abschn. 6.7 beschrieben sind, unterstützen dieses Bild, das natürlich in dieser kurzen, oberflächlichen Beschreibung viel vager und abenteuerlicher klingt, als es wirklich ist.

In Modellen kann dieses Bild auch für quantitative Rechnungen benutzt werden. In Abb. 7.5 ist das Ergebnis von Modellrechnungen für die Dichte der Feldenergie eines Quark-Antiquark-Paares dargestellt: links in einer Feldtheorie wie der QED, rechts in einem Modell für die QCD, in dem eine endliche magnetische Monopoldichte angenommen wird. Man sieht in beiden Bildern die Feldenergie der einzelnen Ladungen, die sehr schnell abfällt, wenn man sich vom jeweiligen Quark oder Antiquark entfernt. Im Modell für die QCD (Abb. 7.5b) bildet

240 7 Dunkle Wolken oder Morgenröte einer neuen Physik?

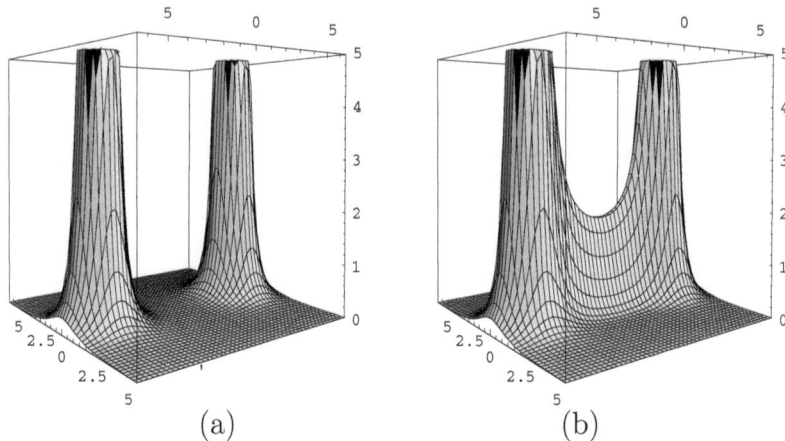

Abbildung 7.5. Modellrechnungen der Feldenergie eines Quark-Antiquark-Paares. (a) Feldenergie wie in der QED, d. h. ohne *confinement*; (b) Feldenergie in einem Modell für die QCD mit *confinement*

sich unter dem Einfluß der Monopole ein Flußschlauch aus, sichtbar als Gebiergsrücken in der Dichte der Feldenergie. Die gesamte Feldenergie des Systems, sozusagen das Volumen des Gebiergsrückens, wächst mit dem Abstand der Quarks immer weiter an; eine vollständige Trennung der Quarks würde also unendlich viel Energie erfordern.

7.6 Der Mikrokosmos und der Makrokosmos

Es ist wohl dieselbe Sehnsucht, die uns dazu treibt, die Grenzen der Erkenntnis sowohl bis zum unvorstellbar Kleinen als auch zum unvorstellbar Großen zu treiben. Schon Platon hatte das All als das fünfte „Elementarteilchen" eingeführt, wie in Abb. 1.1 dargestellt. Gerade in den letzten Jahrzehnten hat sich eine besonders enge Beziehung zwischen Teilchenphysik und Kosmologie ergeben, bei der die Gesetze der Teilchenphysik wichtige Grundlagen für kosmologische Modelle liefern, und andererseits die Kosmologie die Möglichkeit gibt, spekulative Annahmen der Teilchenphysik empirisch zu überprüfen.

7.6.1 Was wir wissen und was wir noch nicht wissen

Die enge Beziehung zwischen Kosmologie und Elementarteilchenphysik wurde dadurch eingeleitet, daß die klassische Theorie der Gravitation,

7.6 Der Mikrokosmos und der Makrokosmos

die allgemeinen Relativitätstheorie, mittlerweile zu einer der am besten bestätigten klassischen Theorien avanciert ist. Damit steht für die Kosmologie ein ähnlich gut getestetes Standardmodell zur Verfügung wie für die Teilchenphysik.

Mit der mathematischen Behandlung der Schwerkraft in Isaak Newtons „Principia Mathematica Philosophiae Naturalis" (1686) begann der Siegeszug der modernen Naturwissenschaft. Es dauerte fast 200 Jahre, bis die Behandlung der elektromagnetischen Kraft in Maxwells „Treatise on Electricity and Magnetism" (1876) ebensogut mathematisch gefaßt war wie die Schwerkraft in den Prinzipien des Newton. Die vollständige Formulierung der Elektrodynamik im Rahmen der klassischen Feldtheorie hatte weitreichende Folgerungen für die gesamte Physik und für unser Weltbild überhaupt. Zum einen fand Planck, daß die Strahlungsgesetze der klassischen Elektrodynamik nicht mit den Beobachtungen übereinstimmten, was ihn 1900 zur Aufstellung der Quantenhypothese führte. Zum anderen zeigte sich, daß die Symmetrien bei Transformationen in Raum und Zeit, wie sie in der Newtonschen Mechanik gelten, nicht auf die Maxwellsche Theorie übertragen werden können. Einstein baute auf den Transformationseigenschaften der Maxwell-Gleichungen 1905 die speziellen Relativitätstheorie auf, die auch die Mechanik revolutionierte. In der allgemeinen Relativitätstheorie vereinte er dann ab 1915 die Theorie der Gravitation mit den Prinzipien der speziellen Relativitätstheorie.

Heute kennen wir im Standardmodell der Elementarteilchenphysik die Grundgleichungen für die starke, die elektromagnetische und die schwache Wechselwirkung. Außerdem gibt es mit der Theorie der großen Vereinheitlichung Anzeichen dafür, daß die drei Wechselwirkungen sich bei sehr kleinen Abständen als verschiedene Seiten ein und derselben Grundkraft darstellen. Wir haben aber immer noch nicht eine konsistente quantisierte Theorie der Gravitation, nicht einmal im Rahmen der Störungstheorie. Der Hauptgrund dafür ist wohl, daß wir dazu keine Experimente anstellen können. So richtig spektakuläre Quanteneffekte erwartet man bei der Gravitation erst bei Energien, die der Planck-Masse entsprechen, also bei 10^{19} GeV, und es ist wohl kaum übertrieben pessimistisch anzunehmen, daß Beschleuniger mit dieser Energie auch in der ferneren Zukunft nicht zur Verfügung stehen werden.

Allerdings gab es in ferner Vergangenheit ein Ereignis, bei dem Quanteneffekte der Gravitation wohl eine große Rolle spielten, nämlich beim oder sehr kurz nach dem sogenannten Urknall. Damit beschäftigen wir uns im nächsten Unterabschnitt.

7.6.2 Materie im Universum

Nach dem heutigen kosmologischen Standardmodell „entstand" das Universum vor etwa 13.7 Milliarden Jahren in einer Art Urknall. Das englische Wort für dieses Ereignis, *big bang* war ursprünglich ein von Fred Hoyle geprägtes Schimpfwort, denn er vertrat eine Kosmologie, in der sich das Universum in einem ewigen Gleichgewicht (*steady state universe*) befand. Es gibt hauptsächlich zwei Gründe, die die Hypothese sehr wahrscheinlich machen, daß unser Universum sich vor 13.7 Milliarden Jahren in einem besonderen Zustand befand: Zum einen sehen wir in der kosmischen Hintergrundstrahlung sozusagen noch die Granatsplitter des Urknalls, zum anderen ist die Verteilung der leichten Elemente nur zu erklären, wenn es einmal eine Zeit in der Entwicklung des Universums gab, in der seine Temperatur, d. h. die mittlere Energie der Teilchen, sehr hoch war.

Ich kann und möchte hier keinen kurzen Abriß der modernen Urknall-Kosmologie geben und gehe deshalb nur kurz auf die Punkte ein, die eng mit der Teilchenphysik zusammenhängen. Um mit einer optimistischen Bemerkung zu beginnen: Wir haben guten Grund zu glauben, daß wir die Gesetze kennen, die den bei weiten größten Zeitraum der Entwicklung des Universums bestimmten und noch immer bestimmen. Als das Universum nach dem Urknall sich auf etwa 10 Billionen Grad abgekühlt hatte, war die mittlere Energie der Teilchen etwa 200 GeV, ein Wert, der mit den heutigen Beschleunigern erreicht werden kann. Es setzte dann eine Entwicklung ein, die durch Gesetze des Standardmodells der Elementarteilchenphysik und der allgemeinen Relativitätstheorie bestimmt ist. Wenn man mit den bekannten Gesetzen zurück extrapoliert, so war dies sehr kurz nach dem hypothetischen Urknall, nämlich etwa eine hundertstel Nanosekunde danach. Die elektroschwache Symmetrie war noch nicht spontan gebrochen. Der quadratische Term mit dem „falschen Vorzeichen", der zu dem Sektflaschen-Potential von Abb. 5.6b führt, wird nämlich bei diesen hohen Energien durch die kinetische Energie ausgeglichen. Aber selbst nachdem der Higgs-Mechanismus einsetzte und die Teilchen eine Masse bekamen, gab es noch immer keine Hadronen. Die stark wechselwirkenden Quarks und Gluonen konnten sich in der heißen Ursuppe zwar nicht frei, doch auch nicht in Hadronen gefangen, bewegen. Hadronen bildeten sich erst bei einer Temperatur, die etwa 100 MeV entspricht und die nach etwa einer Zehntel Millisekunde erreicht war. Nach drei Sekunden war das Universum auf eine Temperatur entsprechend einem halben MeV abgekühlt und die bekannten Teilchen wie Elektronen, Protonen und Neutronen froren aus. Alle instabilen Teilchen – wie Mesonen, seltsame Teilchen, Müonen – waren bis dahin längst zerfallen.

7.6 Der Mikrokosmos und der Makrokosmos

Das Verhältnis von Neutronen zu Protonen von etwa eins zu sechs war bestimmt durch das thermische Gleichgewicht bei der Ausfriertemperatur von etwa 1 MeV. Von nun an bildeten sich in den ersten drei Minuten aus den Neutronen und Protonen die leichten Elemente vom schweren Wasserstoff (ein Proton und ein Neutron) bis zum Lithium (drei Protonen und vier Neutronen). Fast alle Neutronen banden sich mit vorhandenen Protonen zu dem sehr stabilen Kern des Heliums, bestehend aus zwei Protonen und zwei Neutronen; etwa ein Viertel der Nukleonen sind so gebunden. Lithium dagegen wurde nur sehr selten gebildet, auf über 10 Milliarden Wasserstoffkerne kommt nur ein einziger Lithiumkern. Aus diesen Zahlen kann man recht zuverlässig darauf schließen, daß auf etwa 10 Milliarden Photonen im Universum ein einziges Nukleon kommt. Dennoch trugen die Photonen nur einen sehr geringen Bruchteil der Zeit wesentlich zur Dichte des Universums bei. Das liegt an ihrer niederen Energie. Sie sind durch die Ausdehnung des Universums vom einst energetisch dominanten Anteil des Universums zu einer kümmerlichen Hintergrundstrahlung abgekühlt, einem Photonengas mit einer Temperatur, die heute nur 2.7 Grad über dem absoluten Nullpunkt liegt. Dies entspricht einer mittleren Photonenenergie von nur zwei zehntausendstel Elektronenvolt.

Aber auch die uns bekannte Materie, also all die Teilchen, die im Standardmodell der Teilchenphysik vorkommen, machen nur einen kleinen Teil der Dichte des Universums aus, etwa drei Prozent. Die gesamte Dichte des Universums kann man nämlich auch aus anderen Beobachtungen bestimmen, z. B. aus der beobachteten Expansion und aus der Rotation von Spiralnebeln. Der Schluß, zu dem die Beobachtungen führen ist sehr aufregend: Nur etwa 30% des Universums ist Materie, der Rest von etwa 70% ist „dunkle Energie". Die dunkle Materie macht sich durch ihre Schwerkraft im kosmischen Maßstab bemerkbar, die dunkle Energie zusätzlich durch eine Beschleunigung der Expansion des Universums. Von der Materie selbst machen die Teilchen des Standardmodells etwa wiederum nur zehn Prozent aus, der Rest ist uns unbekannt. Natürlich sind all diese Zahlen aus dem Vergleich von Modellen mit Beobachtungen gewonnen und hängen daher stark vom verwendeten Modell ab, doch flößt einem die Tatsache, daß unabhängige Methoden immer zu den gleichen Zahlen führen, einiges Vertrauen in die Zuverlässigkeit der Modelle ein.

In der relativistische Quantenfeldtheorie ist eine Energiedichte des Vakuums durch Beiträge, wie in Abb. 1.15 dargestellt, unvermeidlich und daher ist das Auftreten dunkler Energie natürlich. In der renormierten Störungstheorie kann man allerdings die Beiträge nicht ausrechnen, da sie in der Feldtheorie ohne Gravitation keine Rolle spielen,

244 7 Dunkle Wolken oder Morgenröte einer neuen Physik?

und daher keine Fixierung bei einer Skala möglich ist. Wenn man allerdings annimmt, daß die Quantenfeldtheorie bis zu kleinsten Abständen eine realistische Beschreibung der Natur liefert, dann ist die berechnete Vakuumenergie ernstzunehmen. Wenn man beispielsweise annimmt, daß die Theorie bis zu einem der Planck-Masse entsprechenden Abstand gültig ist, dann erhält man für die Energiedichte des Vakuums und damit für die dunkle Energiedichte des Universums einen Wert von der Planck-Masse zur vierten Potenz. Das sind $2 \cdot 10^{57}$ GeV^4, umgerechnet in die etwas „anschaulicheren" Einheiten GeV pro Kubikfemtometer sind das $2.6 \cdot 10^{59}$ GeV/fm^3. Der beobachtete Wert für die Dichte der dunklen Energie ist etwa $6.6 \cdot 10^{-45}$ GeV/fm^3, also besteht eine Diskrepanz von über 100 Größenordnungen, ein absoluter Rekord in Fehleinschätzungen.

Gilt Supersymmetrie, dann kompensieren die Beiträge der Fermionen genau die der Bosonen und damit ist die Vakuumenergie bei exakter Supersymmetrie gleich 0. Da aber die Supersymmetrie in unserer Welt sicher nicht exakt erfüllt ist, führt ihre Brechung zu einer Verletzung der erwähnten exakten Kompensation und damit zu einer endlichen Energiedichte des Vakuums. Das klingt zunächst sehr gut, doch schon eine sehr einfache Rechnung zeigt, daß diese so berechnete Energiedichte den Wert E_{SUSY}^4 hat, wobei E_{SUSY} der Wert der Energie ist, ab der die Supersymmetrie erfüllt ist. Aus der Tatsache, daß man supersymmetrische Partner der bekannten Teilchen des Standardmodells noch nicht beobachtet hat, kann man schließen, daß die Skala E_{SUSY} mindestens 100 GeV ist. Damit ergibt sich eine Energiedichte des Vakuums von etwa 10^8 GeV^4 bzw. $1.3 \cdot 10^{10}$ GeV/fm^3. Damit ist man dem beobachteten Wert zwar erheblich näher, doch selbst wenn die grobe Abschätzung um ein paar Milliarden daneben liegt, ist man immer noch weit vom gemessenen Wert entfernt. Das Problem der Vakuumenergie ist und bleibt eines der größten – wenn nicht das größte – Rätsel der Physik, und sicher brauchen wir ganz neue Ideen, um eine Lösung zu finden.

Im Gegensatz zur dunklen Energie hat man für das Rätsel der dunklen Materie möglicherweise schon eine Lösung. Ich hatte bereits in Abschn. 7.4 erwähnt, daß es im supersymmetrischen Standardmodell ein stabiles Teilchen geben muß, das nur sehr schwach mit den bekannten Teilchen wechselwirkt. Dieses Teilchen ist natürlich der ideale Kandidat für die dunkle Materie. Wenn es tatsächlich existiert, dann sollte man es in den nächsten Jahren in Hochenergie-Experimenten finden.

7.6.3 Die widerspenstige Schwerkraft

Die allgemeine Relativitätstheorie ist eine klassische Feldtheorie der Gravitation. Sie ist, wie die Elektrodynamik, eine Eichtheorie im Sinne Weyls. Die Gruppe der Eichsymmetrie ist die Lorentz-Gruppe, also die Transformationen von Raum und Zeit in der speziellen Relativitätstheorie; das Eichfeld ist das Schwerefeld.

Quantisiert man die Relativitätstheorie, d. h. wendet man die Prinzipien der Quantenphysik auf die allgemeine Relativitätstheorie an, so ist dies im Rahmen der Störungstheorie formal möglich. Man findet, daß das Feldquant des Schwerefeldes den Spin zwei haben muß, man nennt es das Graviton.

Eine störungstheoretische Behandlung der Gravitation erscheint angemessen, denn die Gravitationskonstante ist sehr klein. Es ist die Newtonsche Gravitationskonstante mit dem Wert

$$G_N = 6.7 \cdot 10^{-39} \, \hbar c/(\text{GeV}/c^2)^2 = \hbar c/m_\text{P}^2.$$

Im Gegensatz zu den Eichkopplungen der elektroschwachen und der starken Wechselwirkung ist die Kopplung nicht dimensionslos, sondern in natürlichen Einheiten ($\hbar = c = 1$) mit der Dimension eines inversen Massenquadrats behaftet, m_P ist die Planck-Masse, die uns schon öfters begegnet ist. Dies hat nun zur Konsequenz, daß unter normalen Bedingungen Quantenkorrekturen verschwindend klein sind, da sie den Faktor $E_\text{Skala}^2 \cdot G_N$ enthalten; E_Skala ist die Energie (oder der entsprechende Abstand), welche bei dem berechneten Prozeß relevant ist. Die mit gegenwärtigen Beschleunigern erreichbaren Energien liegen bei etwa 1000 GeV, das heißt die Strahlungskorrekturen sind selbst bei solch extremen Skalen um den Faktor 10^{-32} unterdrückt, also unter heutigen Bedingungen unmeßbar klein. Kurz nach dem Urknall spielten solche Energien aber eine bedeutende Rolle, und so wäre für eine Untersuchung dieser Zeit eine Kenntnis der Quantenkorrekturen nötig.

Quantitativen Rechnungen steht aber ein großes Hindernis entgegen: Die so gewonnene Theorie der Gravitation ist nicht renormierbar. Selbst wenn man die Gravitationskonstante als eine renormierte Kopplung betrachtet, gibt es doch immer wieder neue Beiträge, die unendlich werden und durch neue Bedingungen eliminiert werden müssen. Dies bedeutet, daß die Wechselwirkung der Schwerkraft bei extrem kleinen Abständen modifiziert werden muß. Die Situation weist eine gewisse Ähnlichkeit mit der Fermischen Theorie der schwachen Wechselwirkung auf, die auch nicht renormierbar war und tatsächlich modifiziert werden mußte.

Eine Zeit lang setzte man große Hoffnungen in die Supersymmetrie, da dort die Beiträge von Bosonen – in diesem Falle Gravitonen

– durch solche von Fermionen kompensiert werden. Es ist zwar immer noch nicht bewiesen, daß eine supersymmetrische Gravitationsenergie nicht renormierbar ist, aber die Hoffnungen richten sich zur Zeit eher auf zwei andere Zugänge: Der eine besteht darin, ganz neue, von der Störungstheorie unabhängige Wege der Quantisierung zu finden, der andere ist die Saiten- oder Stringtheorie, die in letzter Zeit auch deswegen besondere Beachtung fand, weil sie interessante mathematische Ergebnisse lieferte.

7.7 Ruhige Saiten

Ich kann hier keine Einführung, geschweige denn eine Übersicht der Stringtheorie geben, ich möchte nur einige Punkte, die die Teilchenphysik berühren, schildern.

Ihre Ursprünge hat die Stringtheorie in der Theorie der starken Wechselwirkung zur Zeit der *nuclear democracy*. Eine der Hauptforderungen dieses Zugangs war, daß das Verhalten der Streuamplituden bei hohen Energien und hohen Impulsüberträgen sich gegenseitig bedingten. 1968 fand Gabriele Veneziano eine einfache mathematische Formel, die dieses Verhalten zeigte: das Veneziano-Modell. In diesem Modell gab es unendlich viele Hadronen und das Verhalten bei hohen Energien war so, wie es in Abschn. 3.4 von der Regge-Theorie gefordert wurde. Das Veneziano-Modell fand begeisterte Resonanz bei den Teilchenphysikern und einer sprach sogar von den Maxwell-Gleichungen der Hochenergiephysik. Allerdings war klar, daß die einfache von Veneziano aufgestellte Formel nur ein erster Anfang sein konnte. Alle Hadronen in diesem Modell konnten nicht zerfallen, und – was noch schlimmer war – die Erhaltung der Wahrscheinlichkeit war nicht garantiert. Bei den Versuchen, diese Fehler zu beheben, stellte sich heraus, daß das Veneziano-Modell eng mit der Theorie der schwingenden Saite zusammenhing. Das traf sich recht gut mit den Ideen über mathematische Quarks, das heißt Quarks die nicht als freie Teilchen produziert werden können. Ein Hadron stellte man sich ganz konkret als eine Saite vor, deren Endpunkte den Quarks entsprachen. Die Endpunkte einer Saite kann man auch nicht isolieren, denn selbst wenn man eine Saite zerschneidet, bekommt man nicht zwei Enden, also zwei Quarks, sondern wieder zwei Saiten mit je zwei Enden, also zwei Hadronen. Die möglichen Schwingungen der Saiten entsprachen in diesem Bild den hadronischen Resonanzen. In Abb. 7.6 sind verschiedene Schwingungszustände in ihrer zeitlichen Entwicklung dargestellt.

Die Auslenkung einer schwingende Saite hängt von zwei Parametern ab, einmal von der Zeit, in Abb. 7.6 die t-Achse, und zum anderen

7.7 Ruhige Saiten

von der Koordinate entlang der Saite, die s-Achse. Schwingende Saiten erfüllen die „zweidimensionale Wellengleichung", die seit dem 18. Jahrhundert eine wichtige Rolle in der Physik spielt. Die allgemeinste Lösungen wurde schon damals von D'Alembert gefunden. Damit ist sie eine der wenigen wichtigen Gleichungen der mathematischen Physik, deren Lösungen vollständig bekannt sind. Diese explizite Kenntnis der allgemeinen Lösungen der schwingenden Saite ist für die mathematische Behandlung ganz entscheidend und spielt bei der quantenmechanischen Behandlung eine wichtige Rolle.

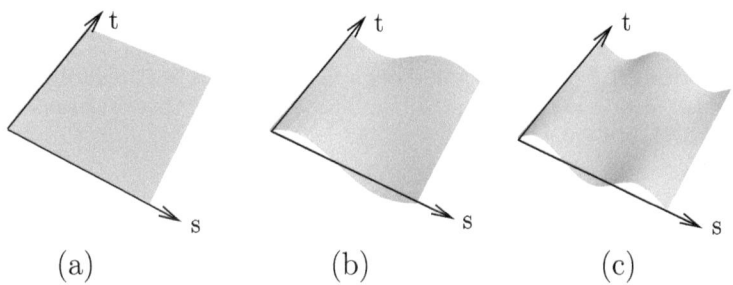

Abbildung 7.6. (a) Ein nicht angeregter String, (b) ein einfach angeregter String und (c) ein doppelt angeregter String. In der „alten" Stringthorie der starken Wechselwirkung war der nicht angeregte Grundzustand das leichteste Hadron einer Serie, die schwingenden Saiten entsprachen hadronischen Resonanzen. In der modernen Stringtheorie hat der nicht angeregte String die Masse Null, der einfach angeregte eine Planck-Masse und der doppelt angeregte zwei Planck-Massen

Die Stringtheorie der Hadronen beschreibt die Wechselwirkung von zwei oder mehreren Hadronen. Die erste Näherung zu dieser Wechselwirkung wird durch die oben erwähnte Formel von Veneziano beschrieben. Diese läßt sich in der Stringtheorie bildlich wie in Abb. 7.7a darstellen. Die beiden Seiten verschmelzen zu einer einzigen und trennen sich dann wieder in zwei. Eine Korrektur zu dieser niedrigsten Näherung ist in Abb. 7.7b gezeigt. Wie bei den Feynman-Diagrammen entsprechen auch hier diesen einfachen Bildchen komplexe mathematische Ausdrücke.

Die resultiernde Mathematik ist sehr interessant, doch die Resultate waren für Physiker, die sich an der Wirklichkeit orientierten, entmutigend. Es gab z. B. in der Theorie Zustände mit negativem Massenquadrat, die sich mit Überlichtgeschwindigkeit bewegten, sogenannte Tachyonen. Sehr bald unterwarf man auch die Saitentheorie der Su-

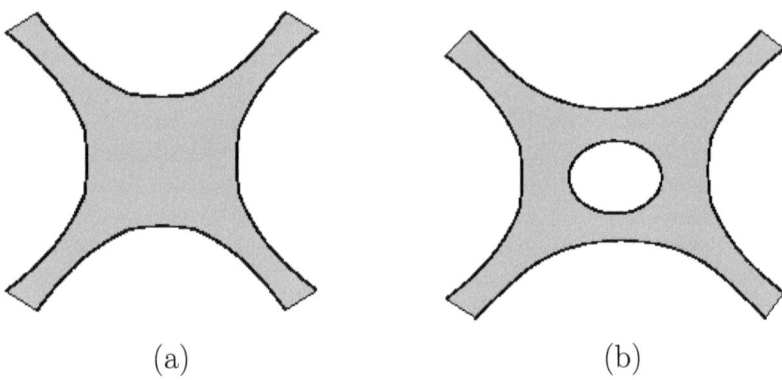

(a)   (b)

Abbildung 7.7. Die Wechselwirkung von zwei Strings beschreibt die Streuung. (**a**) niedrigste Näherung; (**b**) ein Beitrag der einer Quantenkorrektur in der Feldtheorie entspricht

persymmetrie, damit konnte man die Tachyonen zum Verschwinden bringen, aber nun gab es Teilchen mit Spin 1 und 2, die die Masse 0 haben mußten. Das war natürlich sehr unangenehm, da das leichteste beobachtete Hadron mit Spin 1, das *rho*-Meson, keinesfalls masselos ist, und die leichtesten beobachteten Hadronen mit Spin 2, sogenannte Tensormesonen, sind noch schwerer. Auch sonst traten noch einige Ungereimtheiten auf, die ich hier nicht aufzählen möchte. Dies Alles und die Erfolge der QCD führten dazu, daß diese Art der String-Modelle in der starken Wechselwirkung nicht weiter verfolgt wurden. Es gibt zwar Versuche, nichtstörungstheoretische Effekte mit string-artigen Modellen zu beschreiben, doch diese Modelle sind sehr viel erdgebundener als die Theorie, die sich aus dem Veneziano-Modell entwickelte.

Allerdings war das mathematische Spielzeug viel zu interessant, als daß es die mathematischen Physiker ganz aufgegeben hätten. J. Scherk und J.H. Schwarz machten die Theorie 1974 „realistischer", indem sie sie ausweiteten. Sie sollte nicht mehr eine Theorie der Hadronen sein, sondern eine Theorie von Allem (TOE für *Theory of Everything*). Die masselosen Teilchen waren nun höchst erwünscht: Die mit Spin 1 sollten die Eichbosonen des Standardmodells sein, das masselose Teilchen mit Spin 2 das Eichboson der Gravitation. Damit war natürlich ein alter Wunschtraum erfüllt, eine Theorie die mit einem Schlag alle Wechselwirkungen beschreibt. Es traten zwar Anomalien auf, doch diese konnte man beheben, indem man nicht eine Welt mit drei Raum- und einer Zeit-Dimension behandelte, sondern eine Welt mit insgesamt 10 oder 26 Raum-Zeit-Dimensionen. Natürlich müßten die über drei hinausge-

7.7 Ruhige Saiten

henden Raum-Dimensionen kompaktifiziert werden, wie das am Ende von Abschn. 7.2 diskutiert wurde. Die kompaktifizierten Dimensionen machen sich aber immer noch bemerkbar: nämlich als Freiheitsgrade der inneren Symmetrien wie etwa der Farb-$SU(3)$. Eine Zeit lang herrschte eine große Euphorie: man glaubte, daß nur wenige Symmetrien aus einer kompaktifizierten Stringtheorie folgen könnten. Doch diese Hoffnung ist dahingeschwunden; Wie man durch Konstruktion von Beispielen zeigte, ist die Zahl der möglichen Symmetrien und damit der Eichtheorien astronomisch groß.

War bei der Stringtheorie der Hadronen die Spannung der Saite so gewählt, daß die Energie der Anregung die typische hadronische Anregung von einigen hundert MeV war, so ist bei der modernen Stringtheorie die Planck-Masse die Anregungsenergie. Wenn man die Spannung gegen Unendlich streben läßt, so schrumpfen die ausgedehnten Saiten zu punktförmigen Objekten zusammen und wir erhalten das bis jetzt einzige mit der Erfahrung vergleichbare Resultat: Die String-Theorie wird eine Feldtheorie mit lokaler Eichsymmetrie. Im Rahmen der Stringtheorie ist es also kein Zufall, daß alle fundamentalen Wechselwirkungen durch Eichsymmetrien beschrieben werden, wenn auch die Theorie keine Aussage darüber macht, welches die zugrundeliegenden Symmetrien sind. Es gibt noch eine ganze Reihe von interessanten Resultaten, die aber mehr die innere Geschlossenheit der Stringtheorie als die Theorie der Elementarteilchen betreffen.

Scherzhaft sagen einem die Stringtheoretiker, daß ihre Theorie sehr viele im Prinzip experimentell nachprüfbare Aussagen macht. Sie sagt voraus, daß es nicht nur die Teilchen oder Felder des Standardmodells gibt, sondern jedes von ihnen in unendlich vielen Anregungszuständen vorkommt. Alle Teilchen und Felder des Standardmodells entsprechen den Saiten im Grundzustand. Um die höheren Zustände anzuregen, brauchte man schon einen Beschleuniger, der Teilchen auf die Energie der Planck-Masse – also 10^{19} GeV – beschleunigt. Nach dem heutigen Stand der Technik müßte ein solcher Beschleuniger einen Umfang haben, der eine Milliarde mal größer ist als die Länge der Erdbahn um die Sonne, er würde also nicht einmal in unser Sonnensystem passen. Wer also die schwingenden Saiten der Stringtheorie mit einer Harmonie des Universums in Verbindung bringen will, der muß sich im Klaren sein, daß diese Saiten nur sehr kurz nach dem Urknall geklungen haben, sie sind schon lange verstummt.

8 Epilog

In diesem Epilog mache ich einige Bemerkungen zur Stellung der Elementarteilchenphysik im Zusammenhang mit den anderen Naturwissenschaften und der Wissenschaft als Streben nach Erkenntnis überhaupt. Während ich bis hierher versuchte, so objektiv wie nur möglich zu sein und nichts als gesichert darzustellen, was nicht auch noch in hundert Jahren sicher ist, ist dieser Epilog subjektiv.

8.1 Besonderheiten der Elementarteilchenphysik

In diesem Buch habe ich eine historische Darstellung gewählt, weil ich glaube, daß sich auch die neuesten Ergebnisse am einfachsten in einem historischen Kontext darstellen lassen. Ich wollte auch zeigen, daß die Entwicklung der Teilchenphysik kein Sonderweg war, sondern sich recht geradlinig aus der jeweiligen Situation ergab. Selbst Entwicklungen, die aus späterer Sicht letztlich Holzwege waren, haben ihre deutlichen Spuren hinterlassen. Der Einfluß etwa der *nuclear democracy*, d. h. der Annahme daß alle Hadronen gleichwertig sind, und es somit keinen Sinn hat, nach weiteren elementaren Bausteinen zu suchen, wurde letztlich zwar durch die hierarchisch aufgebaute QCD abgelöst, in der die Felder der Quarks ausgezeichnet sind. Dennoch ist geblieben, daß alle frei auftretenden Hadronen gleichwertig sind und die Quarks keine elementaren Bestandteile der Hadronen in dem Sinne sind, wie die Elektronen und Nukleonen Bestandteile des Atoms.

Eine gewisse Sonderrolle nimmt die Teilchenphysik heute deswegen ein, weil in keiner anderen Wissenschaft die einzelnen Experimente so aufwendig sind. Die Geräte, die heute verwendet werden, sind wahrhaft gigantisch, selbst wenn man sie mit den Großgeräten der ersten Hälfte des 20. Jahrhunderts vergleicht. Darauf hatte ich schon in der Einleitung hingewiesen und in Abb. 1.2 augenfällig dargestellt. Das liegt nun keineswegs am Größenwahn der Teilchenphysiker, sondern am Forschungsgebiet. Die Auflösung kleinster Strukturen erfordert höchste Energien, wie insbesondere in Abschn. 5.7 geschildert wurde.

8 Epilog

Der durch die Größe bedingte gewaltige Aufwand für die Experimente hat vor allem zwei Konsequenzen. Einmal sind die Kosten sehr hoch, und zum anderen hat sich scheinbar der Stil der Wissenschaft geändert, da die Zahl der an einem Experiment beteiligten Forscher riesig ist. Ich hatte schon erwähnt, daß die Liste der Autoren, die die Entdeckung des t-Quarks ankündigten, fast ebensoviele Seiten beanspruchte wie der gesamte Artikel von Neddermayer und Anderson über die Entdeckung der Antimaterie.

Beide Punkte wurden und werden viel von Wissenschaftspolitikern und Wissenschaftssoziologen diskutiert. Ich möchte hier einige Bemerkungen aus der Sicht eines Beteiligten machen, wenn ich auch als Theoretiker nicht nicht direkt betroffen bin. Die Experimente und ihre Kosten sind zwar groß, aber die Gemeinschaft der Teilchenphysiker hat daraus sehr vernünftige Konsequenzen gezogen: Fast alle Projekte – selbst die an nationalen Laboratorien – werden heute international getragen. Dies hat nicht nur für die Ausbildung der jungen Wissenschaftler sehr gute Folgen, sondern sorgt auch für eine recht vernünftige internationale Koordination der Aufgaben. Daß sich mit dem Europäischen Zentrum CERN gezeigt hat, daß sogar eine europäische Institution effektiv arbeiten kann, ist ein Ergebnis, das zwar nichts mit der Teilchenphysik zu tun hat, aber dennoch bemerkenswert ist; man könnte es als „politischen *spin-off*" bezeichnen. Die oben erwähnte große Anzahl der an einem Experiment beteiligten Physikerinnen und Physiker bringt es auch mit sich, daß die Kosten etwa für eine Dissertation in der experimentellen Hochenergiephysik nicht wesentlich verschieden von denen einer Dissertation in einem anderen Gebiet der experimentellen Naturwissenschaften sind.

Es ist nicht abzusehen, daß die Kosten für die Teilchenphysik direkt durch praktischen Nutzen zu begründen sind. Es ist vielmehr eine Frage der Kultur, welche finanziellen Ressourcen eine Gesellschaft für die Grundlagenforschung bereitstellt. Ich habe auch deswegen in der Einleitung Wert darauf gelegt, daß es eine Kontinuität bei den Fragestellungen der „Elementarteilchenphysik" in der ganzen abendländischen Geistesgeschichte gibt. Man sollte aber auch bedenken, daß die praktische Anwendung neuer Erkenntnisse immer schwer vorstellbar ist. Schon M. Faraday soll auf die Frage des Premierministers B. Disraeli, wozu Elektrizität nützlich sei, geantwortet haben: „Das weiß ich auch nicht, aber ich bin sicher, daß der Staat einmal dafür einmal Steuern verlangt."

Der indirekte Nutzen auf den Gebieten der Hochtechnologie und der Informationstechnologie ist dagegen leichter sichtbar. Als Beispiel erwähne ich nur das World Wide Web (WWW), das am CERN kon-

8.1 Besonderheiten der Elementarteilchenphysik 253

zipiert und entwickelt wurde. Ursprünglich diente es der Erleichterung der Kommunikation innerhalb der großen Arbeitsgruppen, die an einem Experiment teilnehmen und im allgemeinen über den ganzen Erdball verstreut sind. Als Hochschullehrer kann ich auch feststellen, daß eine Ausbildung in der Teilchenphysik eine offenbar auch außerhalb der Teilchenphysik geschätzte Fähigkeit zur analytischen Lösung von Problemen in verschiedensten Gebieten mit sich bringt. Näher möchte ich allerdings auf diese Fragen nicht eingehen und sie lieber den Spezialisten von den großen Forschungszentren überlassen.

Was die große Anzahl der an einem Experiment Beteiligten betrifft, so ist hier eine vernünftige Aufteilung möglich und eine kleinere Gruppe oder sogar einzelne Personen sind für eine wohl definierte Aufgabe innerhalb eines Großexperimentes verantwortlich. Ein Beispiel ist etwa die Analyse eines bestimmten Erzeugungsprozesses oder die Konstruktion der Cherenkov-Schwellenzähler in einem komplexen Detektor. Da das Ergebnis eines aufwendigen Experiments von sehr vielen solcher Komponenten gleichermaßen abhängt, ist es auch vernünftig, wenn alle Beteiligten an der Veröffentlichung eines Ergebnisses, wie etwa der Entdeckung des t-Quarks, beteiligt sind. Natürlich ist es eine sehr schwere Aufgabe, bei Planung und Durchführung eines solch komplexen Experimentes den gesamten Überblick zu haben und auch zu behalten. Das erklärt, daß etwa die Verleihung der Nobelpreise an Rubbia und van der Meer innerhalb der großen Gruppe der an den Entdeckungen Beteiligten wohl auf keine Kritik stieß.

Ich möchte nicht auf die besondere soziologische Situation in der Gemeinschaft der Elementarteilchenphysiker eingehen. Darüber gibt es spezielle Untersuchungen, die meist zu Ergebnissen kommen, die sich in Alltagssprache so zusammenfassen lassen: Die auf diesem Gebiet arbeitenden Wissenschaftlerinnen und Wissenschaftler sind ganz normale Menschen, mit all den liebenswerten oder auch weniger angenehmen Schwächen, die der Gattung *homo sapiens sapiens* eigen sind.

Eine internes wissenschaftliches Problem ist die Zuverlässigkeit der Experimente. Hier scheint es zunächst problematisch zu sein, daß durch die Größe der Experimente und den dadurch bedingten Aufwand eine direkte unabhängige Überprüfung manchmal nur sehr schwer möglich ist. Dennoch sind mir bis jetzt noch keinerlei Fälschungen von Daten bekannt, und auch offensichtliche Fehler sind sehr selten. Dies ist ein Ergebnis der sehr strengen Kontrolle innerhalb der experimentellen Gruppen. Hier wartet eine große Zahl von Spezialisten, die auf sehr verwandten Gebieten arbeiten, nur darauf, ein Haar in der Suppe, das heißt einen Fehler im Resultat der anderen, zu finden. Kollegen aus der Experimentalphysik berichten, daß in den großen Treffen der Gruppen

8 Epilog

sehr hart diskutiert und Ergebnisse und Methoden auch entsprechend scharf kritisiert werden. Die gruppeninterne Kritik wird noch dadurch gefördert, daß oft mehrere Gruppen mit verschiedenen Nachweismethoden am gleichen Problem arbeiten und dadurch eine Konkurrenzsituation entsteht. Bei Experimentalphysikern gilt ein falsches Meßergebnis als sehr ehrenrührig, viel mehr als bei Theoretikern eine falsche Theorie. Das ist auch gut so, denn der bereits zitierte Ausspruch Bacons, daß Wahrheit eher aus der Unwahrheit als aus der Verwirrung entstehe, gilt nur für theoretische Spekulationen, nicht aber für solide Messungen.

Dennoch sind experimentelle Fehler selbstverständlich nicht ausgeschlossen. Haben sie eine große Tragweite, z. B. wenn sie eine sonst recht gut erfüllte Theorie zu widerlegen scheinen, so werden sie auch meist recht schnell gefunden. Ein Beispiel dafür sind experimentelle Ergebnisse vom Elektronenbeschleuniger CEA in Cambridge, Massachusetts, die 1965 in den *Physical Review Letters* unter dem Titel „Abweichungen von der einfachen Quantenelektrodynamik" veröffentlicht wurden, und die in Widerspruch zu theoretischen Ergebnissen standen. Die Messungen wurden am DESY in Hamburg von S.C.C. Ting und Mitarbeitern wiederholt und führten zu einer 1968 veröffentlichten Arbeit „Gültigkeit der Quantenelektrodynamik bei extrem kleinen Abständen". Die Theorie war Sieger geblieben. Haben fehlerhafte Ergebnisse keinen großen Einfluß auf den sonstigen Verlauf der Wissenschaft, dann ist es durchaus möglich, daß sie etwas länger leben.

In Abb. 8.1 sind zwei Meßergebnisse dargestellt, die sich im Laufe der Zeit über die (einfachen) angegebenen Fehler hinaus geändert haben. Abbildung 8.1a zeigt die Meßergebnisse für die Lebensdauer des Neutrons, Abb. 8.1b die Ergebnisse für die Lebensdauer des K^0_S-Mesons, wie sie von der *Review of Particle Physics* veröffentlicht wurden. Offenbar war man beim Neutron vor 1966 einem systematischen Fehler aufgesessen und hatte beim K^0_S-Zerfall eine Zeit lang die systematischen Fehler unterschätzt. Es besteht auch eine seit 1993 ungeklärte Diskrepanz von über 10 % zwischen zwei Messungen verschiedener Gruppen am selben Beschleuniger für den Wirkungsquerschnitt der Proton-Antiproton-Streuung bei höchsten Energien; mit größter Wahrscheinlichkeit ist sie nicht auf eine statistische Fluktuation, sondern auf einen noch unbekannten Meßfehler zurückzuführen.

Seitdem man quantitative empirische Naturforschung treibt, weiß man, daß man auf „Störeffekte" achten und auf sie korrigieren muß, wie z. B. beim freien Fall auf die Reibung durch die umgebende Luft. Das gilt natürlich auch für die Elementarteilchenphysik. Die Berücksichtigung der Störeffekte und auch die Besonderheiten der Nachweisapparatur werden hier aber oft auf eine ganz spezielle Art berück-

8.1 Besonderheiten der Elementarteilchenphysik

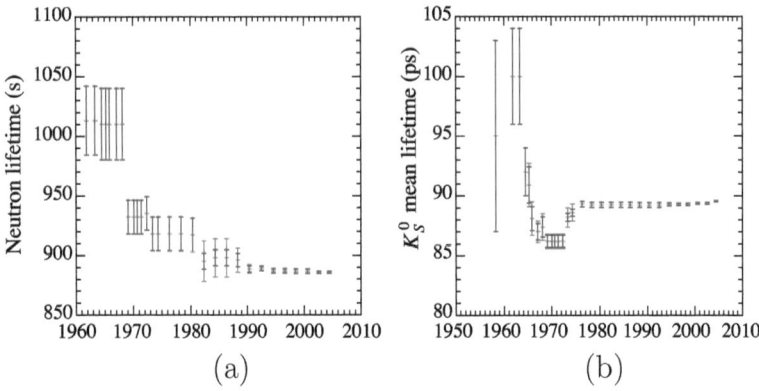

Abbildung 8.1. In der *Review of Particle Physics* veröffentlichte Meßergebnisse (**a**) für die Lebensdauer des Neutrons und (**b**) der kurzlebigen Komponente des K^0-Mesons im Laufe der Zeit

sichtigt, nämlich durch sogenannte „Monte-Carlo-Simulationen". Der Name rührt daher, daß man den Ereignissen gewisse Wahrscheinlichkeiten zuordnet und dann sozusagen Roulette spielt. Daß man nach dem Zufallsprinzip arbeitet, hat zwei Gründe: Einmal ist es selbst bei Prozessen, auf die die Gesetze der klassischen Physik unbedenklich angewandt werden können, oft schwierig oder gar unmöglich, voll deterministisch zu rechnen. Wollte man etwa das Ergebnis eines Wurfs mit einem Würfel nach den Gesetzen der klassischen Mechanik berechnen, so täte man sich sehr schwer. Ist man aber nicht am Ergebnis eines einzelnen Wurfs interessiert, sondern nur an der Verteilung der Ergebnisse bei vielen Würfen, dann genügt eine einfache Überlegung, die die Symmetrie des Würfels berücksichtigt. Sie ergibt, daß die Wahrscheinlichkeit für alle Zahlen gleich groß ist, nämlich ein Sechstel. Damit kann man eine sehr gute Voraussage über das Ergebnis von beispielsweise 10 000 Würfen machen.

Noch entscheidender ist aber, daß die „Störeffekte" meist durch die Quantenmechanik bestimmt sind. Daher ist eine klassische deterministische Beschreibung nicht möglich. Da die Quantenmechanik über Ereignisse Wahrscheinlichkeitsaussagen macht, ist diese Berechnung durch Wahrscheinlichkeiten die einzig mögliche. Daß es überhaupt möglich ist, quantenmechanische Prozesse durch klassische Rechnungen mit vorgegebenen Wahrscheinlichkeiten zu beschreiben, liegt daran, daß man an die generierten Ereignisse nicht die Forderung nach Lokalität stellt.

Man benutzt die durch Monte-Carlo-Programme erzeugten Ereignisse keinesfalls nur, um störende Ereignisse zu berechnen, die man dann von den gemessenen abzieht. Auch für die Analyse der untersuchten Ereignisse selbst sind sie wichtig. So wird z. B. bei manchen Experimenten nur ein kleiner Bruchteil der untersuchten Reaktionen in den Zählern nachgewiesen, man ist aber an der Gesamtzahl der Reaktionen interessiert. Ein notorisches Beispiel dafür ist die Streuung von Photonen an Photonen, die man bei der Elektron-Positron-Streuung untersuchen kann. Hier rekonstruiert man mit Hilfe eines Monte-Carlo-Programms aus der Zahl der gemessenen Ereignisse die Gesamtzahl. Leider hängen die so berechneten „Meßergebnisse" manchmal stark vom benutzten Programm ab. Ein Beispiel ist der Wirkungsquerschnitt für die Photon-Photon-Streuung, wie er in Abb. 8.2 dargestellt ist. Die Meßpunkte mit Fehlern stammen von zwei verschiedenen Gruppen, genannt L3 und OPAL, die beide am großen Elektron-Positron-Beschleuniger LEP am CERN experimentieren. Die in Abb. 8.2 gezeigten Ergebnisse der Gruppe L3, die vollen Quadrate, sind mit zwei verschiedenen Monte-Carlo-Programmen berechnet; sie führen bei hohen Energien zu drastisch verschiedenen Ergebnissen. Die in der Abbildung angegebenen Fehler sind nur die statistischen, für das endgültige Resultat muß natürlich auch diese Unsicherheit bei der Auswertung berücksichtigt werden. Die Photon-Photon-Streuung ist ein extremer Fall, und die starke Abhängigkeit von den gewählten Monte-Carlo-Programmen hängt auch damit zusammen, daß diese nicht für diese spezielle Reaktion geschrieben wurden. Sie zeigt aber dennoch, wie stark die experimentellen Ergebnisse der Teilchenphysik durch theoretische Vorgaben bestimmt sind. Wäre die in Abb. 8.2 eingezeichnete Kurve das Resultat einer in anderen Experimenten sehr gut bestätigten konsistenten Theorie, so würde man hier von guter Übereinstimmung von Theorie und Experiment sprechen und vermutlich das Monte-Carlo-Programm, das zu den höheren Werten führt, nicht mehr für Photon-Photon-Streuung verwenden.

Eine große Rolle spielen die Monte-Carlo-Programme auch bei dem Vergleich experimenteller Ergebnisse mit theoretischen Rechnungen für hadronische Reaktionen. Ich hatte in Abschn. 6.6 darauf hingewiesen, daß gewisse Rechnungen nur für die Quarks, nicht aber für die tatsächlich beobachteten Hadronen durchgeführt werden können. Auch hier wendet man Monte-Carlo-Methoden an, diesmal um die theoretischen Ergebnisse für Quarks in solche für Hadronen umzurechnen. Nur diese können dann mit den Experimenten verglichen werden.

Die Elementarteilchenphysik untersucht Gebiete, die weit von unserer täglichen Erfahrung entfernt sind, das hat auch Konsequenzen für

8.1 Besonderheiten der Elementarteilchenphysik

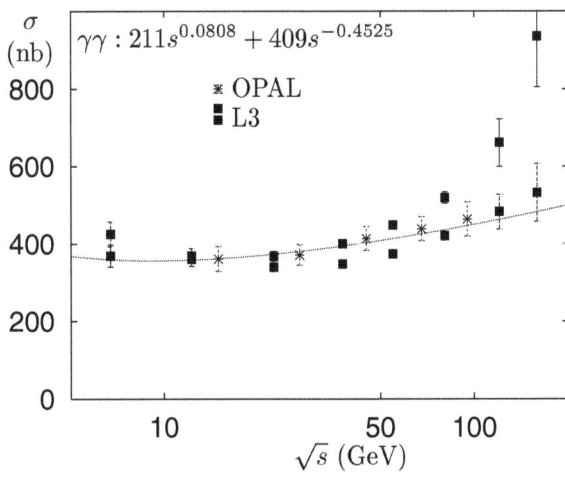

Abbildung 8.2. Der Wirkungsquerschnitt σ für die Streuung von Photonen aneinander als Funktion der Energie $\sqrt{s}$. Die unterschiedlichen Ergebnisse der Gruppe L3, die vollen Quadrate, sind mit zwei verschiedenen Monte-Carlo-Programmen berechnet

ihre Beziehungen zu den anderen Naturwissenschaften. Es ist schwer vorstellbar, daß die Ergebnisse der Teilchenphysik einmal einen direkten Einfluß etwa auf die Biologie oder die Chemie haben könnten. Ihr einziger direkter Kontakt besteht mit der Kosmologie. Hier ist aber der Kontakt so eng, daß die beiden schon fast zu einem Gebiet verschmolzen sind, wie in Abschn. 7.6 geschildert.

Ein anderer enger Zusammenhang hat sich mit der Festkörperphysik ergeben. Dies bezieht sich zwar nicht auf die untersuchten Gegenstände, wohl aber auf die theoretischen Methoden. Konzepte wie spontane Symmetriebrechung und Renormierungsgruppe spielen in beiden Gebieten eine zentrale Rolle und wurden auch in einem Wechselspiel zwischen den beiden Gebieten entwickelt.

Dieser enge Zusammenhang scheint zunächst sehr verwunderlich; er hat seinen Grund in einem besonderen Zugang zur Quantenfeldtheorie, der von Feynman entwickelt wurde. Er hat sich inzwischen – besonders für Eichtheorien – zur Standardmethode entwickelt. Ich kann auf diesen Zugang hier nicht näher eingehen, sondern möchte es nur bei der etwas orakelhaften Bemerkung bewenden lassen, daß die Quantenfeldtheorie formal eine Theorie des Festkörpers in vier Raumdimensionen ist. Allerdings muß man dazu in der Feldtheorie die Zeit imaginär wählen, also in den Formeln die Zeit t durch it ersetzen. Die Rechnungen auf dem Gitter, wie in Abschn. 6.7 beschrieben, sind alle mit einer solchen imaginären Zeit durchgeführt. Die Rolle der imaginären Zeit in der Feldtheorie wird in der Festkörperphysik vom Kehrwert der Temperatur, $1/T$, übernommen.

Anschaulich kann man sich für den Zusammenhang das folgende, etwas schiefe Bild machen: Bei den Quantenkorrekturen spielt die Erzeugung virtueller Teilchen die entscheidende Rolle, jedes Problem der Quantenfeldtheorie ist daher ein Problem, bei dem viele (virtuelle) Teilchen auftreten. Dabei gilt: je kürzer die Zeit, desto mehr virtuelle Teilchen können erzeugt werden, da wegen der Energie-Zeit-Unschärfe die Einschränkungen des Energiesatzes immer schwächer werden. Dieser Erzeugung virtueller Teilchen in der relativistischen Quantenfeldtheorie entspricht in der Festkörperphysik die Anregung der Zustände hoher Energie durch die Temperatur. Auch hier gilt, je höher die Temperatur, desto mehr Zustände werden angeregt, deshalb entspricht die Zeit der *inversen* Temperatur; daß die erzeugten Teilchen in der relativistischen Quantenfeldtheorie virtuell sind, kommt darin zum Ausdruck, daß die Zeit imaginär ist. Auch hier möchte ich betonen, daß diesen vagen Worten sehr wohldefinierte mathematische Begriffe und Operationen zu Grunde liegen.

8.2 „... Philosophie zu Rate ziehn"

Die Frage nach dem philosophischen Erkenntnisgewinn ist schwierig und subjektiv. Die Naturwissenschaften haben in den letzten Jahrhunderten gut daran getan, sich von der Philosophie zu emanzipieren und ihren eigenen Weg zu gehen. S. Weinberg hat in seinem Buch über den Traum von einer endgültigen Theorie sogar einem ganzen Kapitel die Überschrift „Gegen die Philosophie" (*Against Philosophy*) gegeben. Dennoch sollte man auch nicht die Aussage von Hermann Helmholtz vergessen, daß es „immer ein Geschäft der Philosophie bleiben werde, die Quellen unseres Wissens und den Grad seiner Berechtigung zu untersuchen, eine Aufgabe, der sich kein Jahrhundert ungestraft entziehen könne".

In der Tat hat wohl jeder Wissenschaftler seine eigene Philosophie, die mehr oder weniger konsequent befolgt wird – bevorzugt letzteres. Einstein riet ganz offen zu einem erkenntnistheoretischen Opportunismus und der Philosoph Ernst Cassirer stellte fest, daß die wissenschaftliche Handlung vieler Physiker eine eigene innere Stetigkeit und methodische Geschlossenheit aufweist, obwohl die (philosophischen) Urteile über diese Handlungen sich weit voneinander unterscheiden.

8.2 „...Philosophie zu Rate ziehn"

Nach meiner Meinung ist die tragfähigste erkenntnistheoretische Position die einer symbolischen Naturerkenntnis. Dieses Programm der Naturwissenschaften wurde sehr klar von Heinrich Hertz formuliert: „Wir machen uns innere Scheinbilder oder Symbole der äußeren Gegenstände, und zwar machen wir sie von folgender Art, daß die denknotwendigen Folgen der Bilder stets wieder Bilder seien von den naturnotwendigen Folgen der abgebildeten Gegenstände." Ich möchte kurz an einigen Punkten der Teilchenphysik die Nützlichkeit dieses Zugangs schildern.

Gegenwärtig bestimmen die folgenden Prinzipien die Theorie der Elementarteilchen: die Konzepte der Quantenphysik, die Lokalitätsforderung und das Prinzip der Eichinvarianz. Lokalität und Eichsymmetrie haben sich aus der speziellen und allgemeinen Relativitätstheorie entwickelt, die Quantenphysik aus der Atomphysik und der statistischen Mechanik. Wenn wir die Strukturen, die dabei eine Rolle spielen, mit denen vergleichen, die heute in der Teilchenphysik ausgetestet werden, so sind sie so groß wie makroskopische Strukturen im Vergleich zu Atomen. Der Schritt vom t-Quark zum Atom ist zwar nicht ganz so groß wie der Newtons, als er von fallenden Äpfeln auf den Aufbau unseres Planetensystems schloß, aber durchaus vergleichbar.

Unsere Erklärungsschemata der Vorgänge des Mikrokosmos sind bis jetzt noch an keine Grenze gestoßen. Wir haben nicht nur die allgemeinen Prinzipien, sondern auch guten Grund zu glauben, daß wir die konkreten mikroskopischen Gesetze der Wechselwirkungen kennen, die den Aufbau der uns bekannten Materie bestimmen. Diese Wechselwirkungen sind die starke und die schwache Wechselwirkung, die den Aufbau der Atomkerne und damit z. B. die Existenz der chemischen Elemente bestimmt, sowie die elektromagnetische Wechselwirkung, die für die z. B. die chemischen Reaktionen verantwortlich ist. Die Quantenfeldtheorie ist zu einer adäquaten Beschreibung in beiden Fällen unerläßlich. Nur durch sie lassen sich solch elementare Vorgänge wie Emission oder Absorption von Licht durch Atome konsistent beschreiben. Auch das Paulische Ausschließungspinzip, zunächst eine Regel, entpuppt sich als eine Konsequenz der lokalen relativistischen Quantenfeldtheorie.

Die Struktur der drei erwähnten Wechselwirkung weist bemerkenswerte Ähnlichkeiten auf, alle sind einer Eichsymmetrie unterworfen. Es ist sehr gut möglich, daß wir in einigen Jahren sicher wissen, ob sich die drei Wechselwirkungen des Standardmodells auf eine einzige zurückführen lassen. So wie es jetzt aussieht, ist eine supersymmetrische vereinheitlichte Eichsymmetrie der heißeste Kandidat für eine solche Theorie. Das Prinzip der Eichinvarianz geht über das strikte

Lokalitätsprinzip hinaus, da es eine Verknüpfung benachbarter Punkte durch Eichfelder beinhaltet. In einer Eichtheorie auf einem Gitter, wie sie in Abschn. 6.7 kurz besprochen wurde, kommt das darin zum Ausdruck, daß nicht nur den Gitterpunkten selbst, sondern auch den Verbindungen zwischen den Gitterpunkten Felder – nämlich die Eichfelder – zugeordnet sind. Vielleicht sind bei noch kleineren Abständen nicht mehr die lokalen Felder, sondern ausgedehnte Strings die elementaren Objekte der theoretischen Beschreibung, wir werden dann zu einem neuen Satz von Symbolen greifen müssen, ohne daß dadurch die Resultate des Standardmodells ihren Wert verlören.

Während zu Beginn der 90er Jahre des 20. Jahrhunderts eine Euphorie herrschte, man habe bald alle Rätsel der Elementarteilchenphysik gelöst und Weinberg den „Traum einer endgültigen Theorie" träumte, ist man heute bescheidener geworden. Es wurde ein altes Konzept wiederentdeckt und formalisiert, nämlich das der „effektiven Theorie". Bei einer effektiven Theorie sind die Grenzen sozusagen schon eingebaut. Ein sehr gutes Beispiel dafür ist die Fermi-Theorie der schwachen Wechselwirkung. Im Standardmodell wird der Zerfall etwa eines Müons in ein Elektron, ein $m\ddot{u}$-Neutrino und ein Anti-e-Neutrino durch den „Austausch" eines W-Bosons vermittelt, siehe Abb. 8.3a. Die Reichweite der Wechselwirkung ist proportional der inversen Masse des W-Bosons. Die Ortsauflösung ist durch den Impulsübertrag des Müons auf das Elektron und sein Antineutrino gegeben; da das Müon nicht mehr Impuls übertragen kann, als es Ruhenergie hat, ist die Ortsauflösung proportional der inversen Masse des Müons. Das W-Boson ist 762 mal schwerer als das Müon, also ist die Reichweite der Wechselwirkung um diesen Faktor kleiner als die Ortsauflösung, wir können also bei diesem Zerfall mit sehr guter Näherung die Wechselwirkung als punktförmig betrachten. Damit sind wir bei der alten Fermischen Vier-Fermionen-Wechselwirkung angelangt (Abb. 8.3b). Diese ist also eine effektive Theorie für schwache Zerfälle, bei denen der übertragene Impuls klein gegen die Masse der intermediären Bosonen ist. Den Fehler, den wir durch die Vernachlässigung der feineren Struktur der Wechselwirkung machen, ist etwa das Quadrat des Massenverhältnisses, also $1/761^2$, d. h. etwa zwei zehntausendstel Prozent. Sowie wir dagegen Experimente machen, bei denen der Impulsübertrag einige GeV/c wird, oder wenn wir sehr präzise messen können, ist die effektive Theorie nicht mehr ausreichend.

Historisch ist der Verlauf natürlich gerade umgekehrt, man hatte eine sehr erfolgreiche Theorie, die einige theoretische Makel hatte und erst im Nachhinein konnte man sagen, daß die Fermische Theorie die effektive Theorie einer renormierbaren Theorie ist. So mag sich ein-

8.2 „...Philosophie zu Rate ziehn" 261

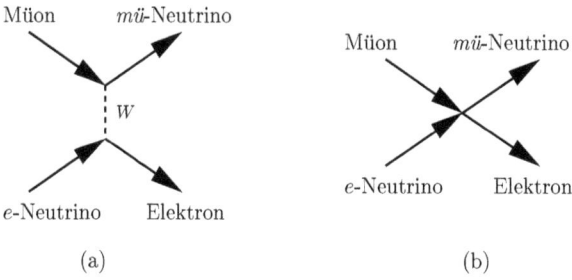

Abbildung 8.3. Graph für den Zerfall des Müons (a) im Standardmodell, (b) in der effektiven Theorie. Die einlaufende e-Neutrino-Linie beschreibt hier ein auslaufendes Anti-e-Neutrino

mal herausstellen, daß das heutige Standardmodell der Teilchenphysik eine effektive Theorie der supersymmetrischen großen vereinheitlichten Theorie ist, oder gar die gesamte Quantenfeldtheorie eine effektive Theorie der Stringtheorie.

Ohne dem großen formalen Aufwand bei der Behandlung effektiver Theorien gerecht zu werden, kann man etwas salopp sagen: Eine effektive Theorie ist eine Theorie, die zumindest in einem begrenzten Bereich quantitative Aussagen macht. Mit anderen Worten, wir haben uns ein Bild gemacht, das die oben erwähnten Anforderungen von Hertz erfüllt.

Ein besonderes Problem der Physik der Elementarteilchen ist die Kluft zwischen den Gegenständen der Experimente: den Teilchen, und denen der theoretischen Interpretation: den quantisierten Feldern. Ich will hier das Problem nicht unnötig ausweiten und mich gleich auf den Boden der Quantenphysik stellen und nicht über den unsäglichen „Welle-Teilchen-Dualismus" reden. Genauso wenig werde ich auf die durchaus ernsten Probleme des Teilchenbegriffs in der allgemeinen Relativitätstheorie eingehen, da der Zusammenhang zwischen Quantenphysik und dieser Theorie sowieso noch unklar ist. Aber schon wenn wir sehr pragmatisch vorgehen, werden wir mit mehreren Problemen konfrontiert.

Beginnen wir mit einer dem Experiment direkt zugänglichen Definition eines Teilchens, die auf E. Wigner zurückgeht. Nach ihr ist ein Teilchen als ein Zustand mit einem festen diskreten Massenwert definiert. Die Masse ist bestimmt durch den Zusammenhang zwischen Energie und Impuls, also meßbaren Größen. Der Massenwert Null ist dabei durchaus zugelassen, er ist sogar besonders natürlich, wie wir in Abschn. 7.2 gesehen haben. Die am längsten bekannten Elementarteilchen wie Elektron, Proton und Photon werden damit adäquat erfaßt. Auch beim Neutron und selbst bei den pi-Mesonen ist die Lebensdauer so lang, daß wir mit gutem Gewissen von einer wohldefinierten Masse sprechen können. Das gilt sogar für das kurzlebige neutrale pi-Meson. Dessen Lebensdauer von etwa 10^{-16} Sekunden führt zu einer Massenunschärfe von weniger als einem Hunderttausendstel Prozent. Allerdings ist der Übergang fließend. Das J/ψ-Meson hat eine Breite, die etwa 0.004 % der Masse ist, beim phi-Meson sind es 0.4 %, beim $omega$-Meson etwa 1 % und beim rho-Meson schon 20 %. Im offiziellen Sprachgebrauch werden all diese Zustände als „Teilchen" bezeichnet, zumindest sind sie in der oft erwähnten *Review of Particle Physics* als „particles" gekennzeichnet.

Glücklicherweise kommt es aber in der Physik gar nicht darauf an, was ein Teilchen „ist", sondern nur darauf, daß wir konsistent die adäquaten Zeichen wählen. Wenn bei einem Aufbau oder der Durchführung eines Experimentes von Teilchen die Rede ist, dann sind es Zustände, die solange leben, daß man aus ihnen Strahlen bauen oder Spuren nachweisen kann, d. h. Teilchen in diesem Zusammenhang müssen eine Lebensdauer von mehr als etwa einer tausendstel Nanosekunde (10^{-12} s) haben. Bei der Analyse kann man schon etwas liberaler sein. Hier spricht man durchaus von der Erzeugung „eines rho-Mesons", wenn man nur Spuren von pi-Mesonen im richtigen Energiebereich nachweist.

In der theoretischen Beschreibung sind die Felder die relevanten Größen. Allerdings ist der Zusammenhang zwischen Teilchen und Feldern nicht einfach und hängt vom gewählten Bild ab. Wenn man sich auf freie Felder beschränkt, d. h. alle Wechselwirkungen vernachlässigt, dann ist der Zusammenhang wohldefiniert. Man konstruiert einen Zustandsraum für die Teilchen, und die Felder sind genau aus denjenigen Operatoren aufgebaut, die Teilchen in diesem Zustandsraum erzeugen und vernichten. Dieser Zusammenhang gilt auch noch in der Störungstheorie, da sie von der freien Theorie ausgeht. So ist z. B. der Zusammenhang zwischen dem Photon und dem Feld geklärt, aber auch der zwischen den intermediären W- und Z-Bosonen, obwohl bei letzteren die Breite mit über 2 GeV schon beinahe 3 % der Masse ausmacht. An einen direkten Nachweis der Teilchen ist überhaupt nicht zu denken, denn die aus der Breite berechnete Lebensdauer beträgt nur etwa 10^{-24} Sekunden. Für die Theorie ist es aber nicht entscheidend, wie lange ein Teilchen lebt, sondern nur, ob es Sinn macht, im Sinne einer Störungstheorie von freien Teilchen auszugehen. Dies ist bei der elektromagnetischen und der schwachen Wechselwirkung der Fall. Die Aussage, daß es im Rahmen der Quantenfeldtheorie ein fundamentales Feld gibt, dessen Feldquanten sich als W-Bosonen mit gewissen vorher-

8.2 „...Philosophie zu Rate ziehn"

sagbaren Eigenschaften bemerkbar machen, ist nicht nur schärfer als die Aussage „Es gibt W-Bosonen", sondern auch folgenreicher. Das Quantenfeld macht sich nicht nur durch die recht scharfe Energieverteilung der „Zerfallsprodukte" bemerkbar, sondern auch durch die Quantenkorrekturen, die es verursacht.

Die Lage bei den Hadronen ist komplexer. Das Proton ist zwar ein untadeliges Teilchen, aber es entspricht ihm kein fundamentales Quantenfeld. Seit etwa 1975 wissen wir – oder vorsichtiger ausgedrückt, sind wir aus guten Gründen davon überzeugt – daß die Hadronen aus Quarks „zusammengesetzt" sind. In eine etwas präzisere Sprache übersetzt: Die Felder für Hadronen können aus den fundamentalen Quarkfeldern konstruiert werden. Für diese Überzeugung gibt es mehrere Gründe: Wir können aus dieser Hypothese unter bestimmten experimentellen Bedingungen mit Hilfe der Störungstheorie quantitative und nachprüfbare Folgerungen ziehen, z.B. bei der tief inelastischen Streuung. Da aber Gluon- und Geisterfelder in der relativistisch invarianten Störungstheorie genauso vorkommen wie Quarkfelder, müssen wir ihnen danach genausoviel – oder genausowenig – „Realität" zuschreiben wie den Quarks. Glücklicherweise sind wir nicht allein auf die Störungstheorie angewiesen. Wir können z.B. mit Hilfe der Eichtheorie auf dem Gitter Massen und andere Eigenschaften von Hadronen im Rahmen der QCD berechnen.

Damit sind wir gut vorbereitet auf die Frage: Existieren Quarks? Die Schwierigkeit bei der Frage liegt beim Begriff der Existenz und nicht bei den Quarks. Sicher ist, daß Quarks als isolierte Teilchen nicht nachgewiesen wurden, wie beispielsweise Protonen und Elektronen. Wenn wir also irgendeine der oben angeführten Definitionen für ein Teilchen zugrunde legen, dann müssen wir sagen: Quarks als Teilchen sind zumindest bis jetzt noch nicht nachgewiesen. Dies ist kein Minuspunkt für das Standardmodell, denn danach erwartet man überhaupt nicht die Existenz freier Quarks. Quark-*Felder* hin wiederum spielen eine entscheidende Rolle im Standardmodell. Wenn wir das Auftreten von Quark-Feldern in einer recht geschlossenen Theorie, die in vielen Punkten mit der Erfahrung übereinstimmt, als Existenzbeweis bewerten, dann ist die Frage nach der Existenz zu bejahen. Da diese Definition der Existenz aber an eine Theorie gekoppelt ist, scheint mir die Charakterisierung Gell-Manns, der Quarks als „mathematische Objekte" einführte, durchaus angemessen. In der oben angeführten symbolischen Naturbeschreibung ist die Frage leicht zu beantworten: Quarks sind wesentliche Symbole in der Beschreibung subnuklearer Phänomene, die zumindest nach gegenwärtigem Stand unserer Kenntnis unersetzlich sind.

A Anhänge

A.1 Physikalische Einheiten

Alle physikalischen Größen lassen sich in Einheiten von Länge, Zeit und Masse ausdrücken. Gesetzliche Einheiten dafür sind Meter [m], Sekunde [s] und Kilogramm [kg]. Die vierte gesetzliche Einheit für die elektrische Stromstärke, das Ampère, wird über Kräfte gemessen und läßt sich somit auch durch Länge, Zeit und Masse ausdrücken.

Die gesetzlichen Einheiten sind durch Konvention festgelegt, daneben gibt es aber auch noch natürliche Einheiten. Max Planck hatte sich das schon 1899 überlegt und sie auf die fundamentalen Naturkonstanten zurückgeführt. Als natürliche Einheit für Geschwindigkeiten bietet sich die Geschwindigkeit des Lichtes im Vakuum an, als natürliche Einheit für die Wirkung, und damit auch für den Drehimpuls, das Plancksche Wirkumsquantum $\hbar$. Für die Masse können wir ebenfalls eine natürliche Einheit aus der Newtonschen Gravitationskonstanten G_N herleiten, die sogenannte Planck-Masse m_P. Die Werte für die Konstanten c, $\hbar$ und G_N sowie die natürlichen Einheiten für Länge, Zeit und Masse sind in Tabelle A.1 angegeben.

In der Elementarteilchenphysik benutzt man zwar die natürlichen Einheiten $\hbar$ und c, aber im allgemeinen nicht die Planck-Masse. Stattdessen benutzt man als Einheit das Elektronenvolt, abgekürzt „eV". Es ist die Energie, die ein Elektron gewinnt, wenn es durch eine Spannung von einem Volt beschleunigt wird. Praktisch gebraucht wird das MeV, eine Million eV und das GeV, das sind eine Milliarde eV oder tausend MeV. Wegen der Beziehung zwischen Masse und Energie, $E = mc^2$ ist es sinnvoll, die Masse in den Einheiten GeV/c^2 anzugeben. Für Wirkung und Drehimpuls benützt man die natürliche Einheit, das Plancksche Wirkungsquantum $\hbar$.

Die Längeneinheit ist in natürlichen Einheiten mit der Energieeinheit festgelegt, aber dennoch benutzt man in der Teilchenphysik hierfür eine metrische Einheit, das Femtometer. Ein Femtometer ist ein Millionstel Nanometer, das sind 10^{-15} Meter (von dänisch *femto* fünfzehn;

man hat hier eine dänische Bezeichnung gewählt weil diese Längeneinheit ursprünglich „Fermi" genannt wurde, abgekürzt „fm" und das kann auch eine Abkürzung für Femtometer sein). Man kann die Einheit fm in die Einheit GeV mit Hilfe der Beziehung $1\,\text{GeV} \cdot 1\,\text{fm} = 5.08\,\hbar \cdot c$ umrechnen. Ist schon die Benutzung einer getrennten Längen und Energieeinheit in einem natürlichen System nicht ganz vernünftig, so zeigt sich die offenbar jeder Zunft eigene Irrationalität noch stärker darin, daß es in der Teilchenphysik auch noch eine eigene Flächeneinheit gibt. Diese ist das *barn*, was „Scheunentor" entspricht. Ein barn ist zwar nicht so groß wie ein Scheunentor, sondern die Fläche von 10 fm mal 10 fm.

Ladungen werden in Elementarladungen e angegeben, d.h. in Einheiten der Ladung des Protons.

Tabelle A.1. Gerundete Zahlenwerte und Umrechnungsfaktoren für einige wichtige Naturkonstanten und Einheiten

	Symbol	Wert in Einheiten		
		natürliche	gesetzl.	Teilchenphys.
Lichtgeschw. im Vakuum	c	1	$3 \cdot 10^8$ m/s	
Plancksches Wirkungsqu.	$\hbar$	1	10^{-34} kg·m²/s	$6.6 \cdot 10^{-25}$ GeV·s
Newtonsche Gravitationskonst.	G_N	1	$6.7 \cdot 10^{-11}$ m³/(kg·s²)	
Planck-Masse	m_P	$\sqrt{\hbar \cdot c / G_N}$	$2.2 \cdot 10^{-8}$ kg	$1.2 \cdot 10^{19}$ GeV/c^2
Elementarlad.	e	$\sqrt{4\pi \cdot \hbar \cdot c / 137}$	$1.6 \cdot 10^{-19}$ A·s	
Gigaelektronenvolt	GeV	$8 \cdot 10^{-20}$ $m_P \cdot c^2$	$1.6 \cdot 10^{-10}$ kg·m²/s²	5 $\hbar \cdot c/\text{fm}$
Masseneinheit	GeV/c^2	$8 \cdot 10^{-20}$ m_P	$1.8 \cdot 10^{-27}$ kg	5 $\hbar/(\text{fm}\cdot c)$
Femtometer	fm	$6.6 \cdot 10^{19}$ $\hbar/(m_P \cdot c)$	10^{-15} m	5 $\hbar \cdot c/\text{GeV}$

A.1 Physikalische Einheiten

Nicht sehr tiefsinnig, aber ganz nützlich, ist die Tabelle A.2, die die Vorsilben und Faktoren von Einheiten beschreibt:

Tabelle A.2. Vorsilben und Faktoren von Einheiten

Zahl	exponential Schreibweise	Vor-silbe	Abkürzung	amerikanische Zahl
Billion	10^{12}	Tera-	T	trillion
Milliarde	10^{9}	Giga-	G	billion(!)
Million	10^{6}	Mega-	M	
Tausend	10^{3}	Kilo-	k	
Tausendstel	10^{-3}	milli-	m	
Millionstel	10^{-6}	mikro-	µ	
Milliardstel	10^{-9}	nano-	n	
Billionstel	10^{-12}	pico-	p	
Billiardstel	10^{-15}	femto	f	

A.2 Glossar

Die Hinweise beziehen sich auf die Stellen im Buch, wo die betreffenden Ausdrücke eingeführt oder ausführlich erläutert wurden.

A

Abelsche Gruppe Bei einer Abelschen *Gruppe* von Transformationen hängt das Resultat zweier hintereinander ausgeführter Transformationen nicht von der Reihenfolge ab. Die Drehungen in der Ebene bilden eine Abelsche Gruppe, die Drehungen im Raum sind **nicht-Abelsch** (nach dem Mathematiker N.H. Abel) .... Abschn. 1.5.1

alpha-Teilchen Der Atomkern des Heliums, bestehend aus zwei *Protonen* und zwei *Neutronen*. Beim radioaktiven *alpha*-Zerfall sendet der zerfallende Atomkern spontan ein *alpha*-Teilchen aus .Abschn. 1.2

Anomalie Eine *Quantenkorrektur*, die eine *Symmetrie* verletzt. (von griech. *anomos* gesetzwidrig) .... Abschn. 5.5

Antiteilchen Zu jedem Teilchen gibt es nach der Quantenfeldtheorie ein Antiteilchen, das die gleiche Masse und den gleichen *Spin* hat, aber entgegengesetzte Ladung und *Baryonen*- oder *Leptonenzahl*. Antiteilchen werden durch die Vorsilbe „Anti" gekennzeichnet, z. B. Antiproton, Anti-K-Meson, das Antiteilchen des *Elektrons* wird *Positron* genannt. **Antimaterie** besteht aus Antiteilchen .... Abschn. 1.4.2

Atom Seit der Antike Bezeichnung für die letzten, untrennbaren Bestandteile der Materie. Nach heutigem Sprachgebrauch sind die Atome die Bausteine der chemischen Elemente. Atome bestehen aus einem **Atomkern** und der **Atomhülle** aus Elektronen. Der Kern, in dem fast die gesamte Masse des Atoms konzentriert ist, besteht beim Wasserstoffatom aus einem positiv geladenen *Proton*, bei allen anderen Elementen aus Protonen und elektrisch neutralen *Neutronen* (von griech. *atomos* unzerschneidbar) .... Abschn. 1.2

Ausschließungsprinzip, Paulisches Besagt, daß bei einem Zustand zweier gleicher Fermionen diese verschiedene *Quantenzahlen* haben müssen. Es ist eine Konsequenz des Theorems über *Spin und Statistik* .... Abschn. 1.2, 2.4

Axialer Vektor Auch **Pseudovektor** genannt, verhält sich unter Drehungen wie ein „normaler" Vektor, ändert aber bei *Raumspiegelungen* sein Vorzeichen nicht .... Abschn. 1.5.4

B

Baryonenzahl Eine Eigenschaft der Elementarteilchen, die eingeführt wurde, um die Stabilität der Protonen zu erklären. *Stark wechselwirkende* Teilchen mit Baryonenzahl $B = 1$ heißen **Baryonen**, mit $B = -1$ **Antibaryonen** (von griech. *barys* schwer) .... Abschn. 1.5.4

beta-Zerfall *Radioaktiver* Zerfall eines *Atomkerns* unter Aussendung eines *Elektrons* und eines *Antineutrinos* .... Abschn. 1.2

BNL Beschleunigerzentrum bei Brookhaven auf Long Island, USA (von *Brookhaven National Laboratory*) .... Abschn. 2.6

Bose-Einstein-Statistik Ein Zustand folgt dieser Statistik, wenn er bei Vertauschung zweier seiner Komponenten unverändert bleibt. Die dieser Statistik folgenden Zustände unterliegen daher nicht dem *Paulischen Ausschließungsprinzip* (nach S.N. Bose und A. Einstein) Abschn. 2.4

Boson Teilchen mit ganzzahligem *Spin*. Bosonen folgen der *Bose-Einstein Statistik* und unterliegen nicht dem *Paulischen Ausschließungsprinzip* .... Abschn. 2.4

C

CERN Europäisches Beschleunigerzentrum bei Genf (von frz. *Centre Européen de la Recherche Nucléaire* Europäisches Kernforschungszentrum) .... Abschn. 2.6

Charm Eine Eigenschaft von *Quarks* bzw. *Hadronen*, die bei starken und elektromagnetischen *Wechselwirkungen* erhalten ist; sie ist wie *Seltsamkeit*, *beauty* und *topness* eine spezielle *Flavour* (engl. *charm* Zauberspruch) .... Abschn. 6.3.1

Chirale Symmetrie Bei chiraler Symmetrie transformieren sich *rechts-* und *linkshändige* Teilchen getrennt voneinander. Chirale Symmetrie hat masselose Teilchen zur Folge (von griech. *cheir* Hand) Abschn. 2.8.1, 7.2

Chiralität Händigkeit, ein Teilchen heißt „rechtshändig", wenn Spin und Bewegung in die gleiche Richtung zeigen, es heißt „linkshändig", wenn Spin und Bewegung in die entgegengesetzte Richtung zeigen Abschn. 2.8.1

Confinement Die permanente Einschließung der *Quarks* in *Hadronen*. Es besagt, daß Quarks als isolierte Teilchen nicht auftreten können (von engl. *confinement* Gefangenschaft, Gefesseltsein) Abschn. 6.5

D

Darstellung einer Gruppe Algebraische Darstellung einer abstrakt oder geometrisch definierten *Gruppe* durch *Matrizen*. Die Darstellungen der Drehgruppe sind 3 × 3- Matrizen mit bestimmten Eigenschaften .... Abschn. 1.5.1

DESY Deutsches Elektronen Synchtrotron, Beschleunigerzentrum in Hamburg .... Abschn. 1.1

Dirac-Gleichung Relativistische Wellengleichung für *Spin-$\frac{1}{2}$-Teilchen* (nach P.A.M. Dirac) .... Abschn. 1.4.1

E

Eichsymmetrie Klasse von *Symmetrien*, bei denen die *Symmetrietransformationen* an jedem Raum- und Zeitpunkt verschieden sein können. **Eichfelder** sind die bei Eichsymmetrien notwendigerweise auftretenden Felder, **Eichbosonen** deren *Feldquanten*. . Abschn. 5.1, 5.2

Elektron Elektrisch negativ geladenes Teilchen, das Bestandteil der Elektronenhülle eines *Atoms* ist. Ein Elektron hat die *Leptonenzahl* 1 und die *Baryonenzahl* 0 (von griech. *elektron* Bernstein) Abschn. 1.2, Tabelle 6.1

Elektronenvolt Energieeinheit, abgekürzt mit eV, bzw. den Vielfachen MeV = 1 000 000 eV und GeV= 1000 MeV; ein Elektronenvolt ist die Energie, die ein Elektron gewinnt, wenn es eine Spannung von einem Volt durchläuft..................... Abschn. 1.1, Tabelle A.1

Elementarladung Ladung des *Protons* Abschn. 1.1, Tabelle A.1

Erhaltungssatz Gesetz, das besagt daß sich eine Größe – z. B. die Energie – bei keiner Reaktion ändert, also erhalten bleibt. Manche Größen sind nur bei bestimmten Wechselwirkungen erhalten, bei anderen nicht. Die *Parität* z. B. (das Verhalten bei *Raumspiegelungen*) ist nur bei der *starken* und der *elektromagnetischen*, nicht aber bei der *schwachen Wechselwirkung* erhalten.

Erzeugende Transformationen, aus denen sich alle anderen Transformationen einer *Gruppe* erzeugen lassen .... Abschn. 1.5.1

Erzeugungsoperator Operator, der einen Zustand erzeugt. Ein Feldoperator ist aus Erzeugungs- und *Vernichtungs*operatoren aufgebaut .... Abschn. 1.4.2

F

Familie Zwei *Quarks* von verschiedenem *Flavour* und zwei *Leptonen* verschiedener Ladung bilden eine Familie. *Elektron, e-Neutrino, u-* und *d-Quark* bilden z. B. eine Familie. ... Abschn. 6.3.1, Tabelle 6.1

Farbe Innere *Quantenzahl* aller *Quarks*, engl. *colour*. Die **Farb-**$SU(3)$ ist die *Eichsymmetrie* der Farb-Quantenzahl. ..... Abschn. 4.4

Feld Zuordnung von Raum- und Zeitpunkten an physikalische Eigenschaften .... Abschn. 1.4.1

Feldquant Ein Teilchen, das einem *Quantenfeld* zugeordnet ist. Das *Photon* z. B. ist das Feldquant des elektromagnetischen Feldes .... Abschn. 1.4.2

Fermi-Dirac-Statistik Ein Zustand folgt dieser Statistik, wenn er bei Vertauschung zweier seiner Komponenten sein Vorzeichen ändert. Die dieser Statistik folgenden Zustände unterliegen daher dem *Paulischen Ausschließungsprinzip* (nach E. Fermi und P.A.M. Dirac) Abschn. 2.4

Fermion Teilchen mit halbzahligem *Spin*. Fermionen folgen der *Fermi-Dirac Statistik* und unterliegen dem *Paulischen Ausschließungsprinzip* .... Abschn. 1.2, 2.4

Fermi-Lab Beschleunigerzentrum bei Chicago, USA (nach E. Fermi).

Feynman-Graph Graphische Darstellung von *Wahrscheinlichkeitsamplituden* für Reaktionen in der *Quantenfeldtheorie* (nach R. Feynman) .... Abschn. 1.4.2

Flavour Quantenzahl, die die sechs *Quarks* unterscheidet. **Flavour-**$SU(3)$ ist die gebrochene Symmetrie, die dadurch zustande kommt, daß die Massen der drei leichten Quarks (u, d, s) ungefähr gleich sind; ursprünglich „achtfacher Weg"(*eightfold way*) genannt (engl. *flavour* Geschmack) .... Abschn. 4.2

G

Gluon Das *Feldquant* der Eichfelder der *Quantenchromodynamik*. Es hat den Spin 1 und kann wie die *Quarks* nicht aus den Hadronen isoliert werden (von engl. *glue* Leim) .... Abschn. 6.4, Tabelle 6.2

Goldstone-Bosonen Die bei der *spontanen Summetriebrechung* auftretenden masselosen Bosonen (nach J. Goldstone) ..... Abschn. 5.3

272   A Anhänge

Gruppe   Menge von mathematischen Objekten mit bestimmten Eigenschaften .... Abschn. 1.5.1

H

Hadron   Zusammenfassender Name für *stark wechselwirkende* Teilchen (von griech. *hadros* hart). .... Abschn. 3.3, Tabelle 6.4

Higgs-Boson   *Boson*, das bei der *spontanen Symmetriebrechung* auftritt (nach P.W. Higgs) .... Abschn. 5.4

Hyperladung Y, bei stark wechselwirkenden Teilchen die Summe von *Baryonenzahl* und *Seltsamkeit*. *Linkshändige Leptonen* haben die schwache Hyperladung $Y = -1$, *rechtshändige* $Y = -2$ (von griech. *hyper* über) .... Abschn. 2.2

Hyperon   *Baryonen*, die schwerer als *Nukleonen* sind Abschn. 2.2, Tabelle 6.4

I

Impuls   Einen Bewegungszustand charakterisierende gerichtete Meßgröße. Die Richtung des Impulses eines Teilchens ist gegeben durch die Richtung der Geschwindigkeit. Der Betrag des Impulses eines Teilchens mit der Masse m und der Geschwindigkeit v ist gegeben durch $p = m \cdot v / \sqrt{1 - v^2/c^2}$; der Zusammenhang mit der Gesamtenergie E (einschließlich Ruheenergie $m \cdot c^2$) ist gegeben durch $E = \sqrt{m^2 \cdot c^4 + c^2 \cdot p^2}$. Der Gesamtimpuls eines Systems ist eine erhaltene Größe .... Abschn. 1.4.1

Intermediäre Bosonen   Eichbosonen der *schwachen Wechselwirkung*. Sie haben *Spin 1*, die geladenen intermediären Bosonen heißen $W^\pm$-Bosonen, das neutrale Z-Boson.......... Abschn. 6.1, Tabelle 6.2

Ion   Elektrisch geladenes Atom oder Molekül .... Abschn. 1.3

Isospin   Innere *Symmetrie* der Elementarteilchen. Abschn. 1.5.3

K

Klassische Physik   Die Physik, die vor etwa 1900 als allgemein gültig angenommen wurde und bei der Quanteneffekte nicht berücksichtigt werden.

komplexe Zahlen   Verallgemeinerte Zahlen, die aus einem Realteil – also einer „gewöhnlichen" reellen Zahl – und der „imaginären"

Einheit i zusammengesetzt sind. Die imaginäre Einheit i ist als Wurzel aus -1 definiert, also $i \cdot i = -1$. Jede komplexe Zahl läßt sich durch zwei reelle Zahlen a und b darstellen, nämlich $a+b\cdot i$. Eine andere wichtige Darstellung ist die durch einen positiven Betrag und eine Phase, einen Winkel zwischen 0 und 360 Grad. Der Zusammenhang in der sogenannten Gaußschen Zahlenebene ist in Abbildung A.1 gegeben.

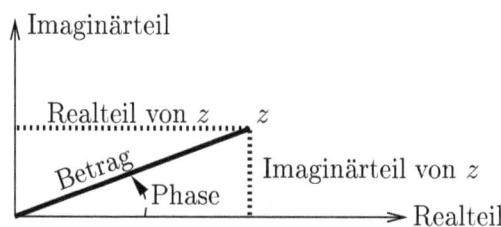

Abbildung A.1. Darstellung einer komplexen Zahl in der Gaußschen Zahlenebene

Bei der **komplexen Adjunktion**, gekennzeichnet durch *, ändert der Imaginärteil einer komplexen Zahl sein Vorzeichen, $(a + ib)^* = a - ib$.

Kosmische Strahlung Aus dem Weltraum kommende, teilweise sehr hochenergetische Teilchen, hauptsächlich *Protonen* und *alpha-Teilchen* (Primärkomponente). Sie erzeugen in der Atmosphäre sekundäre Teilchen, wie *pi-Mesonen* (auch Höhenstrahlung genannt) Abschn. 1.6

L

Ladungskonjugation Eine Operation, bei der alle Teilchen in ihre *Antiteilchen* übergehen. Neutrale Zustände haben eine **innere Ladungsparität** .... Abschn. 1.5.4

Lepton Zusammenfassender Name für *schwach wechselwirkende* Teilchen mit *Spin* $\frac{1}{2}$ (von griech. *leptos* zart) .. Abschn. 2.1, Tabelle 6.1

Lokalität Forderung, daß sich keine Wirkung schneller ausbreiten kann als mit Lichtgeschwindigkeit .... Abschn. 1.4.1

M

Magnetisches Moment Viele Elementarteilchen sind magnetische Dipole und haben deshalb ein Magnetisches Moment Abschn. 1.2

274 A Anhänge

Matrix   Mathematische Größen, z. B. *komplexe Zahlen*, die in einem rechteckigen Schema angeordnet sind. Für das Rechnen mit Matrizen gibt es feste Regeln (von lat. *mater* Mutter) .... Abschn. 1.5.1

Meson   *Hadron* mit *Baryonenzahl* Null. Früher wurde auch das *Lepton* Müon als *mü-Meson* bezeichnet (von griech. *meson* das Mittlere) Abschn. 1.4.2

Mesotron   Ursprünglicher Name für Teilchen, die schwerer als Elektronen und leichter als Nukleonen sind .... Abschn. 1.5.3

Müon   Geladenes *Lepton* wie das *Elektron*, aber schwerer. Abschn. 2.1 Tabelle 6.1

N

Neutrale Ströme   Terme in der *schwachen Wechselwirkung*, bei denen sich die Ladung der *Fermionen* nicht ändert; bei ihnen wird das neutrale *intermediäre Boson* Z^0 ausgetauscht .... Abschn. 5.4, 6.3

Neutrino   Neutrales Teilchen, das zusammen mit den geladenen *Leptonen* bei der *schwachen Wechselwirkung* auftritt (von ital. und lat. kleines Neutron) .... Abschn. 14, Tabelle 6.1

Neutron   Elektrisch neutrales Teilchen, Bestandteil der *Atomkerne* (von lat. *neuter* keiner von beiden) .... Abschn. 1.2

Nukleon   Zusammenfassender Name für die Kernbausteine *Proton* und *Neutron*; verallgemeinert auf *Baryonen* mit *Seltsamkeit* 0 und *Isospin* $\frac{1}{2}$ (von lat. *nucleus* Kern) .... Abschn. 1.5.3

P

Parität   Verhalten eines Zustands bei *Raumspiegelung*, die auch **Paritätstransformation** genannt wird. Die Parität eines Zustands ist $+1$, wenn er sich bei Raumspiegelungen nicht ändert, -1 wenn er sein Vorzeichen ändert. Die innere Parität eines Teilchens ist bestimmt durch das Verhalten des *Quantenfeldes* unter Raumspiegelungen. Die Gesamtparität ist das Produkt der Einzelparitäten der Bestandteile (von lat. *paritas* Gleichheit) .... Abschn. 1.5.4

Parton   Die Bestandtei der *Hadronen* in einem von R. Feynman entwickelten Modell für die Streuung (von lat. *pars* Teil) .. Abschn. 5.8

Phasenfaktor   *Komplexe Zahl* vom Betrag 1.

A.2 Glossar

Photon Das *Feldquant* des elektromagnetischen Feldes, auch *gamma*-Quant genannt, *Eichboson* der elektromagnetischen *Wechselwirkung* (von griech. *phōs*, Licht) .... Abschn. 1.2, Tabelle 6.2

Plancksches Wirkungsquantum Fundamentale Naturkonstante, die immer bei Prozessen auftritt, bei denen sich Quanteneffekte bemerkbar machen. Symbol h, $\hbar = h/(2\pi)$ Abschn.1.1

Proton Elektrisch positiv geladenes Teilchen, das Bestandteil des Atomkerns ist (von griech. *proton* das Erste) .... Abschn. 1.2

Q

QCD Abkürzung für *Quantenchromodynamik*

QED Abkürzung für *Quantenelektrodynamik*

Quantenchromodynamik Die Quantentheorie der *„farbigen"* *Quarks* und *Gluonen*, abgekürzt QCD (von griech. *chrōma*, Farbe und griech. *dynamis*, Kraft) .... Abschn. 6.4

Quantenelektrodynamik Die Quantentheorie der Elektrodynamik. angekürzt QED .... Abschn. 1.4.2, 2.4

Quantenfeldtheorie Unterwirft man eine klassische *Feldtheorie* den Bedingungen der Quantenphysik so erhält man eine Quantenfeldtheorie. In der kanonischen Quantisierung werden die Feldgrößen durch Operatoren ersetzt, also Gebilde die selbst keine Meßgrößen sind, sondern auf Zustände wirken und damit die Meßgrößen bestimmen Abschn. 1.4, 2.4

Quantenkorrekturen Die typischen Effekte der Quantenfeldtheorie, wie sie durch die Erzeugung und Vernichtung virtueller Teilchen hervorgerufen werden Abschn.1.4, 2.4

Quantenzahl Eigenschaften von Zuständen, insbesondere von Teilchen, die diskrete Werte annehmen, wie z. B. *Spin, innere Parität*.

Quark Elementare Bestandteile der *Hadronen*. Quarks haben den *Spin* $\frac{1}{2}$, sie wechselwirken mit den *Gluonen* und können wie diese nicht aus den Hadronen isoliert werden .... Abschn. 4.3, Tabelle 6.1

R

Radioaktiver Zerfall Zerfall einiger natürlich vorkommender und fast aller künstlich erzeugten Elemente. Man unterscheidet drei Arten von radioaktivem Zerfall, je nach den Teilchen die vom Kern

ausgesandt werden:
Beim *alpha*-Zerfall sind es Kerne des Helium-Atoms, genannt auch *alpha-Teilchen*. Beim *beta*-Zerfall wird ein *Elektron* und ein *Anitneutrino* oder ein *Positron* und ein *Neutrino* ausgesandt, beim *gamma*-Zerfall ein *Photon*, auch *gamma*-Quant genannt .... Abschn. 1.2

Raumspiegelung   Spiegelung des Raumes an einem Punkt. Bei der Spiegelung am Ursprung drehen die kartesischen Koordinaten ihr Vorzeichen um .... Abschn. 1.5.4

Relativitätstheorie, spezielle   Die von Albert Einstein 1905 geschaffene Theorie, bei der Raum- und Zeitkoordinaten so transformiert werden, daß die Gesetze der Elektrodynamik für alle Beobachter gleich sind. Insbesondere hat die Geschwindigkeit des Lichtes im Vakuum für alle Beobachter den gleichen Wert. Dies hat auch Auswirkungen auf die Mechanik, insbesondere auf den Zusammenhang zwischen Energie und *Impuls*. Die Newtonsche Mechanik ist ein Grenzfall der speziell relativistischen Mechanik. Sie gilt für Geschwindigkeiten, die klein gegen die Lichtgeschwindigkeit sind. Die relativistische Quantenfeldtheorie ist die Quantentheorie der Felder, die die Transformationen der speziellen Relativitätstheorie respektiert. Die **allgemeine Relativitätstheorie** ist im wesentlichen eine Theorie der Gravitation, die unsere Vorstellungen von Raum und Zeit noch viel stärker modifiziert als die spezielle Relativitätstheorie .... Abschn. 1.2, 1.4.1

Renormierung   Beseitigung der zunächst auftretenden Unendlichkeiten einer Quantenfeldtheorie. Eine renormierbare Theorie ist durch endlich viele Parameter festgelegt, in der Quantenelektrodynamik sind dies die (renormierte) Ladung und die Masse des Elektrons. Bei einer nicht renormierbaren Theorie müssen mit jeder Verfeinerung neue Parameter eingeführt werden .... Abschn. 1.4.2

Resonanz   Ein instabiler Zustand mit einer mittleren Lebensdauer T, der in die Teilchen A und B zerfällt, führt zu einer Resonanz, d. h. einer Erhöhung im Wirkungsquerschnitt der Teilchenstreuung von A an B. Eine typische Kurve für eine Resonanz an der Stelle E_0 und der Halbwertsbreite Δ ist als Funktion der Energie in Abb. A.2 dargestellt. Die Breite Δ ist umgekehrt proportional zur Lebensdauer T, $\Delta = \hbar/T$ .... Abschn. 2.5

Ruhenergie   Die Energie, die frei wird, wenn die Masse eines Teilchens in eine andere Energieform umgewandelt wird. Es ist die Masse mal Quadrat der Lichtgeschwindigkeit .... Abschn. 1.4.1

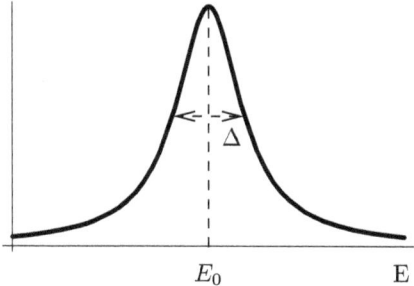

Abbildung A.2. Eine Resonanzkurve

S

Seltsamkeit Eine Eigenschaft von *Quarks* bzw. *Hadronen*, die bei starken und elektromagnetischen *Wechselwirkungen* erhalten ist; sie ist wie *Charm* und *beauty* und *topness* eine spezielle *Flavour* (Übersetzung von engl. *strangeness*) .... Abschn. 2.2

SLAC Beschleunigerzentrum bei Stanford, Kalifornien (von *Stanford Linear Accelerator Center*) .... Abschn. 5.8

S-Matrix Bezeichnung für Wahrscheinlichkeitsamplituden bei einer Streuung (Streuamplitude) .... Abschn. 3.1

Spin Nur im Rahmen des mathematischen Formalismus der Quantenmechanik voll verständliche Eigenschaft der Elementarteilchen. An klassischen Konzepten kommt ihm der Eigendrehimpuls am nächsten. Die Einheit für den Spin ist das Plancksche Wirkungsquantum $\hbar$ (von engl. *spin* Drall) .... Abschn. 1.2, 1.5.2

Spin und Statistik Der Satz über Spin und Statistik besagt, daß in der lokalen Quantenfeldtheorie die Teilchen mit ganzzahligem *Spin* der *Bose-Einstein-Statistik*, die Teilchen mit halbzahligem *Spin* der *Fermi-Dirac-Statistik* genügen .... Abschn. 2.4

spontane Symmetriebrechung Die Brechung einer *Symmetrie*, bei der sich die Grundgleichungen der Wechselwirkung bei Symmetrietransfromationen nicht ändern, wohl aber der Grundzustand Abschn. 5.3

Statistischer Fehler, Standardfehler Er gibt die Grenzen an, zwischen denen der „wahre" Mittelwert mit einer Wahrscheinlichkeit von 66% liegt. .... Abschn. 1.4.3

SU(2), SU(3) Transformationsgruppen für Symmetrien, die in der Teilchenphysik eine wichtige Rolle spielen. $SU(n)$ steht für spezielle unitäre Matrizen in n Dimensionen, das sind verallgemeinerte Drehungen in einem Raum von n Dimensionen und *komplexen* Koordinaten Abschn. 1.5.2, 4.2

Symmetrie Ändern sich gewisse Eigenschaften bei Transformationen (**Symmetrietransformationen**) nicht, so sagt man, es liege eine Symmetrie vor; ändern sich die Eigenschaften zwar, aber nur wenig, sagt man die Symmetrie sei **gebrochen** (von griech. *symmetria* Ebenmaß). .... Abschn. 1.5

Synchrotron Teilchenbeschleuniger, Weiterentwicklung des *Synchrozyklotrons* .... Abschn. 1.7

Synchrozyklotron *Zyklotron*, bei dem die Bewegungsgesetze der *speziellen Relativitätstheorie* berücksichtigt werden .... Abschn. 1.7

T

Target Das Ziel, auf das bei einer Streuung der Teilchenstrahl geschossen wird (von engl. *target* Ziel) .... Abschn. 1.2, 3.2

U

Unitarität Eigenschaft verallgemeinerter Drehoperatoren. Die Unitarität der S-Matrix ist der mathematische Ausdruck für die Erhaltung der Wahrscheinlichkeit (von lat. *unitas* Einheit) ...... Abschn. 3.2

V

Vektormeson Ein *Meson* mit dem *Spin* 1 und der *Parität* -1 Abschn. 2.7

Vernichtungsoperator Operator, der einen Zustand vernichtet. Ein Feldoperator ist aus *Erzeugungs-* und Vernichtungsoperatoren aufgebaut .... Abschn. 1.4.2

Vertauschungsrelation Vertauschen zwei Operatoren A und B nicht miteinander, so ist die Differenz der Produkte mit vertauschter Reihenfolge wieder ein Operator: $AB - BA = C$. Diese Gleichung heißt Vertauschungsrelation .... Abschn. 1.4.2

W

Wahrscheinlichkeitsamplitude *Komplexe Zahl*, deren Quadrat des Betrages die Wahrscheinlichkeit für eine Reaktion angibt Abschn. 1.4.2, 3.2

Wechselwirkung In der Elementarteilchenphysik haben wir drei Wechselwirkungen: Die **elektromagnetische**, die uns auch aus der Alltagserfahrung bekannt ist, die **schwache**, die z. B. beim radioaktiven *beta*-Zerfall auftritt und die **starke**, die im Atomkern wirkt Abschn. 1.4.2

Wirkungsquerschnitt Zahl der gestreuten Teilchen, bezogen auf ein Streuzentrum und einen Einheitsstrom von streuenden Teilchen. Er ist die Fläche, die ein gestreutes Teilchen effektiv „sieht" . Abschn. 1.2

Z

Zyklotron Kreisförmiger Teilchenbeschleuniger (von griech. *kyklos* Kreis) .... Abschn. 1.7

A.3 Nobelpreisträger

Im Buch erwähnte Trägerinnen und Träger des Nobelpreises. Angegeben sind Geburts- und gegebenenfalls Sterbedaten und Orte, die hauptsächlichen Wirkungsstätten sowie die offizielle Begründung für die Verleihung des Preises.

Alvarez, Luis Walter
*San Francisco 13.6.1911, †Berkeley 1.9.1988
Physik-Preis 1968 für *seine entscheidenden Beiträge zur Elementarteilchenphysik, besonders die Entdeckung einer großen Anzahl von Resonanz-Zuständen, die durch seine Entwicklung der Blasenkammertechnik und der Datenanalyse ermöglicht wurde.*

Anderson, Carl David
*New York 3.9.1905, †San Marino (Kalifornien) 11.1.1991
Pasadena; Physik-Preis 1936 für *seine Entdeckung des Positrons.*

Becquerel, Antoine
*Paris 15.12. 1852, †Le Croisic (Bretagne) 25.8.1908
Paris; Physik-Preis 1903 für *seine Entdeckung der spontanen Radioaktivität*

Bethe, Hans Albrecht
*Strassburg 2.7.1907
Ithaca (New York); Physik-Preis 1967 für *seine Beiträge zur Theorie von Kernreaktionen, besonders seine Entdeckungen über die Energieerzeugung in Sternen.*

Blackett, Baron Patrick Maunard Stuart
*London 18.11.1897, †London 13.7.1974
Manchester, London; Physik-Preis 1948 für *seine Entwicklung der Methode der Wilsonschen Nebelkammer und seine damit gemachten Entdeckungen auf dem Gebiet der Kernphysik und der kosmischen Strahlung.*

Bohr, Niels Henrik David
*Kopenhagen 7.10.1885, †Kopenhagen 18.11.1962
Kopenhagen; Physik-Preis 1922 für *seine Verdienste bei der Untersuchung der Struktur der Atome und der von ihnen ausgesandten Strahlung.*

Born, Max
*Breslau 11.12.1882, †Göttingen 5.1.1970
Frankfurt, Göttingen (–1933), Edinburgh; Physik-Preis 1954 für *seine grundlegenden Forschungen in der Quantenmechanik, besonders für seine statistische Interpretation der Wellenfunktion.*

Bothe, Walter
*Oranienburg 8.1.1891, †Heidelberg 8.2.1957

Berlin, Gießen, Heidelberg; Physik-Preis 1954 für *die Koinzidenz-Methode und die damit gemachten Entdeckungen.*
Broglie, Prince Louis-Victor De
*Dieppe 15.8.1892, †Louvecienne (Paris) 19.3.1987
Paris; Physik-Preis 1929 für *seine Entdeckung der Wellennatur der Elektronen.*
Chadwick, Sir James
*Manchester 20.10.1891, †Cambridge (England) 24.7.1974
Cambridge (England), Liverpool, Los Alamos; Physik-Preis 1935 für *die Entdeckung des Neutrons.*
Chamberlain, Owen
*San Francisco 10.7.1920
Berkeley; Physik-Preis 1959 gemeinsam mit G. Segrè für *ihre Entdeckung des Antiprotons.*
Charpak, Georges
*Dabrowiza (damals Polen) 1.8.1924
Paris, Genf; Physik-Preis 1992 für *seine Erfindung und Entwicklung von Teilchendetektoren, insbesondere Proportionalkammern mit vielen Drähten.*
Cherenkov, Pavel Alekseyevich
*Nowaja Tschigia (Rußland) 28.7.1904, †Moskau 6.1.1990
Moskau; Physik-Preis 1958 gemeinsam mit I.M. Frank und I.Y. Tamm für *die Entdeckung und die Interpretation des Cherenkov-Effektes.*
Compton, Artur Holly
*Wooster (Ohio) 10.9.1892, †Berkeley 15.3.1962
St. Louis, Chicago; Physik-Preis 1927 für *seine Entdeckung des nach ihm benannten Effektes.*
Cockcroft, Sir John Douglas
*Todmorden (Yorkshire) 27.5.1897, †Cambridge 18.9.1967
Cambridge (England), Harwell; Physik-Preis 1951 gemeinsam mit E.T.S. Walton für *ihre Pionierarbeiten über die Umwandlung von Atomkernen durch künstlich beschleunigte Atomteilchen.*
Cronin, James Watson
*Chicago 29.9.1931
Princeton, Chicago; Physik-Preis 1980 gemeinsam mit V.L. Fitch für *die Entdeckung von Verletzungen fundamentaler Symmetrieprinzipien beim Zerfall neutraler K-Mesonen.*
Curie, Marie geb. Sklodowska
*Warschau 7.11.1867 †Sanscellemoz (Frankreich) 4.7.1934
Paris; Physik-Preis 1903 gemeinsam mit P. Curie für *ihre gemeinsamen Forschungen über die von Professor Henri Becquerel entdeckten Strahlungsphänomene.*

Curie, Pierre
*Paris 15.5.1859 †Paris 19.4.1906
Paris; Physik-Preis 1903 gemeinsam mit M. Curie für *ihre gemeinsamen Forschungen über die von Professor Henri Becquerel entdeckten Strahlungsphänomene*.

Davis Jr., Raymond
*Washington, DC 14.10.1914
Brookhaven, Chicago; Physik-Preis 2002 gemeinsam mit M. Koshiba für *Pionierbeiträge zur Astrophysik, insbesondere für die Entdeckung kosmischer Neutrinos*.

Dehmelt, Hans Georg
*Görlitz 9.9.1922
Seattle; Physik-Preis 1989 gemeinsam mit W. Paul für *die Entwicklung der Technik der Ionenfallen*.

Dirac, Paul Adrien Maurice
*Bristol 8.8.1902, †Talahassee (Florida) 20.10.1984
Cambridge (England), Talahassee; Physik-Preis 1933 gemeinsam mit E. Schrödinger für *die Entdeckung neuer schöpferischer Formen der Atomtheorie*.

Einstein, Albert
*Ulm 14.3.1879, †Princeton 18.4.1955
Zürich, Prag, Berlin (–1933), Princeton; Physik-Preis 1921 für *seine Verdienste in der Theoretischen Physik und besonders für seine Entdeckung des Gesetzes des photoelektrischen Effekts*.

Fermi, Enrico
*Rom 29.9.1901, †Chicago 28.11.1954
Florenz, Rom (–1938), Chicago; Physik-Preis 1938 für *seinen Nachweis der Existenz neuer radioaktiver Elemente, die durch Bestrahlung mit Neutronen erzeugt werden und für die damit verwandte Entdeckung von Kernreaktionen, die durch langsame Neutronen hervorgebracht werden*.

Feynman, Richard
*New York 11.5.1918, †Los Angeles 15.2.1988
Los Alamos, Ithaca (New York), Passadena (Kalifornien); Physik-Preis 1965 gemeinsam mit J. Schwinger und S. Tomonaga für *ihre grundlegenden Arbeiten in der Quantenelektrodynamik, mit tiefschürfenden Konsequenzen für die Physik der Elementarteilchen*.

Fitch, Val Logsdon
*Merriman (Nebraska) 10.3.1923
Princeton; Physik-Preis 1980 gemeinsam mit J.W. Cronin für *die Entdeckung von Verletzungen fundamentaler Symmetrieprinzipien beim Zerfall neutraler K-Mesonen*.

Franck, James
*Hamburg 26.8.1882, †Göttingen 21.5.1964
Hamburg (–1933), Kopenhagen, Baltimore; Physik-Preis 1925 gemeinsam mit G. Hertz für *ihre Entdeckung der Gesetze, die den Stoß von Elektronen an Atomen beherrschen.*
Frank, Ilja Mikailovich
*St. Petersburg 23.10.1908, †Moskau 22.6.1990
Moskau, Dubna (Moskau); Physik-Preis 1958 gemeinsam mit P.A. Cherenkov und I.Y. Tamm für *die Entdeckung und die Interpretation des Cherenkov-Effektes.*
Friedman, Jerome Isaac
*Chicago 28.3.1930
Cambridge (Massachusetts); Physik-Preis 1990 gemeinsam mit H.W. Kendall und R.E. Taylor für *ihre Pionierarbeiten über die tief inelastische Streuung von Elektronen an Protonen und gebundenen Neutronen, die von wesentlicher Bedeutung für die Entwicklung des Quark-Modells in der Teilchenphysik waren.*
Gell-Mann, Murray
*New York 15.9.1929
Passadena; Physik-Preis 1969 für *seine Entdeckungen bezüglich der Klassifikation von Elementarteilchen und deren Wechselwirkungen.*
Glaser, Donald Arthur
*Cleveland 21.9.1926
Michigan, Berkeley; Physik-Preis 1960 für *die Erfindung der Blasenkammer.*
Glashow, Sheldon Lee
*New York 5.12.1932
Berkeley, Cambridge (Massachusetts); Physik-Preis 1979 gemeinsam mit A. Salam und S. Weinberg für *ihre Beiträge zur Theorie der vereinheitlichten schwachen und elektromagnetischen Wechselwirkung, einschließlich unter anderem der Vorhersage des neutralen schwachen Stromes.*
Goeppert-Mayer, Maria
*Kattowitz 28.6.1906, †San Diego 20.2.1972
Chicago, La Jolla (San Diego); Physik-Preis 1963 gemeinsam mit J.H.D. Jensen, für *ihre Entdeckungen bezüglich der Schalenstruktur der Atomkerne.*
Heisenberg, Werner
*Würzburg 5.12.1901, †München 1.2.1976
Leipzig, Berlin, Göttingen, München; Physik-Preis 1932 für *die Schöpfung der Quantenmechanik, deren Anwendung unter anderem zur Entdeckung allotroper Formen des Wasserstoffs führte.*

Hertz, Gustav
*Hamburg 22.7.1887, †Berlin 30.10.1974
Berlin (–1933), Sowjetunion, Leipzig; Physik-Preis 1925 gemeinsam mit J. Franck für *ihre Entdeckung der Gesetze, die den Stoß von Elektronen an Atomen beherrschen*.
Hess, Viktor Franz
*Schlß Waldstein (Steiermark) 3.6.1883, †Mount Vernon (New York) 17.12.1964
Graz, Innsbruck (–1938), New York; Physik-Preis 1936 für *seine Entdeckung kosmischer Strahlung*.
Hofstadter, Robert
*New York 5.2.1915, †Stanford 17.11.1990
Princeton, Stanford; Physik-Preis 1961 für *seine Pionieruntersuchungen der Streuung von Elektronen an Atomkernen und die dabei erzielten Entdeckungen bezüglich der Struktur der Nukleonen*.
't Hooft, Gerardus
*Den Helder (Niederlande) 5.7.1946
Utrecht; Physik-Preis 1999 gemeinsam mit M.J.G. Veltman für *die Aufklärung der Quantenstruktur der elektroschwachen Wechselwirkungen in der Physik*.
Jensen, Johannes Daniel
*Hamburg 25.6.1907, †Heidelberg 11.2.1973
Göttingen, Hannover, Heidelberg; Physik-Preis 1963 gemeinsam mit M. Goeppert-Mayer für *ihre Entdeckungen bezüglich der Schalenstruktur der Atomkerne*.
Joliot, Frédéric
*Paris 12.3.1900, †Paris 14.8.1959
Paris; Chemie-Preis 1935 gemeinsam mit I. Joliot-Curie für *ihre Synthese neuer radioaktiver Elemente*
Joliot-Curie, Irène
*Paris 12.8. 1897, †Paris, 16.3.1956
Paris; Chemie-Preis 1935 gemeinsam mit F. Joliot für *ihre Synthese neuer radioaktiver Elemente*
Kendall, Henry Way
*Boston 9.12.1926
Cambridge (Massachusetts); Physik-Preis 1990 gemeinsam mit J.I. Friedman und R.E. Taylor für *ihre Pionierarbeiten über die tief inelastische Streuung von Elektronen an Protonen und gebundenen Neutronen, die von wesentlicher Bedeutung für die Entwicklung des Quarkmodells in der Teilchenphysik waren*.
Koshiba, Masatoshi
*Toyohashi 19.9.1926

Tokyo; Physik-Preis 2002 gemeinsam mit R. Davis für *Pionierbeiträge zur Astrophysik, insbesondere für die Entdeckung kosmischer Neutrinos.*

Kusch, Polykarp
*Blankenburg 26.1.1911, † Dallas 20.3.1993
New York; Physik-Preis 1955 für *seine Präzisionsbestimmung des magnetischen Moments des Elektrons.*

Lamb, Willis Eugene
*Los Angeles 12.7.1913
Stanford, Tuscon (Arizona); Physik-Preis 1955 für *seine Entdeckungen bezüglich der Feinstruktur des Wasserstoff-Atoms.*

Landau, Lew Davidowitsch
*Baku 22.1.1908, †Moskau 1.4.1968
Charkow, Moskau; Physik-Preis 1962 für *seine Pioniertheorien zur kondensierten Materie, insbesondere von flüssigem Helium.*

Lawrence, Ernest Orlando
*Canton (USA) 8.8.1901, †Paolo Alto (Kalifornien) 27.8.1958
Berkeley (Kalifornien); Physik-Preis 1939 für *die Erfindung und Entwicklung des Zyklotrons und für die damit erhaltenen Resultate, besonders bezüglich künstlicher radioaktiver Elemente.*

Ledermann, Leon Max
*New York 15.7.1922
New York, Batavia (Illinois); Physik-Preis 1988 gemeinsam mit M. Schwartz und J. Steinberger für *die Neutrino-Strahl-Methode und den Nachweis der Dublett-Struktur der Leptonen durch die Entdeckung des Müon-Neutrinos.*

Lee, Tsung Dao
*Schanghai 25.11.1926
New York, Princeton; Physik-Preis 1957 gemeinsam mit C.N. Yang für *ihre durchdringende Analyse der sogenannten Paritätsgesetze, die zu wichtigen Entdeckungen bezüglich der Elementarteilchen geführt haben.*

Lenard, Philipp Eduard Anton
*Preßburg (Bratislava) 7.6.1862, †Messelhausen (Baden) 20.5.1947
Kiel, Heidelberg; Physik-Preis 1905, für *seine Arbeiten über Kathodenstrahlen.*

Lorentz, Hendrik Antoon
*Arnheim 18.7.1853 †Haarlem 4.2.1928
Leiden; Physik-Preis 1902 gemeinsam mit P. Zeeman für *ihre Forschungen über den Einfluß des Magnetismus auf die Strahlungserscheinungen.*

van der Meer, Simon
*Den Haag 24.11.1925

Genf; Physik-Preis 1984 gemeinsam mit C. Rubbia für *ihre entscheidenden Beiträge zu einem großen Projekt, das zur Entdeckung der Feldteilchen W und Z, den Vermittlern der schwachen Wechselwirkung, führte.*

Michelson, Albert Abraham
*Strelno (Polen) 19.12.1852, †Passadena (Kalifornien) 9.5.1931
Cleveland, Worcester, Chicago; Physik-Preis 1907 für *seine optischen Präzisionsintrumente und die spektroskopischen und metrologischen Untersuchungen, die mit ihrer Hilfe ausgeführt wurden.*

Millikan, Robert Andrews
*Morrison (Illinois) 22.3.1868, †Passadena 19.12.1953
Chicago, Passadena; Physik-Preis 1923 für *seine Arbeiten über die Elementarladung der Elektrizität und den photoelektrischen Effekt.*

Paul, Wolfgang
*Lorenzkirch 10.8.1913, †Bonn 7.12.1993
Göttingen, Bonn; Physik-Preis 1989 gemeinsam mit H.G. Dehmelt für *die Entwicklung der Technik der Ionenfallen*

Pauli, Wolfgang Ernst Fiedrich
*Wien 25.4.1900, †Zürich 15.12.1958
Zürich, Princeton; Physik-Preis 1945 für *die Entdeckung des Ausschließungsprinzips, auch Pauli-Prinzip genannt.*

Penzias, Arno Allen
*München 26.4.1933
Holmden (New Jersey); Physik-Preis 1978 gemeinsam mit R.W. Wilson für *ihre Entdeckung der kosmischen Hintergrundstrahlung.*

Perl, Martin Lewis
*New York 24.6.1927
Stanford; Physik-Preis 1995 für *Pionierarbeiten zur Leptonenphysik, besonders für die Entdeckung des tau-Leptons.*

Planck, Max
*Kiel 23.4.1858, †Göttingen 4.10.1947
Kiel, Berlin; Physik-Preis 1918 für *den Fortschritt der Physik durch die Entdeckung der Energiequanten.*

Powell, Cecil Frank
*Tonbridge (Kent) 5.12.1903, †Bellano 9.8.1969
Bristol; Physik-Preis 1950 für *seine Entwicklung photographischer Methoden zum Studium von Kernprozessen und seine Entdeckungen über Mesonen, die er mit dieser Methode machte.*

Rabi, Isaac Isidor
*Rymanóv (damals Österreich-Ungarn) 29.7.1898, †New York 11.1.1988
New York. Physik-Preis 1944 für *seine Resonanzmethode, die es erlaubt, die magnetischen Eigenschaften der Kerne aufzuzeichnen.*

A.3 Nobelpreisträger   287

Reines, Frederick
*Paterson (New Jersey) 16.3.1918, †Irvine (Kalifornien) 26.8.1998
Los Alamos, Cleveland, Irvine; Physik-Preis 1995 für *Pionierarbeiten zur Leptonenphysik, besonders für die Entdeckung des Neutrinos.*
Richter, Burton
*New York 22.3.1931
Stanford; Physik-Preis 1976 gemeinsam mit S.C.C. Ting für *ihre Pionierarbeiten bei der Entdeckung eines schweren Elementarteilchens von einer neuen Art.*
Röntgen, Wilhelm Conrad
*27.3.1845 Lennep (bei Remscheid) †10.2.1923 München
Strassburg, Gießen, Würzburg, München; Physik-Preis 1901 für *die Entdeckung der bemerkenswerten Strahlen, die danach nach ihm benannt wurden.*
Rubbia, Carlo
*Gorizia (Italien) 31.3.1934
New York, Rom, Genf; Physik-Preis 1984 gemeinsam mit S.v.d. Meer, für *ihre entscheidenden Beiträge zu einem großen Projekt, das zur Entdeckung der Feldteilchen W und Z, den Vermittlern der schwachen Wechselwirkung, führte.*
Rutherford, Lord Ernest
*Brightwater (Australien), † Cambridge (England) 19.10.1937
Montreal, Cambridge (England) Chemie-Preis 1908 für *seine Untersuchungen über den Zerfall der Elemente und die Chemie radioaktiver Substanzen.*
Salam, Abdus
*Jhang (Indien) 29.1.1926, †Oxford 21.11.1996
Punjab, London, Triest; Physik-Preis 1979 gemeinsam mit S.L. Glashow und S. Weinberg für *ihre Beiträge zur Theorie der vereinheitlichten schwachen und elektromagnetischen Wechselwirkung, einschließlich unter anderem der Vorhersage des neutralen schwachen Stromes.*
Schrödinger, Erwin
*Wien 18.12.1987, †Wien, 4.1.1961
Breslau, Zürich, Berlin, Dublin; Physik-Preis 1933 gemeinsam mit P.A.M. Dirac für *die Entdeckung neuer schöpferischer Formen der Atomtheorie.*
Schwartz, Melvin
*New York 2.11.1932
Stanford; Physik-Preis 1988 gemeinsam mit L.M. Ledermann und J. Steinberger für *die Neutrino-Strahl-Methode und den Nachweis der Dublett-Struktur der Leptonen durch die Entdeckung des Müon-Neutrinos.*

Schwinger, Julian
*New York 12.2.1918 †Los Angeles 16.7.1994
Cambridge (Massachusetts), Los Angeles; Physik-Preis 1965 gemeinsam mit R. Feynman und S. Tomonaga für *ihre grundlegenden Arbeiten in der Quantenelektrodynamik, mit tiefschürfenden Konsequenzen für die Physik der Elementarteilchen.*

Segrè, Emilio Gino
*Tivoli 1.2.1905, †Lafayette (USA) 22.4.1989
Berkeley; Physik-Preis 1959 gemeinsam mit O. Chamberlain für *ihre Entdeckung des Antiprotons.*

Steinberger, Jack
*Bad Kissingen 25.5.1921
New York, Genf; Physik-Preis 1988 gemeinsam mit L.M. Ledermann und M. Schwartz für *die Neutrino-Strahl-Methode und den Nachweis der Dublett-Struktur der Leptonen durch die Entdeckung des Müon-Neutrinos.*

Stern, Otto
*Sorau (Schlesien) 17.2.1888, †Berkeley 17.8.1869
Hamburg (–1933), Pittsburgh; Physik-Preis 1943 für *seine Beiträge zur Entwicklung der Molekularstrahlmethode und seine Entdeckung des magnetischen Momentes des Protons.*

Tamm, Igor Yewgenevich
*Wladiwostok 8.7.1895, †Moskau 12.4.1971
Moskau; Physik-Preis 1958 gemeinsam mit P.A. Cherenkov und I.Y. Frank für *die Entdeckung und die Interpretation des Cherenkov-Effektes.*

Taylor, Richard Edward
*Medicin Hat (Kanada) 2.11.1929
Berkeley, Stanford; Physik-Preis 1990 gemeinsam mit J.I. Friedman und H.W. Kendall für *ihre Pionierarbeiten über die tief inelastische Streuung von Elektronen an Protonen und gebundenen Neutronen, die von wesentlicher Bedeutung für die Entwicklung des Quarkmodells in der Teilchenphysik waren.*

Thomson, Sir Joseph John
*Cheetham Hill (Manchester) 18.12.1856, †Cambridge (England) 30.8.1940
Cambridge (England); Physik-Preis 1906 für *seine theoretischen und experimentellen Untersuchungen über die elektrische Leitfähigkeit von Gasen.*

Ting, Samuel Chao Chung
*Ann Arbor (Michigan) 27.1.1936
Cambridge (Massachusetts); Physik-Preis 1976 gemeinsam mit B.

A.3 Nobelpreisträger

Richter für *ihre Pionierarbeiten bei der Entdeckung eines schweren Elementarteilchens von einer neuen Art.*
Tomonaga, Shin-Ichiro
*Tokio 31.3.1906, †Tokio 8.7.1979
Tokio; Physik-Preis 1965 gemeinsam mit R. Feynman und J. Schwinger für *ihre grundlegenden Arbeiten in der Quantenelektrodynamik, mit tiefschürfenden Konsequenzen für die Physik der Elementarteilchen.*
Veltman, Martinus
*Waalwijk (Niederlande) 27.6.1931
Genf, Ann Arbor (Michigan); Physik-Preis 1999 gemeinsam mit G. 't Hooft für *die Aufklärung der Quantenstruktur der elektroschwachen Wechselwirkungen in der Physik.*
Walton, Ernest Thomas Sinton
*Dungarvan (Irland) 6.10.1903, †Belfast 25.6.1995
Cambridge (England), Dublin; Physik-Preis 1951 gemeinsam mit J.D. Cockcroft für *ihre Pionierarbeiten über die Umwandlung von Atomkernen durch künstlich beschleunigte Atomteilchen.*
Weinberg, Steven
*New York 3.5.1933
Cambridge (Massachusetts), Houston; Physik-Preis 1979 gemeinsam mit S.L. Glashow und A. Salam für *ihre Beiträge zur Theorie der vereinheitlichten schwachen und elektromagnetischen Wechselwirkung, einschließlich unter anderem der Vorhersage des neutralen schwachen Stromes.*
Wigner, Eugene Paul
*Budapest 17.11.1902, †Princeton 1.1.1995
Princeton; Physik-Preis 1963 für *seine Beiträge zur Theorie des Atomkerns und der Elementarteilchen, besonders durch die Entdeckung und Anwendung grundlegender Symmetrie-Prinzipien*
Wilson, Charles Thomson Rees
*Glencorse (Schottland) 14.2.1869, † Carlops (Schottland) 15.11.1959
Cambridge (England); Physik-Preis 1927 für *seine Methode, die Pfade elektrisch geladener Teilchen durch Dampfkondensation sichtbar zu machen.*
Wilson, Kenneth Geddes
*Waltham (Massachusetts) 8.6.1936
Ithaca (New York), Columbus (Ohio); Physik-Preis 1982 für *seine Theorie kritischer Phänomene bei Phasenübergängen.*
Wilson, Robert Woodrow
*Houston 10.1.1936
Holmden (New Jersey); Physik-Preis 1978 gemeinsam mit A.A. Penzias für *ihre Entdeckung der kosmischen Hintergrundstrahlung.*

Yang, Chen Ning
*Hefei (China) 22.9.1922
Princeton, New York, Hong Kong; Physik-Preis 1957 gemeinsam mit T.D. Lee für *ihre durchdringende Analyse der sogenannten Paritätsgesetze, die zu wichtigen Entdeckungen bezüglich der Elementarteilchen geführt haben.*

Yukawa, Hideki
*Tokio 23.1.1907, †Kyoto 8.9.1981
Osaka, Kyoto; Physik-Preis 1949 für *seine Vorhersage der Existenz von Mesonen auf Grundlage theoretischer Arbeiten über Kernkräfte.*

A.4 Kurzer Literaturhinweis

Auf das Buch von A. Pais habe ich schon mehrfach hingewiesen:

Abraham Pais, „Inward Bound", Oxford 1986, Clarendon Press

Von Konferenzberichten, die der Geschichte der Elementarteilchenphysik gewidmet sind, fand ich die beiden folgenden Bände besonders interessant:

„International Colloquium on the History of Particle Physics", Journal de Physique, Bd. 43 (1982) C-8,

insbesondere die Beiträge von Ch. Peyrou, H.L. Anderson und N. Kemmer

„The Rise of the Standard Model", Herausgeber L. Hoddeson u.a., Cambridge, Engl. 1997, Cambridge University Press,

insbesondere die Beiträge von L. Lederman, M. Veltman, R. Schwitters, S. Bludman, J. Iliopoulos, J. Bjorken, S.L. Wu und M. Gell-Mann.

Als Lehrbuch möchte ich empfehlen:

O. Nachtmann, „Phänomene und Konzepte der Elementarteilchenphysik", Braunschweig 1986, Vieweg

In der Zeitschrift „Spektrum der Wissenschaft" erscheinen regelmäßig Beiträge zu Spezialgebieten der Elementarteilchenphysik. Einige klassische Artikel sind gesammelt in

„Teilchen, Felder und Symmetrien", Herausgeber H.G. Dosch, Heidelberg, Berlin, Oxford 1995 (2. Aufl.), Spektrum Akademischer Verlag

Ein umfangreiches Verzeichnis der Originalliteratur findet sich auf der *homepage* des Buches:
http://www.thphys.uni-heidelberg.de/~dosch/transnano

Namensverzeichnis

Adams, J.C.   210
Adler, S.   158
Alembert, J. le Rond de   247
Alvarez, L.W.   90
Anderson, C.D.   5, 27, 51, 55, 57–61, 65, 67, 68, 71, 252
Anderson, P.W.   157
Arrest, H.L. d'   210
Atkinson, D.   113

Bacon, F.   119, 254
Bahcall, J.   226
Becker, H.   12, 13
Becquerel, A.   18
Bell, J.S.   158
Bethe, H.   58, 59, 61, 100, 224
Bjorken, J.D.   170–172
Blackett, P.M.S.   21, 57, 71
Bludman, S.   155, 174, 177
Bohr, N.   10, 12, 26, 104, 142
Born, M.   12, 39
Borowitz, S.   80
Bothe, W.   12, 13, 19, 58
Bourgoyne, N.   82
Bricmont, J.   46
Broglie, L.V. de   15, 27, 86
Brout, R.   156
Brueckner, K.A.   84–86

Cabbibo, N.   179, 181
Callan, C.G.   189
Cassen, B.   49
Cassirer, E.   258
Cavendish, H.   7
Chadwick, J.   14, 49
Chamberlain, O.   90

Charpak, G.   160
Cherenkov, P.A.   17
Chew, G.   94, 105, 113, 116
Cockcroft, J.D.   61
Coleman, S.   133, 235
Compton, A.H.   15, 19, 33
Condon, E.   49
Conversi, H.   61
Courant, R.   88
Cowan, C.   100, 101
Cronin, J.W.   101
Curie, M.   13

Dalitz, R.H.   95
Davis, R.   225, 226, 228
Dehmelt, H.G.   78
Dirac, P.A.M.   23, 25–27, 57, 77, 99, 188, 238
Disraeli, B.   252
Dyson, F.   37, 38

Einstein, A.   5, 14, 15, 22, 141, 142, 216, 241, 258
Englert, F.   156

Faraday, M.   252
Fermi, E.   26, 30, 34, 68, 74, 82–86, 94, 95, 101, 103, 106, 114, 117, 118, 120, 126, 164, 173, 178, 245, 260
Feynman, R.   31, 37, 170, 172, 204, 257
Fitch, V.L.   101
Fock, V.   143
Franck, J.   92
Frank, I.M.   17

Frautschi, S.N. 116
Frazer, W.R. 110
Fresnel, A-J. 14
Friedman, J.I. 170, 172
Fritzsch, H. 187
Froissart, M. 114, 115
Fubini, S. 130
Fulco, J.R. 110

Galilei, G. 1
Galle, J.G. 210
Gamow, G. 95
Geiger, H. 9–11, 18, 19, 83, 106, 107, 164, 165, 168
Geissler, H. 7
Gell-Mann, M. 72–75, 110, 120, 123, 124, 127, 129–132, 134, 136, 170, 174, 176, 179, 185, 187, 189, 197, 263
Glaser, D.A. 89
Glashow, S.L. 174, 179–181, 185, 197, 205
Goldberger, M.L. 110, 174
Goldstone, J. 150, 153
Gross, D.J. 191

Haag, R. 235
Han, M.Y. 135, 136, 179, 185, 186
Heisenberg, W. 2, 12, 13, 21, 26, 28, 34, 35, 49, 104, 105, 149, 150, 188
Heitler, W. 58, 59
Helmholtz, H. 2, 258
Hertz, G. 92
Hertz, H. 8, 14, 15, 259, 261
Hess, V.F. 55
Higgs, P.W. 156
Hofstadter, R. 168, 169
Hooft, G. 't 148, 157, 178, 182, 185, 187, 190, 238
Hoyle, F. 242
Huygens, Ch. 44, 105

Iizuka 128
Ikeda, M. 119–122
Iliopoulos, J. 179, 180, 197

Inoue, T. 61

Jackiw, R. 158
Jensen, J.H.D. 96, 99
Joliot, F. 13, 57
Joliot-Curie, I. 13, 57
Jordan, P. 26, 29
Joyce, J. 129

Kallmann, H. 83
Kaluza, T. 231
Kaufmann, W. 8, 13
Kemmer, N. 51, 52, 67, 155
Kendall, H.W. 172
Kibble, T. 156
Klein, O. 29, 33, 146, 154, 155, 231
Kobayashi. M. 208
Kohlhörster, W. 58
Kohn, W. 80
Koshiba, M. 228
Kunze, P. 59
Kusch, P. 78

Lamb, W.E. 94
Landau, L.D. 103, 105, 194, 195
Lattes, C.G.M. 66, 67
Lawrence, E.O. 3, 4, 61, 63, 67, 82
Ledermann, L.M. 164, 207
Lee, T.D. 94, 96, 174
Lehmann, H. 110
Lenard, P.E.A. 8, 14
Leutwyler, H. 187
Livingston, M.S. 88
London, F. 143
Lopuszanski, J.T. 235
Lorentz, H.A. 97
Low, F.E. 94, 174, 189
Lüders, G. 81, 82
Lukretz 2

Maiani, L. 179, 180, 197
Majorana, E. 95
Mandelstam, S. 108, 238
Mandula, J. 133, 235
Marsden, E. 9–11, 18, 106, 164, 168
Maskawa, T. 208
Maxwell, J. Clerk 14

McMillan, E.M.   63, 87
Meer, S.v.d.   206, 253
Millikan, R.A.   55, 133
Mills, R.L.   146
Muirhead, H.   66
Musil, R.   46

Nambu, Y.   135, 136, 151, 179, 185, 186
Ne'eman, Y.   123
Neddermaier, S.H.   51, 52
Nishijima, K.   73, 74, 120, 176
Nishina, Y.   23

Ochialini, G.   21, 57, 66
Ogawa, S.   119, 120
Ohnuki, Y.   119, 120
Okubo, S.   124, 128
Oppenheimer, J.R.   59, 96, 148

Pais, A.   73, 75, 88, 96
Pancini, G.   61
Panofsky, W.K.M.   67, 168
Paul, W.   78
Pauli, W.   12, 16, 25, 26, 49, 81, 82, 97, 98, 100, 101, 131, 134–136, 146, 148, 183, 185, 237, 259
Peierls, R.E.   100
Perl, M.L.   207
Petermann, A.   189
Piccioni, V.   61
Planck, M.   6, 15, 104, 230, 241
Platon   1
Plücker, J.   7
Politzer, H.D.   191
Pomeranchuk, I.Y.   103, 194
Pontecorvo, B.   68, 95
Powell, C.F.   65–68
Prout, W.   7, 13

Rabelais, F.   183
Rabi, I.I.   68, 78, 206
Regge, T.   116
Reines, F.   16, 100, 101, 183
Richter, B.   197
Römer, O.   5
Röntgen, W.C.   18

Rosenfeld, A.   72
Rossi, B.   20
Rubbia, C.   205, 206, 253
Rutherford, E.   9, 10, 12–14, 83, 164, 165, 168

Sakata, S.   52, 61, 118
Salam, A.   177, 178, 185, 205
Scherk, J.   248
Schrödinger, E.   12, 142, 143
Schwartz, M.   164
Schwarz, J.H.   248
Schwinger, J.   37, 78, 80, 81, 158, 174
Segrè, E.G.   90
Serber, R.   51, 67, 188
Shaw, R.   146
Snyder, H.   88
Söding, P.   203
Sohnius, M.   235
Sokal, A.   46
Speiser, D.   123
Stech, B.   99
Steinberger, J.   67, 158, 164
Stern, O.   131
Stückelberg, E.C.G.   189
Szymanzik, K.   110, 189, 190

Tamm, I.E.   17, 24
Tanikawa, Y.   52
Tarski, J.   123
Taylor, R.E.   172
Teller, E.   95
Terentev, M.V.   190
Thirring, W.   110
Thomson, J.J.   8–10, 20, 24, 38
Ting, S.C.C.   197, 254
Tomonaga, S.-I.   37
Touschek, B.   162

Vanyashin, V.S.   190
Veksler, V.I.   63
Veltman, M.   148
Veltmann, M.   157, 185, 187, 202
Veneziano, G.   116, 246, 247
Verrier, U.-J-.J. le   210

Waerden, B.v.d. 97
Waller, I. 24
Walton, E.T.S. 61
Watson, G.N. 116
Wegner, F. 200
Weinberg, S. 3, 149, 174, 175, 177, 185, 205, 258, 260
Weizsäcker, R. von 224
Wess, J. 235
Weyl, H. 40, 41, 97, 139, 141–144, 146, 154, 155, 216
Wheeler, J.A. 96
Wiechert, E. 8
Wightman, A.S. 80
Wigner, E. 41, 133, 261
Wiik, B.H. 203
Wilczek, F. 191

Wilson, K. 195, 200
Wilson, R.W. 8, 20, 55
Wolf, G. 203
Wu, C.-S 96
Wu, S.L. 203

Yang, C.N. 96, 117, 118, 120, 126, 146–148, 174, 187
Young, Th. 14
Yukawa, H. 35, 51, 60, 61, 65–68, 73, 146

Zachariasen, F. 113
Zimmermann, W. 110
Zumino, B. 82, 235
Zweig, G. 127–132, 136, 179

GPSR Compliance
The European Union's (EU) General Product Safety Regulation (GPSR) is a set of rules that requires consumer products to be safe and our obligations to ensure this.

If you have any concerns about our products, you can contact us on

ProductSafety@springernature.com

In case Publisher is established outside the EU, the EU authorized representative is:

Springer Nature Customer Service Center GmbH
Europaplatz 3
69115 Heidelberg, Germany

www.ingramcontent.com/pod-product-compliance
Ingram Content Group UK Ltd.
Pitfield, Milton Keynes, MK11 3LW, UK
UKHW041448180426
11946UKWH00001B/2